普通高等教育“十三五”规划教材

山东省普通高等教育一流教材
第三届煤炭行业优秀教材 · 一等奖
中国石油和化学工业优秀出版物奖 · 教材奖

建筑工程计量与计价

吴新华　米　帅　刘蒙蒙　等编著
贾宏俊　审

Construction Engineering Measurement and Pricing

化学工业出版社
· 北 京 ·

本书系统地阐述了建筑工程计量与计价的基本理论和方法，将近年新发布的工程计量与计价的有关文件、标准、规章纳入本书中。全书共计八章，包括概述、建筑工程定额、建筑安装工程费用及工程单价、工程计价与计量规范、建设工程计价方法、决策与设计阶段计价、施工招标投标阶段计价、施工阶段工程计价。在每章前有本章的内容概要、学习目标及教学设计，在每章后均附课后习题。

本书可以作为高等学校土木工程、工程管理、工程造价等专业的教材，也可作为工程造价人员从业培训教材。

图书在版编目（CIP）数据

建筑工程计量与计价/吴新华等编著. —2版. —北京：化学工业出版社，2018.12（2024.1重印）

普通高等教育“十三五”规划教材

ISBN 978-7-122-33304-9

Ⅰ. ①建… Ⅱ. ①吴… Ⅲ. ①建筑工程-计量-高等学校-教材②建筑造价-高等学校-教材 Ⅳ. ①TU723.32

中国版本图书馆CIP数据核字（2018）第250880号

责任编辑：刘丽菲　　文字编辑：汲永臻

责任校对：杜杏然　　装帧设计：史利平

出版发行：化学工业出版社（北京市东城区青年湖南街13号　邮政编码100011）

印　　装：三河市双峰印刷装订有限公司

787mm×1092mm　1/16　印张20¾　字数510千字　2024年1月北京第2版第7次印刷

购书咨询：010-64518888　　售后服务：010-64518899

网　　址：http://www.cip.com.cn

凡购买本书，如有缺损质量问题，本社销售中心负责调换。

定　　价：49.00元

前言

PREFACE

为贯穿落实《住房城乡建设部关于进一步推进工程造价管理改革的指导意见》（建标〔2014〕142号）、《工程造价事业发展“十三五”规划》等文件精神在工程造价专业教学中的落实，及“营改增”后计价依据、计价方法的调整组织本书的编写。

本书以《建设工程工程量清单计价规范》（GB 50500—2013）和《房屋建筑与装饰工程工程量计算规范》（GB 50854—2013）为主线，综合考虑了《建筑工程施工发承包计价管理办法》（住建部16号令）、《建筑安装工程费用项目组成》（建标〔2013〕44号）、《建设工程施工合同（示范文本）》（GF-2017-0201）、《关于全面推开营业税改增值税试点的通知》（财税〔2016〕36号）等文件精神精心组织撰写，保证了知识体系的新颖性和前沿性。

本书系统地阐述了建筑工程计量与计价的基本理论和方法，特别是增强了计价依据应用的介绍，侧重突出了计价定额在清单计价中的应用方法等内容。具体包括决策与设计阶段的投资估算、设计概算和施工图预算，施工招标投标阶段的招标工程量清单、招标控制价、投标投价以及签约合同价，施工阶段的工程计量与支付、竣工验收阶段竣工结算等。为便于教学和学生自学，在每章前有本章的内容概要、学习目标及教学设计，在每章后附有一定的练习题，以帮助学生分析、理解有关工程造价的基本概念和计算方法，提高学生解决实际问题的能力。

本书由吴新华（山东科技大学，第一、三、四章）、米帅（泰山职业技术学院，第五、六章）、刘蒙蒙（西华大学，第二、六章）、亓璐（泰山学院，第四、五章）、倪超（泰山职业技术学院，第二、五章）、王丽（泰山学院，第七、八章）等编写，其他参与本书编写工作的人员还有山东科技大学李志国、张志勇、于锦伟、李万江老师，成都纺织高等专科学校张璐老师，全书由山东科技大学贾宏俊老师审定。

编者

2018年11月

第 1 版前言

FIRST EDITION PREFACE

随着建筑市场改革的进一步深入，为确立市场在资源配置中的基础性作用，迫切需要建立一套与市场经济相适应的计价方法和体系。 我国在 2003 年确立了清单计价方式，2013 年又颁布了《建设工程工程量清单计价规范》(GB 50500—2013)和九个专业的工程量计算规范、《建筑工程施工发承包计价管理办法》(住建部 16 号令)、《建筑安装工程费用项目组成》(建标［2013］44 号)、《建设工程施工合同（示范文本）》(GF-2013-0201) 和《建筑工程建筑面积计算规范》(GB/T 50353—2013)等，完善了清单计价方式及相关的配套制度。

为了将工程计量与计价的最新理念、方法纳入工程造价教学中，使教学内容紧密跟踪最新工程造价知识体系，我们编著了本教材。 在教材撰写中体现三个观念：一个是全过程，即从招标投标开始到最终结清为止的全过程的计量与计价原理、方法、应用;二是体现最新《建设工程工程量清单计价规范》(GB 50500—2013) 和《房屋建筑与装饰工程工程量计算规范》(GB 50854—2013) 的内容;三是原理阐述简洁，突出实际操作过程和方法。 本教材的特点如下。

1. 新颖。 所谓新颖，充分吸收最近几年与造价有关的技术标准、规范、规程，吸收全过程造价管理的研究成果。 在教材体系上博采众家之所长，重新梳理，形成新的知识体系，有利于组织教学，也符合学生学习的逻辑和规律。

2. 全面。 全面体现学生应掌握的有关造价的基本原理、基本方法和过程。 这里既有工程项目组合分解等基础性内容，也有计算建安工程费的方法与程序，还有体现全过程的计价之内容。

3. 精炼。 简即精炼，简洁，不涉及过于理论化的知识，注意前后知识的衔接与连贯，不就同一问题重复解读。

4. 实用。 这是本教材的最终目的，注意具体方法的程序性描述，让学生能一步步开展计价工作，并采用大量案例的方式组织内容，可操作性强。

本书系统地阐述了建筑工程计量与计价的基本理论和方法，包括决策与设计阶段的投资估算，设计概算和施工图预算;招标投标阶段的招标工程量清单，招标控制价、投标价以及签约合同价;施工阶段的工程计量与支付;竣工验收阶段竣工结算等。 为便于教学和学生自学，在每章前有本章的内容概要和学习目标，在每章后附有一定量的练习题，以帮助学生分析、理解有关工程造价的基本概念和计算方法，提高学生解决实际问题的能力。

本教材由贾宏俊、吴新华、孙琳琳、王永萍、孙凌志编著,全书共 8 章。 贾宏俊参与

第一章、第五章、第七章的编著，吴新华参与第一章、第三章、第四章、第五章、第七章的编著，孙琳琳参与第六章、第八章的编著，王永萍参与第一章、第二章、第五章的编著，孙凌志参与第七章的编著，柳婷婷参与第四章的编著，另外山东科技大学的于锦伟、张志勇、李万江、李志国老师也参与了教材的编写工作。全书由贾宏俊统一统稿定稿。

编　者

2014.5

目录

CONTENTS

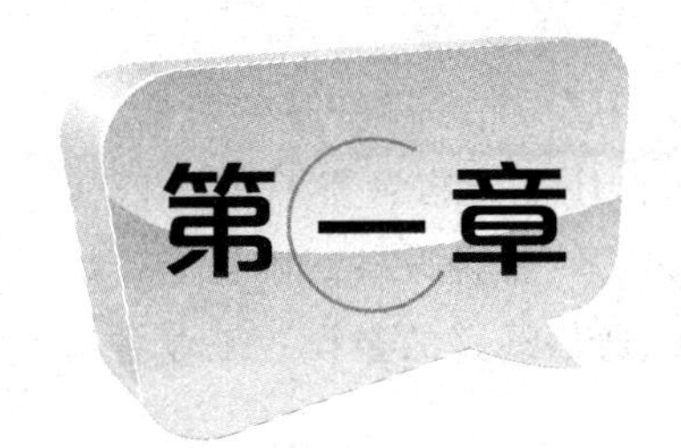

第一章 概 述

【内容概要】

本章主要介绍建设项目的基本概念、工程项目建设程序、工程造价管理的相关概念、工程造价管理的相关制度等内容。

【学习目标】

(1) 熟悉建设项目的概念和特点。

(2) 掌握建设项目的组成与工程建设程序。

(3) 熟悉工程造价和工程造价管理的基本概念。

(4) 了解工程计价的基本原理。

(5) 掌握工程造价计价的特点。

(6) 了解工程造价咨询相关制度。

【教学设计】

(1) 通过多媒体等信息化教学手段，以实际建设项目为例，讲解建设项目概念、组成及建设程序。

(2) 通过实例讲解工程计价的原理及特点。

第一节 建设项目及建设程序

一、工程建设概念与内容

(一) 工程建设的概念

工程建设是指为了国民经济各部门的发展和人民物质文化生活水平的提高而进行的有组织、有目的的投资兴建固定资产的经济活动，即建造、购置和安装固定资产的活动以及与之相联系的其他工作。凡是固定资产扩大再生产的新建、改建、扩建、恢复工程及与之相关的经济活动均可称为工程建设。工程建设最终表现为固定资产的增加。

工程建设的主要内容是把一定的物质资料如建筑材料、工程设备等，通过购置、建造、安装等活动转化为固定资产，形成新的生产能力或使用效益的过程；与之相关的其他工作如土地使用权的取得、勘察设计、研究实验等也属于工程建设的组成部分。

(二) 工程建设的内容

工程建设的主要内容有：建筑工程，安装工程，设备、工器具及生产家具的购置，其他工程建设工作。

1. 建筑工程

建筑工程指永久性和临时性建筑物（包括各种厂房、仓库、住宅、宿舍等）的一般土建、采暖、给水排水、通风、电器照明等工程；铁路、公路、码头、各种设备基础、工业炉砌筑、支架、栈桥、矿井工作平台、筒仓等构筑物工程；电力和通信线路的敷设、工业管道等工程；各种水利工程和其他特殊工程等。

2. 安装工程

安装工程指各种需要安装的机械设备、电器设备的装配、装置工程和附属设施、管线的装设、敷设工程（包括绝缘、油漆、保温工作等）以及测定安装工程质量，对设备进行的各种试车、修配和整理等工作。

3. 设备、工器具及生产家具的购置

设备、工器具及生产家具的购置指车间、实验室、医院、学校、车站等所应配备的各种设备、工具、器具、生产家具及实验仪器的购置。

4. 其他工程建设工作

其他工程建设工作指除上述以外的各种工程建设工作，如勘察设计和地质勘探工作、土地取得、拆迁安置、生产人员培训、科学研究、施工队伍调迁及大型临时设施等。

二、建设项目概念与划分

（一）建设项目的概念

工程建设项目通常也称建设项目。建设项目是指按照一个总体设计或初步设计进行施工的一个或几个单项工程的总体。比如一所学校、一所医院、一座工厂均为一个建设项目。

凡属于一个总体设计中分期分批建设的主体工程、水电气供应工程、附属配套或综合利用工程都应合归作为一个建设项目。分期建设的工程，如果分为几个总体设计，则就有几个建设项目。不能把不属于一个总体设计内的工程，按各种方式归算为一个建设项目；也不能把同一个总体设计内的工程，按地区或施工单位分为几个建设项目。

建设项目一般具有以下特点：

（1）具有明确的建设目标；

（2）目标的实现受众多约束条件的限制；

（3）具有一次性和不可逆性；

（4）投资额巨大，建设周期较长；

（5）风险大，由于具有一次性和不可逆性、投资额巨大、建设周期较长，因此，建设过程中各种不确定的因素多；

（6）建设项目内部存在许多结合部，是项目管理的薄弱环节，给参加建设的各单位之间的沟通与协调造成许多困难。

（二）建设项目的分类

建设项目可以从不同的角度进行分类。

1. 按建设性质划分

工程项目可分为新建项目、扩建项目、改建项目、迁建项目和恢复项目。

（1）新建项目　是指根据国民经济和社会发展的近远期规划，按照规定的程序立项，从无到有、“平地起家”建设的工程项目。

（2）扩建项目　是指现有企业为扩大产品的生产能力或增加经济效益而增建的生产车间、独立的生产线或分厂的项目；事业和行政单位在原有业务系统的基础上扩充规模而进行的新增固定资产投资项目。

（3）改建项目　包括挖潜、节能、安全、环境保护等工程项目。

（4）迁建项目　是指原有企事业单位，根据自身生产经营和事业发展的要求，按照国家调整生产力布局的经济发展战略的需要或出于环境保护等其他特殊要求，搬迁到异地而建设的项目。

（5）恢复项目　是指原有企业、事业和行政单位，因在自然灾害或战争中使原有固定资产遭受全部或部分报废，需要进行投资重建来恢复生产能力和业务工作条件、生活福利设施等的工程项目。

2. 按投资作用划分

建设项目可分为生产性工程项目和非生产性工程项目。

（1）生产性工程项目　是指直接用于物质资料生产或直接为物质资料生产服务的工程项目。主要包括以下内容。

① 工业建设项目。包括工业、国防和能源建设项目。

② 农业建设项目。包括农、林、牧、渔、水利建设项目。

③ 基础设施建设项目。包括交通、邮电、通信建设项目；地质普查、勘探建设项目等。

④ 商业建设项目。包括商业、饮食、仓储、综合技术服务事业的建设项目。

（2）非生产性工程项目　是指用于满足人民物质和文化、福利需要的建设和非物质资料生产部门的建设项目。主要包括以下内容。

① 办公用房。国家各级党政机关、社会团体、企业管理机关的办公用房。

② 居住建筑。住宅、公寓、别墅等。

③ 公共建筑。科学、教育、文化艺术、广播电视、卫生、博览、体育、社会福利事业、公共事业、咨询服务、宗教、金融、保险等建设项目。

④ 其他工程项目。不属于上述各类的其他非生产性工程项目。

3. 按项目规模划分

国家规定基本建设项目分为大型、中型、小型三类；更新改造项目分为限额以上和限额以下两类。

4. 按投资效益和市场需求划分

建设项目可划分为竞争性项目、基础性项目和公益性项目三种。

（1）竞争性项目　主要是指投资效益比较高、竞争性比较强的工程项目。其投资主体一般为企业，由企业自主决策、自担投资风险。

（2）基础性项目　主要是指具有自然垄断性、建设周期长、投资额大而收益低的基础设施和需要政府重点扶持的一部分基础工业项目，以及直接增强国力的符合经济规模的支柱产业项目。政府应集中必要的财力、物力通过经济实体进行投资，同时，还应广泛吸收企业参与投资，有时还可吸收外商直接投资。

（3）公益性项目　主要包括科技、文教、卫生、体育和环保等设施，公、检、法等政权机关以及政府机关、社会团体办公设施，国防建设，等。公益性项目的投资主要由政府用财政资金安排。

5. 按投资主体划分

建设项目可划分为政府投资项目和非政府投资项目。

（1）政府投资项目　政府投资项目按照其盈利性不同可分为经营性政府投资项目和非经营性政府投资项目。经营性政府投资项目是指具有盈利性质的政府投资项目，政府投资的水利、电力、铁路等项目基本都属于经营性投资项目。经营性政府投资项目应实行项目法人责任制，由项目法人对项目的策划、资金筹措、建设实施、生产经营、债务偿还和资产的保值增值实行全过程负责，使项目的建设与建成后的运营实现一条龙管理。

非经营性政府投资项目一般是指非盈利性的、主要追求社会效益最大化的公益性项目。学校、医院以及各行政、司法机关的办公楼等项目都属于非经营性政府投资项目。非经营性政府投资项目可实施“代建制”，即通过招标等方式，选择专业化的项目管理单位负责建设实施，严格控制项目投资、质量和工期，待工程竣工验收后再移交使用单位，从而使“投资、建设、监管、使用”实现分离。

（2）非政府投资项目　是指企业、集体单位、外商和私人投资兴建的建设项目。这类项目一般实行项目法人责任制。

（三）建设项目的划分

为确定工程造价与项目管理的需要，通常把建设项目分解为若干独立单元和若干层次。建设项目一般可以进一步划分为单项工程、单位（子单位）工程、分部（子分部）工程和分项工程。分项工程是最基本的计价单元，工程量和工程造价是由局部到整体的分步骤、分层次的组合计算过程。具体的划分可按照国家《建筑工程施工质量验收统一标准》（GB 50300）规定划分。

1. 单项工程

单项工程是指具有独立的设计文件，竣工后可以独立发挥生产能力或生产效益的工程。单项工程是建设项目的组成部分。

一个建设项目可由一个单项工程组成，也可以由若干个单项工程组成，同时任何一项单项工程都是由若干个单位工程组成的。如一所学校的教学楼、办公楼、图书馆等，一座工厂中的各个车间、办公楼等。单项工程的工程量与工程造价，分别由构成该单项工程的各单位工程的工程量与工程造价组成。

2. 单位（子单位）工程

单位工程具备独立施工条件并能形成独立使用功能的建筑物及构筑物为一个单位工程。单位工程是工程建设项目的组成部分，一个工程建设项目有时可以仅包括一个单位工程，也可以包括许多单位工程。从施工的角度看，单位工程就是一个独立的交工系统，在工程建设项目总体施工部署和管理目标的指导下，形成自身的项目管理方案和目标，按其投资和质量的要求，如期建成，交付生产和使用。对于建设规模较大的单位工程，还可将其能形成独立使用功能的部分划分为若干子单位工程。如工业厂房工程中的土建工程、设备安装工程、工业管道工程等单项工程中所包含的不同性质的单位工程。

由于单位工程的施工条件具有相对的独立性，因此，一般要单独组织施工和竣工验收。单位工程体现了工程建设项目的主要建设内容，是新增生产能力或工程效益的基础。

3. 分部（子分部）工程

分部工程是建筑物按单位工程的部位、专业性质划分的，亦即单位工程的进一步分解。一般工业与民用建筑工程可划分为基础工程、主体工程（或墙体工程）、地面与楼面工程、装修工程、屋面工程等六部分，其相应的建筑设备安装工程由建筑采暖工程与煤气工程、建筑电气安装工程、通风与空调工程、电梯安装工程等组成。

当分部工程较大或较复杂时，可按材料种类、施工特点、施工程序、专业系统及类别等划分为若干子分部工程。

4. 分项工程

分项工程是分部工程的组成部分，一般是按主要工种、材料、施工工艺、设备类别等进行划分。例如钢筋工程、模板工程、混凝土工程、砌砖工程、木门窗制作工程等。分项工程是建筑施工生产活动的基础，也是计量工程用工用料和机械台班消耗的基本单元。同时，又是工程质量形成的直接过程。分项工程既有其作业活动的独立性，又有相互联系、相互制约的整体性。

建设项目的分解示意如图 1-1 所示。

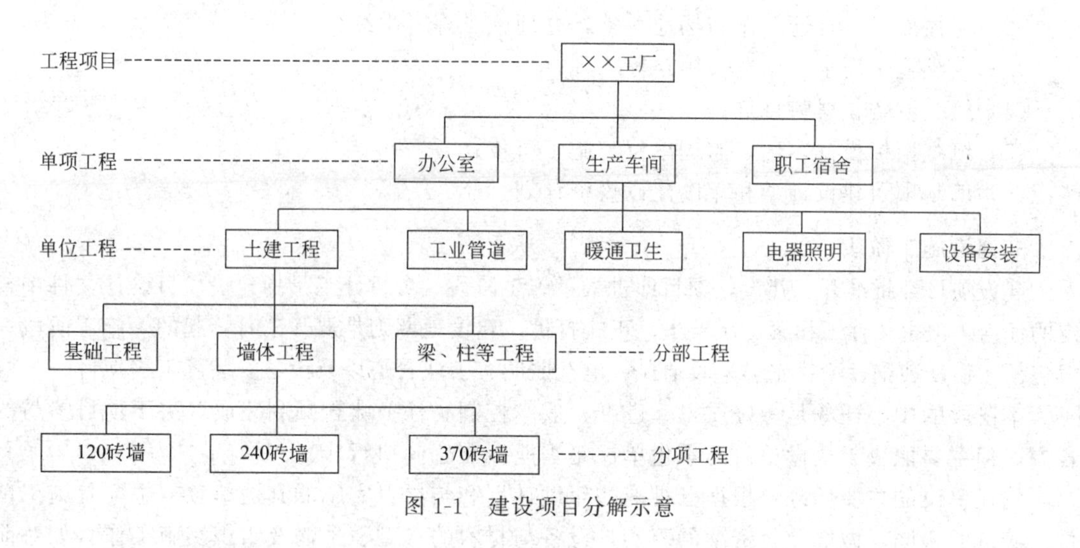

图 1-1 建设项目分解示意

三、工程建设程序及其与计价的关系

（一）工程建设程序

工程建设程序是人们在认识客观规律的基础上制定出来的，是制定建设项目科学决策和使建设项目顺利进行的重要保证，反映了自项目策划、评估、决策、设计、施工到竣工验收、投入生产或交付使用的整个建设过程必须遵守的先后次序。一般可分为以下几个阶段。

1. 项目建议书阶段

编写项目建议书是工程建设程序中最初阶段的工作。它是根据各部门的规划要求，结合自然资源、生产力布局状况和市场预测，向国家提出要求建设某一具体项目的建议文件。项目建议书应论证拟建项目的必要性、条件的可行性和获利的可能性，供建设主管部门选择并确定是否进行下一步的工作。

2. 可行性研究阶段

项目建议书一经批准，即可着手进行可行性研究，其实质就是根据国民经济发展规划和已经批准的项目建议书，运用多种科学研究方法对建设项目投资决策前进行进一步的技术经济论证，并得出可行与否的结论即可行性研究报告。其主要任务是研究建设项目的必要性、可行性和合理性。

可行性研究批准后，如果投资额度、建设规模、建设地区、产品方案、主要协作机关有变动，应经过原审批机关同意。

3. 设计阶段

可行性研究报告、计划任务书及选址报告获批准后，设计文件一般由建设单位委托或招标选择设计单位编制。一般建设项目设计分两阶段进行，即初步设计阶段和施工图设计阶段；技术上比较复杂而又缺乏设计经验的建设项目，可进行三阶段设计，即初步设计阶段、技术设计阶段和施工图设计阶段。设计文件是组织工程施工的主要依据。

4. 建设准备阶段

项目在开工建设之前要切实做好各项准备工作，主要内容包括以下几点：

（1）组织图纸会审，协调解决图纸和技术资料的有关问题；

（2）完善征地、拆迁工作和场地平整，办理施工许可手续；

（3）完成施工用水、用电、用路等工程；

（4）组织设备、材料订货；

（5）组织招标投标，确定监理单位与施工单位；

（6）编制项目建设计划和年度建设投资计划。

5. 建设施工阶段

建设项目经批准开工建设，项目即进入了施工阶段。项目开工是指建设项目设计文件中规定的任何一项永久性工程第一次破土、正式打桩。建设工期则是从开工时算起的。施工阶段一般包括土建、装饰、给排水、采暖通风、电气照明、工业管道以及设备安装等工程项目。

本阶段的中心任务是做好质量、进度、成本控制。任务能否顺利完成取决于项目参与的各方，但主要取决于建设单位与承包单位是否能按照合同执行。

建设单位的主要任务：根据已批准的年度计划和与项目实施的其他单位（主要是施工单位）签订的合同，做好项目资金的落实，设备与材料的选型、采购及组织实施工作（如对前期拆迁工作的完善等）。

施工单位的主要任务：认真做好图纸会审、参与设计交底、了解设计意图、明确质量要求、做好人员培训、选择材料供应商、做好施工机械的准备；按照单位工程施工组织设计与施工程序组织施工，做好施工原始记录，使整个施工过程处于良好的受控状态。

6. 竣工验收阶段

当建设项目完成建设合同规定的全部施工任务后，按照规定的竣工验收标准与程序进行竣工验收，并办理固定资产交付使用的转账手续。竣工验收是全面考核建设成果、检验设计和工程质量的重要步骤，也是项目建设转入生产和使用的标志。

竣工验收一般由施工单位提出，由建设单位组织有关单位共同进行验收。竣工项目正式验收前，建设单位要组织设计、监理、施工等单位进行初验，初验通过后，再向项目主管部门提出竣工验收报告，并整理好技术资料、竣工图纸，竣工验收后移交使用单位保存。

建设工程在办理完竣工验收后，如果有因为勘察设计、施工、材料等原因造成的质量缺陷，应由施工单位及时进行返修，费用由责任方负责。

7. 建设项目后评估阶段

建设项目后评估是指项目竣工投产运营一段时间后，再对项目的立项决策、勘察、设计、施工、竣工投产、生产运营等全过程进行系统评价的一种技术经济活动，是固定资产投资管理的一项重要内容，也是固定资产投资管理的最后一个环节。通过建设项目后评估，可以达到肯定成绩、总结经验、研究问题、吸取教训、提出建议、改进工作、不断提高项目决策水平和达到投资效果的目的。

上述程序中，以可行性研究报告得以批准作为一个重要的里程碑，此前可视为建设项目的决策立项阶段。

（二）工程建设程序与计价关系

由于工程建设项目自决策到竣工交付使用有一个比较长的建设周期，历经不同的建设阶段。在每一个建设阶段由于建设内容或设计深度等变化的影响，必然导致工程造价的变化，说明造价不是一次确定的，计价的成果是建立在工程建设程序之上的，需要对建设程序的各个阶段进行计价活动，以保证工程造价的科学性、合理性。建设工程计价是一个逐步深化、逐步细化、逐步接近和最终确定工程造价的过程。

1. 决策与设计阶段的计价

（1）投资估算　是指在项目建议书和可行性研究阶段通过编制估算文件预先测算和确定的工程造价。投资估算是建设项目进行决策、筹集资金和合理控制造价的主要依据。

（2）设计概算　是指在初步设计阶段，根据设计意图，通过编制工程概算文件预先测算和确定的工程造价。与投资估算造价相比，概算造价的准确性有所提高，但受估算造价的控制。概算造价一般又可分为：建设项目概算总造价、各个单项工程概算综合造价、各单位工程概算造价。

（3）修正概算　是指在技术设计阶段，根据技术设计的要求，通过编制修正概算文件，预先测算和确定的工程造价。修正概算是对初步设计阶段的概算造价的修正和调整，比概算造价准确，但受概算造价控制。

（4）施工图预算　是指在施工图设计阶段，根据施工图纸，通过编制预算文件，预先测算和确定的工程造价。预算造价比概算造价或修正概算造价更为详尽和准确，但同样要受前一阶段工程造价的控制。施工图预算也可分为总预算、综合预算和单位工程施工图预算。一般施工图预算主要指单位工程施工图预算。

2. 招标投标阶段计价

（1）招标控制价　招标人根据国家或省级、行业建设主管部门颁发的有关计价依据和办法，以及拟定的招标文件和招标工程量清单，结合工程具体情况编制的招标工程的最高投标限价。投标人的投标报价不得高于招标控制价。

（2）投标价　投标人投标时响应招标文件要求所报出的在已标价工程量清单中标明的总价，是投标人根据招标文件要求，结合自己的技术力及管理水平、市场情况、竞争策略等自主确定的工程造价，不得高于招标控制价，不得低于工程成本。

（3）签约合同价　发承包双方在工程合同中约定的工程造价，包括了分部分项工程费、措施项目费、其他项目费、规费和税金的合同总金额。签约合同价属于市场价格的性质，是在招标投标的基础上，通过市场竞争形成的，不是最终结算的工程造价。

3. 施工及竣工验收阶段计价

（1）施工预算　施工预算是在施工阶段，施工单位根据施工图纸、施工定额、施工及验收规范、标准图集、施工组织设计（或施工方案）编制的单位工程（或分部分项工程）施工所需的人工、材料和施工机械台班数量，是施工企业内部文件，是单位工程（或分部分项工程）施工所需的人工、材料和施工机械台班消耗数量的标准，是基于施工生产的造价文件，确定施工单位生产成本的文件。

建筑企业以单位工程为对象编制的人工、材料、机械台班耗用量及其费用总额，即单位工程计划成本。施工预算是企业进行劳动调配、物资技术供应、反映企业个别劳动量与社会平均劳动量之间的差别、控制成本开支、进行成本分析和班组经济核算的依据。

（2）工程结算　是指在工程竣工验收阶段，按合同调价范围和调价方法，对实际发生的工程量增减、设备和材料价差等进行调整后计算和确定的价格，是承包人向发包人办理价款结算取得收入的经济文件。

（3）竣工决算　是指工程竣工决算阶段，以实物数量和货币指标为计量单位，综合反映竣工项目从筹建开始到项目竣工交付使用为止的全部建设费用的文件。

建设程序与工程计价活动的关系见图1-2。

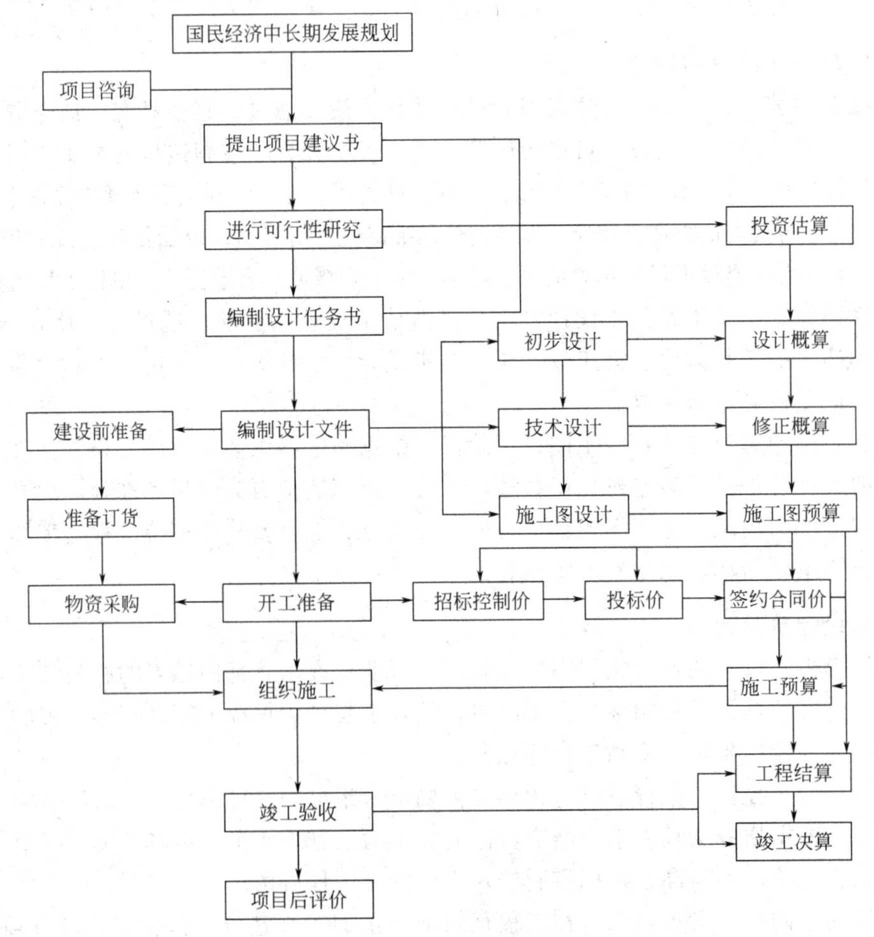

图1-2　建设程序与工程计价活动的关系

第二节 工程计价的基本概念及特征

一、工程造价的含义

工程造价（Project Costs）即工程建设项目在建设期预计或实际支出的建设费用。由于所处的角度不同，工程造价有不同的含义。

含义一：从投资者（业主）的角度分析，工程造价是指建设一项工程预期开支或实际开支的全部固定资产投资费用。投资者为了获得投资项目的预期效益，需要对项目进行策划决策及建设实施直至竣工验收等一系列投资管理活动。在上述活动中所花费的全部费用，就构成了工程造价。从这个意义上讲，建设工程造价就是建设工程项目固定资产总投资。

含义二：从市场交易的角度分析，工程造价是指为建成一项工程，预计或实际在工程发、承包交易活动中所形成的建筑安装工程费用或建设工程总费用。显然，工程造价的这种含义是指以建设工程这种特定的商品形式作为交易对象，通过招标投标或其他交易方式，在进行多次预估的基础上，最终由市场形成的价格。这里的工程既可以是涵盖范围很大的一个建设工程项目，也可以是其中的一个单项工程或单位工程，甚至可以是整个建设工程中的某个阶段，如建筑安装工程、装饰装修工程或者其中的某个组成部分。随着经济发展、技术进步、分工细化和市场的不断完善，工程建设中的中间产品也会越来越多，商品交换会更加频繁，工程价格的种类和形式也会更为丰富。尤其值得注意的是，投资主体的多元格局、资金来源的多种渠道，使相当一部分建设工程的最终产品作为商品进入了流通领域。如技术开发区的工业厂房、仓库、写字楼、公寓、商业设施和住宅开发区的大批住宅、配套公共设施等，都是投资者为实现投资利润最大化而生产的建筑产品，它们的价格是在商品交易中现实存在的，是一种有加价的工程价格。

工程承发包价格是工程造价中一种重要的、也是较为典型的价格交易形式，是在建筑市场通过招标投标，由需求主体（投资者）和供给主体（承包商）共同认可的价格。

工程造价的两种含义实质上就是从不同角度把握同一事物的本质。对市场经济条件下的投资者来说，工程造价就是项目投资，是“购买”工程项目要付出的价格；同时，工程造价也是投资者作为市场供给主体“出售”工程项目时确定价格和衡量投资经济效益的尺度。

二、工程计价的含义及特征

（一）工程计价的含义

工程计价（Construction Pricing or Estimating）即按照法律法规和标准等规定的程序、方法和依据，对工程造价及其构成内容进行的预测或确定。

工程计价的含义应该从以下三方面进行解释。

（1）工程计价是工程价值的货币形式。工程计价是自下而上的分部组合计价，由于建设项目兼具单件性与多样性的特点，每一个建设项目都需要进行单独设计，不能按整个项目确定价格，只能将整个项目进行分解，划分为可以按有关技术参数测算价格的基本构造要素（或称分部、分项工程），并计算出基本构造要素的费用。

（2）工程计价是投资控制的依据。投资计划按照建设工期、工程进度和建设价格等逐年分月制订，正确的投资计划有助于合理有效地使用资金。工程计价的每一次估算对下一次估算都是严格控制的，即后一次估算不能超过前一次估算的幅度，这种控制是在投资者财务能力限度内为取得既定的投资效益所必需的。工程计价基本确定了建设资金的需要量，从而为筹集资金提供了比较准确的依据。当建设资金来源于金融机构的贷款时，金融机构在对项目的偿贷能力进行评估的基础上，也需要依据工程计价来确定给予投资者的贷款数额。

（3）工程计价是合同价款管理的基础。合同价款是业主依据承包商按图样完成的工程量在历次支付过程中应支付给承包商的款额，是发包人确认后按合同约定的计算方法确定形成的合同约定金额、变更金额、调整金额、索赔金额等各工程款额的总和。合同价款管理的各项内容中始终有工程计价的存在：在签约合同价的形成过程中有招标控制价、投标报价以及签约合同价等计价活动；在工程价款的调整过程中，需要确定调整价款额度，工程计价也贯穿其中；工程价款的支付仍然需要工程计价工作，以确定最终的支付额。

（二）工程计价的特征

建设工程造价的计价，除具有一般商品计价的共同特点外，由于建设产品及其生产的特殊性决定了工程造价的计价具有以下不同于一般商品计价的特点。

1. 计价的单件性

建筑产品的单件性决定了每项工程都必须单独计算造价。建设工程的实物形态千差万别，尽管采用相同或相似的设计图纸，在不同地区、不同时间建造的产品，其构成投资费用的各种价值要素仍然存在差别，最终导致工程造价千差万别。建设工程的计价不能像一般工业产品那样按品种、规格、质量等成批定价，只能是单件计价，即按照各个建设项目或其局部工程，通过一定程序，执行计价依据和规定，计算其工程造价。

2. 计价的组合性

工程造价计价的组合性由建设项目的组合性决定。建设项目是一个工程综合体，可以依次分解为单项工程、单位工程、分部工程、分项工程。建设项目的这种组合性决定了计价的过程是一个逐步组合的过程，其中分项工程是最基本的计价单元，是能通过较简单的施工过程生产出来，可以用适当的计量单位计算并便于测定或计算其消耗的工程基本构成要素。工程造价的组合计价程序如图 1-3 所示。

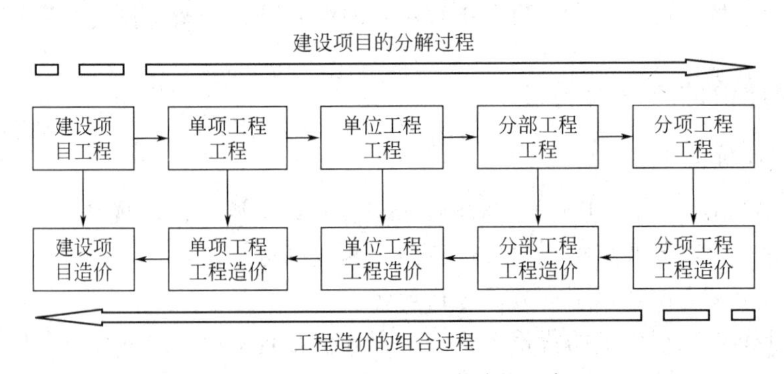

图 1-3　工程造价的组合计价程序

3. 计价的多次性

工程造价计价的多次性由基本建设程序决定。建设项目周期长、资源消耗数量大、造价高，因此，其建设必须按照基本建设程序进行，相应地在不同的建设阶段多次计价，以保证工程造价管理的准确性和有效性。随着工程的进展与逐步细化，工程造价也逐步深化、逐步细化、逐步接近实际工程造价。在不同的建设阶段，工程造价有着不同的名称，包含着不同的内容，起着不同的作用。

4. 计价方法的多样性

工程项目的多次计价有其各不相同的计价依据，每次计价的精确度要求也各不相同，由此决定了计价方法的多样性。例如，投资估算方法有设备系数法、生产能力指数估算法等；概预算方法有单价法和实物法等。不同方法有不同的适用条件，计价时应根据具体情况加以选择。

5. 计价依据的复杂性

由于影响工程造价的因素较多，决定了计价依据的复杂性。计价依据主要可分为以下几类。

（1）设备和工程量计算依据。包括项目建议书、可行性研究报告、设计文件等。

（2）人工、材料、机械等实物消耗量计算依据。包括投资估算指标、概算定额、预算定额等。

（3）工程单价计算依据。包括人工单价、材料价格、材料运杂费、机械台班费等。

（4）设备单价计算依据。包括设备原价、设备运杂费、进口设备关税等。

（5）措施费、工程建设其他费用计算依据。主要是相关的费用定额和指标。

（6）政府规定的税费。

（7）物价指数和工程造价指数。

三、工程造价相关概念

（一）静态投资与动态投资

静态投资是指以某一基准年、月的建设要素价格为依据所计算出的建设项目投资的瞬时值。静态投资包括：建筑安装工程费、设备及工器具购置费、工程建设其他费用、基本预备费等。

动态投资是指为完成一个工程项目的建设，预计投资需要量的总和。动态投资除包括静态投资外，还包括建设期贷款利息、有关税费、涨价预备费等。

静态投资和动态投资密切相关。动态投资包含静态投资，静态投资是动态投资最主要的组成部分，也是动态投资计算的基础。

（二）建设项目总投资与固定资产投资

建设项目总投资是指投资主体为获得投资收益，在选定的建设项目上投入所需全部资金的经济行为。建设项目按用途可分为生产性建设项目和非生产性建设项目。生产性建设项目总投资包括固定资产投资和流动资产投资两部分；非生产性建设项目总投资只包括固定资产投资，不包括流动资产投资。建设项目总造价是指项目总投资中的固定资产投资总额。

建设项目的固定资产投资也就是建设项目的工程造价，两者在量上是等同的。其中，建筑安装工程投资也是建筑安装工程造价，两者在量上也是等同的。从这里也可以看出工程造价两种含义的同一性。

第三节 工程造价管理

一、工程造价管理的概念

（一）工程造价管理

工程造价管理（Project Cost Management）是综合运用管理学、经济学和工程技术和信息技术等方面的知识与技能，对工程造价进行的预测、计划、控制、核算、分析和评价等工作过程。

（二）建设工程全面造价管理

按照国际工程造价管理促进会给出的定义，全面造价管理（Total Cost Management，TCM）是指有效地利用专业知识与技术，对资源、成本、盈利和风险进行筹划和控制。建设工程全面造价管理包括全寿命期造价管理、全过程造价管理、全要素造价管理和全方位造价管理。

1. 全寿命期造价管理

建设工程全寿命期造价是指建设工程初始建造成本和建成后的日常使用成本之和，它包括建设前期、建设期、使用期及拆除期各个阶段的成本。由于在实际管理过程中，在工程建设及使用的不同阶段，工程造价存在诸多不确定性，因此，全寿命期造价管理主要是作为一种实现建设工程全寿命期造价最小化的要求，指导建设工程的投资决策及设计方案的选择。

2. 全过程造价管理

全过程造价管理是指覆盖建设工程策划决策及建设实施各个阶段的造价管理。包括：前期决策阶段的项目策划、投资估算、项目经济评价、项目融资方案分析；设计阶段的限额设计、方案比选、概预算编制；招投标阶段的标段划分、发承包模式及合同形式的选择、招标控制价或标底编制；施工阶段的工程计量与结算、工程变更控制、索赔管理；竣工验收阶段的结算与决算等。

3. 全要素造价管理

影响建设工程造价的因素有很多。为此，控制建设工程造价不仅仅应控制建设工程本身的建造成本，还应同时考虑工期成本、质量成本、安全与环境成本的控制，从而实现工程成本、工期、质量、安全、环境的集成管理。全要素造价管理的核心是按照优先性的原则，协调和平衡工期、质量、安全、环保与成本之间的对立统一关系。

4. 全方位造价管理

建设工程造价管理不仅仅是业主或承包单位的任务，也是政府建设主管部门、行业协会、建设单位、设计单位、施工单位以及有关咨询机构的共同任务。尽管各方的地位、利益、角度等有所不同，但必须建立完善的协同工作机制，才能实现建设工程造价的有效控制。

二、工程造价管理的主要内容及原则

（一）工程造价管理的主要内容

在工程建设全过程各个不同阶段，工程造价管理有着不同的工作内容，其目的是在优化建设方案、设计方案、施工方案的基础上，有效地控制建设工程项目的实标费用支出。

（1）工程项目策划阶段　按照有关规定编制和审核投资估算，经有关部门批准，即可作为拟建工程项目策划决策的控制造价；基于不同的投资方案进行经济评价，作为工程项目决策的重要依据。

（2）工程设计阶段　在限额设计、优化设计方案的基础上编制和审核工程概算、施工图预算。对于政府投资工程，经有关部门批准的工程概算，将作为拟建工程项目造价的最高限额。

（3）工程发、承包阶段　进行招标策划，编制和审核工程量清单、招标控制价或标底，确定投标报价及其策略，直至确定承包合同价。

（4）工程施工阶段　进行工程计量及工程款支付管理，实施工程费用动态监控，处理工程变更和索赔，编制和审核工程结算、竣工决算，处理工程保修费用等。

（二）工程造价管理的基本原则

实施有效的工程造价管理，应遵循以下三项原则。

（1）以设计阶段为重点的全过程造价管理。工程造价管理贯穿于工程建设全过程的同时，应注重工程设计阶段的造价管理。工程造价管理的关键在于前期决策和设计阶段，而在项目投资决策后，控制工程造价的关键就在于设计。建设工程全寿命期费用包括工程造价和工程交付使用后的日常开支费用（含经营费用、日常维护修理费用、使用期内大修理和局部更新费用）以及该工程使用期满后的报废拆除费用等。

长期以来，我国往往将控制工程造价的主要精力放在施工阶段——审核施工图预算、结算建筑安装工程价款，对工程项目策划决策阶段的造价控制重视不够。要有效地控制工程造价，就应将工程造价管理的重点转到工程项目策划决策和设计阶段。

（2）主动控制与被动控制相结合。长期以来，人们一直把控制理解为目标值与实际值的比较，以及当实际值偏离目标值时，分析其产生偏差的原因，并确定下一步的对策。在工程建设全过程中进行这样的工程造价控制当然是有意义的，但问题在于，这种立足于调查-分析-决策基础之上的偏离-纠偏-再偏离-再纠偏的控制是一种被动控制，因为这样做只能发现偏离，不能预防可能发生的偏离。为尽可能地减少乃至避免目标值与实际值的偏离，还必须立足于事先主动地采取控制措施，实施主动控制。也就是说，工程造价控制不仅要反映投资决策，反映设计、发包和施工，被动地控制工程造价，更要能动地影响投资决策，影响工程设计、发包和施工，主动地控制工程造价。

（3）技术与经济相结合。要有效地控制工程造价，应从组织、技术、经济等多方面采取措施。从组织上采取的措施，包括明确项目组织结构，明确造价控制者及其任务，明确管理职能分工；从技术上采取措施，包括重视设计多方案选择，严格审查监督初步设计、技术设计、施工图设计、施工组织设计，深入技术领域研究节约投资的可能性；从经济上采取措施，包括动态地比较造价的计划值和实际值，严格审核各项费用支出，采取能节约投资的有力奖励措施等。

三、工程造价管理改革思路及信息化发展

（一）工程造价管理改革的思路

工程造价管理应适应我国工程建设发展的新形势，积极适应经济发展新常态。需要进一

步加快工程造价管理市场化改革，健全市场决定工程造价机制，建立与市场经济相适应的工程造价监督管理体系，推动工程造价管理整体发展。工程造价管理改革的思路见图 1-4。

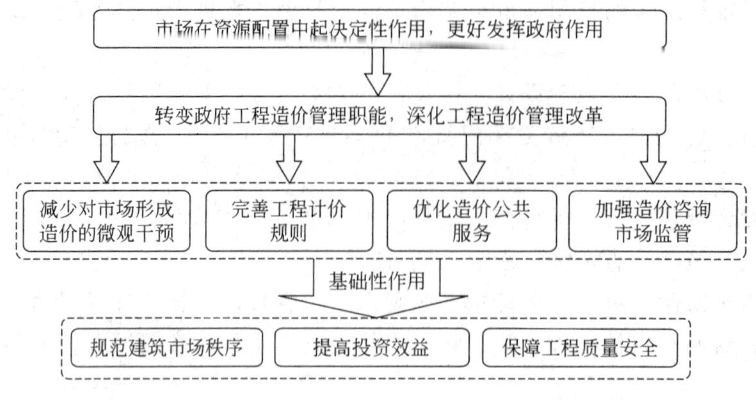

图 1-4 工程造价管理改革的思路

（二）工程造价管理改革的思路

我国工程造价领域的信息化是从 20 世纪 80 年代末期伴随着定额管理、推广应用工程造价管理软件开始的。进入 20 世纪 90 年代中期，伴随着计算机和互联网技术的普及，全国性的工程造价管理信息化已成必然趋势。近年来，尽管全国各地及各专业工程造价管理机构逐步建立了工程造价信息平台，工程造价咨询企业也大多拥有专业的计算机系统和工程造价管理软件，但仍停留在工程量计算、汇总及工程造价的初步统计分析阶段。从整个工程造价行业看，还未建立统一规划、统一编码的工程造价信息资源共享平台；从工程造价咨询企业层面看，工程造价管理的数据库、知识库尚未建立和完善。目前，发达国家和地区的工程造价管理已大量运用计算机网络和信息技术，实现工程造价管理的网络化、虚拟化。特别是建筑信息建模（Building Information Modeling，BIM）技术的推广应用，必将推动工程造价管理的信息化发展（见图 1-5）。同样，工程造价管理要适应信息化的发展要求，主要体现在以下方面。

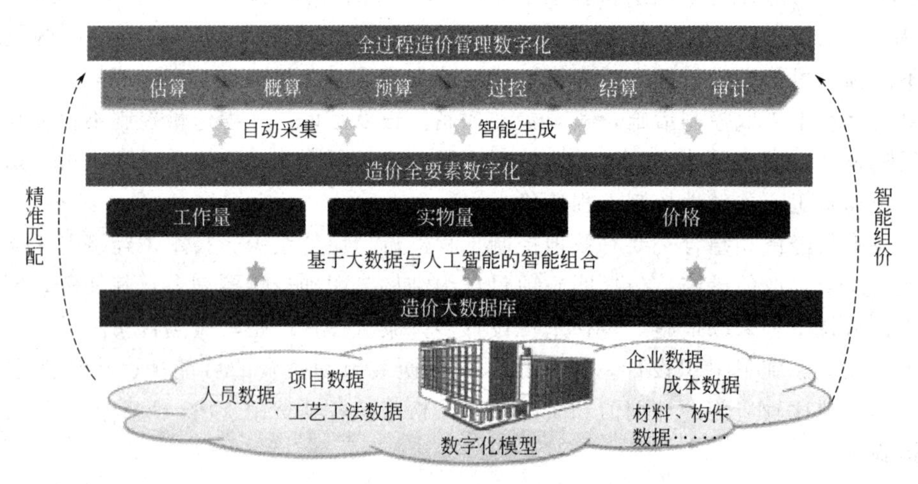

图 1-5 基于 BIM 的全过程造价管理

（1）以标准形式表现的项目划分和工程量计算规则，要适应 BIM 技术的发展要求，并方便与设计配合。适应图形计量，快速计价。

（2）工程计价定额要形成完善的枝状结构，保持估算指标、概算定额、预算定额项目间的联系、协调，并便于数据交换。

（3）工程计价定额的编制要与时俱进，要用智能化的现场管理与大数据技术结合来编制定额。

（4）工程造价信息表现形式要与时俱进，通过标准化促进工程造价管理专业化、规范化；通过网络化促进信息共享和便捷服务。

第四节　工程造价咨询制度

《建筑工程施工发包与承包计价管理办法》（住建部〔2013〕16号令）中明确规定国家推广工程造价咨询制度，对建筑工程项目实行全过程造价管理。所谓工程造价咨询制度是指在工程建设中，委托工程造价咨询企业及造价专业人士，对建设项目工程造价的计价活动提供专业服务，出具工程造价成果文件的制度。该项制度在提高投资效果、项目的控制水平、维护建设市场秩序和社会公共利益等方面有重要意义。我国已经建立了比较完整的工程造价咨询相关制度，制定了工程造价咨询管理制度和工程造价专业人员管理制度。

一、工程造价专业人员管理制度

造价工程师，是指通过职业资格考试取得中华人民共和国造价工程师职业资格证书，并经注册后从事建设工程造价工作的专业技术人员。2017年9月15日，经国务院同意，人力资源社会保障部印发《关于公布国家职业资格目录的通知》，公布国家职业资格目录，将造价工程师纳入国家职业资格目录。

2018年7月20日，住房城乡建设部、交通运输部、水利部、人力资源社会保障部关于印发《造价工程师职业资格制度规定》《造价工程师职业资格考试实施办法》的通知（建人〔2018〕67号），明确国家设置造价工程师准入类职业资格，工程造价咨询企业应配备造价工程师，工程建设活动中有关工程造价管理岗位按需要配备造价工程师。造价工程师分为一级造价工程师和二级造价工程师。

一级造价工程师的执业范围包括建设项目全过程的工程造价管理与咨询等，具体工作内容如下：

（1）项目建议书、可行性研究投资估算与审核，项目评价造价分析；

（2）建设工程设计概算、施工预算编制和审核；

（3）建设工程招标投标文件工程量和造价的编制与审核；

（4）建设工程合同价款、结算价款、竣工决算价款的编制与管理；

（5）建设工程审计、仲裁、诉讼、保险中的造价鉴定，工程造价纠纷调解；

（6）建设工程计价依据、造价指标的编制与管理；

（7）与工程造价管理有关的其他事项。

二级造价工程师主要协助一级造价工程师开展相关工作，可独立开展以下具体工作：

（1）建设工程工料分析、计划、组织与成本管理，施工图预算、设计概算编制；

（2）建设工程量清单、最高投标限价、投标报价编制；

（3）建设工程合同价款、结算价款和竣工决算价款的编制。

造价工程师应在本人工程造价咨询成果文件上签章，并承担相应责任。工程造价咨询成果文件应由一级造价工程师审核并加盖执业印章。

二、工程造价咨询企业管理制度

造价咨询企业是指取得工商营业执照，按照经营范围，依法从事工程造价咨询活动的企业。工程造价咨询企业依法从事工程造价咨询活动，不受行政区域限制。工程造价咨询企业应具备与承接业务相匹配的能力和注册造价工程师。

工程造价咨询业务范围包括以下内容。

(1) 建设项目建议书及可行性研究投资估算、项目经济评价报告的编制和审核。

(2) 建设项目概预算的编制与审核，并配合设计方案比选、优化设计、限额设计等工作进行工程造价分析与控制。

(3) 建设项目合同价款的确定（包括招标工程工程量清单和标底、投标报价的编制和审核）；合同价款的签订与调整（包括工程变更、工程洽商和索赔费用的计算）及工程款支付，工程结算、竣工结算和决算报告的编制与审核等。

(4) 工程造价经济纠纷的鉴定和仲裁的咨询。

(5) 提供工程造价信息服务等。

同时，工程造价咨询企业可以对建设项目的组织实施进行全过程或者若干阶段的管理和服务。

课后习题

一、简答题

1. 什么是建设项目？具有什么特点？
2. 什么是单位工程？什么是分部工程？什么是分项工程？
3. 工程建设程序包括哪几个阶段？
4. 简述工程造价与工程造价管理的概念。
5. 简述工程造价计价的特点。
6. 简述工程造价管理的基本内容。
7. 详述工程建设程序与计价活动的关系。

二、单项选择题

1. 建筑产品的单件性特点决定了每项工程造价都必须（　　）。

A. 分部组合　　B. 分层组合　　C. 多次计算　　D. 单独计算

2. 生产性建设项目总投资由（　　）两部分组成。

A. 建筑工程投资和安装工程投资　　B. 建筑安装工程投资和设备工器具投资

C. 固定资产投资和流动资产投资　　D. 建筑安装工程投资和工程建设其他投资

3. 下列工作中，属于工程项目策划阶段造价管理内容的是（　　）。

A. 投资方案经济评价　　B. 编制工程量清单

C. 审核工程概算　　D. 确定投标报价

4. 为了有效地控制工程造价，应将工程造价管理的重点放在工程项目的（　　）阶段。

A. 初步设计和招标　　B. 施工图设计和预算

C. 策划决策和设计　　D. 方案设计和概算

5. 根据《建筑工程施工质量验收统一标准》，下列工程中，属于分项工程的是（　　）。

A. 计算机机房工程　　B. 轻钢结构工程

C. 土方开挖工程　　D. 外墙防水工程

建筑工程定额

【内容概要】

本章主要介绍我国工程定额体系，定额中人工、材料及机具台班消耗量指标及确定方法，消耗量定额的编制及其应用等内容。

【学习目标】

（1）了解工程定额体系。

（2）熟悉工程定额的概念。

（3）掌握工人工作时间消耗和机械工作时间消耗的分类。

（4）熟悉定额人工、材料和机械台班的消耗量指标编制。

（5）熟悉消耗量定额的概念、编制。

（6）掌握消耗量定额应用。

【教学设计】

（1）通过多媒体等信息化教学手段，讲解工程定额体系的构成、分类；配合现行计价定额实例，讲解定额中的消耗量。

（2）通过实例讲解基础定额消耗量指标如何确定，在此基础上如何得到消耗量指标。

（3）通过计价定额及实例讲解如何套用定额。

第一节　工程定额体系

在工程建设领域，我国形成了较为完善的工程定额体系。工程定额作为独具中国特色的工程计价依据是我国工程管理的宝贵财富和基础数据积累。从本质看，工程定额是经过标准化的各类工程数据库（各类消耗量指标、费用指标等），随着 BIM 等信息技术的发展必将推进定额的编制、管理等体制改革，完善定额体系，提高定额的科学性和实效性。

目前，我国已形成涵盖国家、行业、地方的各类定额、估概算指标 1600 多册，见图 2-1。

一、工程定额的概念

所谓定额，是指进行生产经营活动时，在人力、物力、财力消耗方面所应遵守或达到的数量标准，它反映一定时期的社会生产力水平的高低。19 世纪末 20 世纪初，在技术最发达、资本主义发展最快的美国，形成了系统的经济管理理论。定额的产生就是与管理科学的

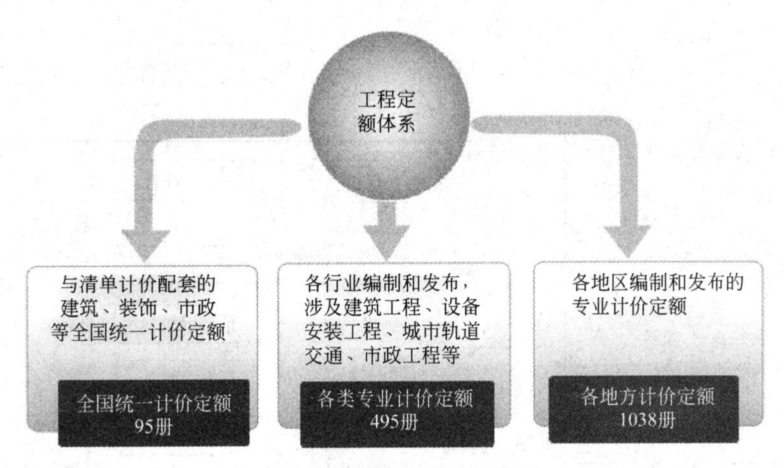

图 2-1 现阶段工程定额体系

形成和发展紧密地联系在一起的，定额和企业管理成为科学是从泰勒制开始的，它的创始人是美国工程师泰勒（F. W. Tayloy，1856—1915）。

泰勒制的核心内容包括两方面：第一，科学的工时定额；第二，工时定额与有差别的计件工资制度相结合。泰勒制的产生和推行，在提高劳动生产率方面取得了显著的效果，给企业管理带来了根本性的改革和深远的影响。

工程定额是指在工程建设中，在一定的技术组织条件、正常施工条件下，以及合理的劳动组织、合理地使用材料和机械的条件下，完成规定计量单位的合格建筑安装产品所消耗资源的数量标准。工程定额是动态的，与一定的生产力水平相联系，随着科学技术和管理水平的进步，定额的消耗水平逐步降低，定额水平逐步提高。

二、工程定额分类

工程定额是一个综合概念，是建设工程造价计价和管理中各类定额的总称，包括许多种类的定额，可以按照不同的原则和方法对它进行分类。工程定额的分类如图 2-2 所示。

1. 按定额反映的生产要素消耗内容分类

按定额反映的生产要素消耗内容，可以把工程定额分为劳动消耗定额、材料消耗定额和机具消耗定额三种。

(1) 劳动消耗定额 简称劳动定额（也称为人工定额），是在正常的施工技术和组织条件下，完成规定计量单位合格的建筑安装产品所消耗的人工工日或产量的数量标准。劳动定额的主要表现形式是时间定额，但同时也表现为产量定额。

(2) 材料消耗定额 简称材料定额，是指在正常的施工技术和组织条件下，完成规定计量单位合格的建筑安装产品所消耗的原材料、成品、半成品、构配件、燃料以及水、电等动力资源的数量标准。

(3) 机具消耗定额 机具消耗定额由机械消耗定额与仪器仪表消耗定额组成。机械消耗定额是以一台机械一个工作班为计量单位，又称为机械台班定额。机械消耗定额是指在正常的施工技术和组织条件下，完成规定计量单位合格的建筑安装产品所消耗的施工机械台班的数量标准。机械消耗定额的主要表现形式是机械时间定额，同时也以产量定额表现。施工仪器仪表消耗定额的表现形式与机械消耗定额类似。

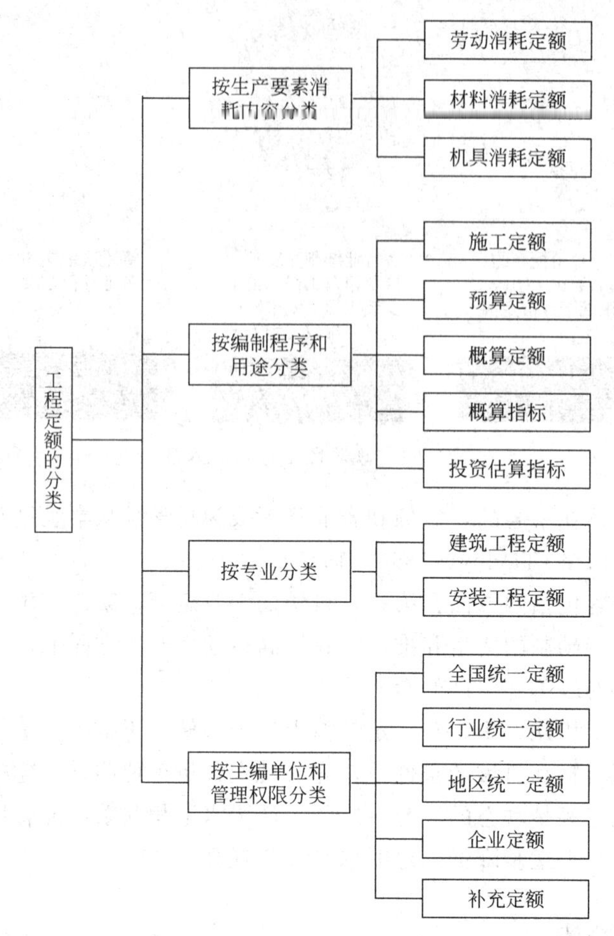

图 2-2 工程定额的分类

2. 按定额的编制程序和用途分类

按定额的编制程序和用途，可以把工程定额分为施工定额、预算定额、概算定额、概算指标、投资估算指标等。

(1) 施工定额 施工定额是指在正常的施工条件下，完成一定计量单位合格的某一施工过程或基本工序所需消耗的人工、材料和机械台班数量标准。施工定额是施工企业（建筑安装企业）组织生产和加强管理在企业内部使用的一种定额，属于企业定额的性质。施工定额是以某一施工过程或基本工序作为研究对象，表示生产产品数量与生产要素消耗综合关系编制的定额。为了适应组织生产和管理的需要，施工定额的项目划分很细，是工程定额中分项最细、定额子目最多的一种定额，也是工程定额中的基础性定额。

(2) 预算定额 预算定额是指在正常的施工条件下，完成一定计量单位合格的分项工程或结构构件所需消耗的人工、材料、施工机械台班数量及其费用标准。预算定额是一种计价性定额。从编制程序上看，预算定额是以施工定额为基础综合扩大编制的，同时它也是编制概算定额的基础。

(3) 概算定额 概算定额是指在正常的施工条件下，完成一定计量单位合格的扩大分项工程或扩大结构构件所需消耗的人工、材料、施工机械台班数量及其费用标准，是一种计价性定额。概算定额是编制扩大初步设计概算、确定建设项目投资额的依据。概算定额的项目划分粗细与扩大初步设计的深度相适应，一般是在预算定额的基础上综合扩大而成的，每一综合分项概算定额都包含了数项预算定额。

（4）概算指标　概算指标是以单位工程为对象，反映完成一个规定计量单位建筑安装产品的经济消耗指标。概算指标是概算定额的扩大与合并，以更为扩大的计量单位来编制的。概算指标的内容包括人工、材料、机械台班定额三个基本部分，同时还列出了各结构分部的工程量及单位建筑工程（以体积或面积计）的造价，是一种计价定额。

（5）投资估算指标　投资估算指标是以建设项目、单项工程为对象，反映建设总投资及其各项费用构成的经济指标。它是在项目建议书和可行性研究阶段编制投资估算、计算投资需要量时使用的一种定额。它的概略程度与可行性研究阶段相适应。投资估算指标往往根据历史的预、决算资料和价格变动等资料编制，但其编制基础仍然离不开预算定额、概算定额。

上述各种定额间关系的比较见表 2-1。

表 2-1　各种定额间关系的比较

	施工定额	预算定额	概算定额	概算指标	投资估算指标
对象	施工过程或基本工序	分项工程或结构构件	扩大的分项工程或扩大的结构构件	单位工程	建设项目、单项工程
主要用途	编制施工预算	编制施工图预算	编制扩大初步设计概算	编制初步设计概算	编制投资估算
项目划分	最细	细	较粗	粗	很粗
定额水平	平均先进	平均	平均	平均	平均
定额性质	生产性定额	计价性定额			

3. 按照专业划分

由于工程建设涉及众多的专业，不同的专业所含的内容也不同，因此就确定人工、材料和机械台班消耗数量标准的工程定额来说，也需按不同的专业分别进行编制和执行。

（1）建筑工程定额按专业对象分为建筑及装饰工程定额、房屋修缮工程定额、市政工程定额、铁路工程定额、公路工程定额、矿山井巷工程定额等。

（2）安装工程定额按专业对象分为电气设备安装工程定额、机械设备安装工程定额、热力设备安装工程定额、通信设备安装工程定额、化学工业设备安装工程定额、工业管道安装工程定额、工艺金属结构安装工程定额等。

4. 按主编单位和管理权限分类

按主编单位和管理权限，工程定额可以分为全国统一定额、行业统一定额、地区统一定额、企业定额、补充定额五种。

（1）全国统一定额是由国家建设行政主管部门综合全国工程建设中技术和施工组织管理的情况编制的，并在全国范围内执行的定额。

（2）行业统一定额是考虑到各行业部门专业工程技术特点，以及施工生产和管理水平编制的。一般只在本行业和相同专业性质的范围内使用。

（3）地区统一定额包括省、自治区、直辖市定额。地区统一定额主要是考虑地区性特点和全国统一定额水平做适当调整和补充编制的。

（4）企业定额是施工单位根据本企业的施工技术、机械装备和管理水平编制的人工、施工机械台班和材料等的消耗标准。企业定额在企业内部使用，是企业综合素质的一个标志。企业定额水平一般应高于国家现行定额，才能满足生产技术发展、企业管理和市场竞争的需要。在工程量清单计价方式下，企业定额作为施工企业进行建设工程投标报价的计价依据，正发挥着越来越大的作用。

(5) 补充定额是指随着设计、施工技术的发展，现行定额不能满足需要的情况下，为了补充缺陷所编制的定额。补充定额只能在指定的范围内使用，可以作为以后修订定额的基础。

上述各种定额虽然适用于不同的情况和用途，但是它们是一个互相联系的、有机的整体，在实际工作中应配合使用。

第二节　工程定额消耗量的确定

工程定额的核心内容就是要解决人工、材料及机械台班的消耗量指标。可以通过编制基础定额确定相应的消耗量，基础定额一般由劳动（人工）定额、材料消耗量定额、机械台班定额组成。其中，劳动定额确定了人工的消耗量，材料消耗量定额确定了材料的消耗量，机械台班定额确定了机械的消耗量。

一、人工定额消耗量的确定

(一) 劳动定额的形式

劳动定额也称定额，反映的是人工的消耗标准。按其表现形式分为时间定额和产量定额，时间定额与产量定额互为例数。

(1) 时间定额也称工时定额，是指在一定的施工技术和组织条件下，完成单位合格产品或施工作业过程所需消耗工作时间的数量标准。时间定额包括准备与结束工作时间、基本工作时间、辅助工作时间、不可避免的中断时间及必需的休息时间等。

时间定额一般单位以“工日”表示。一个工日表示一个工人工作一个工作班，每个工作班按现行制度为每个人 8h。其计算公式为：

$$单位产品的时间定额=\frac{1}{每工的产量} \tag{2-1}$$

或

$$单位产品的时间定额=\frac{小组成员工日数总和}{小组的班产量} \tag{2-2}$$

(2) 产量定额是指在一定的生产技术和生产组织条件下，某工种和某种技术等级的工人小组或个人，在单位时间（工日）内，完成合格产品的数量，一般单位以 m^2、m、t 等表示。其计算公式为：

$$每工的产量定额=\frac{1}{单位产品的时间定额} \tag{2-3}$$

或

$$每班的产量定额=\frac{小组成员工日数总和}{单位产品的时间定额} \tag{2-4}$$

例如：某人工挖土（普通土），单位 $10m^3$，其时间定额为综合工日 1.34 工日，则产量定额为 $1/1.34=0.746\times10m^3$。

现行的劳动定额为2009年3月1日开始实施的《建设工程劳动定额》(分建筑工程、安装工程、市政工程、园林绿化工程和装饰工程五个专业)。以《建设工程劳动定额 建筑工程》中的砖基础为例，见表2-2。

表2-2　砖基础劳动定额（时间定额表）　　单位：工日/m^3

定额编号	AD0001	AD0002	AD0003	AD0004	AD0005	AD0006	AD0007	序号
项目	带形基础			圆、弧形基础		独立基础	砌挖孔桩护壁	
	厚度							
	1砖	3/2砖	≥2砖	1砖	＞1砖			
综合	0.937	0.905	0.876	1.080	1.040	1.120	1.410	一
砌砖	0.39	0.354	0.325	0.470	0.425	0.490	0.550	二
运输	0.449	0.449	0.449	0.500	0.500	0.500	0.700	三
调制砂浆	0.098	0.102	0.102	0.110	0.114	0.130	0.160	四

注：1.墙基无大放脚者，其砌砖部分执行混水墙相应定额。

2.带形基础亦称条形基础。

3.挖孔桩护壁不分厚度，砂浆不分人拌与机拌，砖、砂浆均以人力垂直运输为准。

4.工作内容为清理地槽，砌垛、角，抹防潮层砂浆等操作过程。

(二) 施工过程分析

定额制定时，必须要分析施工过程，进行工时消耗分析，即科学地区分定额时间和非定额时间，合理地采取措施，使非定额时间降到最低限度。

1.施工过程的含义

施工过程就是为完成某一项施工任务，在施工现场所进行的生产过程。其最终目的是要建造、改建、修复或拆除工业及民用建筑物和构筑物的全部或一部分。每个施工过程的结束，获得了一定的产品，这种产品或者是改变了劳动对象的外表形态、内部结构或性质（由于制作和加工的结果），或者是改变了劳动对象在空间的位置（由于运输和安装的结果）。

2.施工过程的组成

根据施工过程组织上的复杂程度，施工过程可以包括工序、工作过程和综合工作过程，见图2-3。

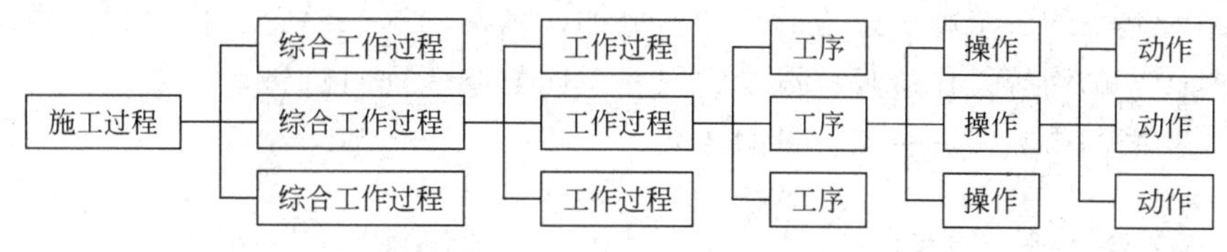

图2-3　施工过程组成

(1) 工序　工序是指施工过程中在组织上不可分割，在操作上属于同一类的作业环节。其主要特征是劳动者、劳动对象和使用的劳动工具均不发生变化，如果其中一个因素发生变化，就意味着由一项工序转入了另一项工序。如钢筋制作，它由平直钢筋、钢筋除锈、切断钢筋、弯曲钢筋等工序组成。

工序可以由一个人来完成，也可以由小组或施工队内的几名工人协同完成；可以手动完成，也可以由机械操作完成。在机械化的施工工序中，还可以包括由工人自己完成的各项工作和由机器完成的工作两部分。

从施工的技术操作和组织观点看，工序是工艺方面最简单的施工过程。在编制施工定额时，工序是主要的研究对象。测定定额时只需分解和标定到工序为止。如果进行某项先进技术或新技术的工时研究，就要分解到操作甚至动作为止，从中研究可加以改进操作或节约工时。操作即为工序的组成部分，是一个施工动作接一个施工动作的综合。每一个施工动作和操作都是完成施工工序的一部分。动作是施工工序中最小的可以计时测算的部分，是工人接触材料、构配件等劳动对象的举动，目的是使之移位、固定或对其进行加工。

图 2-4 是“弯曲钢筋”工序分解为操作和动作的分解示意图（部分）。

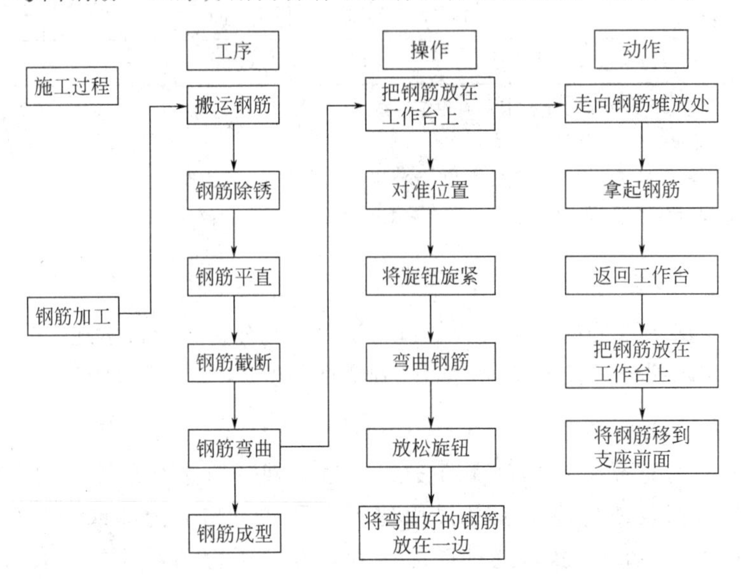

图 2-4 “弯曲钢筋”工序分解为操作和动作的分解示意图

（2）工作过程　工作过程是由同一工人或同一小组所完成的在技术操作上相互有机联系的工序的总和体。其特点是劳动者和劳动对象不发生变化，而使用的劳动工具可以变换。例如砌墙和勾缝、抹灰和粉刷等。

（3）综合工作过程　综合工作过程是同时进行的、在组织上有直接联系的、为完成一个最终产品结合起来的各个施工过程的总和。例如，砌砖墙这一综合工作过程，由调制砂浆、运砂浆、运砖、砌墙等工作过程构成，它们在不同的空间同时进行，在组织上有直接联系，并最终形成共同的产品——一定数量的砖墙。

（三）工人工作时间分析

研究施工中的工作时间最主要的目的是确定施工的时间定额和产量定额，其前提是对工作时间按其消耗性质进行分类，以便研究工时消耗的数量及其特点。工作时间指的是工作班延续时间，例如 8h 工作制的工作时间就是 8h，午休时间不包括在内。

工人在工作班内消耗的工作时间，按其消耗的性质，基本可以分为两大类：必须消耗的工作时间和损失时间。工人工作时间的分类一般如图 2-5 所示。

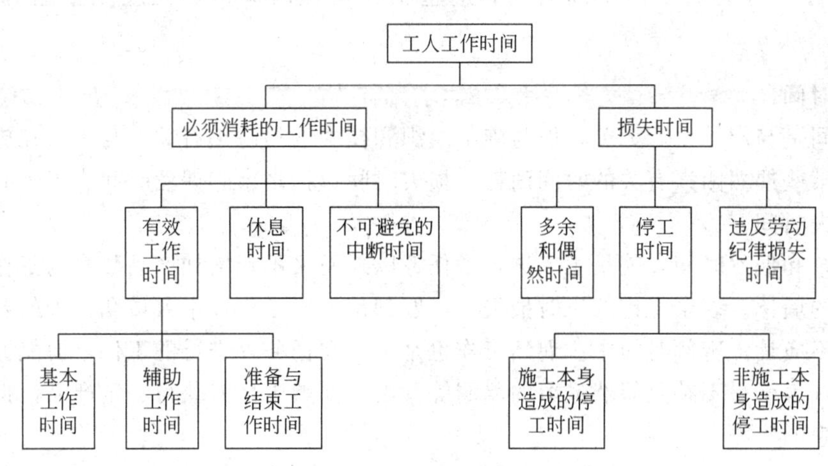

图 2-5 工人工作时间分类图

1. 必须消耗的工作时间

必须消耗的工作时间是工人在正常施工条件下，为完成一定合格产品（工作任务）所消耗掉的时间，是制定定额的主要依据，包括有效工作时间、休息时间和不可避免的中断时间。

（1）有效工作时间，是从生产效果来看与产品生产直接有关的时间消耗。包括基本工作时间、辅助工作时间、准备与结束工作时间的消耗。

① 基本工作时间是工人完成生产一定产品的施工工艺过程所消耗的时间。通过这些工艺过程可以使材料改变外形，如钢筋煨弯等；可以改变材料的结构与性质，如混凝土制品的养护干燥等；可以使预制构配件安装组合成型；也可以改变产品外部及表面的性质，如粉刷、油漆等。基本工作时间所包括的内容依工作性质各不相同。基本工作时间的长短和工作量大小成正比。

② 辅助工作时间是为保证基本工作能顺利完成所消耗的时间。在辅助工作时间里，不能使产品的形状大小、性质或位置发生变化。辅助工作时间的结束，往往就是基本工作时间的开始。辅助工作一般是手工操作。但如果在机手并动的情况下，辅助工作是在机械运转过程中进行的，为避免重复则不应再计辅助工作时间的消耗。辅助工作时间长短与工作量大小有关。

③ 准备与结束工作时间是执行任务前或任务完成后所消耗的工作时间，如工作地点、劳动工具和劳动对象的准备工作时间，工作结束后的整理工作时间等。准备和结束工作时间的长短与所担负的工作量大小无关，但往往和工作内容有关。这项时间消耗可以分为班内的准备与结束工作时间和任务的准备与结束工作时间。其中任务的准备和结束时间是在一批任务的开始与结束时产生的，如熟悉图纸、准备相应的工具、事后清理场地等，通常不反映在每一个工作班里。

（2）休息时间，是工人在工作过程中为恢复体力所必需的短暂休息和生理需要的时间消耗。这种时间是为了保证工人精力充沛地进行工作，所以在定额时间中必须进行计算。休息时间的长短和劳动条件、劳动强度有关，劳动越繁重紧张、劳动条件越差（如高温），则休息时间越长。

（3）不可避免的中断时间，是由于施工工艺特点引起的工作中断所必需的时间。与施工过程工艺特点有关的工作中断时间，应包括在定额时间内，但应尽量缩短此项时间消耗。

2. 损失时间

损失时间是与产品生产无关，而与施工组织和技术上的缺点有关，与工人在施工过程的个人过失或某些偶然因素有关的时间消耗。损失时间包括多余和偶然时间、停工时间、违反劳动纪律损失时间。

(1) 多余和偶然时间，就是工人进行了任务以外而又不能增加产品数量的工作，如重砌质量不合格的墙体。多余工作的工时损失，一般都是由于工程技术人员和工人的差错而引起的，因此，不应计入定额时间中。偶然工作也是工人在任务外进行的工作，但能够获得一定产品。如抹灰工不得不补上偶然遗留的墙洞等。由于偶然工作能获得一定产品，拟定定额时要适当考虑它的影响。

(2) 停工时间，是工作班内停止工作造成的工时损失。停工时间按其性质可分为施工本身造成的停工时间和非施工本身造成的停工时间两种。施工本身造成的停工时间，是由于施工组织不善、材料供应不及时、工作面准备工作做得不好、工作地点组织不良等情况引起的停工时间；非施工本身造成的停工时间，是由于水源、电源中断引起的停工时间。前一种情况在拟定定额时不应该计算，后一种情况定额中则应给予合理的考虑。

(3) 违反劳动纪律损失时间，是指工人在工作班开始和午休后的迟到、午饭前和工作班结束前的早退、擅自离开工作岗位、工作时间内聊天或办私事等造成的工时损失。由于个别工人违背劳动纪律而影响其他工人无法工作的时间损失，也包括在内。

(四) 人工消耗量的确定方法

测定定额工时消耗通常使用计时观察法，计时观察法是测定时间消耗的基本方法。计时观察法以研究工时消耗为对象，以观察测时为手段，通过密集抽样和粗放抽样等技术进行直接的时间研究。计时观察法以现场观察为主要技术手段，所以也称为现场观察法（关于计时观察法本书不做详细介绍，可参阅其他文献）。

通过计时观察资料，可以获得定额的各种必须消耗时间。将这些时间进行归纳，有的是经过换算，有的是根据不同的工时规范附加，最后把各种定额时间加以综合和类比就是整个工作过程的人工消耗的时间定额。

1. 确定工序作业时间

根据计时观察资料的分析和选择，可以获得各种产品的基本工作时间和辅助工作时间，将这两种时间合并，可以称为工序作业时间。工序作业时间决定了整个产品的定额时间。

(1) 基本工作时间确定　基本工作时间消耗一般应根据计时观察资料来确定。首先确定工作过程每一组成部分的工时消耗，然后再综合出工作过程的工时消耗。如果组成部分的产品计量单位和工作过程的产品计量单位不符，就需先求出不同计量单位的换算系数，进行产品计量单位的换算，然后再相加，求得工作过程的工时消耗。

① 各组成部分与最终产品单位一致时的基本工作时间计算。此时，单位产品基本工作时间就是施工过程各个组成部分作业时间的总和，计算公式为：

$$T=\sum_{i=1}^{n}t_i \tag{2-5}$$

式中　T——单位产品基本工作时间；

t_i——各组成部分的基本工作时间；

n——各组成部分的个数。

② 各组成部分单位与最终产品单位不一致时的基本工作时间计算。此时，各组成部分基本工作时间应分别乘以相应的换算系数。计算公式为：

$$T=\sum_{i=1}^{n}k_i t_i \tag{2-6}$$

式中，k_i 为对应于 t_i 的换算系数。

【例 2-1】 砌砖墙勾缝的计量单位是平方米，但若将勾缝作为砌砖墙施工过程的一个组成部分对待，即将勾缝时间区分不同墙厚按砌体体积计算，设每平方米墙面所需的勾缝时间为 10min，试求各种不同墙厚每立方米砌体所需的勾缝时间。

解：(1) 1 砖厚的砖墙，其每立方米砌体墙面面积的换算系数为 1/0.24＝4.17（m^2）

则每立方米砌体所需的勾缝时间是：4.17×10＝41.7（min）

(2) 标准砖规格为 240mm×115mm×53mm，灰缝宽 10mm，

故 1.5 砖墙的厚度＝0.24＋0.115＋0.01＝0.365（m）

1.5 砖厚的砖墙，其每立方米砌体墙面面积的换算系数为 1/0.365＝2.74（m^2）

则每立方米砌体所需的勾缝时间是：2.74×10＝27.4（min）

(2) 辅助工作时间确定　辅助工作时间的确定方法与基本工作时间相同，可以通过计时观察法得到。当然，也可采用工时规范或经验数据来确定，即用工序作业时间乘以一个比例得到。

2. 确定规范时间

规范时间内容包括准备与结束时间、不可避免中断时间以及休息时间。

(1) 确定准备与结束时间　准备与结束工作时间分为班内准备与结束工作时间和任务准备与结束工作时间两种。任务的准备与结束时间通常不能集中在某一个工作日中，而要采取分摊计算的方法，分摊在单位产品的时间定额里。

如果在计时观察资料中不能取得足够的准备与结束时间的资料，也可根据工时规范或经验数据来确定。

(2) 确定不可避免中断时间　在确定不可避免中断时间的定额时，必须注意由工艺特点所引起的不可避免中断才可列入工作过程的时间定额。

不可避免中断时间也需要根据测时资料通过整理分析获得，也可以根据经验数据或工时规范，以占工作日的百分比表示此项工时消耗的时间定额。

(3) 拟定休息时间　休息时间应根据工作班作息制度、经验资料、计时观察资料以及对工作的疲劳程度做全面分析来确定。同时，应考虑尽可能利用不可避免中断时间作为休息时间。

同样，规范时间也可利用工时规范或经验数据确定，如表 2-3 所示某工作过程的规范时间的比例。

表 2-3 准备与结束时间、休息时间、不可避免中断时间占工作班时间的百分率

序号	时间分类 工种	准备与结束时间占工作时间/%	休息时间占工作时间/%	不可避免中断时间占工作时间/%
1	材料运输及材料加工	2	13～16	2
2	人力土方工程	3	13～16	2
3	架子工程	4	12～15	2
4	砖石工程	6	10～13	4
5	抹灰工程	6	10～13	3
6	手工木作工程	4	7～10	3
7	机械木作工程	3	4～7	3
8	模板工程	5	7～10	3
9	钢筋工程	4	7～10	4
10	现浇混凝土工程	6	10～13	3
11	预制混凝土工程	4	10～13	2
12	防水工程	5	25	3
13	油漆玻璃工程	3	4～7	2
14	钢制品制作及安装工程	4	4～7	2
15	机械土方工程	2	4～7	2
16	石方工程	4	13～16	2
17	机械打桩工程	6	10～13	3
18	构件运输及吊装工程	6	10～13	3
19	水暖电气工程	5	7～10	3

3. 拟定劳动定额人工消耗量

根据以上确定的基本工作时间、辅助工作时间、准备与结束工作时间、不可避免中断时间与休息时间之和，就是劳动定额的人工消耗指标。同时，还可以确定人工的产量指标，即产量定额。计算公式如下：

$$\text{定额时间}=\text{工序作业时间}+\text{规范时间} \tag{2-7}$$

$$\text{工序作业时间}=\text{基本工作时间}+\text{辅助工作时间}=\frac{\text{基本工作时间}}{1-\text{辅助时间}(\%)} \tag{2-8}$$

$$\text{规范时间}=\text{准备与结束工作时间}+\text{不可避免的中断时间}+\text{休息时间} \tag{2-9}$$

利用工时规范，可以计算劳动定额的时间定额，计算公式如下：

$$\text{定额时间}=\frac{\text{工序作业时间}}{1-\text{规范时间}(\%)} \tag{2-10}$$

【例 2-2】 通过计时观察资料得知：人工挖二类土 $1m^3$ 的基本工作时间为 6h，辅助工作时间占工序作业时间的 2%。准备与结束工作时间、不可避免的中断时间、休息时间分别占工作日的 3%、2%、18%。求该人工挖二类土的时间定额是多少？

解：基本工作时间＝6h＝0.75 工日/m^3

工序作业时间＝0.75/(1－2％)＝0.765 工日/m^3

时间定额＝0.765/(1－3％－2％－18％)＝0.994 工日/m^3

（五）劳动定额的应用

劳动定额的核心内容是定额项目表格，在使用过程中还需要详细阅读定额说明部分。劳动定额一方面可以安排组织生产，确定人工消耗数量，也可以用来计算工期。时间定额和产量定额虽是同一劳动定额的两种表现形式，但作用不同。时间定额以工日为单位，便于统计总工日数、核算工人工资、编制进度计划。产量定额以产品数量的计量单位为单位，便于施工小组分配任务，签发施工任务单，考核工人的劳动生产率。

【例 2-3】 某砌筑工程，1.5 砖厚带形大放脚砖基础 89m^3，每工作班组 12 名工人，时间定额为 0.937 工日/m^3。计算该砖基础砌筑完成天数。

解：完成 89m^3 砖基础需要的工日数＝89×0.937＝83.393（工日）

需要的天数＝83.393÷12≈7（天）

【例 2-4】 某砌筑工程，1.5 砖厚带形大放脚砖基础 89m^3，根据计划需要 7 天内完成砌筑工作，时间定额为 0.937 工日/m^3。计算该砖基础砌筑需要的人数。

解：完成 89m^3 砖基础需要的工日数＝89×0.937＝83.393（工日）

需要的天数＝83.393÷7≈12（人）

二、材料定额消耗量的确定

（一）材料的分类

1. 根据材料消耗的性质划分

施工中材料的消耗可分为必须消耗的材料和损耗的材料两类性质。

必须消耗的材料，是指在合理用料的条件下，生产合格产品所需消耗的材料，是材料消耗定额应考虑的消耗标准，包括直接用于建筑和安装工程的材料，不可避免的施工废料和不可避免的材料损耗。损失的材料属于施工生产中不合理的耗费，在确定材料消耗量时不予考虑。

必须消耗的材料属于施工正常消耗，是确定材料消耗定额的基本数据。其中：直接用于建筑和安装工程的材料，编制材料净用量定额；不可避免的施工废料和材料损耗，编制材料损耗定额。因此，材料消耗量定额包括材料的净用量和必要的损耗量，即：

$$材料消耗量＝净用量＋损耗量 \tag{2-11}$$

材料的损耗量是指材料自现场仓库领出，到完成合格产品的过程中合理的损耗量，包括场内搬运的合理损耗、加工制作的合理损耗和施工操作的合理损耗。

材料的损耗一般用损耗率来表示，见式（2-12）。材料损耗率可以通过观察法和统计法得到，通常由国家有关部门确定。

$$材料损耗率＝\frac{材料损耗量}{材料净用量}×100\% \tag{2-12}$$

$$总消耗量＝净用量＋损耗量＝净用量×(1＋损耗率) \tag{2-13}$$

2. 根据材料消耗与工程实体的关系划分

施工中的材料可分为实体材料和非实体材料两类。

① 实体材料，是指直接构成工程实体的材料。它包括工程直接性材料和辅助材料。工程直接性材料主要是指作为一次性消耗、直接用于工程上构成建筑物或结构本体的材料，如钢筋混凝土柱中的钢筋、水泥、砂、碎石等；辅助性材料主要是指虽也是施工过程中所必需的材料、却并不构成建筑物或结构本体的材料，如土石方爆破工程中所需的炸药、引信、雷管等。主要材料用量大，辅助材料用量少。

② 非实体材料，是指在施工中必须使用但又不能构成工程实体的施工措施性材料。非实体材料主要是指周转性材料，如模板、脚手架等。

（二）确定材料消耗量的基本方法

确定实体材料的净用量定额和材料损耗定额的计算数据，是通过现场技术测定、实验室试验、现场统计和理论计算等方法获得的。

1. 现场技术测定法

现场技术测定法又称为观测法，是根据对材料消耗过程的测定与观察，通过完成产品数量和材料消耗量的计算，而确定各种材料消耗定额的一种方法。现场技术测定法主要适用于确定材料损耗量，因为该部分数值用统计法或其他方法较难得到。通过现场观察，还可以区别出哪些是可以避免的损耗，哪些是难以避免的损耗，明确定额中不应列入可以避免的损耗。

2. 实验室试验法

实验室试验法主要用于编制材料净用量定额。通过试验，能够对材料的结构、化学成分和物理性能以及按强度等级控制的混凝土、砂浆、沥青、油漆等配比做出科学的结论，给编制材料消耗定额提供出有技术根据的、比较精确的计算数据。但其缺点在于无法估计到施工现场某些因素对材料消耗量的影响。

3. 现场统计法

现场统计法是以施工现场积累的分部分项工程使用材料数量、完成产品数量、完成工作原材料的剩余数量等统计资料为基础，经过整理分析，获得材料消耗的数据。这种方法由于不能分清材料消耗的性质，因而不能作为确定材料净用量定额和材料损耗定额的依据，只能作为编制定额的辅助性方法使用。

上述三种方法的选择必须符合国家有关标准规范，即材料的产品标准，计量要使用标准容器和称量设备，质量符合施工验收规范要求，以保证获得可靠的定额编制依据。

4. 理论计算法

理论计算法是运用一定的数学公式来计算材料消耗定额，适合于计算按件论块的现成制品材料。

（1）$1m^3$ 砖砌体材料消耗量的计算如下。

设 $1m^3$ 砖砌体净用量中，标准砖为 A 块，砂浆为 $B m^3$，则 $1m^3 = A \times 1$ 块砖带砂浆体积，故：

$$A = \frac{1}{(240+10)\times(53+10)\times 砖宽} \tag{2-14}$$

因墙厚为砖宽的倍数，即墙厚＝砖宽×K，如 1/2 砖墙 $K=1$；1 砖墙 $K=2$；2 砖墙

$K=4$；此处的1/2砖、1砖、2砖墙称为表示墙厚的砖数。即：

$$K=\text{表示墙厚的砖数}\times 2 \tag{2-15}$$

式（2-14）可以写为：

$$A=\frac{1\times K}{(240+10)\times(53+10)\times\text{砖宽}\times K} \tag{2-16}$$

所以，则$1m^3$砖砌体砖的净块数为：

$$A=\frac{\text{表示墙厚的砖数}\times 2}{(240+10)\times(53+10)\times\text{墙厚}} \tag{2-17}$$

则$1m^3$砖砌体砖的损耗量为：

$$\text{材料定额消耗量}=A\times(1+\text{砖的损耗率}) \tag{2-18}$$

砂浆的用量B：

$1m^3$砖砌体中砂浆的净用量为：

$$B=1-A\times 0.24\times 0.115\times 0.053 \tag{2-19}$$

砂浆的消耗量为：

$$\text{材料定额消耗量}-B\times(1+\text{砂浆损耗率}) \tag{2-20}$$

【例2-5】 计算1.5标准砖外墙每立方米砌体中砖和砂浆的消耗量（砖和砂浆损耗率均为2%）。

解：(1) 砖的消耗量

净用量：

$$A=\frac{1.5\times 2}{(0.24+0.01)\times(0.053+0.01)\times 0.365}=522(\text{块})$$

消耗量：

$522\times(1+2\%)=533(\text{块})$

(2) 砂浆的消耗量

净用量：$B=1-522\times 0.24\times 0.115\times 0.053=0.236\ (m^3)$

消耗量：$0.236\times(1+2\%)=0.241\ (m^3)$

(2) 块料面层的材料净用量计算。

每$100m^2$面层块料数量、灰缝及结合层材料用量公式如下：

$$100m^2\ \text{块料净用量}=\frac{100}{(\text{块料长}+\text{灰缝宽})\times(\text{块料宽}+\text{灰缝宽})} \tag{2-21}$$

$$100m^2\ \text{灰缝材料净用量}=[100-(\text{块料长}\times\text{块料宽}\times 100m^2\ \text{块料用量})]\times\text{灰缝深} \tag{2-22}$$

$$\text{结合层材料用量}=100m^2\times\text{结合层厚度}$$

【例2-6】 某彩色地面砖规格为200mm×200mm×5mm，灰缝为1mm，结合层为20mm厚1∶2水泥砂浆，试计算$100m^2$地面中面砖和砂浆的消耗量。（面砖和砂浆损耗率均为1.5%）

解：每$100m^2$面砖的净用量$=\dfrac{100}{(0.2+0.001)\ \times\ (0.2+0.001)}=2475$（块）

每$100m^2$面砖消耗量$=2475\times(1+1.5\%)=2512$（块）

每$100m^2$灰缝砂浆的净用量$=(100-2475\times 0.2\times 0.2)\times 0.005=0.005\ (m^3)$

每 $100m^2$ 结合层砂浆净用量$=100\times0.02=2(m^3)$

每 $100m^2$ 砂浆的消耗量$=(0.005+2)\times(1+1.5\%)=2.035$（$m^3$）

三、施工机械台班定额消耗的确定

（一）施工机械台班定额的表现形式

施工机械台班定额也有两种表现形式，即机械时间定额和机械台班产量定额，两者互为倒数。

1. 机械时间定额

机械时间定额是指在先进合理的劳动组织和生产组织条件下，生产质量合格的单位产品所必须消耗的机械工作时间。机械时间定额的单位是“台班”，即一台机械工作一个工作班8h。其计算公式为：

$$机械时间定额(台班)=\frac{1}{机械台班产量} \tag{2-23}$$

2. 机械台班产量定额

机械台班产量定额是指在先进合理的劳动组织和生产组织条件下，机械在单位时间内所完成的合格产品的数量。其单位是产品的计量单位，如 m^3、m^2、m、t 等。其计算公式为：

$$机械台班产量定额=\frac{1}{机械时间定额} \tag{2-24}$$

由于机械必须由工人小组配合作业，所以除了要确定机械时间定额外，还应确定与机械配合的工人小组的人工时间定额。其计算公式为：

$$配合机械工作人工时间定额(台班)=\frac{班组总工日数}{一个机械台班的产量} \tag{2-25}$$

或

$$\begin{aligned}人工时间定额&=机械台班内工人的工日数\times机械台班时间定额=\\&班组人数\times机械台班时间定额\end{aligned} \tag{2-26}$$

机械施工以考核台班产量定额为主，时间定额为辅。机械定额可采用复式表示，形式如下：

$$\frac{时间定额}{台班产量}或\frac{时间定额}{台班产量}台班车次(其中:台班车次即人机配合比)$$

【例 2-7】 斗容量为 $1m^3$ 的正铲挖土机，挖四类土，装车，深度在 2m 内，小组成员 2 人，机械台班产量为 4.76（$100m^3$）。请确定机械时间定额和配合机械的人工时间定额。

解：挖 $100m^3$ 的机械时间定额$=\dfrac{1}{台班产量}=\dfrac{1}{4.76}=0.21$（台班）

挖 $100m^3$ 的人工时间定额$=\dfrac{班组总工日数}{台班产量}=\dfrac{2}{4.76}=0.42$（工日）

或挖 $100m^3$ 的人工时间定额＝班组人数×机械台班时间定额$=2\times0.21=0.42$（台班）

也可以看出台班人数$=\dfrac{人工时间定额}{机械时间定额}=\dfrac{0.42}{0.21}=2$（人）

若采用复式表示形式为：$\dfrac{0.42}{4.76}2$，即挖 $100m^3$ 需要 0.42 个工日，一个台班挖 4.76

（100m^3），需要2人与挖土机配合作业。

（二）机器工作时间分析

机器工作时间的消耗，按其性质也分为必须消耗的工作时间和损失时间两大类，如图2-6所示。

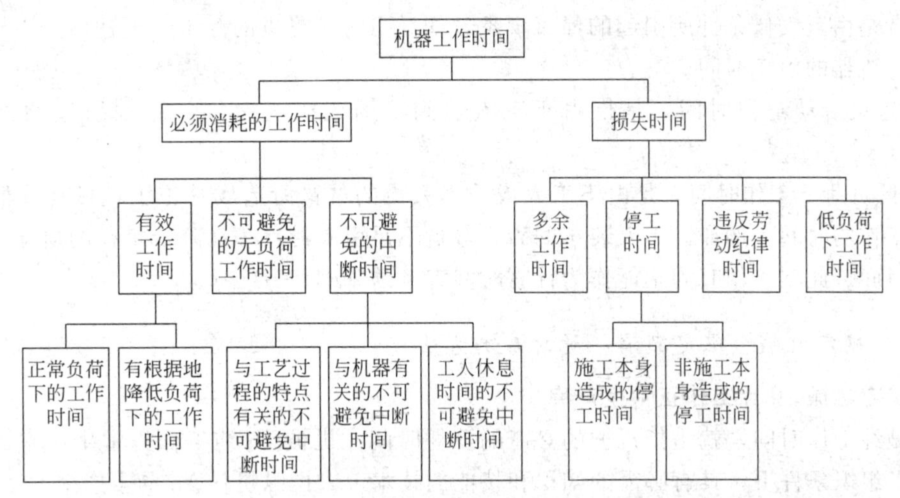

图2-6 机器工作时间分类图

（1）在必须消耗的工作时间里，包括有效工作时间、不可避免的无负荷工作时间和不可避免的中断时间三项时间消耗。

① 有效工作时间中又包括正常负荷下、有根据地降低负荷下的工作时间。

a. 正常负荷下的工作时间，是机器在与机器说明书规定的额定负荷相符的情况下进行工作的时间。

b. 有根据地降低负荷下的工作时间，是在个别情况下由于技术上的原因，机器在低于其计算负荷下工作的时间。例如，汽车运输重量轻而体积大的货物时，不能充分利用汽车的载重吨位因而不得不降低其计算负荷。

② 不可避免的无负荷工作时间，是由施工过程的特点和机械结构的特点造成的机械无负荷工作时间。例如筑路机在工作区末端调头等，就属于此项工作时间的消耗。

③ 不可避免的中断时间，是与工艺过程的特点、机器的使用和保养、工人休息有关的中断时间。

a. 与工艺过程的特点有关的不可避免中断时间，有循环的和定期的两种。循环的不可避免中断，是在机器工作的每一个循环中重复一次，如汽车装货和卸货时的停车。定期的不可避免中断，是经过一定时期重复一次，比如把灰浆泵由一个工作地点转移到另一工作地点时的工作中断。

b. 与机器有关的不可避免中断时间，是由于工人进行准备与结束工作或辅助工作时，机器停止工作而引起的中断时间。它是与机器的使用与保养有关的不可避免中断时间。

c. 工人休息时间，前面已经做了说明。这里要注意的是，应尽量利用与工艺过程有关的和与机器有关的不可避免中断时间进行休息，以充分利用工作时间。

（2）损失时间，包括多余工作、停工、违反劳动纪律时间和低负荷下工作时间。

① 多余工作时间，一是机器进行任务内和工艺过程内未包括的工作而延续的时间，如工人没有及时供料而使机器空运转的时间；二是机械在负荷下所做的多余工作，如混凝土搅拌机搅拌混凝土时超过规定搅拌时间，即属于多余工作时间。

② 停工时间，按其性质也可分为施工本身造成的停工时间和非施工本身造成的停工时间。前者是由于施工组织得不好而引起的停工现象，如由于未及时供给机器燃料而引起的停工。后者是由于气候条件所引起的停工现象，如暴雨时压路机的停工。上述停工中延续的时间，均为机器的停工时间。

③ 违反劳动纪律时间，是指由于工人迟到早退或擅离岗位等原因引起的机器停工时间。

④ 低负荷下工作时间，是由于工人或技术人员的过错所造成的施工机械在降低负荷的情况下工作的时间。例如，工人装车的砂石数量不足引起的汽车在降低负荷的情况下工作所延续的时间。此项工作时间不能作为计算时间定额的基础。

（三）确定机械台班定额消耗量的基本方法

1. 确定机械 1h 纯工作正常生产率

机械纯工作时间，就是指机械的必需的消耗时间。机械 1h 纯工作正常生产率，就是在正常施工组织条件下，具有必需的知识和技能的技术工人操纵机械 1h 的生产率。

根据机械工作特点的不同，机械 1h 纯工作正常生产率的确定方法，也有所不同。

① 对于循环动作机械，确定机械纯工作 1h 正常生产率的计算公式如下：

$$\text{机械一次循环的正常延续时间}=\sum(\text{循环各组成部分正常延续时间})-\text{交叠时间} \tag{2-27}$$

$$\text{机械纯工作 1h 循环次数}=\frac{60\times60(\text{s})}{\text{一次循环的正常延续时间}} \tag{2-28}$$

$$\text{机械纯工作 1h 正常生产率}=\text{机械纯工作 1h 正常循环次数}\times\text{一次循环生产的产品数量} \tag{2-29}$$

② 对于连续动作机械，确定机械纯工作 1h 正常生产率要根据机械的类型和结构特征，以及工作过程的特点来进行。计算公式如下：

$$\text{连续动作机械纯工作 1h 正常生产率}=\frac{\text{工作时间内生产的产品数量}}{\text{工作时间(h)}} \tag{2-30}$$

工作时间内的产品数量和工作时间的消耗，要通过多次现场观察和机械说明书来取得数据。

2. 确定施工机械的正常利用系数

确定施工机械的正常利用系数，是指机械在工作班内对工作时间的利用率。机械的利用系数和机械在工作班内的工作状况有着密切的关系。所以，要确定机械的正常利用系数，首先要拟定机械工作班的正常工作状况，保证合理利用工时。机械正常利用系数的计算公式如下：

$$\text{机械正常利用系数}=\frac{\text{机械在一个工作班内纯工作时间}}{\text{一个工作班延续时间(8h)}} \tag{2-31}$$

3. 计算施工机械台班定额

计算施工机械定额是编制机械定额工作的最后一步。在确定了机械工作正常条件、机械 1h 纯工作正常生产率和机械正常利用系数之后，采用下列公式计算施工机械的产量定额：

$$施工机械台班产量定额=机械\ 1h\ 纯工作正常生产率\times 工作班纯工作时间 \quad (2\text{-}32)$$

$$施工或机械台班产量定额=机械\ 1h\ 纯工作正常生产率\times 工作班延续时间\times 机械正常利用系数 \quad (2\text{-}33)$$

$$施工机械时间定额=\frac{1}{机械台班产量定额指标} \quad (2\text{-}34)$$

【例 2-8】 某工程现场采用出料容量 500L 的混凝土搅拌机，每一次循环中，装料、搅拌、卸料、中断需要的时间分别为 1min、3min、1min、1min，机械正常利用系数为 0.9，求该机械的台班产量定额。

解：该搅拌机一次循环的正常延续时间＝1＋3＋1＋1＝6（min）＝0.1（h）

该搅拌机纯工作 1h 循环次数＝10（次）

该搅拌机纯工作 1h 正常生产率＝10×500＝5000（L）＝5（m^3）

该搅拌机台班产量定额＝5×8×0.9＝36（m^3/台班）

【例 2-9】 用 6t 塔式起重机吊装某种构件，由 1 名吊车司机、7 名安装起重工、2 名电焊工组成的综合小组共同完成。已知机械台班产量定额为 40 块，试求吊装每一块构件的机械时间定额和人工时间定额。

解：(1) 吊装每一块混凝土构件和机械时间定额

机械时间定额＝1/机械台班产量定额＝1/40＝0.025（台班）

(2) 吊装每一块混凝土构件的人工时间定额

① 分工种计算：

吊装司机时间定额＝1×0.025＝0.025（工日）

安装起重工时间定额＝7×0.025＝0.175（工日）

电焊工时间定额＝2×0.025＝0.05（工日）

② 按综合小时计算：

人工时间定额＝（1＋7＋2）×0.025＝0.25（工日）

第三节　消耗量定额

一、消耗量定额的概念与用途

（一）消耗量定额的概念

消耗量定额是由建设行政（行业）主管部门根据合理的施工工期、施工组织设计，在正常的施工条件下，完成一定计量单位合格分项工程所需的人工、材料、机具台班评价消耗量标准。

消耗量定额是由国家或其授权单位统一组织编制和颁发的一种基础性指标。消耗量定额中的指标应理解为国家允许建筑企业完成工程任务时工料消耗的最高限额，从而使得建设工程有了一个统一的核算尺度。统一的消耗量的指标反映的是社会平均消耗水平，是一个综合性的定额，适用于一般设计和施工的情形，对设计和施工变化多、影响造价较大的情形，在采用消耗量定额时要注意使用上的灵活性。

消耗量定额是工程建设中的一项重要的技术经济文件，是编制施工图预算的主要依据，是确定和控制工程造价的基础。

（二）消耗量定额的用途和作用

（1）消耗量定额是编制施工图预算、确定建筑安装工程造价的基础。施工图设计一经确定，工程预算造价就取决于消耗量定额水平和人工、材料及机械台班的价格。消耗量定额起着控制劳动消耗、材料消耗和机械台班使用的作用，进而起着控制建筑产品价格的作用。

（2）消耗量定额是编制施工组织设计的依据。施工组织设计的重要任务之一，是确定施工中所需人力、物力的供求量，并做出最佳安排。施工单位在缺乏本企业的施工定额的情况下，根据消耗量定额，考虑自己企业的水平，综合计算出施工中各项资源的需要量，为有计划地组织材料采购和预制件加工、劳动力和施工机械的调配，提供了可靠的计算依据。

（3）消耗量定额是工程结算的依据。工程结算是建设单位和施工单位按照工程进度对已完成的分部分项工程实现货币支付的行为。按进度支付工程款，需要根据预算定额将已完成分项工程的造价算出。单位工程验收后，再按竣工工程量、消耗量定额和施工合同规定进行结算，以保证建设单位建设资金的合理使用和施工单位的经济收入。

（4）消耗量定额是施工单位进行经济活动分析的依据。消耗量定额规定的物化劳动和劳动消耗指标，是施工单位在生产经营中允许消耗的最高标准。施工单位必须以消耗量定额作为评价企业工作的重要标准，作为努力实现的目标。施工单位可根据消耗量定额对施工中的劳动、材料、机械的消耗情况进行具体的分析，以便找出并克服低功效、高消耗的薄弱环节，提高竞争能力。只有在施工中尽量降低劳动消耗，采用新技术、提高劳动者素质、提高劳动生产率，才能取得较好的经济效益。

（5）消耗量定额是编制概算定额的基础。概算定额是在预算定额基础上综合扩大编制的。利用预算定额作为编制依据，不但可以节省编制工作的大量人力、物力和时间，收到事半功倍的效果，还可以使概算定额在水平上与预算定额保持一致，以免造成执行中的不一致。

（6）消耗量定额是编制价目表、合理编制招标控制价、投标报价的基础。在深化改革中，消耗量定额的指令性作用将日益削弱，而施工单位按照工程个别成本报价的指导性作用仍然存在，因此消耗量定额作为编制招标控制价的依据和施工企业报价的基础性作用仍将存在，这也是由消耗量定额本身的科学性和指导性决定的。

二、消耗量定额的编制原则、依据和步骤

（一）消耗量定额的编制原则

为保证消耗量定额的质量，充分发挥消耗量定额的作用，实际使用简便，在编制工作中应遵循以下原则。

（1）按社会平均水平确定消耗量定额的原则。消耗量定额是确定和控制建筑安装工程造价的主要依据。因此它必须遵照价值规律的客观要求，即按生产过程中所消耗的社会必要劳动时间确定定额水平。所以预算定额的平均水平，是在正常的施工条件下，合理地施工组织和工艺条件、平均劳动熟练程度和劳动强度下，完成单位分项工程基本构造要素所需要的劳

动时间。

(2) 简明适用的原则。简明适用一是指在编制消耗量定额时，对于那些主要的、常用的、价值量大的项目，分项工程划分宜细；次要的、不常用的、价值量相对较小的项目则可以粗一些。二是指消耗量定额要项目齐全，要注意补充那些因采用新技术、新结构、新材料而出现的新的定额项目。如果项目不全、缺项多，就会使计价工作缺少充足的、可靠的依据。三是要求合理确定消耗量定额的计算单位，简化工程量的计算，尽可能地避免同一种材料用不同的计量单位和一量多用，尽量减少定额附注和换算系数。

(二) 消耗量定额的编制依据

(1) 现行施工定额。消耗量定额是在现行施工定额的基础上编制的。消耗量定额中人工、材料、机械台班消耗水平，需要根据施工定额取定；消耗量定额的计量单位的选择，也要以施工定额为参考，从而保证两者的协调和可比性，减轻消耗量定额的编制工作量，缩短编制时间。

(2) 现行设计规范、施工及验收规范、质量评定标准和安全操作规程。

(3) 具有代表性的典型工程施工图及有关标准图。对这些图纸进行仔细分析研究，并计算出工程数量，作为编制定额时选择施工方法确定定额含量的依据。

(4) 新技术、新结构、新材料和先进的施工方法等。这类资料是调整定额水平和增加新的定额项目所必需的依据。

(5) 有关科学实验、技术测定和统计、经验资料。这类工程是确定定额水平的重要依据。

(6) 现行的消耗量定额、材料预算价格及有关文件规定等。包括过去定额编制过程中积累的基础资料，也是编制预算定额的依据和参考。

(7) 现行建设工程量清单计价规范、工程量计算规范。

(三) 消耗量定额的编制程序及要求

消耗量定额的编制，大致可以分为准备工作、收集资料、编制定额、报批和修改稿整理五个阶段。各阶段工作相互有交叉，有些工作还有多次反复。其中，消耗量定额编制阶段的主要工作如下。

(1) 确定编制细则。主要包括：统一编制表格及编制方法；统一计算口径、计量单位和小数点位数的要求；有关统一性规定，名称统一、用字统一、专业用语统一、符号代码统一；简化字要规范，文字要简练明确。

(2) 确定定额的项目划分和工程量计算规则。计算工程数量，是为了通过计算出典型设计图纸所包括的施工过程的工程量，以便在编制预算定额时，有可能利用施工定额的人工、材料和机械台班消耗指标确定预算定额所含工序的消耗量。

(3) 定额人工、材料、机械台班耗用量的计算、复核和测算。

三、消耗量定额、消耗量指标的确定

确定消耗量定额人工、材料、机械台班消耗指标时，必须先按施工定额的分项逐项计算出消耗指标，然后，再按消耗量定额的项目加以综合。但是，这种综合不是简单的合并和相加，而需要在综合过程中增加两种定额之间适当的水平差。消耗量定额的水平，首先取决于

这些消耗量的合理确定。

人工、材料和机械台班消耗量指标，应根据定额编制原则和要求，采用理论与实际相结合、图纸计算与施工现场测算相结合，编制人员与现场工作人员相结合等方法进行计算和确定，使定额既符合政策要求，又与客观情况一致，便于贯彻执行。

（一）人工工日消耗量的确定

人工的工日数可以有两种确定方法。一种是以劳动定额为基础确定；另一种是以现场观察测定资料为基础计算，主要用于遇到劳动定额缺项时，采用现场工作日写实等测时方法测定和计算定额的人工耗用量。

消耗量定额中人工工日消耗量是指在正常施工条件下，生产单位合格产品所必须消耗的人工工日数量，是由分项工程所综合的各个工序劳动定额包括的基本用工、其他用工两部分组成的；其他用工包括辅助用工、超运距用工和人工幅度差。

1. 基本用工

基本用工指完成一定计量单位的分项工程或结构构件的各项工作过程的施工任务所必须消耗的技术工种用工。按技术工种相应劳动定额工时定额计算，以不同工种列出定额工日。基本用工包括：

（1）完成定额计量单位的主要用工。按综合取定的工程量和相应劳动定额进行计算，计算公式为：

$$基本用工=\sum(综合取定的工程量\times劳动定额) \quad (2\text{-}35)$$

例如工程实际中的砖基础，有1砖厚、1砖半厚、2砖厚等之分，用工各不相同，在消耗量定额中由于不区分厚度，需要按照统计的比例，加权平均得出综合的人工消耗。

（2）按劳动定额规定应增（减）计算的用工量。例如在砖墙项目中，分项工程的工作内容包括了附墙烟囱孔、垃圾道、壁橱等零星组合部分的内容，其人工消耗量相应增加附加人工消耗。由于消耗量定额是在施工定额子目的基础上综合扩大的，包括的工作内容较多，施工的工效视具体部位而不一样，所以需要另外增加人工消耗，而这种人工消耗也可以列入基本用工内。

2. 其他用工

其他用工是辅助基本用工消耗的工日，包括超运距用工、辅助用工和人工幅度差用工。

（1）超运距用工　超运距是指劳动定额中已包括的材料、半成品场内水平搬运距离与消耗量定额所考虑的现场材料、半成品堆放地点到操作地点的水平运输距离之差。计算公式如下：

$$超运距=预算定额取定运距-劳动定额已包括的运距 \quad (2\text{-}36)$$

$$超运距用工=\sum(超运距材料数量\times时间定额) \quad (2\text{-}37)$$

需要指出的是，实际工程现场运距超过消耗量定额取定运距时，可另行计算现场二次搬运费。

（2）辅助用工　指技术工种劳动定额内不包括而在消耗量定额内又必须考虑的用工。例如机械土方工程配合用工、材料加工（筛砂、洗石、淋化石膏）、电焊点火用工等，计算公式如下：

$$辅助用工=\sum(材料加工数量\times相应的加工劳动定额) \quad (2\text{-}38)$$

（3）人工幅度差用工　即消耗量定额与劳动定额的差额，主要是指在劳动定额中未包括而在正常施工情况下不可避免但又很难准确计量的用工和各种工时损失。内容包括：

① 各工种间的工序搭接及交叉作业相互配合或影响所发生的停歇用工；

② 施工机械在单位工程之间转移及临时水电线路移动所造成的停工；

③ 质量检查和隐蔽工程验收工作的影响；

④ 班组操作地点转移用工；

⑤ 工序交接时对前一工序不可避免的修整用工；

⑥ 施工中不可避免的其他零星用工。

人工幅度差用工计算公式如下：

人工幅度差用工＝(基本用工＋辅助用工＋超运距用工)×人工幅度差系数　(2-39)

人工幅度差用工系数一般为10%～15%。在预算定额中，人工幅度差的用工量列入其他用工量中。

（二）材料消耗量的确定

消耗量定额中材料消耗量指标包括构成工程实体的材料消耗、工艺性材料损耗和非工艺性材料损耗三部分，确定方法与本章第二节内容基本一致。具体确定方法主要有：

（1）凡有标准规格的材料，按规范要求计算定额计量单位的耗用量，如砖、防水卷材、块料面层等。

（2）凡设计图纸标注尺寸及下料要求的按设计图纸尺寸计算材料净用量，如门窗制作用材料，方、板料等。

（3）换算法。各种胶结、涂料等材料的配合比用料，可以根据要求条件换算，得出材料用量。

（4）测定法。包括实验室试验法和现场观察法，指各种强度等级的混凝土及砌筑砂浆配合比的耗用原材料数量的计算，须按照规范要求试配，经过试压合格并经过必要的调整后得出的水泥、砂子、石子、水的用量。对新材料、新结构又不能用其他方法计算定额消耗用量时，须用现场测定方法来确定，根据不同条件可以采用写实记录法和观察法，得出定额的消耗量。

（三）机械台班消耗量的确定

消耗量定额中的机械台班消耗量是指在正常施工条件下，生产单位合格产品（分部分项工程或结构构件）必须消耗的某种型号施工机械的台班数量。

消耗量定额的施工机械台班消耗量指标是以台班为单位进行计算的，可以施工定额中各种施工机械项目的台班产量为基础进行计算，同时考虑在合理的施工组织设计条件下机械的停歇因素，增加机械幅度差。

机械台班幅度差是指在施工定额所规定的范围内没有包括，而在实际施工中又不可避免产生的影响机械或使机械停歇的时间。其内容包括：

（1）施工机械转移工作面及配套机械相互影响损失的时间；

（2）在正常施工条件下，机械在施工中不可避免的工序间歇；

（3）工程开工或收尾时工作量不饱满所损失的时间；

（4）检查工程质量影响机械操作的时间；

（5）临时停机、停电影响机械操作的时间；

（6）机械维修引起的停歇时间。

大型机械幅度差系数为，土方机械25%，打桩机械33%，吊装机械30%。砂浆、混凝土搅拌机由于按小组配用，以小组产量计算机械台班产量，不另增加机械幅度差。其他分部工程中如钢筋加工、木材、水磨石等各项专用机械的幅度差为10%。

综上所述，消耗量定额的机械台班消耗量按下式计算：

消耗量定额机械耗用台班＝施工定额机械耗用台班×(1＋机械幅度差系数) (2-40)

【例2-10】 已知某挖土机挖土，一次正常循环工作时间是40s，每次循环平均挖土量$0.3m^3$，机械正常利用系数为0.8，机械幅度差为25%。求该机械挖土方$1000m^3$的消耗量定额机械耗用台班量。

解：机械纯工作1h循环次数＝60×60/40＝90（次/台时）

机械纯工作1h正常生产率＝90×0.3＝27（m^3/台班）

施工机械台班产量定额＝27×8×0.8＝172.8（m^3/台班）

施工机械台班时间定额＝1/172.8＝0.00579（台班/m^3）

预算定额机械耗用台班＝0.00579×(1＋25%)＝0.00723（台班/m^3）

挖土方$1000m^3$的预算定额机械耗用台班量＝1000×0.00723＝7.23（台班）

四、消耗量定额的内容

我国已形成了比较完善的消耗量定额体系，住建部于2015年颁发了《房屋建筑与装饰工程消耗量定额》（编号为TY01-31-2015），各个地区或行业也都颁发了自己的消耗量定额用于工程计价活动。一般消耗量定额内容包括文字说明、工程量计算规则、定额项目表及附录。定额项目表示消耗量定额的核心内容。

以《房屋建筑与装饰工程消耗量定额》（编号为TY01-31-2015）为例，说明消耗量定额的主要内容。

1. 文字说明

文字说明包括总说明和各章说明。总说明主要说明定额的编制依据、适用范围、用途、工程质量要求、施工条件，有关综合性工作内容及有关规定和说明。各章说明主要说明本章的施工方法、消耗标准的调整，有关规定及说明。

2. 工程量计算规则

消耗量定额中的工程量计算规则综合考虑了施工方法、施工工艺和施工质量要求，计算出的工程量一般要考虑施工中的余量，与定额项目的消耗量指标相互配套使用。如在消耗量定额中“一般土石方”项目的工程量计算规则为“按设计图示基础（含垫层）尺寸，另加工作面宽度、土方放坡宽度或石方允许超挖量乘以开挖深度，以体积计算”。

3. 定额项目表

定额项目表是消耗量定额的核心内容，包括工作内容、定额编号、定额项目名称、定额计量单位及消耗量指标。有时还会在定额项目表下注写附注，以便定额套用的进行、调整换算。

工作内容是说明完成定额项目所包括的施工内容；定额编号为两节编号，如人工场地平整的定额编号为1-123；定额项目的计量单位一般为扩大一定倍数的单位，如人工挖一般土

方的计量单位为 $10m^3$。

定额项目示例表见表 2-4。

表 2-4 现浇混凝土柱消耗量定额示例 单位：$10m^3$

定额编号				5-11	5-12	5-13	5-14
项 目				矩形柱	构造柱	异形柱	圆形柱
名 称			单位	消耗量			
人工	综合工日		工日	7.211	12.072	7.734	7.744
	其中	普工	工日	2.164	3.622	2.321	2.323
		一般技工	工日	4.326	7.243	4.640	4.647
		高级技工	工日	0.721	1.207	0.773	0.774
材料	预拌混凝土 C20		m^3	9.797	9.797	9.797	9.797
	土工布		m^2	0.912	0.885	0.912	0.885
	水		m^3	0.911	2.105	2.105	1.950
	预拌水泥砂浆		m^3	0.303	0.303	0.303	0.303
	电		kW·h	3.750	3.720	3.720	3.750

注：工作内容为浇筑、振捣、养护等。

4. 附录

附录部分附在消耗量定额的最后。如《房屋建筑与装饰工程消耗量定额》（编号为 TY01-31-2015）的附录是“模板一次使用量表”，包括现浇构件模板一次使用量表和预制构件模板一次使用量表。

五、消耗量定额的应用

正确使用消耗量定额，首先要学习定额各部分说明、附注和附录，对说明中有关编制原则、适用范围、已考虑因素或未考虑因素、有关问题的说明和使用方法等都要熟悉掌握。其次，对常用项目包括的工作内容、计量单位和定额项目隐含的工艺做法要理解其含义。最后，精通工程量计算规则与方法。要正确理解设计文件要求和施工做法是否和定额一致，只有对设计文化和施工要求有深刻地了解，才能正确使用预算定额，防止错套、重套和漏套。消耗量定额的使用一般有直接套用、调整换算后套用或补充新定额项目［注：本节例题以山东省建筑工程消耗量定额（SD 01-31-2016）应用为例说明］。

（一）消耗量定额的直接套用

当设计要求、技术特征和施工方法与定额内容、做法说明完全一致时，可以直接套用消耗量定额，确定分部分项工程的人工、材料、机具消耗量。

在套用定额时还要注意定额单位，方法和步骤如下：

（1）根据分部分项工程或措施项目的工作内容，从定额中查出对应的定额子目；

（2）判断是否可直接套用定额；

（3）确定定额项目，套取消耗量指标；

（4）确定分项工程或措施项目的消耗量。

【例 2-11】 某现浇混凝土框架结构宿舍楼，楼面抹 1∶3 水泥砂浆 20mm 厚进行找平，按定额工程量计算规则计算得出工程量为 $1000m^2$，试确定该找平层人工、材料、机械的消耗量。

解：查消耗量定额，该项目为在混凝土结构层上抹砂浆找平层，与定额做法完全一致，可以直接套用定额项目 11-1-1。可知每 $10m^2$ 水泥砂浆（在混凝土或硬基层上厚 20mm）消耗人工 0.76 工日；1∶3 水泥抹灰砂浆 $0.205m^3$；素水泥浆 $0.0101m^3$；水 $0.06m^3$；200L 灰浆搅拌机 0.0256 台班。

该找平层的人、材、机消耗量为：

人工消耗量＝100.00×0.76＝76（工日）

1∶3 水泥砂浆用量＝100.00×0.2050＝20.50（m^3）

素水泥浆用量＝100.00×0.0101＝1.01（m^3）

水用量＝100.00×0.0600＝6.00（m^3）

灰浆搅拌机用量＝100.00×0.0256＝2.56（台班）

（二）消耗量定额的换算套用

当工程作法要求与定额内容不完全符合，而定额又规定允许调整换算的项目，应根据不同情况进行调整换算。消耗量定额在编制时，对那些设计和施工中变化多、影响工程量和价差较大的项目，定额均留有活口，允许根据实际情况进行调整和换算。调整换算必须按定额规定进行。

消耗量定额的调整换算可以分为配合比调整（强度换算）、用量调整、系数调整、运距换算、厚度调整、增减费用调整等。

1. 配合比调整

当实际使用的配合比材料与定额不符时，一般允许按不同的配合比材料进行换算，其换算的思路与配合比不同的材料的消耗指标是一致的，公式为：

$$配合比材料用量＝工程量×配合比材料定额含量 \quad (2\text{-}41)$$

$$各种材料用量＝配合比材料用量×定额配合比材料单位含量 \quad (2\text{-}42)$$

【例 2-12】 某现浇混凝土框架结构宿舍楼，楼面抹 1∶2.5 水泥砂浆 20mm 厚进行找平，按定额工程量计算规则计算得出工程量为 $1000m^2$，试确定该找平层人工、材料、机械的消耗量［已知：1∶2.5 水泥砂浆的配合比，每立方米消耗 42.5MPa 普通硅酸盐水泥 0.485t；黄砂（过筛中砂）$1.2m^3$；水 $0.3m^3$］。

解：查消耗量定额，套用定额项目 11-1-1。但定额项目中采用 1∶3 水泥砂浆，工程做法中采用 1∶2.5 水泥砂浆，需要换算。可知每平方米水泥砂浆（在混凝土或硬基层上厚 20mm）消耗 1∶3 水泥抹灰砂浆 $0.205m^3$，同样换为 1∶2.5 水泥砂浆后的消耗标准也为 $0.205m^3$。即：

1∶2.5 水泥砂浆消耗量＝100.00×0.205＝20.50（m^3）

根据 1∶2.5 水泥砂浆配合比，可以确定 $20.50m^3$ 水泥砂浆所需要的水泥、黄砂和水的消耗量。

42.5MPa 普通硅酸盐水泥消耗量＝20.50×0.485＝9.9425（t）

黄砂（过筛中砂）消耗量＝20.50×1.2＝24.6（m^3）

水消耗量＝20.50×0.3＝6.15（m^3）

2. 用量调整

在消耗量定额中，定额与实际消耗量不同时，允许调整其数量。在套用定额时要注意定额项目表下附注，一般给出了情形不同的用量换算。换时还应注意考虑损耗量，因定额中已考虑了损耗，与定额比较也必须考虑损耗，才有可比性。其换算公式为：

换算后的用量＝工程量×(定额用量±人工、材料、机械用量)　　(2-43)

【例 2-13】 某水泥瓦屋面工程，混凝土板上铺水泥瓦并穿铁丝绑扎，工程量为 200m^2。试确定该屋面工程消耗的人、材、机数量。

解：混凝土板上铺水泥瓦，查定额项目 9-1-5。可知每 10m^2 消耗的人工 1.96 工日；1∶3 水泥抹灰砂浆 0.4215m^3；420mm×330mm 水泥平瓦 97.375 块；330mm 水泥脊瓦 3.9463 块；200L 灰浆搅拌机 0.031 台班。又根据附注信息：屋面瓦若穿铁丝钉圆钉，每 10m^2 增加 1.1 工日，增加镀锌低碳钢丝 22$^\#$ 0.35kg，圆钉 0.25kg。

则 200m^2 水泥瓦屋面消耗的人、材、机数量为：

人工消耗量＝20×(1.96＋1.1)＝61.2（工日）

1∶3 水泥抹灰砂浆消耗量＝20×0.4215＝8.43（m^3）

420mm×330mm 水泥平瓦消耗量＝20×97.375＝1947.5（块）

330mm 水泥脊瓦消耗量＝20×3.9463＝78.93（块）

镀锌低碳钢丝 22$^\#$ 消耗量＝20×0.35＝7（kg）

圆钉消耗量＝20×0.25＝5（kg）

200L 灰浆搅拌机消耗量＝20×0.031＝0.62（台班）

3. 系数调整

在消耗量定额中，由于施工条件和方法不同，某些项目可以乘以系数调整。调整系数分定额系数和工程量系数。定额系数是指人工、材料、机械等乘以系数；工程量系数是用在计算工程量上。其换算公式为：

换算后的消耗量＝工程量×定额数量×调整系数　　(2-44)

【例 2-14】 某独立基础工程共 10 个，其垫层采用 C15 素混凝土垫层（商品混凝土）。按定额工程量计算规则计算的每个垫层的工程量为 9.70m^3。试确定该基础垫层消耗的人、材、机数量。

解：查定额项目 C15 无筋混凝土垫层 2-1-28。每 10m^3 消耗人工 8.3 工日，C15 现浇混凝土（商混）10.1m^3，水 3.75m^3，混凝土振捣器（平板式）0.826 台班。

根据定额说明，垫层定额按地面垫层编制，若为基础垫层，人工、机械分别乘以系数：条形基础 1.05，独立基础 1.10，满堂基础 1.00；场区道路垫层，人工乘以系数 0.9。

该垫层为独立基础垫层，工程量共计 97m^3，人工、机械应分别乘以系数 1.10，则其人、材、机消耗量为：

人工消耗量＝9.7×8.3×1.10＝88.561（工日）

C15 现浇混凝土（商混）消耗量＝9.7×10.1＝97.97（m^3）

水消耗量＝9.7×3.75＝36.375（m^3）

混凝土振捣器（平板式）消耗量＝9.7×0.826×1.10＝8.81342（台班）

4. 运距换算

在消耗量定额中，对各种项目运输定额，一般分为基础定额和增加定额，即超过基本运距时，另行计算。换算后的消耗量可采用下式计算：

换算后的用量＝工程量×(基本运距用量＋超运距用量×倍数)　　(2-45)

【例 2-15】 某工程一般土方，天然土方的工程量为 $2000m^3$，采用装载机装运，运距 60m。试确定该土方装运工程消耗的人、材、机数量。

解：查定额项目 1-2-37 装载机装运一般土方（运距≤20m）和 1-2-38 运距每增运 20m。

由 1-2-37 可知，每 $10m^3$ 消耗的人工 0.06 工日，轮胎式装载机 0.0370 台班；由 1-2-38 可知每 $10m^3$ 消耗的轮胎式装载机 0.0120 台班。则该项目所消耗的人、机数量为：

人工消耗量＝200.00×0.06＝12（工日）

机械台班消耗量＝200.00×(0.0370＋0.0120×2)＝12.2（台班）

5. 厚度调整

消耗量定额中以面积为工程量的项目，由于分项工程厚度的不同，消耗量大多规定允许调整其厚度，如雨篷、阳台、楼梯厚度调整，找平层、面层厚度调整和墙面厚度调整等。这种基本厚度加附加厚度的方法，在大量减少定额项目的同时，也提高了计算的精度。换算后的消耗量可采用下式计算：

换算后的用量＝工程量×(基本厚度用量＋超出厚度用量×倍数)　　(2-46)

【例 2-16】 某现浇混凝土框架结构宿舍楼，楼面抹 1∶3 水泥砂浆 30mm 厚进行找平，按定额工程量计算规则计算得出工程量为 $1000m^2$，试确定该找平层人工、材料、机械的消耗量。

解：查定额项目 11-1-1 和 11-1-3。由 11-1-1 可知，每 $10m^2$ 水泥砂浆（在混凝土或硬基层上厚 20mm）消耗人工 0.76 工日；1∶3 水泥抹灰砂浆 $0.205m^3$；素水泥浆 $0.0101m^3$；水 $0.06m^3$；200L 灰浆搅拌机 0.0256 台班。由 11-1-3 可知，厚度每增减 5mm，每 $10m^3$ 增加人工 0.08 工日；1∶3 水泥抹灰砂浆 $0.0513m^3$；200L 灰浆搅拌机 0.0064 台班。则该项目人、材、机的消耗量为：

人工消耗量＝100.00×(0.76＋0.08×2)＝92（工日）

水泥抹灰砂浆消耗量＝100.00×(0.205＋0.0513×2)＝30.76（m^3）

素水泥浆消耗量＝100.00×0.0101＝1.01（m^3）

水用量＝100.00×0.0600＝6.00（m^3）

灰浆搅拌机消耗量＝100.00×(0.0256＋0.0064×2)＝3.84（台班）

第四节　概算定额、概算指标及投资估算指标

一、概算定额

（一）概算定额的概念

概算定额是在预算定额基础上，确定完成合格的单位扩大分项工程或单位扩大结构构件所需消耗的人工、材料、施工机械台班的数量标准及其费用标准，是一种计价性定额。概算定额又称扩大结构定额。

概算定额是预算定额的综合与扩大。它将预算定额中有联系的若干个分项工程项目综合

为一个概算定额项目。如砖基础概算定额项目，就是以砖基础为主，综合了平整场地、挖地槽、铺设垫层、砌砖基础、铺设防潮层、回填土及运土等预算定额中的分项工程项目。

概算定额与预算定额的相同之处在于，都是以建（构）筑物各个结构部分和分部分项工程为单位表示的，内容也包括人工、材料和机械台班使用量定额三个基本部分，并列有基准价。概算定额表达的主要内容、主要方式及基本使用方法都与预算定额相近。

概算定额与预算定额的不同之处在于项目划分和综合扩大程度上的差异，同时，概算定额主要用于设计概算的编制。由于概算定额综合了若干分项工程的预算定额，因此概算工程量的计算和概算表的编制，都比编制施工图预算简化一些。

（二）概算定额的作用

概算定额的主要作用如下：

（1）是初步设计阶段编制概算、扩大初步设计阶段编制修正概算的主要依据；

（2）是对设计项目进行技术经济分析比较的基础资料之一；

（3）是建设工程主要材料计划编制的依据；

（4）是控制施工图预算的依据；

（5）是施工企业在准备施工期间，编制施工组织总设计或总规划时，对生产要素提出需要量计划的依据；

（6）是工程结束后，进行竣工决算和评价的依据；

（7）是编制概算指标的依据。

（三）概算定额的编制原则和编制依据

1. 概算定额的编制原则

概算定额应该贯彻社会平均水平和简明适用的原则。由于概算定额和预算定额都是工程计价的依据，所以应符合价值规律和反映现阶段大多数企业的设计、生产及施工管理水平。但在概预算定额水平之间应保留必要的幅度差。概算定额的内容和深度是以预算定额为基础的综合和扩大。在合并中不得遗漏或增加项目，以保证其严密性和正确性。概算定额务必达到简化、准确和适用。

2. 概算定额的编制依据

由于概算定额的使用范围不同，其编制依据也略有不同。其编制依据一般有以下几种：

（1）现行的设计规范、施工验收技术规范和各类工程预算定额；

（2）具有代表性的标准设计图纸和其他设计资料；

（3）现行的人工工资标准、材料价格、机械台班单价及其他的价格资料。

（四）概算定额的编制步骤

概算定额的编制一般分四阶段进行，即准备阶段、编制初稿阶段、测算阶段和审查定稿阶段。

1. 准备阶段

该阶段主要是确定编制机构和人员组成，进行调查研究，了解现行概算定额执行情况和存在的问题，明确编制的目的，制定概算定额的编制方案和确定概算定额的项目。

2. 编制初稿阶段

该阶段是根据已经确定的编制方案和概算定额项目，收集和整理各种编制依据，对各种资料进行深入细致地测算和分析，确定人工、材料和机械台班的消耗量指标，最后编制概算定额初稿。概算定额水平与预算定额水平之间应有一定的幅度差，幅度差一般在5%以内。

3. 测算阶段

该阶段的主要工作是测算概算定额水平，即测算新编制概算定额与原概算定额及现行预算定额之间的水平。测算的方法既要分项进行测算，又要通过编制单位工程概算以单位工程为对象进行综合测算。

4. 审查定稿阶段

概算定额经测算比较定稿后，可报送国家授权机关审批。

（五）概算定额手册的内容

按专业特点和地区特点编制的概算定额手册，内容基本上是由文字说明、定额项目表和附录三个部分组成。

1. 概算定额的内容与形式

（1）文字说明　文字说明部分有总说明和分部工程说明。在总说明中，主要阐述概算定额的编制依据、使用范围、包括的内容及作用、应遵守的规则及建筑面积计算规则等。分部工程说明主要阐述本分部工程包括的综合工作内容及分部分项工程的工程量计算规则等。

（2）定额项目表　主要包括以下内容。

① 定额项目的划分。概算定额项目一般按以下两种方法划分：一是按工程结构划分，一般是按土石方、基础、墙、梁板柱、门窗、楼地面、屋面、装饰、构筑物等工程结构划分。二是按工程部位（分部）划分，一般是按基础、墙体、梁柱、楼地面、屋盖、其他工程部位等划分，如基础工程中包括了砖、石、混凝土基础等项目。

② 定额项目表的构成。定额项目表是概算定额手册的主要内容，由若干分节定额组成。各节定额由工程内容、定额表及附注说明组成。定额表中列有定额编号、计量单位、概算价格、人工、材料、机械台班消耗量指标，综合了预算定额的若干项目与数量。表2-5为某现浇钢筋混凝土矩形柱概算定额。

表2-5　某现浇钢筋混凝土矩形柱概算定额　　单位：$10m^3$

定额编号			3002	3003	3004	3005
项目			现浇钢筋混凝土柱			
			矩形			
			周长1.5m以内	周长2.0m以内	周长2.5m以内	周长3.0m以内
			m^3	m^3	m^3	m^3
工、料、机名称(规格)		单位	数量			
人工	混凝土工	工日	0.8187	0.8187	0.8187	0.8187
	钢筋工	工日	1.1037	1.1037	1.1037	1.1037
	木工(装饰)	工日	4.7676	4.0832	3.0591	2.1798
	其他工	工日	2.0342	1.7900	1.4245	1.1107

续表

定额编号			3002	3003	3004	3005
工、料、机名称(规格)		单位	数量			
材料	泵送预拌混凝土	m^3	1.0150	1.0150	1.0150	1.0150
	木模板成材	m^3	0.0363	0.0311	0.0233	0.0166
	工具式组合钢模板	kg	9.7087	8.3150	6.2294	4.4388
	扣件	只	1.1799	1.0105	0.7571	0.5394
	零星卡具	kg	3.7354	3.1992	2.3967	1.7078
	钢支撑	kg	1.2900	1.1049	0.8277	0.5898
	柱箍、梁夹具	kg	1.9579	1.6768	1.2563	0.8952
	钢丝 18# ～22#	kg	0.9024	0.9024	0.9024	0.9024
	水	m^3	1.2760	1.2760	1.2760	1.2760
	圆钉	kg	0.7475	0.6402	0.4796	0.3418
	草袋	m^2	0.0865	0.0865	0.0865	0.0865
	成型钢筋	t	0.1939	0.1939	0.1939	0.1939
	其他材料费	%	1.0906	0.9579	0.7467	0.5523
机械	汽车式起重机 5t	台班	0.0281	0.0241	0.0180	0.0129
	载重汽车 4t	台班	0.0422	0.0361	0.0271	0.0193
	混凝土输送泵车 $75m^3/h$	台班	0.0108	0.0108	0.0108	0.0108
	木工圆锯机 Φ500mm	台班	0.0105	0.0090	0.0068	0.0048
	混凝土振捣器 插入式	台班	0.1000	0.1000	0.1000	0.1000

注:工作内容为模板安拆、钢筋绑扎安装、混凝土浇捣养护、抹灰、刷浆。

2. 概算定额应用规则

（1）符合概算定额规定的应用范围。

（2）工程内容、计量单位及综合程度应与概算定额一致。

（3）必要的调整和换算应严格按定额的文字说明和附录进行。

（4）避免重复计算和漏项。

（5）参考预算定额的应用规则。

二、概算指标

（一）概算指标的概念及其作用

建筑安装工程概算指标通常是以单位工程为对象，以建筑面积、体积或成套设备装置的台或组为计量单位而规定的人工、材料、机械台班的消耗量标准和造价指标，是一种计价性定额。

从上述概念中可以看出，建筑安装工程概算定额与概算指标的主要区别如下。

1. 确定各种消耗量指标的对象不同

概算定额是以单位扩大分项工程或单位扩大结构构件为对象，而概算指标则是以单位工程为对象。因此概算指标比概算定额更加综合与扩大。

2. 确定各种消耗量指标的依据不同

概算定额以现行预算定额为基础，通过计算之后才综合确定出各种消耗量指标，而概算指标中各种消耗量指标的确定，则主要来自各种预算或结算资料。

概算指标和概算定额、预算定额一样，都是与各个设计阶段相适应的多次性计价的产物，它主要用于投资估价、初步设计阶段，其作用主要有：

(1) 概算指标可以作为编制投资估算的参考；

(2) 概算指标是初步设计阶段编制概算书，确定工程概算造价的依据；

(3) 概算指标中的主要材料指标可以作为匡算主要材料用量的依据；

(4) 概算指标是设计单位进行设计方案比较、设计技术经济分析的依据；

(5) 概算指标是编制固定资产投资计划、确定投资额和主要材料计划的主要依据。

(二) 概算指标的分类和表现形式

1. 概算指标的分类

概算指标可分为两大类，一类是建筑工程概算指标，另一类是设备及安装工程概算指标，如图 2-7 所示。

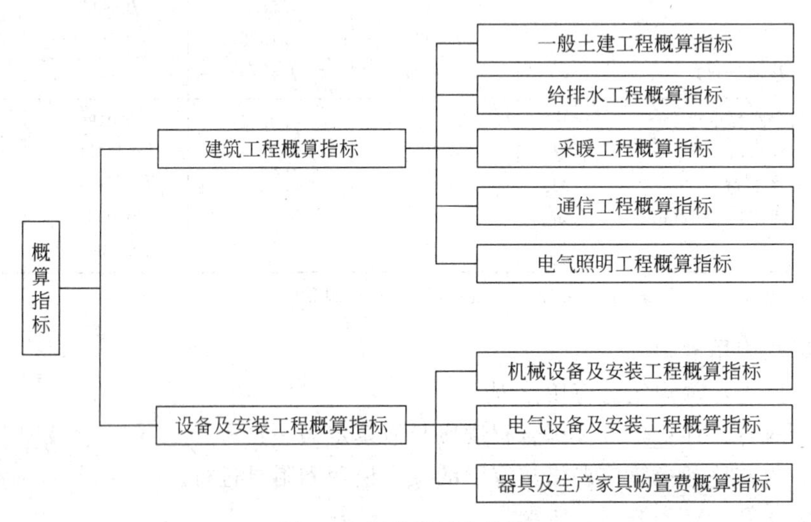

图 2-7 概算指标分类图

2. 概算指标的组成内容及表现形式

(1) 概算指标的组成内容一般分为文字说明和列表形式两部分，以及必要的附录。

① 文字说明即总说明和分册说明。其内容一般包括：概算指标的编制范围、编制依据、分册情况、指标包括的内容、指标未包括的内容、指标的使用方法、指标允许调整的范围及调整方法等。

② 列表形式包括以下内容。

a. 建筑工程列表形式。房屋建筑、构筑物一般是以建筑面积、建筑体积、“座”“个”等为计算单位，附以必要的示意图，示意图画出建筑物的轮廓示意图或单线平面图，列出综合指标：“元/m^2”或“元/m^3”，自然条件（如地耐力、地震烈度等），建筑物的类型、结构形式及各部位中结构的主要特点，主要工程量。

b. 设备及安装工程的列表形式。设备以“t”或“台”为计算单位，也可以设备购置费或设备原价的百分比（%）表示；工艺管道一般以“t”为计算单位；通信电话站安装以“站”为计算单位。列出指标编号、项目名称、规格、综合指标（元/计算单位）之后，一般还要列出其中的人工费，必要时还要列出主要材料费、辅材费。

总体来讲，建筑工程列表形式分为以下几个部分。

① 示意图。表明工程的结构、工业项目，还表示出吊车及起重能力等。

② 工程特征。对采暖工程特征应列出采暖热媒及采暖形式；对电气照明工程特征可列出建筑层数、结构类型、配线方式、灯具名称等；对房屋建筑工程特征，主要对工程的结构形式、层高、层数和建筑面积进行说明，如表 2-6 所示。

表 2-6 内浇外砌住宅结构特征

结构类型	层数	层高	檐高	建筑面积
内浇外砌	六层	2.8m	17.7m	4206m^2

③ 经济指标。说明该项目每 100m^2 的造价指标及其土建、水暖和电气照明等单位工程的相应造价，如表 2-7 所示。

表 2-7 内浇外砌住宅经济指标（元/100m^2 建筑面积）

项目		合计	其中			
			人材料费用	管理费和规费	利润	税金
单方造价		152110	109300	27880	9465	5465
其中	土建	130665	93890	23950	8130	4695
	水暖	12825	9215	2350	800	460
	电照	8620	6195	1580	535	310

注：100m^2 建筑面积。

④ 构造内容及工程量指标。说明该工程项目的构造内容和相应计算单位的工程量指标及人工、材料消耗指标，如表 2-8、表 2-9 所示。

表 2-8 内浇外砌住宅构造内容及工程量指标

序号	构造特征		工程量	
			单位	数量
一、土建				
1	基础	灌注桩	m^3	14.64
2	外墙	2 砖墙、清水墙勾缝、内墙抹灰刷白	m^3	24.32
3	内墙	混凝土墙、1 砖墙、抹灰刷白	m^3	22.70
4	柱	混凝土柱	m^3	0.70
5	地面	碎砖垫层、水泥砂浆面层	m^2	13
6	楼面	120mm 预制空心板、水泥砂浆面层	m^2	65
7	门窗	木门窗	m^2	62
8	屋面	预制空心板、水泥珍珠岩保温、三毡四油卷材防水	m^2	21.7
9	脚手架	综合脚手架	m^2	100
二、水暖				
1	采暖方式	集中采暖		
2	给水性质	生活给水明设		
3	排水性质	生活排水		
4	通风方式	自然通风		

续表

序号	构造特征		工程量	
			单位	数量
三、电气照明				
1	配电方式	塑料管暗配电线		
2	灯具种类	日光灯		
3	用电量			

注：100m² 建筑面积。

表 2-9 内浇外砌住宅人工及主要材料消耗指标

序号	名称及规格	单位	数量	序号	名称及规格	单位	数量
一、土建				二、水暖			
1	人工	工日	506	1	人工	工日	39
2	钢筋	t	3.25	2	钢管	t	0.18
3	型钢	t	0.13	3	暖气片	m^2	20
4	水泥	t	18.10	4	卫生器具	套	2.35
5	白灰	t	2.10	5	水表	个	1.84
6	沥青	t	0.29	三、电气照明			
7	红砖	千块	15.10	1	人工	工日	20
8	木材	m^3	4.10	2	电线	m	283
9	砂	m^3	41	3	钢管	t	0.04
10	砾	m^3	30.5	4	灯具	套	8.43
11	玻璃	m^2	29.2	5	电表	个	1.84
12	卷材	m^2	80.8	6	配电箱	套	6.1
				四、机械使用费		%	7.5
				五、其他材料费		%	19.57

注：100m² 建筑面积。

（2）概算指标的表现形式。概算指标在具体内容的表示方法上，分综合概算指标和单项概算指标两种形式。

① 综合概算指标。综合概算指标是按照工业或民用建筑及其结构类型而制定的概算指标。综合概算指标的概括性较大，其准确性、针对性不如单项指标。

② 单项概算指标。单项概算指标是指为某种建筑物或构筑物而编制的概算指标。单项概算指标的针对性较强，故指标中对工程结构形式要作介绍。只要工程项目的结构形式及工程内容与单项指标中的工程概况相吻合，编制出的设计概算就比较准确。

（三）概算指标的编制

1. 概算指标的编制依据

（1）标准设计图纸和各类工程典型设计。

（2）国家发布的建筑标准、设计规范、施工规范等。

（3）各类工程造价资料。

（4）现行的概算定额和预算定额及补充定额。

（5）人工工资标准、材料预算价格、机械台班预算价格及其他价格资料。

2. 概算指标的编制步骤

以房屋建筑工程为例，概算指标可按以下步骤进行编制。

（1）首先成立编制小组，拟定工作方案，明确编制原则和方法，确定指标的内容及表现形式，确定基价所依据的人工工资单价、材料预算价格、机械台班单价。

（2）收集整理编制指标所必需的标准设计、典型设计以及有代表性的工程设计图纸、设计预算等资料，充分利用有使用价值的已经积累的工程造价资料。

（3）编制阶段。主要是选定图纸，并根据图纸资料计算工程量和编制单位工程预算书，以及按着编制方案确定的指标项目对人工及主要材料消耗指标填写概算指标表格。

每平方米建筑面积造价指标编制方法如下。

① 编写资料审查意见及填写设计资料名称、设计单位、设计日期、建筑面积及构造情况，提出审查和修改意见。

② 在计算工程量的基础上，编制单位工程预算书，据此确定每百平方米建筑面积及构造情况以及人工、材料、机械消耗指标和单位造价的经济指标。

a. 计算工程量，就是根据审定的图纸和预算定额计算出建筑面积及各分部分项工程量，然后按编制方案规定的项目进行归并，并以每平方米建筑面积为计算单位，换算出所对应的工程量指标。

b. 根据计算出的工程量和预算定额等资料，编出预算书，求出每百平方米建筑面积的预算造价及人工、材料、施工机具费用和材料消耗量指标。

构筑物是以“座”为单位编制概算指标，因此，在计算完工程量、编出预算书后，不必进行换算，预算书确定的价值就是每座构筑物概算指标的经济指标。

（4）最后经过核对审核、平衡分析、水平测算、审查定稿。

三、投资估算指标

（一）投资估算指标及其作用

工程建设投资估算指标是编制建设项目建议书、可行性研究报告等前期工作阶段投资估算的依据，也可以作为编制固定资产长远规划投资额的参考。与概预算定额相比较，估算指标以独立的建设项目、单项工程或单位工程为对象，综合项目全过程投资和建设中的各类成本和费用，反映出其扩大的技术经济指标，既是定额的一种表现形式，又不同于其他的计价定额。投资估算指标为完成项目建设的投资估算提供依据和手段，它在固定资产的形成过程中起着投资预测、投资控制、投资效益分析的作用，是合理确定项目投资的基础。投资估算指标中的主要材料消耗量也是一种扩大材料消耗量指标，可以作为计算建设项目主要材料消耗量的基础。估算指标的正确制定对提高投资估算的准确度，对建设项目进行合理评估、正确决策具有重要意义。

（二）投资估算指标编制原则

由于投资估算指标属于项目建设前期进行估算投资的技术经济指标，它不但要反映实施阶段的静态投资，还必须反映项目建设前期和交付使用期内发生的动态投资，以投资估算指标为依据编制的投资估算，包含项目建设的全部投资额。这就要求投资估算指标比其他各种计价定额具有更大的综合性和概括性。因此投资估算指标的编制工作，除应遵循一般定额的编制原则外，还必须坚持下述原则。

(1) 投资估算指标项目的确定，应考虑以后几年编制建设项目建议书和可行性研究报告投资估算的需要。

(2) 投资估算指标的分类、项目划分、项目内容、表现形式等要结合各专业的特点，并且要与项目建议书、可行性研究报告的编制深度相适应。

(3) 投资估算指标的编制内容、典型工程的选择，必须遵循国家的有关建设方针政策，符合国家技术发展方向，贯彻国家发展方向原则，使指标的编制既能反映正常建设条件下的造价水平，也能适应今后若干年的科技发展水平。坚持技术上先进、可行和经济上的合理，力争以较少的投入取得最大的投资效益。

(4) 投资估算指标的编制要反映不同行业、不同项目和不同工程的特点，投资估算指标要适应项目前期工作深度的需要，而且具有更大的综合性。投资估算指标要密切结合行业特点，项目建设的特定条件，在内容上既要贯彻指导性、准确性和可调性原则，又要有一定的深度和广度。

(5) 投资估算指标的编制要贯彻静态和动态相结合的原则。要充分考虑到在市场经济条件下，由于建设条件、实施时间、建设期限等因素的不同，考虑到建设期的动态因素，即价格、建设期利息及涉外工程的汇率等因素的变动，导致指标的量差、价差、利息差、费用差等“动态”因素对投资估算的影响，对上述动态因素给予必要的调整办法和调整参数，尽可能减少这些动态因素对投资估算准确度的影响，使指标具有较强的实用性和可操作性。

(三) 投资估算指标的内容

投资估算指标是确定和控制建设项目全过程各项投资支出的技术经济指标，其范围涉及建设前期、建设实施期和竣工验收交付使用期等各个阶段的费用支出，内容因行业不同而各异，一般可分为建设项目综合指标、单项工程指标和单位工程指标三个层次。表 2-10 为某住宅项目的投资估算指标示例。

表 2-10 某住宅项目投资估算指标

<table>
<tr><td colspan="8">一、工程概况</td></tr>
<tr><td>工程名称</td><td>住宅楼</td><td colspan="2">工程地点</td><td>××市</td><td>建筑面积</td><td colspan="2">4549m²</td></tr>
<tr><td>层数</td><td>七层</td><td>层高</td><td>3.00m</td><td>檐高</td><td>21.60m</td><td>结构类型</td><td>砖混</td></tr>
<tr><td>地耐力</td><td>130kPa</td><td colspan="2">地震烈度</td><td>7 度</td><td>地下水位</td><td colspan="2">−0.65m、−0.83m</td></tr>
<tr><td rowspan="7">土建部分</td><td colspan="2">地基处理</td><td colspan="5"></td></tr>
<tr><td colspan="2">基础</td><td colspan="5">C10 混凝土垫层、C20 钢筋混凝土带形基础，砖基础</td></tr>
<tr><td rowspan="2">墙体</td><td>外</td><td colspan="5">1 砖墙</td></tr>
<tr><td>内</td><td colspan="5">1 砖、1/2 砖墙</td></tr>
<tr><td colspan="2">柱</td><td colspan="5">C20 钢筋混凝土构造柱</td></tr>
<tr><td colspan="2">梁</td><td colspan="5">C20 钢筋混凝土单梁、圈梁、过梁</td></tr>
<tr><td colspan="2">板</td><td colspan="5">C20 钢筋混凝土平板，C30 预应力钢筋混凝土空心板</td></tr>
</table>

续表

一、工程概况			
土建部分	地面	垫层	混凝土垫层
		面层	水泥砂浆面层
	楼面		水泥砂浆面层
	屋面		块体刚性屋面，沥青铺加气混凝土块保温层，防水砂浆面层
	门窗		木胶合板门(带纱)，塑钢窗
	装饰	天棚	混合砂浆、106 涂料
		内粉	混合砂浆、水泥砂浆，106 涂料
		外粉	水刷石
安装	水卫(消防)		给水镀锌钢管，排水塑料管，坐式大便器
	电气照明		照明配电箱，PVC 塑料管暗敷、穿铜芯绝缘导线，避雷网敷设

二、每平方米综合造价指标						
项目	综合指标/(元/m^2)	直接工程费/(元/m^2)				取费(综合费)/(元/m^2)
		合价	其中			
			人工费	材料费	机械费	三类工程
工程造价	530.39	407.99	74.69	308.13	25.17	122.40
土建	503.00	386.92	70.95	291.80	24.17	116.08
水卫(消防)	19.22	14.73	2.38	11.94	0.41	4.49
电气照明	8.67	6.35	1.36	4.39	0.60	2.32

三、土建工程各分部占直接工程费的比例及每平方米直接费					
分部工程名称	占直接工程费/%	元/m^2	分部工程名称	占直接工程费/%	元/m^2
±0.00 以下工程	13.01	50.40	楼地面工程	2.62	10.13
脚手架及垂直运输	4.02	15.56	屋面及防水工程	1.43	5.52
砌筑工程	16.90	65.37	防腐、保温、隔热工程	0.65	2.52
混凝土及钢筋混凝土工程	31.78	122.95	装饰工程	9.56	36.98
构件运输及安装工程	1.91	7.40	金属结构制作工程		
门窗及木结构工程	18.12	70.09	零星项目		

四、人工、材料消耗指标					
项目	单位	每 100m^2 消耗量	项目	单位	每 100m^2 消耗量
一、定额用工	工日	382.06	二、材料消耗(土建工程)		
土建工程	工日	363.83	钢材	t	2.11
			水泥	t	16.76
水卫(消防)	工日	11.60	木材	m^3	1.80
			标准砖	千块	21.82
电气照明	工日	6.63	中粗砂	m^3	34.39
			碎(砾)石	m^3	26.20

1. 建设项目综合指标

指按规定应列入建设项目总投资的，从立项筹建开始至竣工验收交付使用的全部投资额，包括单项工程投资、工程建设其他费用和预备费等。

建设项目综合指标一般以项目的综合生产能力单位投资表示，如“元/t”“元/kW”，或以使用功能表示，如医院床位“元/床”。

2. 单项工程指标

指按规定应列入能独立发挥生产能力或使用效益的单项工程内的全部投资额，包括建筑工程费，安装工程费，设备、工器具及生产家具购置费和可能包含的其他费用。单项工程一般划分原则如下：

（1）主要生产设施　指直接参与生产产品的工程项目，包括生产车间或生产装置。

（2）辅助生产设施　指为主要生产车间服务的工程项目，包括集中控制室，中央实验室，机修、电修、仪器仪表修理及木工（模）等车间，原材料、半成品、成品及危险品等仓库。

（3）公用工程　包括给排水系统（给排水泵房、水塔、水池及全厂给排水管网）、供热系统（锅炉房及水处理设施、全厂热力管网）、供电及通信系统（变配电所、开关所及全厂输电、电信线路）以及热电站、热力站、煤气站、空压站、冷冻站、冷却塔和全厂管网等。

（4）环境保护工程　包括废气、废渣、废水等处理和综合利用设施及全厂性绿化。

（5）总图运输工程　包括厂区防洪、围墙大门、传达及收发室、汽车库、消防车库、厂区道路、桥涵、厂区码头及厂区大型土石方工程。

（6）厂区服务设施　包括厂部办公室、厂区食堂、医务室、浴室、哺乳室、自行车棚等。

（7）生活福利设施　包括职工医院、住宅、生活区食堂、俱乐部、托儿所、幼儿园、子弟学校、商业服务点以及与之配套的设施。

（8）厂外工程　如水源工程，厂外输电、输水、排水、通信、输油等管线以及公路、铁路专用线等。

单项工程指标一般以单项工程生产能力单位投资如“元/t”或其他单位表示。如：变配电站“元/(kV·A)”；锅炉房“元/蒸汽吨”；供水站“元/m^3”；办公室、仓库、宿舍、住宅等房屋则按不同结构形式以“元/m^2”表示。

3. 单位工程指标

单位工程指标指按规定应列入能独立设计、施工的工程项目的费用，即建筑安装工程费用。

单位工程指标一般以如下方式表示：房屋区别于不同结构形式以“元/m^2”表示；道路区别不同结构层、面层以“元/m^2”表示；水塔区别不同结构层，容积以“元/座”表示；管道区别不同材质、管径以“元/m”表示。

（四）投资估算指标的编制方法

投资估算指标的编制工作，涉及建设项目的产品规模、产品方案、工艺流程、设备选型、工程设计和技术经济等各个方面，既要考虑到现阶段技术状况，又要展望技术发展趋势和设计动向，从而可以指导以后建设项目的实践。投资估算指标的编制应当成立专业齐全的编制小组，编制人员应具备较高的专业素质。投资估算指标的编制应当制定一个从编制原则、编制内容、指标的层次相互衔接、项目划分、表现形式、计量单位、计算、复核、审查程序到相互应有的责任制等内容的编制方案或编制细则，以便编制工作有章可循。投资估算指标的编制一般分三个阶段进行。

1. 收集整理资料阶段

收集整理已建成或正在建设的，符合现行技术政策和技术发展方向、有可能重复采用的，有代表性的工程设计施工图、标准设计以及相应的竣工决算或施工图预算资料等，这些资料是编制工作的基础，资料收集得越广泛，反映出的问题越多，编制工作考虑得越全面，就越有利于提高投资估算指标的实用性和覆盖面。同时，对调查收集到的资料要选择占投资比重大、相互关联多的项目进行认真的分析整理，由于已建成或正在建设的工程的设计意图、建设时间和地点、资料的基础等不同，相互之间的差异很大，需要去粗取精、去伪存真地加以整理，才能重复利用。将整理后的数据资料按项目划分栏目加以归类，按照编制年度的现行定额、费用标准和价格，调整成编制年度的造价水平及相互比例。

2. 平衡调整阶段

由于调查收集的资料来源不同，虽然经过一定的分析整理，但难免会由于设计方案、建设条件和建设时间上的差异带来的某些影响，使数据失准或漏项等。必须对有关资料进行综合平衡调整。

3. 测算审查阶段

测算是将新编的指标和选定工程的概预算，在同一价格条件下进行比较，检验其“量差”的偏离程度是否在允许偏差的范围之内，如偏差过大，则要查找原因，进行修正，以保证指标的确切、实用。测算同时也是对指标编制质量进行的一次系统检查，应由专人进行，以保持测算口径的统一，在此基础上组织有关专业人员予以全面审查定稿。

由于投资估算指标的编制计算工作量非常大，在现阶段计算机已经广泛普及的条件下，应尽可能应用电子计算机进行投资估算指标的编制工作。

课后习题

一、简答题

1. 什么是工程定额？工程定额是怎样分类的？
2. 简述工人工作时间消耗和机械工作时间消耗的分类。
3. 施工定额和预算定额有哪些区别和联系？
4. 什么是消耗量定额，简述消耗量定额的套用方法。

二、单项选择题

1. 下列定额中，项目划分最细的造价定额是（　　）。
   A. 材料消耗定额　　B. 劳动定额　　C. 预算定额　　D. 概算定额
2. 概算定额与预算定额的差异主要表现在（　　）的不同。
   A. 项目划分　　B. 主要工程内容

C. 主要表达方式　　D. 基本使用方法

3. 下列机械工作时间中，属于有效工作时间的是（　　）。

A. 筑路机在工作区末端的掉头时间

B. 体积达标而未达到载重吨位的货物汽车运输时间

C. 机械在工作地点之间的转移时间

D. 装车数量不足而在低负荷下工作的时间

4. 已知人工挖某土方 $1m^3$ 的基本工作时间为1个工作日，辅助工作时间占工序作业时间的5%，准备与结束工作时间、不可避免的中断时间、休息时间分别占工作日的3%、2%、15%，该人工挖土的时间定额为（　　）。

A. 13.33　　B. 13.16　　C. 13.13　　D. 12.50

5. 若完成 $1m^3$ 墙体砌筑工作的基本工时为0.5工日，辅助工作时间占工序时间的4%，准备与结束工作时间、不可避免的中断时间、休息时间分别占工作时间的6%、3%和12%，该工程时间定额为（　　）工日/m^3。

A. 0.581　　B. 0.608　　C. 0.629　　D. 0.659

6. 在计算消耗量定额人工工日消耗量时，含在人工幅度差内的用工是（　　）。

A. 超运距用工　　B. 材料加工用工

C. 机械土方工程的配合用工　　D. 工种交叉作业相互影响的停歇用工

7. 已知砌筑 $1m^3$ 砖墙中砖净量和损耗量分别为529块、6块，百块砖体积按 $0.146m^3$ 计算，砂浆损耗率为10%。则砌筑 $1m^3$ 砖墙的砂浆用量为（　　）m^3。

A. 0.250　　B. 0.253　　C. 0.241　　D. 0.243

8. 某出料容量750L的砂浆搅拌机，每一次循环工作中，运料、装料、搅拌、卸料、终端需要的时间分别为150s、40s、250s、50s、40s，运料和其他时间的交叠时间为50s，机械利用系数为0.8。该机械的台班产量定额为（　　）m^3/台班。

A. 29.79　　B. 32.60　　C. 36.00　　D. 39.27

9. 下列材料损耗，应计入预算定额材料损耗量的是（　　）。

A. 场外运输损耗　　B. 工地仓储损耗

C. 一般性检验鉴定损耗　　D. 施工加工损耗

10. 下列施工机械中，在计算预算定额机械台班消耗量时，不另增加机械幅度差的是（　　）。

A. 打桩机械　　B. 混凝土搅拌机

C. 水磨石机　　D. 吊装机械

三、计算题

1. 某抹灰班组有13名工人，抹某住宅楼混砂墙面，施工25天完成任务，已知产量定额为 $10.2m^2$/工日。试计算抹灰班应完成的抹灰面积。

2. 使用400L的混凝土搅拌机搅拌混凝土，每一次的搅拌时间为：上料0.5min，出料0.5min，搅拌2min，共计3min。机械正常时间利用系数为0.87，每次搅拌产量为 $0.25m^3$。配合机械施工方式和劳动组织为：砂、石和水泥采用双轮车运输，人工上料。后台上料10人，搅拌机司机1人，共11人。试计算：

（1）该搅拌机台班产量定额和时间定额；

（2）各工种工人的时间定额。

3. 某机械一般土方工程量 3000m^3，机械开挖后由人工进行基底清理和边坡修整。请确定该土方的定额项目，并计算消耗量。

4. 某工程细石混凝土找平层 60mm 厚，按定额工程量计算规则计算，工程量为 320m^2，试计算其人、材、机消耗数量。

5. 某宿舍楼人工挖沟槽（普通土，2m 以内，挡土板下挖土）。按消耗量定额工程量计算规则计算，工程量为 120m^3，试计算其消耗量。

建筑安装工程费用及工程单价

【内容概要】

本章是进行计价活动的前提，要明确计价费用的范围。主要介绍现行建筑安装工程费用组成，人材机单价的确定方法，工程单价及价目表的应用；对建筑安装工程费用组成的演变及发展进行了介绍，并提出了完善的方向。

【学习目标】

（1）了解工程造价组成部分。

（2）掌握建安工程费各部分的组成及计算方法。

（3）掌握人工、材料及机械台班单价的组成及确定方法。

（4）掌握工程单价的编制及价目表的应用。

【教学设计】

（1）采用多媒体教学手段讲解工程造价的构成。

（2）采用多媒体教学手段，结合具体的实例、有关的文件、价目表等讲解建安工程费用构成，人材机单价计算，工程单价编制。

（3）结合具体案例、价目表让学生独立完成价目表的套用练习。

第一节　建设项目工程造价组成概述

建设项目总投资是为完成工程项目建设并达到使用要求或生产条件，在建设期内预计或实际投入的全部费用总和。生产性建设项目总投资包括建设投资、建设期利息和流动资金三部分；非生产性建设项目总投资包括建设投资和建设期利息两部分。其中建设投资和建设期利息之和对应于固定资产投资，固定资产投资与建设项目的工程造价在量上相等。

工程造价基本构成包括用于购买工程项目所含各种设备的费用，用于建筑施工和安装施工所需支出的费用，用于委托工程勘察设计应支付的费用，用于购置土地所需的费用，也包括用于建设单位自身进行项目筹建和项目管理所花费的费用等。总之，工程造价是指在建设期预计或实际支出的建设费用。

工程造价从投资者的角度分析是指建设项目预期的开支或实际的全部固定资产投资费用，在建设项目工程造价中主要构成是建设投资。建设投资是为完成工程项目建设，在建设期内投入且形成现金流出的全部费用。根据国家发展改革委和建设部发布的《建设项目经济评价方法与参数》[(第三版)，发改投资〔2006〕1325号]的规定，建设投资包括工程费用、工程建设其他费用和预备费用三部分。工程费用是指建设期内直接用于工程建造、设备购置及其安装的建设投资，可以分为建筑安装工程费和设备及工器具购置费；工程建设其他费用是指建设期发生的与土地使用权取得、整个工程项目建设以及未来生产经营有关的构成建设投资但不包括在工程费用中的费用；预备费用是在建设期内因各种不可预见因素的变化而预留的可能增加的费用，包括基本预备费用和价差预备费用。建设项目工程造价的具体构成内容如图3-1所示。

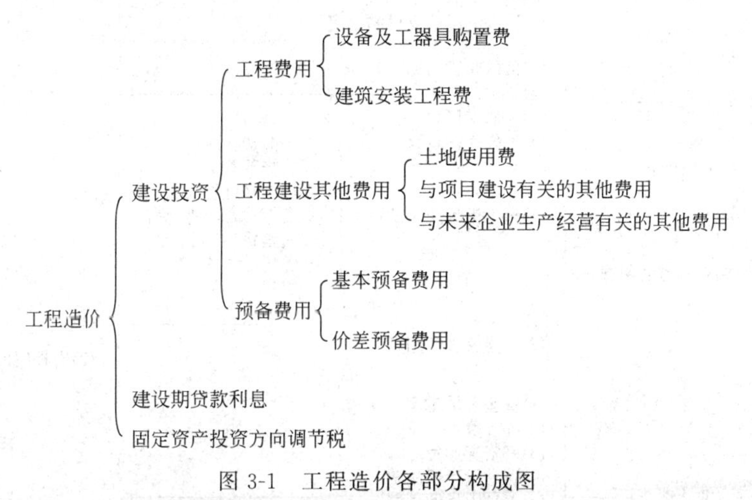

图3-1 工程造价各部分构成图

第二节 建筑安装工程费用项目组成及计算

现行建筑安装工程费用组成主要依据《建筑安装工程费用项目组成》(建标〔2013〕44号)的有关规定，建筑安装工程费按照费用构成要素划分，由人工费、材料(包含工程设备，下同)费、施工机具使用费、企业管理费、利润、规费和税金组成；按照工程造价形成划分，由分部分项工程费、措施项目费、其他项目费、规费、税金组成，其中分部分项工程费、措施项目费、其他项目费均由人工费、材料费、施工机具使用费、企业管理费和利润组成(见图3-2)。本节在《建筑安装工程费用项目组成》(建标〔2013〕44号)的基础上，综合考虑《建设工程工程量清单计价规范》及"营改增"的有关规定，介绍建筑安装工程费用项目组成。

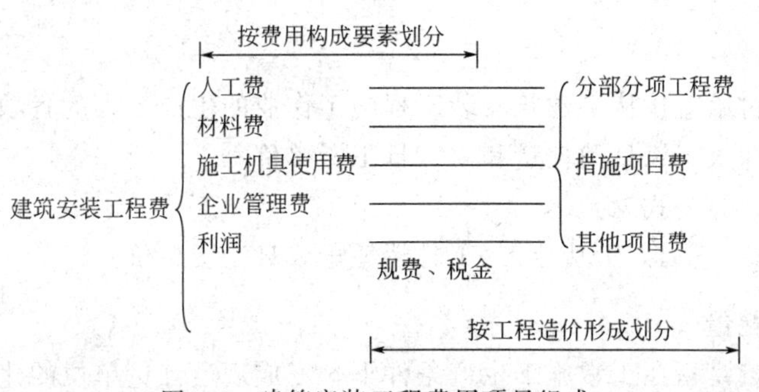

图3-2 建筑安装工程费用项目组成

一、建筑安装工程费用按构成要素划分及计算

建筑安装工程费安装费用构成要素由人工费、材料（工程设备）费、施工机械使用费、企业管理费、利润、规费和税金组成，具体见图 3-3。

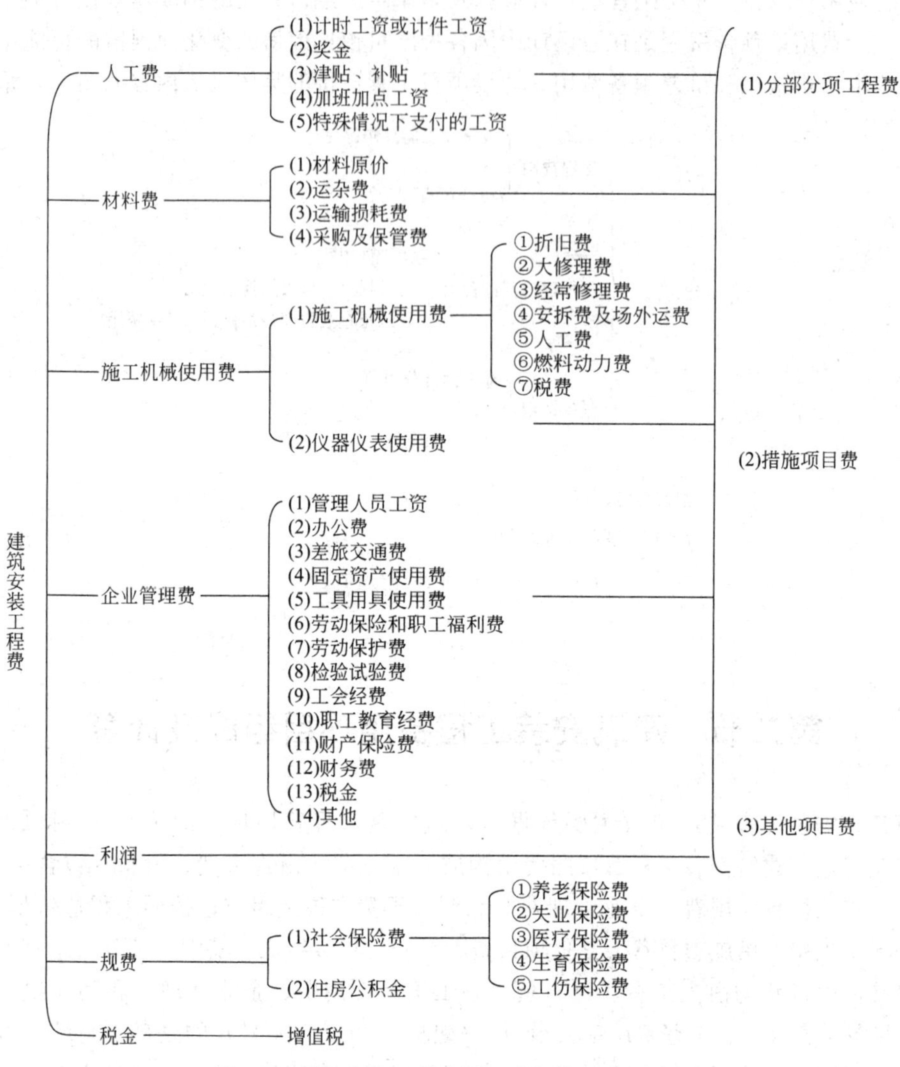

图 3-3　建筑安装工程费用组成（按要素划分）

（一）人工费

人工费是指支付给直接从事建筑安装工程施工作业的生产工人的各项费用。计算人工费取决于两个要素，即人工工日消耗量和人工日工资单价。

人工费的基本计算公式为：

$$人工费=\sum(工日消耗量\times日工资单价) \tag{3-1}$$

1. 人工工日消耗量

人工工日消耗量是指在正常施工生产条件下，完成规定计量单位的建筑安装产品所消耗的生产工人的工日数量。投标报价时企业可根据自己的水平确定工日消耗量，也可以参照消

耗量定额中的人工消耗量确定。

2. 人工日工资单价

人工日工资单价是指直接从事建筑安装工程施工的生产工人在每个法定工作日的工资、津贴及奖金等。体现的是一个建筑工人在一个工作日内应得的劳动报酬。

(1) 人工日工资单价的组成　人工日工资单价由计时或计件工资、奖金、津贴补贴、加班加点工资、特殊情况下支付的工资组成。

① 计时工资或计件工资：是指按计时工资标准和工作时间或对已做工作按计件单价支付给个人的劳动报酬。

② 奖金：是指对超额劳动和增收节支支付给个人的劳动报酬。如节约奖、劳动竞赛奖等。

③ 津贴补贴：是指为了补偿职工特殊或额外的劳动消耗和因其他特殊原因支付给个人的津贴，以及为了保证职工工资水平不受物价影响支付给个人的物价补贴。如流动施工津贴、特殊地区施工津贴、高温（寒）作业临时津贴、高空津贴等。

④ 加班加点工资：是指按规定支付的在法定节假日工作的加班工资和在法定日工作时间外延时工作的加点工资。

⑤ 特殊情况下支付的工资：是指根据国家法律、法规和政策规定，因病、工伤、产假、计划生育假、婚丧假、事假、探亲假、定期休假、停工学习、执行国家或社会义务等原因按计时工资标准或计时工资标准的一定比例支付的工资。

(2) 影响人工日工资单价的因素　影响人工日工资单价的因素主要有以下几个方面。

① 社会平均工资水平。社会平均工资水平决定了建筑安装工人人工日工资单价，而社会平均工资水平又取决于经济发展水平。所以，随着经济的增长，社会平均工资也会增长，从而影响人工日工资单价的提高。

② 生活消费指数。生活消费指数的提高会推动人工日工资单价的提高，以减少生活水平的下降或维持原来的生活水平。生活消费指数的变动决定于物价的变动，尤其决定于生活消费品物价的变动。

③ 人工日工资单价的组成内容。人工日工资单价组成内容越多，相应的单价就越高。如若将社会保险费、职工福利等内容纳入到人工日工资单价组成中，必然要提高日工资单价。

④ 劳动力市场供求变化。劳动力市场如果需求大于供给，人工日工资单价就会提高；供给大于需求，市场竞争激烈，人工日工资单价就会下降。

⑤ 政府推行的社会保障和福利政策也会影响人工日工资单价的变动。如政府发布的最低工资水平，随着该水平的提高，日工资单价也必然提高。

(3) 人工日工资单价的确定方法　人工日工资单价在我国目前投标报价及价款结算中，具有一定的政策性，一般以造价管理部门发布的日工资单价进行计价活动。造价管理机构编制计价定额时，确定定额人工日工资单价可按下式测算：

$$\text{日工资单价}=\frac{\begin{matrix}\text{生产工人平均月工资}\\(\text{计时、计件})\end{matrix}+\text{平均月}\left(\text{奖金}+\text{津贴补贴}+\begin{matrix}\text{特殊情况下}\\\text{支付的工资}\end{matrix}\right)}{\text{年平均每月法定工作日}} \tag{3-2}$$

式 (3-2) 中的年平均每月法定工作日可用全年日历天数扣除法定节假日天数除以 12 得到。

当工程造价管理机构编制计价定额时，确定定额人工费可按下式进行计算。

$$人工费=\sum(工程工日消耗量\times日工资单价) \tag{3-3}$$

式（3-3）中工程工日消耗量是基于工程造价管理部门编制的消耗量定额的工日消耗。日工资单价是指施工企业平均技术熟练程度的生产工人在每工作日（国家法定工作时间内）按规定从事施工作业应得的日工资总额。工程造价管理机构确定日工资单价应通过市场调查，根据工程项目的技术要求，参考实物工程量人工单价综合分析确定，最低日工资单价不得低于工程所在地人力资源和社会保障部门所发布的最低工资标准的普工的 1.3 倍、一般技工的 2 倍、高级技工的 3 倍。

（二）材料费

建筑安装工程费中的材料费，是指工程施工过程中耗费的各种原材料、半成品、构配件、工程设备等的费用，以及周转材料等的摊销、租赁费用。工程设备是指构成或计划构成永久工程一部分的机电设备、金属结构设备、仪器装置及其他类似的设备和装置。计算材料费取决于两个要素，即材料消耗量和材料单价。

材料费的基本计算公式为：

$$材料费=\sum(材料消耗量\times材料单价) \tag{3-4}$$

工程设备费的计算公式为：

$$工程设备费=\sum(工程设备量\times工程设备单价) \tag{3-5}$$

1. 材料消耗量

材料消耗量是指在正常施工生产条件下，完成规定计量单位的建筑安装产品所消耗的各类材料的净用量和不可避免的损耗量。投标企业在确定材料消耗量时，可参考消耗量定额结合本企业生产水平确定。

2. 材料单价

材料单价是指建筑材料从其来源地运到施工工地仓库直至出库形成的综合平均单价。由材料原价、运杂费、运输损耗费、采购及保管费组成。

（1）材料单价的组成

① 材料原价：材料、工程设备的出厂价格或商家供应价格。

② 运杂费：材料、工程设备自来源地运至工地仓库或指定堆放地点所发生的全部费用。

③ 运输损耗费：材料在运输装卸过程中不可避免的损耗。

④ 采购及保管费：为组织采购、供应和保管材料、工程设备的过程中所需要的各项费用，包括采购费、仓储费、工地保管费、仓储损耗。

（2）影响材料单价的因素

① 市场供需变化。材料原价是材料单价中最基本的组成。市场供大于求价格就会下降；反之，价格就会上升，从而也就会影响材料单价的涨落。

② 材料生产成本的变动直接影响材料单价的波动。材料价格的构成包括成本和利润，生产成本的增加必然导致材料单价的增加。

③ 流通环节的多少和材料供应体制也会影响材料单价。

④ 运输距离和运输方法的改变会影响材料运输费用的增减，从而也会影响材料单价。

⑤ 国际市场行情会对进口材料单价产生影响，甚至也会影响到国内材料价格。

(3) 材料单价的确定方法　材料单价的计算公式为：

材料单价={(材料原价+运杂费)×[1+运输损耗率(%)]}×[1+采购保管费率(%)]　(3-6)

① 材料原价。即材料市场取得价格，对于国内材料就是指国内采购材料的出厂价格；对于进口材料是指国外采购材料抵达买方边境、港口或车站并交纳完各种手续费、税费（不含增值税）后形成的价格（抵岸价）。材料的原价可以通过市场调查或查询市场材料价格信息取得。在确定原价时，凡同一种材料因来源地、交货地、供货单位、生产厂家不同，而有几种价格（原价）时，根据不同来源地供货数量比例，采取加权平均的方法确定其原价。计算公式如下：

$$P_{加权平均}=\frac{\sum_{i=1}^{n}P_i\times Q_i}{\sum_{i=1}^{n}Q_i} \tag{3-7}$$

式中　P_i——各不同供应地点的原价；

Q_i——各不同供应地点的供应量或各不同使用地点的需要量。

若材料供货价格为含税价格，则材料原价应以购进货物适用的税率或征收率扣减增值税进项税额，得到材料的不含税价格。

② 材料运杂费。材料运杂费是指国内采购材料自来源地、国外采购材料自到岸港运至工地仓库或指定堆放地点发生的费用（不含增值税），含外埠中转运输过程中所发生的一切费用和过境过桥费用，包括调车和驳船费、装卸费、运输费及附加工作费等。同样，同一品种的材料有若干个来源地，应采用加权平均的方法计算材料运杂费（参照材料原价加权评价确定的方法）。需要注意的是，若运输费用为含税价格，则需要按“两票制”和“一票制”两种支付方式分别调整。

“两票制”支付方式。所谓“两票制”材料，是指材料供应商就收取的货物销售价款和运杂费向建筑企业分别提供货物销售和交通运输两张发票的材料。在这种方式下，运杂费以按交通运输与服务适用税率（10%）扣减增值税进项税额。

“一票制”支付方式。所谓“一票制”材料，是指材料供应商就收取的货物销售价款和运杂费合计金额向建筑企业仅提供一张货物销售发票的材料。在这种方式下，运杂费采用与材料原价相同的方式（16%）扣减增值税进项税额。

③ 在材料的运输中应考虑一定的场外运输损耗费用。这是指材料在运输装卸过程中不可避免的损耗。运输损耗的计算公式是：

运输损耗=(材料原价+运杂费)×运输损耗率(%)　(3-8)

④ 采购及保管费。采购及保管费是指为组织采购、供应和保管材料过程中所需要的各项费用，包含采购费、仓储费、工地保管费和仓储损耗。

采购及保管费一般按照材料到库价格以费率取定。材料采购及保管费计算公式如下：

采购及保管费=(材料原价+运杂费+运输损耗费)×采购及保管费费率(%)　(3-9)

采购及保管费费率综合取定值一般为2.5%。根据采购与保管分工或方式的不同，采购及保管费一般按下列比例分配：①建设单位采购、付款、供应至施工现场，并自行保管，施工单位随用随领，采购及保管费全部归建设单位；②建设单位采购、付款，供应至施工现场，交由施工单位保管，建设单位计取采购及保管费的40%，施工单位计取60%；③施工单位采购、付款，供应至施工现场，并自行保管，采购及保管费全部归施工单位。建设单位采购或施工单位经建设单位认价后自行采购，其付款价一般（双方未另行约定时）均为材料供应至施工现场的落地价（应含卸车费用），未包括材料的采购及保管费。但一般价目表或单位估价表中的材料单价已包括采购及保管费。

【例 3-1】 某建设项目材料（适用16%增值税率）从两个地方采购，其采购量及有关费用如表3-1所示，求该工地水泥的单价（表中原价、运杂费均为含税价格，且材料采用“两票制”支付方式）。

表 3-1 材料采购信息表

采购处	采购量/t	原价/(元/t)	运杂费/(元/t)	运输损耗率/%	采购及保管费费率/%
来源一	300	400	30	0.5	2.5
来源二	200	380	20	0.4	

解：应将含税的原价和运杂费调整为不含税价格，具体过程如表3-2所示。

表 3-2 材料价格信息不含税价格处理

采购处	采购量/t	原价(除税)/(元/t)	运杂费(不含税)/(元/t)	运输损耗率/%	采购及保管费费率/%
来源一	300	400/1.16=344.83	30/1.10=27.27	0.5	2.5
来源二	200	380/1.16=327.59	20/1.10=18.18	0.4	

$$加权平均原价\ P_{加权平均}=\frac{344.83\times300+327.59\times200}{300+200}=337.93\ (元/t)$$

$$加权评价运费=\frac{27.27\times300+18.18\times200}{300+200}=23.63\ (元/t)$$

来源一的运输损耗费＝（344.83＋27.27）×0.5%＝1.86（元/t）

来源二的运输损耗费＝（327.59＋18.18）×0.4%＝1.38（元/t）

$$加权平均运输损耗费=\frac{1.86\times300+1.38\times200}{300+200}=1.67\ (元/t)$$

材料单价＝（337.93＋23.63＋1.67）×（1＋2.5%）＝372.31（元/t）

（三）施工机具使用费

建筑安装工程费中的施工机具使用费，是指施工作业所发生的施工机械、仪器仪表使用费或其租赁费。

施工机械使用费是指施工机械作业发生的使用费或租赁费。计算施工机械使用费取决于施工机械台班消耗量和机械台班单价。施工机械使用费的基本计算公式为：

$$施工机械使用费=\sum(施工机械台班消耗量\times机械台班单价) \tag{3-10}$$

施工企业可以参考工程造价管理机构发布的台班单价，自主确定施工机械使用费的报价，如租赁施工机械，公式为：

$$施工机械使用费=\sum(施工机械台班消耗量\times机械台班租赁单价) \tag{3-11}$$

仪器仪表使用费是指工程施工所需使用的仪器仪表的摊销及维修费用。与施工机械使用费类似，仪器仪表使用费的基本计算公式为：

$$仪器仪表使用费=\sum(仪器仪表台班消耗量\times仪器仪表台班单价) \quad (3\text{-}12)$$

仪器仪表台班单价通常由折旧费、维护费、校验费和动力费组成。本节仅就施工机械使用费进行详细介绍，仪器仪表使用费参照执行。

1. 施工机械台班消耗量

施工机械台班消耗量是指在正常施工生产条件下，完成规定计量单位的建筑安装产品所消耗的施工机械台班的数量，可参考消耗量定额确定。

2. 施工机械台班单价

施工机械台班单价是指一台施工机械，在正常运转条件下，一个工作班中所发生的分摊和支出的全部费用。施工机械台班单价由台班折旧费、台班大修理费、台班经常修理费、台班安拆费及场外运输费、台班人工费、台班燃料动力费和台班车船使用税费等七部分组成。

（1）施工机械台班单价的组成

① 台班折旧费：施工机械在规定的使用年限内，陆续收回其原值的费用。

② 台班大修理费：施工机械按规定的大修理间隔台班进行必要的大修理，以恢复其正常功能所需的费用。

③ 台班经常修理费：施工机械除大修理以外的各级保养和临时故障排除所需的费用。包括为保障机械正常运转所需替换设备与随机配备工具附具的摊销和维护费用，机械运转中日常保养所需润滑与擦拭的材料费用及机械停滞期间的维护和保养费用等。

④ 台班安拆费及场外运输费：安拆费指施工机械（大型机械除外）在现场进行安装与拆卸所需的人工、材料、机械和试运转费用以及机械辅助设施的折旧、搭设、拆除等费用；场外运费指施工机械整体或分体自停放地点运至施工现场或由一施工地点运至另一施工地点的运输、装卸、辅助材料及架线等费用。

⑤ 台班人工费：机上司机（司炉）和其他操作人员的人工费。

⑥ 台班燃料动力费：施工机械在运转作业中所消耗的各种燃料及水、电费等。

⑦ 台班车船使用税费：施工机械按照国家规定应缴纳的车船使用税、保险费及年检费等。

（2）影响施工机械台班单价的因素

① 施工机械的价格是影响机械台班单价的重要因素。

② 机械使用年限会影响到折旧费的提取和经常修理费、大修理费的开支。

③ 机械的供求关系、使用效率和管理水平直接影响到机械台班单价。

④ 政府征收税费的规定也会影响机械台班单价。

（3）施工机械台班单价的确定方法　施工机械台班单价的计算公式为：

$$\begin{aligned}机械台班单价=&台班折旧费+台班大修理费+台班经常修理费+台班安拆费及场外运输费+\\&台班人工费+台班燃料动力费+台班车船使用税费\end{aligned} \quad (3\text{-}13)$$

还应注意，当采用一般计税方法时，机械台班单价应为不含进项税的裸价，组成台班单价的各个部分若为含税价格，应按规定的税率进行除税。

① 台班折旧费。折旧费是指施工机械在规定的耐用总台班内，根据施工机械的原值（机械预算价格），按照规定的残值率和折旧方法确定的每台班回收原值的费用。计算公式为：

$$台班折旧费=\frac{机械预算价格\times(1-残值率)}{耐用总台班数} \tag{3-14}$$

残值率是指机械报废时回收其残余价值占施工机械预算价格的百分数。残值率应按编制期国家有关规定确定，目前各类施工机械均按5%计算。

耐用总台班数指施工机械从开始投入使用至报废前使用的总台班数，应按相关技术指标取定，可按下式确定：

$$耐用总台班数=折旧年限\times年工作台班=大修间隔台班\times大修周期 \tag{3-15}$$

年工作台班指施工机械在一个年度内使用的台班数量。

② 台班大修理费。机械大修理费是指为恢复施工机械的性能，对其进行大部分或全部修理的支出，包括更换配件、材料、机械和工时及送修运费等。计算公式为：

$$台班大修理费=\frac{一次大修理费\times寿命期内大修理次数}{耐用总台班数} \tag{3-16}$$

一次大修理费指施工机械进行一次大修发生的工时费、配件费、辅料费、油燃料费等。可按其占预算价格的百分率确定。

寿命期内的大修理次数指机械设备在正常的施工条件下，将其寿命期（即耐用总台班）按规定的大修次数划分为若干个周期，按照其大修周期数减1计算确定。即：

$$寿命期内的大修理次数=大修周期数-1 \tag{3-17}$$

③ 台班经常修理费。经常修理费指施工机械在规定的耐用总台班内，按规定的维护间隔进行各级维护和临时故障排除所需的费用。保障机械正常运转所需替换与随机配备工具附具的摊销和维护费用、机械运转及日常保养维护所需润滑与擦拭的材料费用及机械停滞期间的维护费用等。各项费用分摊到台班中，即为台班经常修理费。可按下式计算确定：

$$台班经常修理费=\frac{\sum(各级保养一次费用\times寿命期内各级保养次数)+临时故障排除费}{耐用总台班} \tag{3-18}$$

④ 台班安拆费及场外运输费。这里的安拆费及场外运输费是指安拆简单、移动需要起重及运输机械的轻型施工机械，计入台班单价的安拆费及场外运输费。其中安拆费指施工机械在现场进行安装与拆卸所需的人工、材料、机械和试运转费用以及机械辅助设施的折旧、搭设、拆除等费用；场外运输费指施工机械整体或分体自停放地点运至施工现场或由一施工地点运至另一施工地点的运输、装卸、辅助材料及架线等费用。安拆费及场外运输费应按下列公式计算：

$$\begin{matrix}台班安拆费及\\场外运输费\end{matrix}=\begin{matrix}一次安拆费及\\场外运输费\end{matrix}\times年平均安拆次数/年工作台班 \tag{3-19}$$

⑤ 台班人工费。人工费指机上司机（司炉）和其他操作人员的人工费，即计入机械台班单价中的人工费。可按下列公式计算：

$$台班机上人工费=\frac{台班机上人工数量\times人工单价\times法定工作日天数}{年工作台班} \tag{3-20}$$

⑥ 台班燃料动力费。燃料动力费是指施工机械在运转作业中所耗用的燃料及水、电等费用。计算公式如下：

$$台班燃料动力费=\sum(燃料动力消耗量\times燃料动力单价) \tag{3-21}$$

⑦ 台班车船使用税费。它是指施工机械按照国家规定应缴纳的车船税、保险费及检测费等，其计算公式为：

$$台班车船使用税费=\frac{年车船使用税+年保险费+年检费}{年工作台班} \tag{3-22}$$

(四) 企业管理费

1. 企业管理费的内容

企业管理费是指施工单位组织施工生产和经营管理所发生的费用，包括以下内容。

(1) 管理人员工资 管理人员工资是指按规定支付给管理人员的计时工资、奖金、津贴补贴、加班加点工资及特殊情况下支付的工资等。

(2) 办公费 办公费是指企业管理办公用的文具、纸张、账簿、印刷、邮电、书报、办公软件、现场监控、会议、水电、烧水和集体取暖降温（包括现场临时宿舍取暖降温）等费用。

(3) 差旅交通费 差旅交通费是指职工因公出差、调动工作的差旅费，住勤补助费，市内交通费和误餐补助费，职工探亲路费，劳动力招募费，职工退休、退职一次性路费，工伤人员就医路费，工地转移费以及管理部门使用的交通工具的油料、燃料等费用。

(4) 固定资产使用费 固定资产使用费是指管理和试验部门及附属生产单位使用的属于固定资产的房屋、设备、仪器等的折旧、大修、维修或租赁费。

(5) 工具用具使用费 工具用具使用费是指企业施工生产和管理使用的不属于固定资产的工具、器具、家具、交通工具和检验、试验、测绘、消防用具等的购置、维修和摊销费。

(6) 劳动保险和职工福利费 劳动保险和职工福利费是指由企业支付的职工退职金、按规定支付给离休干部的经费，包括集体福利费、夏季防暑降温、冬季取暖补贴、上下班交通补贴等。

(7) 劳动保护费 劳动保护费是企业按规定发放的劳动保护用品的支出，如工作服、手套、防暑降温饮料以及在有碍身体健康的环境中施工的保健费用等。

(8) 检验试验费 检验试验费是指施工企业按照有关标准规定，对建筑以及材料、构件和建筑安装物进行一般鉴定、检查所发生的费用，包括自设试验室进行试验所耗用的材料等费用，不包括新结构、新材料的试验费。对构件做破坏性试验及其他特殊要求检验试验的费用和建设单位委托检测机构进行检测的费用，对此类检测发生的费用，由建设单位在工程建设其他费用中列支。但对施工企业提供的具有合格证明的材料进行检测不合格的，该检测费用由施工企业支付。

(9) 工会经费 工会经费是指企业按《工会法》规定的全部职工工资总额比例计提的工会经费。

(10) 职工教育经费 职工教育经费是指按职工工资总额的规定比例计提，企业为职工进行专业技术和职业技能培训，专业技术人员继续教育、职工职业技能鉴定、职业资格认定以及根据需要对职工进行各类文化教育所发生的费用。

(11) 财产保险费 财产保险费是指施工管理用财产、车辆等的保险费用。

(12) 财务费 财务费是指企业为施工生产筹集资金或提供预付款担保、履约担保、职工工资支付担保等所发生的各种费用。

(13) 税金 税金是指企业按规定缴纳的房产税、非生产性车船使用税、土地使用税、印花税、城市维护建设税、教育费附加、地方教育费附加等各项税费（注：当采用一般计税方法时，城市维护建设税、教育费附加和地方教育附加计入管理费中）。

（11）其他　包括技术转让费、技术开发费、投标费、业务招待费、绿化费、广告费、公证费、法律顾问费、审计费、咨询费、保险费等。

2. 企业管理费的计算方法

管理费一般是综合计取的，可以分别以分部分项工程费、人工费和机械费合计或人工费为计算基础计算。

以分部分项工程费为计算基础时，企业管理费费率测算公式：

$$企业管理费费率(\%)=\frac{生产工人年平均管理费}{年有效施工天数\times 人工单价}\times 人工费占分部分项工程费比例(\%) \tag{3-23}$$

以人工费和机械费合计为计算基础时，企业管理费费率测算公式：

$$企业管理费费率(\%)=\frac{生产工人年平均管理费}{年有效施工天数\times(人工单价+每一工日机械使用费)}\times 100\% \tag{3-24}$$

以人工费为计算基础时，企业管理费费率测算公式：

$$企业管理费费率(\%)=\frac{生产工人年平均管理费}{年有效施工天数\times 人工单价}\times 100\% \tag{3-25}$$

上述公式适用于施工企业投标报价时自主确定的管理费，是工程造价管理机构编制计价定额、确定企业管理费的参考依据。

工程造价管理机构在确定计价定额中企业管理费时，应以定额人工费或定额人工费＋定额机械费作为计算基数，其费率根据历年工程造价积累的资料，辅以调查数据确定，列入分部分项工程和措施项目中。

（五）利润

利润是指施工单位从事建筑安装工程施工所获得的盈利，由施工企业根据企业自身需求并结合建筑市场实际自主确定。工程造价管理机构在确定计价定额中利润时，应以定额人工费或定额人工费与施工机械使用费之和作为计算基数，其费率根据历年积累的工程造价资料，并结合建筑市场实际确定，以单位（单项）工程测算，利润在税前建筑安装工程费的比重可按不低于5%且不高于7%的费率计算。

（六）规费

1. 规费的内容

规费是指按国家法律、法规规定，由省级政府和省级有关权力部门规定施工单位必须缴纳或计取、应计入建筑安装工程造价的费用。主要包括社会保险费、住房公积金和工程排污费。

（1）社会保险费。

① 养老保险费：企业按规定标准为职工缴纳的基本养老保险费。

② 失业保险费：企业按照国家规定标准为职工缴纳的失业保险费。

③ 医疗保险费：企业按照规定标准为职工缴纳的基本医疗保险费。

④ 工伤保险费：企业按照国务院制定的行业费率为职工缴纳的工伤保险费。

⑤ 生育保险费：企业按照国家规定为职工缴纳的生育保险（根据“十三五”规划纲要，开展生育保险与基本医疗保险合并的试点工作）。

(2) 住房公积金：企业按规定标准为职工缴纳的住房公积金。

2. 规费的计算

社会保险费和住房公积金应以定额人工费为计算基础，根据工程所在地省、自治区、直辖市或行业建设主管部门规定费率计算。

$$社会保险费和住房公积金=\sum(工程定额人工费\times社会保险费和住房公积金费率) \tag{3-26}$$

社会保险费和住房公积金费率可以以每万元发承包价的生产工人人工费和管理人员工资含量与工程所在地规定的缴纳标准综合分析取定。

（七）税金

建筑安装工程费用中的税金是指按照国家税法规定的应计入建筑安装工程造价内的增值税额，按税前造价乘以增值税税率确定。

1. 采用一般计税方法时增值税的计算

当采用一般计税方法时，建筑业增值税税率为9%。计算公式为：

$$增值税=税前造价\times10\% \tag{3-27}$$

税前造价为人工费、材料费、施工机具使用费、企业管理费、利润和规费之和，各费用项目均以不包含增值税可抵扣进项税额的价格计算。

2. 采用简易计税方法时增值税的计算

(1) 简易计税的适用范围。根据《营业税改征增值税试点实施办法》以及《营业税改征增值税试点有关事项的规定》的规定，简易计税方法主要适用于以下几种情况。

① 小规模纳税人发生应税行为适用简易计税方法计税。小规模纳税人通常是指纳税人提供建筑服务的年应征增值税销售额未超过500万元，并且会计核算不健全，不能按规定报送有关税务资料的增值税纳税人。年应税销售额超过500万元，但不经常发生应税行为的单位也可选择按照小规模纳税人计税。

② 一般纳税人以清包工方式提供的建筑服务，可以选择简易计税方法计税。以清包工方式提供建筑服务，是指施工方不采购建筑工程所需的材料或只采购辅助材料，并收取人工费、管理费或者其他费用的建筑服务。

③ 一般纳税人为甲供工程提供的建筑服务，就可以选择简易计税方法计税。甲供工程，是指全部或部分设备、材料、动力由工程发包方自行采购的建筑工程。另根据《关于建筑服务等营改增试点政策的通知》（财税〔2017〕58号），建筑工程总承包单位为房屋建筑的地基与基础、主体结构提供工程服务，建设单位自行采购全部或部分钢材、混凝土、砌体材料、预制构件的，适用简易计税方法计税。

④ 一般纳税人为建筑工程老项目提供的建筑服务，可以选择简易计税方法计税。建筑工程老项目：《建筑工程施工许可证》注明的合同开工日期在2016年4月30日前的建筑工程项目；未取得《建筑工程施工许可证》的，建筑工程承包合同注明的开工日期在2016年

4 月 30 日前的建筑工程项目。

(2) 简易计税的计算方法。当采用简易计税方法时，建筑业增值税税率为 3%。计算公式为：

$$增值税=税前造价\times 3\% \tag{3-28}$$

税前造价为人工费、材料费、施工机械使用费、企业管理费、利润和规费之和，各费用项目均以包含增值税进项税额的含税价格计算。

二、建筑安装工程费用按造价形成划分及计算方法

建筑安装工程费用按造价形成划分包括分部分项工程费、措施项目费、其他项目费、规费和税金。该划分的方法是为了适应当前基于综合单价的清单计价而提出的费用构成，五部分费用对应清单计价中的五个清单，且分部分项工程费、措施项目费和其他项目费综合了人工费、材料费、施工机械使用费、企业管理费和利润，具体见图 3-4。其中规费和税金内容参见本节“建筑安装工程费用按构成要素划分及计算”中的规费和税金。

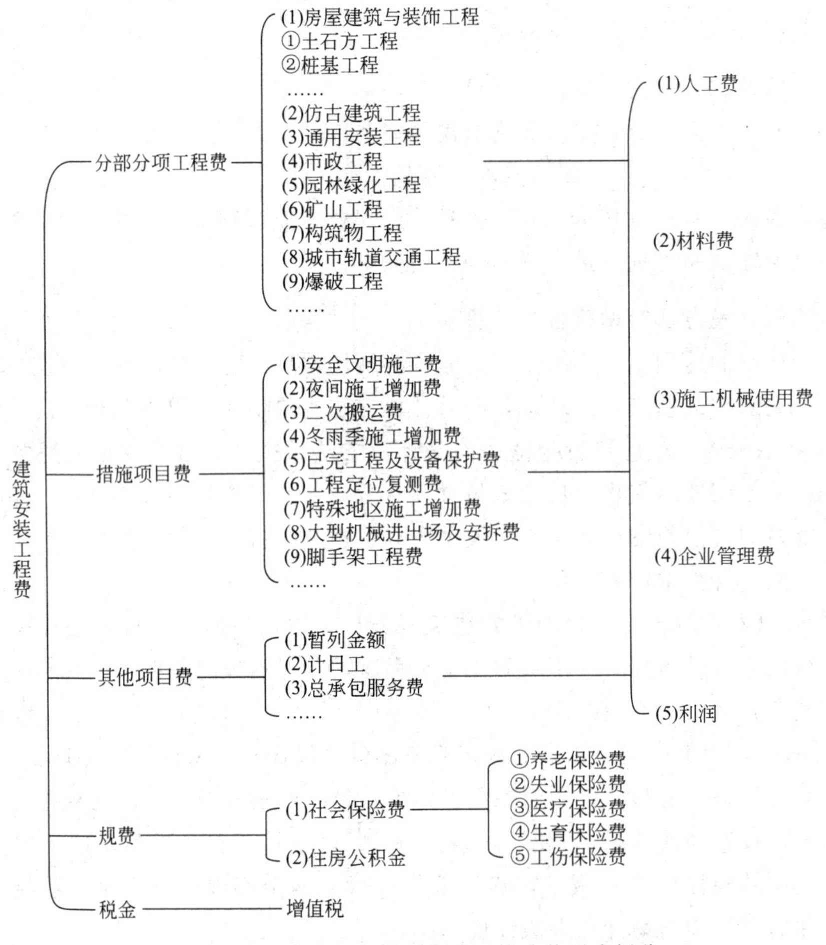

图 3-4　建筑安装工程费用组成（按造价形成划分）

（一）分部分项工程费

分部分项工程费是指各专业工程的分部分项工程应予列支的各项费用。从构成要素上看，分部分项工程费包括人工费、材料费、施工机械使用费、企业管理费和利润。

这里的专业工程是指按现行国家计量规范划分的房屋建筑与装饰工程、仿古建筑工程、通用安装工程、市政工程、园林绿化工程、矿山工程、构筑物工程、城市轨道交通工程、爆破工程等各类工程；分部分项工程是指按现行国家计量规范对各专业工程划分的项目，如房屋建筑与装饰工程划分的土石方工程、地基处理与桩基工程、砌筑工程、钢筋及钢筋混凝土工程等。

分部分项工程费按综合单价计算，计算公式如下：

$$分部分项工程费=\sum(分部分项工程量\times综合单价) \qquad (3\text{-}29)$$

式中，综合单价包括人工费、材料费、施工机械使用费、企业管理费和利润以及一定范围的风险费用。

（二）措施项目费

措施项目费是指为完成建设工程施工，发生于该工程施工前和施工过程中的技术、生活、安全、环境保护等方面的费用。

1. 措施项目费的主要内容

措施项目费的主要内容综合《建筑安装工程费用项目组成》（建标〔2013〕44 号）及《房屋建筑与装饰工程工程量计算规范》（GB 50854—2013）的规定，包括内容如下。

（1）安全文明施工费

① 环境保护费：施工现场为达到环保部门要求所需要的各项费用。

② 文明施工费：施工现场文明施工所需要的各项费用。

③ 安全施工费：施工现场安全施工所需要的各项费用。

④ 临时设施费：施工企业为进行建设工程施工所必须搭设的生活和生产用的临时建筑物、构筑物和其他临时设施费用，包括临时设施的搭设、维修、拆除、清理费或摊销费等。

各项安全文明施工费的主要内容如表 3-3 所示。

表 3-3 安全文明施工费的主要内容

项目名称	工作内容及包含范围
环境保护	现场施工机械设备降低噪声、防扰民措施费用
	水泥和其他易飞扬细颗粒建筑材料密闭存放或采取覆盖措施等费用
	工程防扬尘洒水费用
	土石方、建筑弃渣外运车辆防护措施费用
	现场污染源的控制、生活垃圾清理外运、场地排水排污措施费用
	其他环境保护措施费用
文明施工	“五牌一图”费用
	现场围挡的墙面美化（包括内外墙粉刷、刷白、标语等）、压顶装饰费用
	现场厕所便槽刷白、贴面砖，水泥砂浆地面或地砖铺砌，建筑物内临时便溺设施费用
	其他施工现场临时设施的装饰装修、美化措施费用
	现场生活卫生设施费用

续表

项目名称	工作内容及包含范围
	符合卫生要求的饮水设备、淋浴、消毒等设施费用
	生活用洁净燃料费用
	防煤气中毒、防蚊虫叮咬等措施费用
文明施工	施工现场操作场地的硬化费用
	现场绿化、治安综合治理费用
	现场配备医药保健器材、物品费用和急救人员培训费用
	现场工人的防暑降温、电风扇、空调等设备及用电费用
	其他文明施工措施费用
	安全资料、特殊作业专项方案的编制,安全施工标志的购置及安全宣传费用
	"三宝"(安全帽、安全带、安全网)、"四口"(楼梯口、电梯井口、通道口、预留洞口)、"五临边"(阳台围边、楼板围边、屋面围边、槽坑围边、卸料平台两侧)、水平防护架、垂直防护架、外架封闭等防护费用
	施工安全用电的费用,包括配电箱三级配电、两级保护装置要求、外电防护措施费用
	起重机、塔吊等起重设备(含井架、门架)及外用电梯的安全防护措施(含警示标志)
	卸料平台的临边防护、层间安全门、防护棚等设施费用
安全施工	建筑工地起重机械的检验检测费用
	施工机械防护棚及其围栏的安全保护设施费用
	施工安全防护通道费用
	工人的安全防护用品、用具购置费用
	消防设施与消防器材的配置费用
	电气保护、安全照明设施费用
	其他安全防护措施费用
	施工现场采用彩色、定型钢板,砖、混凝土砌块等围挡的安砌、维修、拆除费用
临时设施	施工现场临时建筑物、构筑物的搭设、维修、拆除,如临时宿舍、办公室、食堂、厨房、厕所、诊疗所、临时文化福利用房、临时仓库、加工场、搅拌台、临时简易水塔、水池等费用
	施工现场临时设施的搭设、维修、拆除,如临时供水管道、临时供电管线、小型临时设施等费用
	施工现场规定范围内临时简易道路铺设,临时排水沟、排水设施安砌、维修、拆除费用,其他临时设施搭设、维修、拆除费用

(2) 夜间施工增加费。夜间施工增加费是指因夜间施工所发生的夜班补助费、夜间施工降效、夜间施工照明设备摊销及照明用电等费用。包括以下内容:

① 夜间固定照明灯具和临时可移动照明灯具的设置、拆除费用;

② 夜间施工时,施工现场交通标志、安全标牌、警示灯的设置、移动、拆除费用;

③ 夜间照明设备摊销及照明用电、施工人员夜班补助、夜间施工劳动效率降低等费用。

(3) 非夜间施工照明。为保证工程施工正常进行,在地下室等特殊施工部位施工时所采用的照明设备的安拆、维护及照明用电等。

(4) 二次搬运费。二次搬运费是指因施工场地条件限制而发生的材料、构配件、半成品等一次运输不能到达堆放地点,必须进行二次或多次搬运所发生的费用。

(5) 冬雨季施工增加费。冬雨季施工增加费是指在冬季或雨季施工需增加的临时设施、防滑、排除雨雪、人工及施工机械效率降低等费用。内容包括：

① 冬雨（风）季施工时增加的临时设施（防寒保温、防雨、防风设施）的搭设、拆除；

② 冬雨（风）季施工时，对砌体、混凝土等采用的特殊加温、保温和养护措施；

③ 冬雨（风）季施工时，施工现场的防滑处理、对影响施工的雨雪的清除；

④ 冬雨（风）季施工时增加的临时设施、施工人员的劳动保护用品、冬雨（风）季施工劳动效率降低等。

（6）地上、地下设施和建筑物的临时保护设施费。在工程施工过程中，对已建成的地上、地下设施和建筑物进行的遮盖、封闭、隔离等必要保护措施所发生的费用。

（7）已完工程及设备保护费。竣工验收前，对已完工程及设备采取的覆盖、包裹、封闭、隔离等必要保护措施所发生的费用。

（8）脚手架费。脚手架费是指施工需要的各种脚手架搭、拆、运输费用以及脚手架购置费的摊销（或租赁）费用。内容包括：

① 施工时可能发生的场内、场外材料搬运费用；

② 搭、拆脚手架、斜道、上料平台费用；

③ 安全网的铺设费用；

④ 拆除脚手架后材料的堆放费用。

（9）混凝土模板及支架（撑）费。混凝土施工过程中需要的各种钢模板、木模板、支架等的支拆、运输费用及模板、支架的摊销（或租赁）费用。内容包括：

① 混凝土施工过程中需要的各种模板制作费用；

② 模板安装、拆除、整理堆放及场内外运输费用；

③ 清理模板黏结物及模内杂物、刷隔离剂等费用。

（10）垂直运输费。垂直运输费是指现场所用材料、机具从地面运至相应高度以及职工人员上下工作面等所发生的运输费用。内容包括：

① 垂直运输机械的固定装置、基础制作、安装费用；

② 行走式垂直运输机械轨道的铺设、拆除、摊销费用。

（11）超高施工增加费。当单层建筑物檐口高度超过 20m、多层建筑物超过 6 层时，可计算超高施工增加费，内容包括：

① 建筑物超高引起的人工工效降低以及由于人工工效降低引起的机械降效费用；

② 高层施工用水加压水泵的安装、拆除及工作台班费用；

③ 通信联络设备的使用及摊销费用。

（12）大型机械设备进出场及安拆费。大型机械设备进出场及安拆费是指机械整体或分体自停放场地运至施工现场或由一个施工地点运至另一个施工地点，所发生的机械进出场运输和转移费用及机械在施工现场进行安装、拆卸所需的人工费、材料费、机具费、试运转费和安装所需的辅助设施的费用。内容包括：

① 安拆费包括施工机械、设备在现场进行安装拆卸所需人工、材料、机具和试运转费用以及机械辅助设施的折旧、搭设、拆除等费用；

② 进出场费包括施工机械、设备整体或分体自停放地点运至施工现场或由一施工地点运至另一施工地点所发生的运输、装卸、辅助材料等费用。

（13）施工排水、降水费。施工排水、降水费是指将施工期间有碍施工作业和影响工程质量的水排到施工场地以外，以及防止在地下水位较高的地区开挖深基坑出现基坑浸水、地基承载力下降，在动水压力作用下还可能引起流砂、管涌和边坡失稳等现象而必须采取有效的降水和排水措施而产生的费用。该项费用由成井和排水、降水两个独立的费用项目组成：

① 成井。成井的费用主要包括：a. 准备钻孔机械、埋设护筒、钻机就位、泥浆制作、固壁、成孔、出渣、清孔等费用；b. 对接上、下井管（滤管），焊接，安防，下滤料，洗井，连接试抽等费用。

② 排水、降水。排水、降水的费用主要包括：a. 管道安装、拆除、场内搬运等费用；b. 抽水、值班、降水设备维修等费用。

（14）工程定位复测费。工程定位复测费是指工程施工过程中进行全部施工测量放线和复测工作的费用。通常包括施工前的放线、施工过程中的检测、施工后的复测所发生的费用等。

（15）特殊地区施工增加费。特殊地区施工增加费是指工程在沙漠或其边缘地区，高海拔、高寒、原始森林等特殊地区施工增加的费用。

当然，措施项目可以根据项目的专业特点或所在地区不同进行设定补充，不仅仅只是以上内容。如招标人在招标文件中明示的赶工费也是一项措施费。

2. 措施项目费的计算方法

（1）应予以计量的措施项目费计算　对于能够按照国家计量规范规定计量的措施项目，计算方法与分部分项工程费相同，其计算公式为：

$$措施项目费=\sum(措施项目工程量\times综合单价) \tag{3-30}$$

如：混凝土模板及支架（撑）的工程量可按照模板与现浇混凝土构件的接触面积计算，然后再用计算出的工程量乘以综合单价即可得出措施项目费。

（2）不宜计量的措施项目费计算　对于国家计量规范规定不宜计量，易于用总价项目的措施项计算的方法如下。

① 安全文明施工费：

$$安全文明施工费=计算基数\times安全文明施工费费率(\%) \tag{3-31}$$

计算基数应为定额基价（定额分部分项工程费＋定额中可以计量的措施项目费）、定额人工费或定额人工费＋定额机械费，其费率由工程造价管理机构根据各专业工程的特点综合确定。

② 夜间施工增加费：

$$夜间施工增加费=计算基数\times夜间施工增加费费率(\%) \tag{3-32}$$

③ 二次搬运费：

$$二次搬运费=计算基数\times二次搬运费费率(\%) \tag{3-33}$$

④ 冬雨季施工增加费：

$$冬雨季施工增加费=计算基数\times冬雨季施工增加费费率(\%) \tag{3-34}$$

⑤ 已完工程及设备保护费：

$$已完工程及设备保护费=计算基数\times已完工程及设备保护费费率(\%) \tag{3-35}$$

上述②～⑤项措施项目的计费基数应为定额人工费或定额人工费＋定额机械费，其费率由工程造价管理机构根据各专业工程特点和调查资料综合分析后确定。

（三）其他项目费

1. 暂列金额

暂列金额是指建设单位在工程量清单中暂定并包括在工程合同价款中的一笔款项。用于施工合同签订时尚未确定或者不可预见的所需材料、工程设备、服务的采购，施工中可能发生的工程变更、合同约定调整因素出现时的工程价款调整以及发生的索赔、现场签证确认等的费用。

暂列金额由建设单位根据工程特点，按有关计价规定估算，施工过程中由建设单位掌握使用，扣除合同价款调整后如有余额，归建设单位。

2. 计日工

计日工是指在施工过程中，施工企业完成建设单位提出的施工图纸以外的零星项目或工作所需的费用。

计日工由建设单位和施工企业按施工过程中的签证计价。

3. 总承包服务费

总承包服务费是指总承包人为配合、协调建设单位进行的专业工程发包，对建设单位自行采购的材料、工程设备等进行保管以及施工现场管理、竣工资料汇总整理等服务所需的费用。

总承包服务费由建设单位在招标控制价中根据总包服务范围和有关计价规定编制，施工企业投标时自主报价，施工过程中按签约合同价执行。

三、建筑安装工程费用构成的进一步完善

（一）建筑安装工程费用构成的演变历程回顾

1984 年 9 月 18 日，国务院发布了《关于改革建筑业和基本建设管理体制若干问题的暂行规定》，对我国基本建设管理体制做出改革部署，提出了大力推行工程招标承包制、改革建筑材料供应方式、改革设备供应办法等 16 项改革措施，从而开始了我国建筑业的改革步伐。此后，国家相关管理部门先后发布了一系列文件，对建筑安装工程费用项目进行了连续性的修正和完善。

1978 年由国家建委、财政部发布的《建筑安装工程费用项目划分暂行规定》，将建筑安装工程费用划分为直接费、施工管理费、独立费和法定利润四个部分。当时，国家预算内基本建设投资全部采用拨款方式，建设单位和建筑施工企业作为政府所属企业，完成政府任务即可，建筑安装工程费用的存在主要是为统计政府基本建设投资额而服务的，基本不涉及企业本身的利益。

1985 年国家计委、中国人民银行颁发的《〈关于改进工程建设概预算定额管理工作的若干规定〉等三个文件的通知》（计标〔1985〕352 号），将建筑安装工程费用划分为三个部分：直接费、间接费、法定利润。直接费由人工费、材料费、机具使用费、其他直接费组成；间接费由施工管理费和其他间接费组成；法定利润是按照国家规定的法定利润率计取的利润。该文件是在基本建设投资由拨款改为贷款、投资包干责任制、招标承包制、建筑安装企业百元产值工资含量包干制逐步推行的背景下发布的，在建设单位与施工单位存在各自利益的前提下，此时的建筑安装工程费用项目组成的划分，是工程招投标、竣工结算的重要依

据，对促进我国工程造价管理发挥了重要作用。

1989 年建设部、中国人民建设银行印发的《关于改进建筑安装工程费用项目划分的若干规定》（建标〔1989〕248 号），将建筑安装工程费用划分为四个部分：直接费、间接费、计划利润和税金。同计标〔1985〕352 号文相比，建标〔1989〕248 号最大的变化是：①增加了税金，包括营业税、城市建设维护税、教育费附加共三项；②将法定利润改为计划利润，不再计取法定利润和技术装备费。计划利润率作为竞争性费率，由企业根据具体情况在计划利润率内自行确定。在计划经济时代，建筑产品的价格完全由政府控制，反映在建安费用项目的组成上，不仅形成建筑产品实体的人工、材料、机械的消耗量及价格由政府决定，连企业经营管理方面的费用、企业的利润率都由政府决定，建筑安装工程费既不是建筑产品的完整价格，更不能反映建筑产品的价值。

1993 年 12 月，建设部、中国人民建设银行发布《关于调整建筑安装工程费用项目组成的若干规定》（建标〔1993〕894 号），根据此文件，建筑安装工程费用包括直接工程费、间接费、计划利润、税金。同建标〔1989〕248 号文相比，主要变化有：①将直接费改为直接工程费，其内容包括直接费、其他直接费和现场经费。现场经费是新出现的费用项目名称，包括临时设施费、现场管理费。在〔1989〕248 号文中，临时设施费属于其他间接费，没有现场管理费名称，其费用包含在施工管理费中，都属于间接费。经此调整，将它们放入了直接工程费中。现场经费的划分及归类与我国开始推行的项目法施工相适应，体现了项目部为组织施工所发生费用的性质。②将间接费划分为企业管理费、财务费用和其他费用。由于原施工管理费中的现场管理人员的费用归入现场经费，剩下的就只是企业管理费。

2003 年 10 月，建设部、财政部联合发布《关于印发〈建筑安装工程费用项目组成〉的通知》（建标〔2003〕206 号），对建筑安装工程费用组成再次进行调整，费用项目包括直接费、间接费、利润、税金。直接费由直接工程费和措施费组成，间接费由企业管理费和规费组成。此次调整的主要变化有：①将建标〔1993〕894 号文中的“直接工程费”和“直接费”的概念进行对调，在 894 号文中，“直接工程费”包含“直接费”，本文件中是“直接费”包含“直接工程费”；②取消现场经费的划分，将原现场经费中的临时设施费计入措施费，现场管理费计入间接费中的企业管理费；③将脚手架、混凝土模板及支架等不直接形成工程实体、可多次周转使用的分部分项工程费用计入措施费；④将政府和有关部门规定必须缴纳的工程排污费、定额测定费、社会保障费归集为规费，同企业管理费（包含财务费）一起组成间接费；⑤将计划利润改名为利润。

2013 年 3 月，住房和城乡建设部、财政部联合发布《关于印发〈建筑安装工程费用项目组成〉的通知》（建标〔2013〕44 号），将建筑安装工程费按费用构成要素划分为人工费、材料费、施工机具使用费、企业管理费、利润、规费和税金；同时，为了与工程量清单计价相适应，指导工程造价专业人员计算建筑安装工程造价，将建筑安装工程费用按工程造价形成顺序划分为分部分项工程费、措施项目费、其他项目费、规费和税金。此次调整的主要特点是：①取消直接费、间接费的划分，将其下的人工费、材料费、施工机具使用费、规费、企业管理费作为一级费用同利润、税金并列。②增加按工程造价形成顺序划分的表述，同国家标准《建设工程工程量清单计价规范》（GB 50500—2013）相一致。③根据相关法律法规对一些费用项目进行了调整：调整了人工费构成及内容；将工程设备费列入材料费；原材料费中的检验试验费列入企业管理费；将仪器仪表使用费列入施工机具使用费；大型机械进出场及安拆费列入措施项目费；将原企业管理费中劳动保险费中的职工死亡丧葬补助费、抚恤费列入规费中的养老保险费；在企业管理费中的财务费和其他费中增加担保费、投标费、保险费；取消意外伤害保险费，增加工伤保险费、生育保险费；在税金中增加地方教育费附加。

在建设市场经济体制过程中，经过上述三次调整，建筑安装工程费用组成不断完善。

（二）建筑安装工程费用改革的方向

建筑安装工程费用项目组成的历次调整，反映了我国从计划经济向市场经济的转变；工程量清单计价模式取代定额计价模式，则是市场定价取代计划定价在工程造价管理实务中的具体体现。但以建标〔2013〕44号文代表的现行建筑安装工程费用的组成依然存在明显不足，表现在以下几点。

(1) 不利于建筑企业工程成本的核算。根据《企业会计准则第15号——建造合同》，工程成本包括直接费和间接费。由于建标〔2013〕44号文在建筑安装工程费项目组成中取消了直接费、间接费的划分，不利于建筑企业工程成本的核算。费用项目的组成既要利用计价活动，也要利于企业的成本核算。在费用组成上，应合作考虑成本核算及计价活动的关系，使得成本核算成果资料的积累服务于工程计价活动。

(2) 人工费的组成与现实不符合。历次费用组成改革中，把应属于人工费组成的内容，如社会保险费、劳动保险费等内容要么列入规费，要么列入企业管理费，使得人工日工资单价不能反映市场实际。

(3) 与国际通用的建筑安装工程费用项目不衔接，不利于企业“走出去”战略的落实。“一带一路”是“丝绸之路经济带”和“21世纪海上丝绸之路”的简称。“一带一路”倡议的实现，核心在于基础设施建设，需要我国企业在“一带一路”倡议的指引下“走出去”，急需建立与国际工程建设计价费用构成相对接的费用构成体系。

(4) 与增值税计税方法不适应。增值税属于价外税，原营业税属于价内税。因此，在考虑建筑安装工程费用构成时，需要明确是否将增值税纳入到费用构成内容中。

(5) 与清单计价模式的要求还有差距。在计价中常用的单价有三种形式：工料单价、清单综合单价和全费用综合单价。尽管建标〔2013〕44号文相较于以前的费用组成增加了按造价形成划分的费用项目，但仅仅适用于清单综合单价，而且提供的计价程序在实践中指导意义较弱。

综上，应按照方便适用、统一协调的原则，完善建设工程造价费用项目构成，形成与国际工程建设计价费用构成相对接，与国内工程建设成本核算、成本管理构成相协调，适应“营改增”要求的建筑安装工程费用项目，以满足计价活动的需要。

（三）建筑安装工程费用构成建议

根据以上分析，应考虑形成既满足于成本核算、成本管理需要，又满足清单计价活动，并适于“营改增”要求，能有效地与国际对接的建筑安装工程费用项目组成。可考虑在建标〔2013〕44号文的基础上，综合考虑国际工程的通行做法和企业成本核算及管理的要求，建立较为通用的费用项目基础标准。

(1) 建筑安装工程费用按构成要素划分　按要素，建筑安装工程费用划分为直接成本、间接成本、利润、税金等内容。建筑安装工程费用按构成要素划分组成框架见图3-5。

(2) 建筑安装工程费用按造价形成划分　按造价形成要兼顾工料单价、清单综合单价及

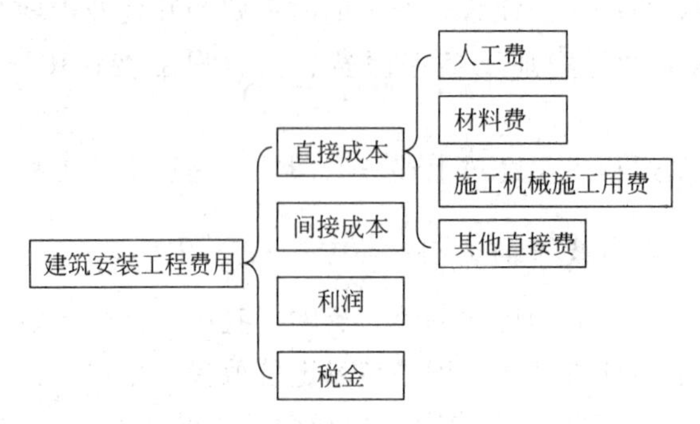

图 3-5　建筑安装工程费用按构成要素划分组成框架

全费用综合单价三种形式。当然，发展的趋势是全费用综合单价。建筑安装工程费用组成思路见表 3-4。

表 3-4　按造价形成划分建筑安装工程费用思路

单价形式		工料单价	清单综合单价	全费用综合单价
建筑安装工程费用	承发包价格	分部分项工程费	分部分项工程费	分部分项工程费
		措施项目费	措施项目费	措施项目费
		其他项目费	其他项目费	其他项目费
		管理费	规费	—
		利润	—	—
		规费	—	—
	税金	增值税		

第三节　工程单价及价目表应用

如果建筑产品的费用用一个公式来表达的话，可以简单地写成：

$$建筑产品费用=\sum(工程量\times工程单价) \tag{3-36}$$

因此，计算建筑安装工程费用无非要解决两个问题：一是要计算建筑产品的工程量；二是要确定建筑产品的工程单价。

一、工程单价的概念与性质

（一）工程单价的含义

工程单价，一般是指单位假定建筑安装产品的价格，可分为不完全单价（工料单价和清单综合单价）和完全单价（全费用综合单价）。

工程单价与完整的建筑产品（如单位产品、最终产品）价值在概念上完全不同。完整的建筑产品价值，是建筑物或构筑物在真实意义上的全部价值，即完全成本加利税。单位假定建筑安装产品单价，不仅不是可以独立发挥建筑物或构筑物价值的价格，甚至也不是单位假定建筑产品的完全价格，如工料单价仅为某一分部分项工程的人工、材料和机具费。

《建设工程工程量清单计价规范》（GB 50500）自 2003 年 7 月 1 日实施以来，随着工程量清单计价模式的实施，出现了建筑安装产品的综合单价，这种单价不仅含有人工、材料、机械台班费，而且还包括管理费和利润等内容。但这一做法与国际上通行的全费用单价不一致，在投标报价以及评标定价中也经常引起争议。随着工程造价计价改革的发展，推行全费用综合单价已势在必行。

（二）工程单价的种类

1. 按工程单价的运用对象划分

（1）建筑工程单价。

（2）安装工程单价。

2. 按用途划分

（1）预算单价　就是预算定额分项工程或结构构件的单价，包括人工费、材料费和施工机械使用费，也称预算定额基价、工料单价。预算定额单价一般通过编制单位估价表、地区单位估价表及设备安装价目表来确定单价，用于编制施工图预算。

（2）概算单价　和预算定额单价一样，都只包括人工费、材料费和机械费，是通过编制扩大单位估价表来确定单价，用于编制设计概算。在预算定额和概算定额中列出的“预算价值”或“基价”，都应视作该定额编制时的工程单价。如前所述，在基础定额中没有列出预算单价的内容。

3. 按适用范围划分

（1）地区单价　根据地区性定额和价格等资料编制，在地区范围内使用的工程单价属地区单价。例如地区单位估价表和汇总表所计算和列出的预算单价。

（2）个别单价　它是为适应个别工程编制概算或预算的需要而计算出的工程单价。

4. 按单价的综合程度划分

（1）工料单价　只包括人工费、材料费和施工机械使用费，是由各种每计量单位的基本构造单元的人工消耗量、各种材料消耗量、各类施工机械台班消耗量与其相应单价的乘积得到的。

（2）清单综合单价　指现阶段清单计价中采用的综合单价，除了包括人工费、材料费、施工机械使用费，还综合了管理费和利润。

（3）全费用综合单价　全费用综合单价中除了包括人工、材料、机械使用费外，还综合企业管理费、利润、规费和税金（考虑到增值税为价外税，若为裸价则不需要综合税金）。

二、工程单价的编制方法

（一）工程单价的编制依据

（1）工程定额　若编制预算单价或概算单价，主要依据之一是预算定额或概算定额（消耗量定额）。首先，工程单价的分项是根据定额的分项划分的，所以工程单价的编号、名称、计量单位的确定均以相应的定额为依据。其次，分部分项工程的人工、材料和机械台班消耗的种类和数量，也是以相应的定额为依据的。

（2）人工、材料和机械台班单价　工程单价除了要依据工程定额确定分部分项工程的工、料、机的消耗数量外，还必须依据上述三项“价”的因素，才能计算出建筑产品基本构造单元的人工费、材料费和机械费，进而计算出工程单价。

(3) 管理费、利润等的取费标准　这是计算综合单价的必要依据。

(二) 工程单价的编制方法

1. 工料单价的编制方法

$$工料单价=人工费+材料费+机械费 \quad (3\text{-}37)$$

其中：

$$人工费=\sum(现行定额中人工工日用量\times人工日工资单价)$$
$$材料费=\sum(现行定额中各种材料耗用量\times相应材料单价)$$
$$机械费=\sum(现行定额中机械台班耗用量\times相应机械台班单价)$$

以现行《山东省建筑工程消耗量定额》"5-1-14 矩形柱"子目为例，说明工料单价的编制过程。首先通过消耗量定额查阅"矩形柱"定额子目消耗的人工、材料和机械台班的数量标准；然后由各要素的单价乘以相应的消耗量得出人工费、材料费和机械台班使用费，即得到定额单位所对应的单价，见表 3-5。

表 3-5　"矩形柱"项目工料机单价（除税）的确定

定额编号				5-1-14
项目名称				矩形柱
单位				$10m^3$
工料单价/元				5326.18
其中	人工费/元			1635.90
	材料费/元			3678.64
	机械费/元			11.64
名称		单位	数量	单价/元
人工	综合工日	工日	17.22	95
材料	C30 现浇混凝土，碎石<31.5	m^3	9.8691	359.22
	水泥抹灰砂浆 1∶2	m^3	0.2343	345.67
	塑料薄膜	m^2	5	1.74
	阻燃毛毡	m^2	1	40.39
	水	m^3	0.7913	4.27
机械	灰浆搅拌机	台班	0.04	157.71
	混凝土振捣器	台班	0.6767	7.88

2. 清单综合单价的编制方法

$$综合单价=人工费+材料费+机械费+管理费+利润 \quad (3\text{-}38)$$

其中：

$$人工费=\sum(现行定额中人工工日用量\times人工日工资单价)$$
$$材料费=\sum(现行定额中各种材料耗用量\times相应材料单价)$$
$$机械费=\sum(现行定额中机械台班耗用量\times相应机械台班单价)$$

管理费和利润按一定的方法进行取定。

若仍以《山东省建筑工程消耗量定额》"5-1-14 矩形柱"子目为例，说明该项目的清单综合单价的编制过程。首先通过消耗量定额查阅"矩形柱"定额子目消耗的人工、材料和机械台班的数量标准；然后由各要素的单价乘以相应的消耗量得出人工费、材料费和机械台班使用费，然后按一定比例计算出管理费和利润即可，见表 3-6。

表 3-6 “矩形柱”项目综合单价（除税）的确定

定额编号				5-1-14
项目名称				矩形柱
单位				$10m^3$
工料单价/元				5990.36
其中	人工费/元			1635.90
	材料费/元			3678.64
	机械费/元			11.64
	管理费/元			418.79
	利润/元			245.39
名称		单位	数量	单价/元
人工	综合工日	工日	17.22	95
材料	C30 现浇混凝土，碎石＜31.5	m^3	9.8691	359.22
	水泥抹灰砂浆 1∶2	m^3	0.2343	345.67
	塑料薄膜	m^2	5	1.74
	阻燃毛毡	m^2	1	40.39
	水	m^3	0.7913	4.27
机械	灰浆搅拌机	台班	0.04	157.71
	混凝土振捣器	台班	0.6767	7.88

注：管理费和利润分别按人工费为基础进行计取，管理费费率 25.6%，利润率 15%。

三、建筑工程单位估价表

为了方便工程计价工作，常将概预算（消耗）定额中的消耗量用金额形式反映出来，即各省、市、地区主管部门根据全国统一预算定额或本地区的消耗定额中的项目综合工日、材料耗用量、机械台班用量，配合地区人工单价、材料单价和机械台班单价，制定出相应定额项目的人工费、材料费、机械使用费价格表，称为单位估价表或地区统一基价表。单位估价表是进行施工图预算、工程计价的基础资料。表 3-6 即可看成一种形式的单位估价表。

四、建筑工程价目表

（一）建筑工程价目表概念与形式

建筑工程价目表也称地区价目表。由于我国幅员辽阔，各地人工、材料、机械等价格差别很大，由各地区或行业根据消耗量定额中的人工、材料、施工机械台班消耗量，乘以某一地区现行人工、材料、施工机械台班单价，计算出的以货币形式表现的完成单位项目工程量的价格，一般以工料单价的形式编制。编制的方法如表 3-5 所示。

建筑工程价目表主要有定额编号、项目名称、工料单价（含税或除税）、人工费、材料费（含税或除税）、机械费（含税或除税）等内容组成。除税价格适用于一般计税，含税适用于简易计税。某价目表如表 3-7 所示。

表 3-7 某地区建筑工程价目表示例 单位：元

定额编号	项目名称	定额单位	增值税(简易计税)				增值税(一般计税)			
			工料单价(含税)	人工费	材料费(含税)	机械费(含税)	工料单价(除税)	人工费	材料费(除税)	机械费(除税)
5-1-1	C30 桩承台独立	$10m^3$	4553.41	587.10	3961.16	5.15	4412.01	587.10	3820.36	4.55
5-1-2	C30 桩承台带形	$10m^3$	4555.21	640.30	3909.76	5.15	4421.16	640.30	3776.31	4.55
5-1-3	C30 带形基础毛石混凝土	$10m^3$	4162.64	675.45	3482.81	4.38	4044.75	675.45	3365.43	3.87
5-1-4	C30 带形基础混凝土	$10m^3$	4530.11	639.35	3885.61	5.15	4399.54	639.35	3755.64	4.55
5-1-5	C30 独立基础毛石混凝土	$10m^3$	4226.74	694.45	3527.91	4.38	4102.35	694.45	3404.03	3.87
5-1-6	C30 独立基础混凝土	$10m^3$	4527.56	593.75	3928.66	5.15	4390.81	593.75	3792.51	4.55

（二）建筑工程价目表的应用

建筑工程价目表往往是在计价活动中，计算措施费、企业管理费、利润等各项费用的基础，是招标控制价编制、投标报价、工程结算等工程计价活动的重要参考，也是清单计价中进行综合单价计算的重要依据。因此，应正确使用建筑工程价目表。具体使用方法与定额的套用基本一致。

当工程项目内容与相应定额子目内容完全一致时，可以直接套用与定额子目配套的价目表中单价；当不完全一致而又允许换算时，就要按定额规定的范围、内容和方法进行换算。换算的方法可参考第二章工程定额部分，常见的有乘系数换算法、强度换算法、砂浆配合比换算法、材料断面换算法和其他换算法。下面主要介绍乘系数换算法和强度不同时的换算方法。

1. 乘系数换算法调整价目表单价

按照消耗量定额说明或附注等的规定，将原定额中的人工、材料、机械中的一项或多项乘以系数从而得到新单价。

【例 3-2】 某独立基础工程共 10 个，其垫层采用 C15 素混凝土垫层（商品混凝土）。按定额工程量计算规则计算的每个垫层的工程量为 $9.70m^3$，试确定其定额项目和工料机单价。

解： 查定额项目 C15 无筋混凝土垫层 2-1-28。其价目表单价见表 3-8。

表 3-8 素混凝土垫层工料单价表 单位：元

定额编号	项目名称	定额单位	增值税(简易计税)				增值税(一般计税)			
			工料单价(含税)	人工费	材料费(含税)	机械费(含税)	工料单价(除税)	人工费	材料费(除税)	机械费(除税)
2-1-28	C15 混凝土垫层，无筋	$10m^3$	3943.07	788.50	3147.50	7.07	3850.59	788.50	3055.81	6.28

又知，定额中垫层项目按地面垫层编制，若为基础垫层，人工、机械分别乘以系数：条形基础 1.05，独立基础 1.10，满堂基础 1.00；场区道路垫层，人工乘以系数 0.9。

该垫层为独立基础垫层，人工、机械应分别乘以系数 1.10，则其调整后的单价为（以除税价格为例）：

调整后单价（除税）＝788.50×1.10＋3055.81＋6.28×1.10＝3930.07（元）

或

调整后单价（除税）＝3850.59＋（788.50＋6.28）×0.1＝3930.07（元）

则该垫层的人材机费用＝97÷10×3930.07＝38121.68（元）

2. 砌筑砂浆和混凝土强度等级不同时的换算方法

一般情况下，材料换算时，人工费和机械费保持不变，仅换算材料费。

换算后的定额工料单价＝换算前的定额工料单价＋应换入材料的定额消耗量×换入材料的单价－应换出材料的定额消耗量×换出材料的单价

若在材料费的换算过程中，定额上的材料消耗量保持不变，则仅需换算材料的单价。换算公式为：

换算后的定额工料单价＝换算前的工料单价＋应换算材料的定额用量×（换入材料的单价－换出材料的单价）

【例 3-3】 某工程用 C25 现浇钢筋混凝土框架梁，试确定其混凝土工料机单价。

解：该项目属于现浇混凝土梁，定额项目和价目表中仅给出了 C30 强度等级的混凝土梁，需要在原单价的基础上，调整 C30 混凝土与 C25 混凝土的材料价格差异部分，得出调整后的单价。

由定额项目 5-1-19 框架梁可知，每 $10m^3$ 框架梁消耗的 C30 混凝土 $10.100m^3$，即换成 C25 混凝土也是 $10.100m^3$。

又知 C25 混凝土价格（除税）为 339.81 元/m^3；C30 混凝土价格（除税）为 359.22 元/m^3。

由价目表可知，5-1-19 框架梁（C30）单价（除税）为 4818.36 元/$10m^3$，则调整后的单价为：4818.36－10.1×（359.22－339.81）＝4662.32 元/$10m^3$。

课后习题

一、简答题

1. 请详述建筑安装工程费用的构成。
2. 人工工资单价有哪些费用组成部分？
3. 材料单价的组成部分包括哪些？
4. 机械台班单价的组成部分有哪些？
5. 何谓检验试验费，其与研究试验费的区别。
6. 请详述其他项目费的构成及概念。
7. 何谓安拆费及场外运输费，其与大型机械进出场及安拆费区别是什么？
8. 何谓工程单价，工程单价有几种形式？
9. 何谓建筑工程价目表？
10. 谈谈你对建筑安装工程费用项目组成的看法。

二、单项选择题

1. 根据我国现行建筑安装工程费项目组成的规定，下列费用应列入暂列金额的是（　　）。

A. 施工过程中可能发生的工程变更及索赔、现场签证等费用

B. 应建设单位要求，完成建设项目之外的零星项目费用

C. 对建设单位自行采购的材料进行保管所发生的费用

D. 施工用电、用水的开办费

2. 关于建筑安装工程费用中建筑业增值税的计算，下列说法中正确的是（　　）。

A. 当事人可以自主选择一般计税法或简易计税法计税

B. 一般计税法、简易计税法中的建筑业增值税税率均为10%

C. 采用简易计税法时，税前造价不包含增值税的进项税额

D. 采用一般计税法时，税前造价不包含增值税的进项税额

3. 根据现行建筑安装工程费用项目组成的规定，下列费用项目中，属于施工用具折旧费的是（　　）。

A. 仪器仪表使用费　　B. 施工机械财产保险费

C. 大型机械进出费　　D. 大型机械安拆费

4. 某挖掘机配司机1人，若法定工作日为245天，年工作台班为220台班，人工工日单价为80元，则该挖掘机的人工费为（　　）元/台班。

A. 71.8　　B. 80.0　　C. 89.1　　D. 132.7

5. 根据我国现行建筑安装工程费用项目构成的规定，下列费用中属于安全文明费的是（　　）。

A. 夜间施工时，临时可移动照明灯具的设置、拆除费用

B. 工人的安全防护用品的购置费用

C. 地下室施工时所采用的照明设施拆除费

D. 建筑物的临时保护设施费

6. 从甲、乙两地采购某工程材料，采购量及有关费用如下表所示，该工程材料的材料单价为（　　）元/t。

来源	采购量/t	原价+运杂费/(元/t)	运输损耗率/%	采购及保管费率/%
甲	600	260	1	3
乙	400	240		

A. 262.08　　B. 262.16　　C. 262.42　　D. 262.50

7. 某大型施工机械需配机上司机、机上操作人员各1名，若年制度工作日为250天，年工作台班为200台班，人工日工资单价均为100元/工日，则该施工机械的台班人工费为（　　）元/台班。

A. 100　　B. 125　　C. 200　　D. 250

8. 某大型施工机械预算价格为5万元，机械耐用总台班为1250台班，大修理周期数为4，一次大修理费用为2000元，经常修理费系数为60%，机上人工费和燃料动力费为60元/台班。不考虑残值和其他有关费用，则该机械台班单价为（　　）。

A. 107.68　　B. 110.24　　C. 112.80　　D. 52.80

三、多项选择题

1. 根据现行建筑安装工程费用项目组成规定，下列费用项目中，属于建筑安装工程企业管理的有（　　）。

A. 仪器仪表使用　　B. 工具用具使用

C. 建筑安装工程一切保险　　D. 地方教育附加

E. 劳动保险费

2. 下列费用项目中，构成施工仪器仪表台班单价的有（　　）。

A. 折旧费　　B. 检修费

C. 维护费　　D. 人工费

E. 校验费

3. 根据我国现行建筑安装工程费用项目组成规定，下列施工企业发生的费用中，应计入企业管理费的是（　　）。

A. 建筑材料、构件一般性鉴定检查费　　B. 支付给企业离休干部的经费

C. 施工现场工程排污费　　D. 履约担保所发生的费用

E. 施工生产用仪器仪表使用费

4. 根据建标44号文，以下应计入其他项目费用的有（　　）。

A. 总承包服务费　　B. 暂列金额

C. 计日工　　D. 安全文明施工费

E. 检验试验费

5. 清单综合单价综合的费用内容包括（　　）。

A. 人工费　　B. 材料费

C. 税金　　D. 规费

E. 管理费

第四章 工程计价与计量规范

【内容概要】

对现行《建设工程工程量清单计价规范》及《房屋建筑与装饰工程工程量计算规范》进行简要介绍。这两部规范是计量与计价活动的支撑和重要依据。

【学习目标】

(1) 熟悉我国清单计价与计量规范的历史沿革。

(2) 熟悉清单计价与计量规范的主要内容。

(3) 了解工程计价与计量规范的适用条件和效力。

(4) 了解现行工程计价与计量规范存在的不足与完善的方向。

【教学设计】

(1) 通过多媒体手段展示清单计价规范和工程量计算规范，让学生对规范有一个整体的认识。

(2) 通过多媒体等手段，结合规范介绍其核心内容。

(3) 通过让学生进行课外资料收集，使得学生通过自学了解我国清单计价规范的历史沿革，并对各版清单计价规范进行比较，写出比较报告。

第一节 工程量清单计价规范

我国建设工程计价方法经历了由计划经济时期的统一定额消耗量、统一预算单价、统一取费费率到今天的由市场形成价格的巨大变化。为完善建设工程计价由市场形成价格这一机制，我国发布了《建设工程工程量清单计价规范》，截至目前，已颁发三版规范（2003 版、2008 版和 2013 版）。

一、清单计价规范的发展演变

《建设工程工程量清单计价规范》是根据《中华人民共和国建筑法》《中华人民共和国合同法》《中华人民共和国招投标法》等法律以及《最高人民法院关于审理建设工程施工合同纠纷案件适用法律问题的解释》，按照我国工程造价管理改革的总体目标，本着国家宏观调控、市场竞争形成价格的原则制定。

我国施行的第一部清单计价规范是建设部于 2003 年 2 月公告第 119 号发布的国家标准《建设工程工程量清单计价规范》(GB 50500—2003)，自 2003 年 7 月 1 日起实施。历经 5 年的使用，在总结了《建设工程工程量清单计价规范》（GB 50500—2003）实施以来的经验，针对执行中存在的问题，特别是清理拖欠工程款工作中普遍反映的，在工程实施阶段中有关工程价款调整、支付、结算等方面缺乏依据的问题，主要修编了原规范正文中不尽合理、可操作性不强的条款及表格格式，特别增加了采用工程量清单计价如何编制工程量清单和招标控制价、投标报价、合同价款约定以及工程计量与价款支付、工程价款调整、索赔、竣工结算、工程计价争议处理等内容，住房和城乡建设部于2008年7月公告第63号发布了国家标准《建设工程工程量清单计价规范》（GB 50500—2008），自2008年12月1日起实施。

住房和城乡建设部于2012年12月公告第1567号发布的国家标准《建设工程工程量清单计价规范》（GB 50500—2013），自2013年7月1日起实施。2013版《建设工程工程量清单计价规范》的编制是对2008版《建设工程工程量清单计价规范》的修改、补充和完善，它不仅较好地解决了原规范执行以来存在的主要问题，而且对清单编制和计价的指导思想进行了深化，在"政府宏观调控、部门动态监管、企业自主报价、市场决定价格"的基础上，新规范规定了合同价款约定、合同价款调整、合同价款期中支付、竣工结算支付以及合同解除的价款结算与支付、合同价款争议的解决方法，展现了加强市场监管的措施，强化了清单计价的执行力度，增加了与合同的契合度；新规范强化了招标人、发包人在计价中的责任与风险，扩展了清单计价规范的适用范围（不仅适用于清单计价也适用于非清单计价）；新规范进一步地细化，具有很好的可操作性（如调价的方法吸收了工程实践中的做法）。

二、清单计价规范的目的及适用范围

编制清单计价规范的主要目的是为了规范工程造价计价行为，统一建设工程计价文件的编制原则和计价方法，以利于形成统一有序的建筑市场。

清单规范适用于建设工程发承包及实施阶段的计价活动，包括两个主要环节：招标投标阶段和实施阶段；规范的对象是计价活动，包括清单计价活动和其他法律法规允许的计价活动。

使用国有资金投资的建设工程发、承包，必须采用工程量清单计价；非国有资金投资的建设工程，宜采用工程量清单计价；不采用工程量清单计价的建设工程，应执行计价规范中除工程量清单等专门性规定外的其他规定。国有资金投资的项目包括全部使用国有资金（含国家融资资金）投资或国有资金投资为主的工程建设项目。

三、清单计价规范编制的原则

1. 依法原则

清单计价规范必须遵循《中华人民共和国合同法》及其相关司法解释、《中华人民共和国招标投标法》及其实施条例、《中华人民共和国建筑法》《建设工程质量管理条例》等法律法规的要求，以满足招标投标、质量安全、价款结算的相关规定。

2. 权责对等原则

在建设活动中，不论是发包人还是承包人（或招标人与投标人），其权利和责任是对等的，杜绝只有权利没有责任的条款。

3. 公平交易原则

建设工程计价从本质上讲，就是发包人与承包人之间的交易价格，在社会主义市场经济条件下应做到公平进行。所以，在规范中对计价风险进行了详细规定。

4. 可操作性原则

规范应注意操作性，若无操作性，则无法在实践中落实执行。如对招标控制价投诉问题，对投诉的时限、投诉的内容、受理条件、复查结论等做了较为详细的规定。

5. 从约原则

建设工程计价活动是发承包双方在法律框架下签约、履约的活动。因此，遵从合同约定，履行合同义务是双方应尽的责任。在法律许可的范围内，在计价活动中尊重双方签订的合同，当合同约定不明或没有约定的可参照规范执行。

四、清单计价规范的内容

（一）计价规范的主要内容

根据《建设工程工程量清单计价规范》（GB 50500—2013），规范的主要内容涵盖了建设工程发、承包及实施阶段的计价活动。规范共十六章，包括总则、术语、一般规定、工程量清单编制、招标控制价、投标报价、合同价款约定、工程计量、合同价款调整、合同价款期中支付、竣工结算与支付、合同解除的价款结算与支付、合同价款争议的解决、工程造价鉴定、工程计价资料与档案和工程计价表格。这些内容可以分为三部分。

1. 建设工程承发包阶段的主要内容

（1）工程量清单编制；

（2）招标控制价；

（3）投标报价；

（4）合同价款约定。

2. 建筑工程实施阶段的主要内容

（1）工程计量；

（2）合同价款调整；

（3）合同价款期中支付；

（4）竣工结算与支付；

（5）合同解除的价款结算与支付；

（6）合同价款争议的解决等。

3. 计价的成果性文件

（1）工程计价资料与档案；

（2）工程计价表格。

（二）计价规范总则

（1）制定规范的目的及依据　为规范工程造价计价行为，统一建设工程计价文件的编制原则和计价方法，根据《中华人民共和国建筑法》《中华人民共和国合同法》《中华人民共和国招标投标法》等法律法规，制定该规范。

（2）规范适用的计价活动范围 适用于建设工程发、承包及实施阶段的计价活动，由原来的清单计价活动改为计价活动，扩展了规范的适用范围。

（3）建设工程造价的组成 建设工程发、承包及实施阶段的工程造价由分部分项工程费、措施项目费、其他项目费、规费和税金组成。这一组成与清单综合单价的计价方法是一致的，但不适于全费用综合单价。若采用全费用综合单价，则建设工程发承包及实施阶段的工程造价由分部分项工程费、措施项目费、其他项目费组成。

（4）对专业资格的要求 招标工程量清单、招标控制价、投标报价、工程计量、合同价款调整、合同价款结算与支付以及工程造价鉴定等工程造价文件的编制与核对，应由具有专业资格的工程造价人员承担。

（5）成果文件的质量责任主体 承担工程造价文件的编制与核对的工程造价人员及其所在单位，应对工程造价文件的质量负责。

（6）计价活动的原则 建设工程发、承包及其实施阶段的计价活动应遵循客观、公正、公平的原则。

（三）计价规范术语

2013年版计价规范共有52条术语，相较于2008年版的术语多出了29条。将主要的术语列举如下：

（1）工程量清单（bills of quantities，BQ） 指载明建设工程分部分项工程项目、措施项目、其他项目的名称和相应数量以及规费、税金项目等内容的明细清单。当采用全费用综合单价时，包括分部分项工程项目清单、措施项目清单和其他项目清单。

（2）招标工程量清单（BQ for tendering） 指招标人依据国家标准、招标文件、设计文件以及施工现场实际情况编制的，随招标文件发布供投标报价的工程量清单，包括其说明和表格。

（3）已标价工程量清单（priced BQ） 指构成合同文件组成部分的投标文件中已标明价格，经算术性错误修正（如有）且承包人已确认的工程量清单，包括其说明和表格。

（4）风险费用（risk allowance） 指隐含于已标价工程量清单综合单价中，用于化解发、承包双方在工程合同中约定内容和范围内的市场价格波动风险的费用。

（5）工程成本（construction cost） 承包人为实施合同工程并达到质量标准，在确保安全施工的前提下，必须消耗或使用的人工、材料、工程设备、施工机械台班及其管理等方面发生的费用和按规定缴纳的规费和税金（增值税属于价外税，税金可单独核算，而不在成本中核算）。

（6）单价合同（unit rate contract） 发承包双方约定以工程量清单及其综合单价进行合同价款计算、调整和确认的建设工程施工合同。

（7）总价合同（lump sum contract） 发承包双方约定以施工图及其预算和有关条件进行合同价款计算、调整和确认的建设工程施工合同。

（8）成本加酬金合同（cost plus contract） 发承包双方约定以施工工程成本再加合同约定酬金进行合同价款计算、调整和确认的建设工程施工合同。

（9）工程造价信息（guidance cost information） 工程造价管理机构根据调查和测算发布的建设工程人工、材料、工程设备、施工机械台班的价格信息，以及各类工程的造价指数、指标。

(10) 工程造价指数 (construction cost index) 反映一定时期的工程造价相对于某一固定时期的工程造价变化程度的比值或比率。包括按单位或单项工程划分的造价指数，按工程造价构成要素划分的人工、材料、机械等价格指数。

(11) 工程变更 (variation order) 合同工程实施过程中由发包人提出或由承包人提出经发包人批准的合同工程任何一项工作的增、减、取消或施工工艺、顺序、时间的改变；设计图纸的修改；施工条件的改变；招标工程量清单的错、漏从而引起合同条件的改变或工程量的增减变化。

(12) 工程量偏差 (discrepancy in BQ quantity) 承包人按照合同工程的图纸（含经发包人批准由承包人提供的图纸）实施，按照现行国家计量规范规定的工程量计算规则计算得到的完成合同工程项目应予计量的工程量与相应的招标工程量清单项目列出的工程量之间出现的量差。

(13) 索赔 (claim) 在工程合同履行过程中，合同当事人一方因非己方的原因而遭受损失，按合同约定或法律法规规定应由对方承担责任，从而向对方提出补偿的要求。

(14) 现场签证 (site instruction) 发包人现场代表（或其授权的监理人、工程造价咨询人）与承包人现场代表就施工过程中涉及的责任事件所做的签认证明。

(15) 提前竣工（赶工）费 [early completion (acceleration) cost] 承包人应发包人的要求而采取加快工程进度措施，使合同工程工期缩短，由此产生的应由发包人支付的费用。

(16) 误期赔偿费 (delay damages) 承包人未按照合同工程的计划进度施工，导致实际工期超过合同工期（包括经发包人批准的延长工期），承包人应向发包人赔偿损失的费用。

(17) 不可抗力 (force majeure) 发承包双方在工程合同签订时不能预见的，对其发生的后果不能避免，并且不能克服的自然灾害和社会性突发事件。

(18) 缺陷责任期 (defect liability period) 指承包人对已交付使用的合同工程承担合同约定的缺陷修复责任的期限。

(19) 质量保证金 (retention money) 发承包双方在工程合同中约定，从应付合同价款中预留，用以保证承包人在缺陷责任期内履行缺陷修复义务的金额。

(20) 单价项目 (unit rate project) 工程量清单中以单价计价的项目，即根据合同工程图纸（含设计变更）和相关工程现行国家计量规范规定的工程量计算规则进行计量，与已标价工程量清单相应综合单价进行价款计算的项目。

(21) 总价项目 (lump sum project) 工程量清单中以总价计价的项目，即此类项目在相关工程现行国家计量规范中无工程量计算规则，以总价（或计算基础乘费率）计算的项目。

(22) 工程计量 (measurement of quantities) 发承包双方根据合同约定，对承包人完成合同工程的数量进行的计算和确认。

(23) 招标控制价 (tender sum limit) 招标人根据国家或省级、行业建设主管部门颁发的有关计价依据和办法，以及拟定的招标文件和招标工程量清单，结合工程具体情况编制的招标工程的最高投标限价。

(24) 投标价 (tender sum) 投标人投标时响应招标文件要求所报出的对已标价工程量清单汇总后标明的总价。

(25) 签约合同价或合同价款 (contract sum) 发承包双方在工程合同中约定的工

程造价，即包括了分部分项工程费、措施项目费、其他项目费、规费和税金的合同总金额。

(26) 预付款 (advance payment) 在开工前，发包人按照合同约定，预先支付给承包人用于购买合同工程施工所需的材料、工程设备以及组织施工机械和人员进场等的款项。

(27) 进度款 (lnterim payment) 在合同工程施工过程中，发包人按照合同约定对付款周期内承包人完成的合同价款给予支付的款项，也是合同价款期中结算支付。

(28) 竣工结算价 (final account at completion) 发承包双方依据国家有关法律、法规和标准规定，按照合同约定确定的、包括在履行合同过程中按合同约定进行的合同价款调整，是承包人按合同约定完成了全部承包工作后，发包人应付给承包人的合同总金额。

(29) 工程造价鉴定 (construction cost verification) 工程造价咨询人接受人民法院、仲裁机关委托，对施工合同纠纷案件中的工程造价争议，运用专门知识进行鉴别、判断和评定，并提供鉴定意见的活动，也称为工程造价司法鉴定。

第二节 工程量计算规范

一、工程量计算规范体系

2012 年 12 月 25 日，住房和城乡建设部颁布了 2013 版工程量计算规范，包括 9 个专业：《房屋建筑与装饰工程工程量计算规范》(GB 50854—2013)、《仿古建筑工程工程量计算规范》(GB 50855—2013)、《通用安装工程工程量计算规范》(GB 50856—2013)、《市政工程工程量计算规范》(GB 50857—2013)、《园林绿化工程工程量计算规范》(GB 50858—2013)、《矿山工程工程量计算规范》(GB 50859—2013)、《构筑物工程工程量计算规范》(GB 50860—2013)、《城市轨道交通工程工程量计算规范》(GB 50861—2013)、《爆破工程工程量计算规范》(GB50862—2013)。

以上 9 本规范构成了目前工程量计算规范体系。当然，随着社会的发展，规范的体系也是不断补充完善的。

二、计量规范的内容

(一) 计量规范的总体内容

计量规范主要包括总则、术语、工程量计算、工程量清单编制和附录；其中工程清单编制包括分部分项工程量清单和措施项目清单两部分。附录是整个计量规范的核心内容，包括项目设置、项目特征、计量单位、工程量计算规则、工作内容及包含的范围等。

(二) 计量规范总则

(1) 制定规范的目的 为规范房屋建筑与装饰工程造价计量行为，统一房屋建筑与装饰工程工程量计算规则、工程量清单的编制方法，制定该规范。

(2) 规范的适用范围 规范适用于工业与民用的房屋建筑与装饰工程发、承包及实施阶段计价活动中的工程计量和工程量清单编制。

（3）计量要求　房屋建筑与装饰工程计价，必须按规范规定的工程量计算规则进行工程计量。

（4）其他遵循的标准　房屋建筑与装饰工程计量活动，除应遵守规范外，尚应符合国家现行有关标准的规定。

（三）计量规范术语

（1）工程量计算（measurement of quantities）　指建设工程项目以工程设计图纸、施工组织设计或施工方案及有关技术经济文件为依据，按照相关工程国家标准的计算规则、计量单位等规定，进行工程数量的计算活动，在工程建设中简称工程计量。

（2）房屋建筑（building construction）　在固定地点，为使用者或占用物提供庇护覆盖以进行生活、生产或其他活动的实体，可分为工业建筑与民用建筑。

（3）工业建筑（industrial construction）　提供生产用的各种建筑物，如车间、厂区建筑、动力站、与厂房相连的生活间、厂区内的库房和运输设施等。

（4）民用建筑（civil construction）　非生产性的居住建筑和公共建筑，如住宅、办公楼、幼儿园、学校、食堂、影剧院、商店、体育馆、旅馆、医院、展览馆等。

（四）工程计量

1. 工程量计算依据

工程量计算除依据规范各项规定外，尚应依据以下文件：

（1）经审定通过的施工设计图纸及其说明；

（2）经审定通过的施工组织设计或施工方案；

（3）经审定通过的其他有关技术经济文件。

2. 工程量计算的要求

（1）工程实施过程中的计量应按照现行国家标准《建设工程工程量清单计价规范》（GB 50500—2013）的相关规定执行。

（2）规范附录中有两个或两个以上计量单位的，应结合拟建工程项目的实际情况，确定其中一个为计量单位。同一工程项目的计量单位应一致。

（3）规范各项目仅列出了主要工作内容，除另有规定和说明外，应视为已经包括完成该项目所列或未列的全部工作内容。

① 规范对项目的工作内容进行了规定，除另有规定和说明外，应视为已经包括完成该项目的全部工作内容，未列内容或未发生，不应另行计算。

② 规范附录工作内容列出了主要施工内容，施工过程中必然发生的机械移动、材料运输等辅助内容虽然未列出，也应包括。

③ 规范是以成品为考虑的项目，如采用现场预制的，应包括制作的工作内容。

（五）工程量清单编制

1. 编制工程量清单依据

（1）工程量计算规范和现行国家标准《建设工程工程量清单计价规范》（GB 50500—2013）。

（2）国家或省级、行业建设主管部门颁发的计价依据和办法。

（3）建设工程设计文件。

（4）与建设工程项目有关的标准、规范、技术资料。

（5）拟定的招标文件。

（6）施工现场情况、工程特点及常规施工方案。

（7）其他相关资料。

2. 清单项目的补充

编制工程量清单出现附录中未包括的项目，编制人应做补充，并报省级或行业工程造价管理机构备案，省级或行业工程造价管理机构应汇总报住房和城乡建设部标准定额研究所。

补充项目的编码由规范的代码 01 与 B 和三位阿拉伯数字组成，并应从 01B001 起顺序编制，同一招标工程的项目不得重码。

补充的工程量清单需附有补充项目的名称、项目特征、计量单位、工程量计算规则、工作内容。不能计量的措施项目，需附有补充项目的名称、工作内容及包含范围。

（六）附录

附录是工程量计算规范的核心内容，包括了清单项目设置、项目特征描述、计量单位及工程量计算规则等内容，是编制工程量清单和进行清单计价的主要依据。表 4-1 和表 4-2 为工程量计算规范附录示例。附录对分部分项工程和可计量的措施项目的项目编码、项目名称、项目特征、计量单位、工程量计算规则及工作内容作了规定；对于不能计量的措施项目则规定了项目编码、项目名称和工作内容及包含范围。

表 4-1 土方工程（编号：010101）

<table>
<tr><th>项目编码</th><th>项目名称</th><th>项目特征</th><th>计量单位</th><th>工程量计算规则</th><th>工作内容</th></tr>
<tr><td>010101001</td><td>平整场地</td><td>(1)土壤类别
(2)弃土运距
(3)取土运距</td><td>m^2</td><td>按设计图示尺寸以建筑物首层建筑面积计算</td><td>(1)土方挖填
(2)场地找平
(3)运输</td></tr>
<tr><td>010101002</td><td>挖一般土方</td><td rowspan="3">(1)土壤类别
(2)挖土深度
(3)弃土运距</td><td rowspan="5">m^3</td><td>按设计图示尺寸以体积计算</td><td rowspan="3">(1)排地表水
(2)土方开挖
(3)围护(挡土板)及拆除
(4)基底钎探
(5)运输</td></tr>
<tr><td>010101003</td><td>挖沟槽土方</td><td rowspan="2">按设计图示尺寸以基础垫层底面积乘以挖土深度计算</td></tr>
<tr><td>010101004</td><td>挖基坑土方</td></tr>
<tr><td>010101005</td><td>冻土开挖</td><td>(1)冻土厚度
(2)弃土运距</td><td>按设计图示尺寸开挖面积乘厚度以体积计算</td><td>(1)爆破
(2)开挖
(3)清理
(4)运输</td></tr>
<tr><td>010101006</td><td>挖淤泥、流砂</td><td>(1)挖掘深度
(2)弃淤泥、流砂距离</td><td>按设计图示位置、界限以体积计算</td><td>(1)开挖
(2)运输</td></tr>
</table>

续表

项目编码	项目名称	项目特征	计量单位	工程量计算规则	工作内容
010101007	管沟土方	(1)土壤类别 (2)管外径 (3)挖沟深度 (4)回填要求	(1)m (2)m^3	(1)以米计量,按设计图示以管道中心线长度计算 (2)以立方米计量,按设计图示管底垫层面积乘以挖土深度计算;无管底垫层按管外径的水平投影面积乘以挖土深度计算。不扣除各类井的长度,井的土方并入	(1)排地表水 (2)土方开挖 (3)围护(挡土板)、支撑 (4)运输 (5)回填

注:1. 挖土方平均厚度应按自然地面测量标高至设计地坪标高间的平均厚度确定。基础土方开挖深度应按基础垫层底表面标高至交付施工场地标高确定,无交付施工场地标高时,应按自然地面标高确定。

2. 建筑物场地厚度在±300mm以内的挖、填、运、找平,应按本表中平整场地项目编码列项。厚度在±300mm以外的竖向布置挖土或山坡切土应按本表中挖一般土方项目编码列项。

3. 沟槽、基坑、一般土方的划分为:底宽≤7m且底长>3倍底宽为沟槽;底长≤3倍底宽且底面积≤150m^2为基坑;超出上述范围则为一般土方。

4. 挖土方如需截桩头时,应按桩基工程相关项目列项。

5. 桩间挖土不扣除桩的体积,并在项目特征中加以描述。

6. 弃、取土运距可以不描述,但应注明由投标人根据施工现场实际情况自行考虑,决定报价。

7. 土壤的分类应按规范表A.1-1确定,如土壤类别不能准确划分时,招标人可注明为综合,由投标人根据地勘报告决定报价。

8. 土方体积应按挖掘前的天然密实体积计算。非天然密实土方应按表A.1-2折算。

9. 挖沟槽、基坑、一般土方因工作面和放坡增加的工程量(管沟工作面增加的工程量)是否并入各土方工程量中,应按各省、自治区、直辖市或行业建设主管部门的规定实施,如并入各土方工程量中,办理工程结算时,按经发包人认可的施工组织设计规定计算,编制工程量清单时,可按规范表A.1-3～表A.1-5规定计算。

10. 挖方出现流砂、淤泥时,如设计未明确,在编制工程量清单时,其工程数量可为暂估量,结算时应根据实际情况由发包人与承包人双方现场签证确认工程量。

11. 管沟土方项目适用于管道(给排水、工业、电力、通信)、光(电)缆沟[包括:人(手)孔、接口坑]及连接井(检查井)等。

表4-2 安全文明施工及其他措施项目(011707)

项目编码	项目名称	工作内容及包含范围
011707001	安全文明施工	(1)环境保护:现场施工机械设备降低噪声、防扰民措施;水泥和其他易飞扬细颗粒建筑材料密闭存放或采取覆盖措施等;工程防扬尘洒水;土石方、建渣外运车辆防护措施等;现场污染源的控制、生活垃圾清理外运、场地排水排污措施;其他环境保护措施。 (2)文明施工:“五牌一图”;现场围挡的墙面美化(包括内外粉刷、刷白、标语等)、压顶装饰;现场厕所便槽刷白、贴面砖,水泥砂浆地面或地砖,建筑物内临时便溺设施;其他施工现场临时设施的装饰装修、美化措施;现场生活卫生设施;符合卫生要求的饮水设备、淋浴、消毒等设施;生活用洁净燃料;防煤气中毒、防蚊虫叮咬等措施;施工现场操作场地的硬化;现场绿化、治安综合治理;现场配备医药保健器材、物品和急救人员培训;现场工人的防暑降温、电风扇、空调等设备及用电;其他文明施工措施。 (3)安全施工:安全资料、特殊作业专项方案的编制,安全施工标志的购置及安全宣传;“三宝”(安全帽、安全带、安全网)、“四口”(楼梯口、电梯井口、通道口、预留洞口)、“五临边”(阳台围边、楼板围边、屋面围边、槽坑围边、卸料平台两侧)、水平防护架、垂直防护架、外架封闭等防护;施工安全用电,包括配电箱三级配电、两级保护装置要求、外电防护措施;起重机、塔吊等起重设备(含井架、门架)及外用电梯的安全防护措施(含警示标志)及卸料平台的临边防护、层间安全门、防护棚等设施;建筑工地起重机械的检验检测;施工机械防护棚及其围栏的安全保护设施;施工安全防护通道;工人的安全防护用品、用具购置;消防设施与消防器材的配置;电气保护、安全照明设施;其他安全防护措施。 (4)临时设施:施工现场采用彩色、定型钢板,砖、混凝土砌块等围挡的安砌、维修、拆除;施工现场临时建筑物、构筑物的搭设、维修、拆除,如临时宿舍、办公室、食堂、厨房、厕所、诊疗所、临时文化福利用房、临时仓库、加工场、搅拌台、临时简易水塔、水池等;施工现场临时设施的搭设、维修、拆除,如临时供水管道、临时供电管线、小型临时设施等;施工现场规定范围内临时简易道路铺设,临时排水沟、排水设施安砌、维修、拆除;其他临时设施搭设、维修、拆除

续表

项目编码	项目名称	工作内容及包含范围
011707002	夜间施工	(1)夜间固定照明灯具和临时可移动照明灯具的设置、拆除。 (2)夜间施工时,施工现场交通标志、安全标牌、警示灯等的设置、移动、拆除。 (3)夜间照明设备及照明用电、施工人员夜班补助、夜间施工劳动效率降低等
011707003	非夜间施工照明	为保证工程施工正常进行,在地下室等特殊施工部位施工时所采用的照明设备的安装、拆除、维护及照明用电等
011707004	二次搬运	由于施工场地条件限制而发生的材料、成品、半成品等一次运输不能到达堆放地点,必须进行的二次或多次搬运
011707005	冬雨季施工	(1)冬雨(风)季施工时增加的临时设施(防寒保温、防雨、防风设施)的搭设、拆除。 (2)冬雨(风)季施工时,对砌体、混凝土等采用的特殊加温、保温和养护措施。 (3)冬雨(风)季施工时,施工现场的防滑处理、对影响施工的雨雪的清除。 (4)包括冬雨(风)季施工时增加的临时设施、施工人员的劳动保护用品、冬雨(风)季施工劳动效率降低等
011707006	地上、地下设施、建筑物的临时保护设施	在工程施工过程中,对已建成的地上、地下设施和建筑物进行的遮盖、封闭、隔离等必要的保护措施
011707007	已完工程及设备保护	对已完工程及设备采取的覆盖、包裹、封闭、隔离等必要的保护措施

注:本表所列项目应根据工程实际情况计算措施项目费用,需分摊的应合理计算摊销费用。

1. 项目编码

项目编码是指分部分项工程和措施项目清单名称的阿拉伯数字标识。工程量清单项目编码采用十二位阿拉伯数字表示，一至九位应按计量规范附录规定设置，十至十二位应根据拟建工程的工程量清单项目名称设置，同一招标工程的项目编码不得有重码。当同一标段（或合同段）的一份工程量清单中含有多个单位工程且工程量清单是以单位工程为编制对象时，在编制工程量清单时应特别注意对项目编码十至十二位的设置不得有重码的规定。例如一个标段（或合同段）的工程量清单中含有三个单位工程，每一单位工程中都有项目特征相同的实心砖墙砌体，在工程量清单中又需反映三个不同单位工程的实心砖墙砌体工程量时，则第一个单位工程的实心砖墙的项目编码应为010401003001，第二个单位工程的实心砖墙的项目编码应为010401003002，第三个单位工程的实心砖墙的项目编码应为010401003003，并分别列出各单位工程实心砖墙的工程量。

项目编码的十二位数字的含义是：一、二位为专业工程代码（01表示房屋建筑与装饰工程；02表示仿古建筑工程；03表示通用安装工程；04表示市政工程；05表示园林绿化工程；06表示矿山工程；07表示构筑物工程；08表示城市轨道交通工程；09表示爆破工程。以后进入国标的专业工程代码以此类推）；三、四位为附录分类顺序码（如房屋建筑与装饰工程中的“土石方工程”为0101）；五、六位为分部工程顺序码（如房屋建筑与装饰工程中的“土方工程”为010101）；七、八、九位为分项工程项目名称顺序码（如房屋建筑与装饰工程中的“挖一般土方”为010101002）；十至十二位为清单项目名称顺序码。

2. 项目名称

工程量清单的分部分项工程和措施项目的项目名称应按工程量计算规范附录中的项目名称结合拟建工程的实际确定。工程量计算规范中的项目名称是具体工作中对清单项目命名的基础，应在此基础上结合拟建工程的实际，对项目名称具体化，特别是归并或综合性较大的项目应区分项目名称，分别编码列项。如规范附录中的“010804007特种门”项目，其项目名称为“特种门”，在具体编制工程量清单时，应结合拟建工程实际将其名称具体化为“冷藏门”“冷冻间门”“保温门”“变电室门”“隔音门”“防射线门”“人防门”“金库门”等。

3. 项目特征

项目特征是表征构成分部分项工程项目、措施项目自身价值的本质特征，是对体现分部分项工程量清单、措施项目清单价值的特有属性和本质特征的描述。从本质上讲，项目特征体现的是对清单项目的质量要求，是确定一个清单项目综合单价不可缺少的重要依据，在编制工程量清单时，必须对项目特征进行准确和全面地描述。工程量清单项目特征描述的重要意义在于：项目特征是区分具体清单项目的依据；项目特征是确定综合单价的前提；项目特征是履行合同义务的基础。如实际项目实施中施工图纸中特征与分部分项工程项目特征不一致或发生变化，即可按合同约定调整该分部分项工程的综合单价。

项目特征应按工程量计算规范附录中规定的项目特征，结合拟建工程项目的实际予以描述，能够体现项目本质区别的特征和对报价有实质影响的内容都必须描述。如 010502003 异形柱，需要描述的项目特征有：柱形状、混凝土类别、混凝土强度等级，其中混凝土类别可以是清水混凝土、彩色混凝土等，或预拌（商品）混凝土、现场搅拌混凝土等。为达到规范、简捷、准确、全面描述项目特征的要求，在描述工程量清单项目特征时应按以下原则进行：

(1) 项目特征描述的内容应按工程量计算规范附录中的规定，结合拟建工程的实际，能满足确定综合单价的需要。

(2) 若采用标准图集或施工图纸能够全部或部分满足项目特征描述的要求，项目特征描述可直接采用详见××图集或××图号的方式。对不能满足项目特征描述要求的部分，仍应用文字描述。

4. 计量单位

清单项目的计量单位应按工程量计算规范附录中规定的计量单位确定。规范中的计量单位均为基本单位，与消耗量定额中所采用基本单位扩大一定的倍数不同。如质量以“t”或“kg”为单位，长度以“m”为单位，面积以“m^2”为单位，体积以“m^3”为单位，自然计量的以“个”“件”“根”“组”“系统”为单位。

工程量计算规范附录中有两个或两个以上计量单位的，应结合拟建工程项目的实际情况，选择其中一个确定，在同一个建设项目（或标段、合同段）中，有多个单位工程的相同项目，计量单位必须保持一致。如 010506001 直形楼梯，其工程量计量单位可以为“m^3”也可以为“m^2”，可以根据实际情况进行选择，但一旦选定必须保持一致。

5. 工程量计算规则

工程量计算规范统一规定了工程量清单项目的工程量计算规则。其原则是按施工图图示尺寸（数量）计算清单项目工程数量的净值，一般不需要考虑具体的施工方法、施工工艺和施工现场的实际情况而发生的施工余量。如“010515001 现浇构件钢筋”其计算规则为“按设计图示钢筋长度乘单位理论质量计算”，其中“设计图示钢筋长度”即为钢筋的净量，包括设计（含规范规定）标明的搭接、锚固长度，其他如施工搭接或施工余量不计算工程量，在综合单价中综合考虑。

6. 工作内容

工作内容是指为了完成工程量清单项目所需要发生的具体施工作业内容。工程量计算规范附录中给出的是一个清单项目所可能发生的工作内容，在确定综合单价时需要根据清单项目特征中的要求、具体的施工方案等确定清单项目的工作内容，是进行清单项目组价的基础。

工作内容不同于项目特征。项目特征体现的是清单项目质量或特性的要求或标准，工作内容体现的是完成一个合格的清单项目需要具体做的施工作业和操作程序，对于一项明确了分部分项工程项目或措施项目，工作内容确定了其工程成本。不同的施工工艺和方法，工作内容也不一样，工程成本也就有了差别。在编制工程量清单时一般不需要描述工作内容。

如“010401001 砖基础”其项目特征为：①砖品种、规格、强度等级；②基础类型；③砂浆强度等级；④防潮层材料种类。工作内容为：①砂浆制作、运输；②砌砖；③防潮层铺设；④材料运输。通过对比可以看出，如“砂浆强度等级”是对砂浆质量标准的要求，体现的是用什么样规格的材料去做，属于项目特征；“砂浆制作、运输”是砌筑过程中的工艺和方法，体现的是如何做，属于工作内容。

课后习题

一、简答题

1. 请简要说明《建设工程工程量清单计价规范》的适用范围。

2. 请说出项目特征的概念及工作内容概念，并说明它们的区别。

3. 请叙述清单项目编码的规则。

二、单项选择题

1. 根据《建设工程工程量清单计价规范》(GB/T 50500—2013)，关于项目特征，说法正确的是（　　）。

A. 项目特征是编制工程量清单的基础

B. 项目特征是确定工程内容的核心

C. 项目特征是项目自身价值的本质特征

D. 项目特征是工程结算的关键依据

2. 建设工程工程量清单中，工作内容描述的主要作用是（　　）。

A. 反映清单项目的工艺流程　　B. 反映清单项目需要的作业

C. 反映清单项目的质量标准　　D. 反映清单项目的资源需求

3. 编制房屋建筑工程施工招标的工程量清单，对第一项现浇混凝土无梁板的清单项目应编码为（　　）。

A. 010503002001　　B. 010405001001

C. 010505002001　　D. 010506002001

第五章 建设工程计量与计价方法

【内容概要】

建设工程计量是进行计价活动的最为基础和繁琐的工作，即对工程量进行计算。主要包括工程计量的原理和方法，工程量计算规范中的工程量计算规章和方法，消耗量定额中的工程量计算规章和方法等内容。

建设工程计价的方法可分为定额计价和工程量清单计价。工程量清单计价方法是目前通用的计价方法，包括两个主要的环节，一是工程量清单编制，二是采用综合单价法进行计价。

【学习目标】

（1）了解工程计价的方法及其基本原理。

（2）掌握定额计价及计价程序。

（3）掌握工程量清单计价及计价程序。

（4）掌握现行计价定额在清单计价中的应用。

（5）了解工程计量的原理和方法。

（6）熟悉国家计量规范的有关内容和计价定额的有关内容和说明。

（7）掌握建筑面积计算规则和方法。

（8）掌握国家计量规范的工程量计算规则和方法，并能编制工程量清单。

（9）掌握计价定额中工程量计算规则和方法，并能进行定额的套用及确定综合单价。

【教学设计】

（1）首先回顾两个单价，即工料单价和综合单价。

（2）通过案例认识定额计价与清单计价方法。

（3）系统讲解定额计价及计价程序。

（4）系统讲解清单计价及计价程序。

（5）准备好工程量计算规范及现行消耗量定额。

（6）以工程量计算规范为主线，将计价定额融入其中组织教学。

（7）按清单编制-清单项目对应的定额子目-算量-计价的思路进行课堂教学。

第一节　建设工程计价概述

一、工程计价的概念及方式

（一）工程计价概念

工程计价是指按照有关的标准规范和（或）合同约定的依据、程序和方法，对拟建或以完建设项目及其组成部分进行价格的估计、审核和确定等行为，包括决策与设计阶段投资估算、设计概算、施工图预算的编制与审核，建设工程发承包中招标工程量清单、招标控制价、投标价的编制与审核以及合同价款的约定，项目实施阶段合同价款结算审查、调整、变更、签证等。

（二）工程计价的方式

1. 概预算计价方式（定额计价方式）

我国长期采用的是根据设计文件和国家统一颁布的计价定额（概算定额或预算定额）及计价指标，对建筑产品的价格进行计价，这里称之为工程概预算计价方式。在这种方式下，计价活动主要根据提供的设计文件（特别是其中的图纸）确定建筑产品的价格，一般采用工料机单价进行计价。

2. 清单计价方式

工程量清单的计价是在建设市场建立、发展和完善过程中的产物。随着社会主义市场经济的发展，自2003年在全国范围内开始逐步推广建设工程工程量清单计价法，2013年推出新版建设工程工程量清单计价规范，标志着我国工程量清单计价方法的应用逐渐完善。工程量清单计价相较于以往的计价方式，最大的特点是除了一般的设计文件外，需要根据提供的工程量清单（明确的清单项目、质量标准和数量标准）进行计价，比设计文件具有更好的可读性。建设工程发承包中，使用国有资金的必须采用工程量清单计价，并且必须采用综合单价计价。

国有资金投资的项目包括全部使用国有资金（含国家融资资金）投资或以国有资金投资为主的工程建设项目。

（1）国有资金投资的工程建设项目

① 使用各级财政预算资金的项目。

② 使用纳入财政管理的各种政府性专项建设资金的项目。

③ 使用国有企事业单位自有资金，并且国有资产投资者实际拥有控制权的项目。

（2）国家融资资金投资的工程建设项目

① 使用国家发行债券所筹资金的项目。

② 使用国家对外借款或者担保所筹资金的项目。

③ 使用国家政策性贷款的项目。

④ 国家授权投资主体融资的项目。

⑤ 国家特许的融资项目。

（3）国有资金（含国家融资资金）为主的工程建设项目

国有资金占投资总额50%以上，或虽不足50%但国有投资者实质上拥有控股权的工程建设项目。

3. 其他计价方式

除了以上两种计价方式，发承包双方也可以在合同中约定其他的计价方式。比如在装修工程中以建筑面积采用全费用单价进行计价；在交通工程中以公里数采用全费用单价进行计价等。

（三）定额计价与清单计价的区别

工程量清单计价，是我国改革现行的工程造价计价方法和招标投标中报价方法与国际通行惯例接轨所采取的一种方式。长期以来我国沿袭苏联工程造价计价模式，建筑工程项目或建筑产品实行“量价合一、固定取费”的政府指令性计价模式，即“定额预算计价法”。这种方法按预算定额规定的分部分项子目，逐项计算工程量，套用定额单价（或单位估价表）确定直接费，然后按规定的取费标准计算其他直接费、现场经费、间接费、利润、税金、加上材料价差和适当的不可预见费，经汇总即成为工程预算价，用作标底和投标报价。这种方法呈现出“重复算量、套价、取费、调差”的模式，使本来就千差万别的工程造价，却统一在预算定额体系中；这种方法计算出的标价看起来似乎很准确详细，但其中的弊端也是显而易见的，其表现在：第一，浪费了大量的人力物力，各方都在做工程量计算的重复劳动；第二，违背了我国工程造价实行“控制量、指导价、竞争费”的改革原则，与市场经济的要求极不适应；第三，导致业主和承包商没有市场经济风险意识；第四，标底的保密难以保证；第五，不利于施工企业技术的进步和管理水平的提高。

两种计价方式在计价依据、项目设置、单价构成、价差调整、计价程序等方面都存在一定的差异。最核心的区别主要体现在以下两个方面。

(1) 项目设置不同。定额计价的项目一般是按施工工序、工艺进行设置的，在具体列项时，可根据设计文件和消耗量定额子目进行列项，其项目包括的工作内容一般相对单一的。而清单计价的项目一般是以一个“综合实体”考虑的，在具体列项时，可根据设计文件和工程量计算规范附录中的清单项目进行列项，其项目一般包括多个子目工作内容，即一个清单项目可能对应多个定额子目。

(2) 单价构成不同。定额计价主要采用定额子目的工料单价，定额子目的工料单价综合了每定额单位的人工费、材料费、机械使用费，在具体应用中可以直接套取定额子目价目表，再根据实际情况对要素价格进行调整。清单计价目前主要采用综合单价，其综合了完成一个清单项目所有工作内容的人工费、材料费、机械使用费、管理费和利润，各项费用可由投标人根据企业自身情况和考虑各种风险因素自主确定。

二、工程计价的基本原理

建设项目的单件性与多样性决定了每一个建设项目的建设都需要按业主的特定需要进行单独设计、单独施工，不能批量生产和按整个项目确定价格，只能采用特殊的计价程序和计价方法，即将整个项目进行分解，划分为可以按有关技术经济参数测算价格的基本构造单元（即假定的产品如定额项目、清单项目等），以计算出基本构造单元的费用。一般来说，分解的结构层次越多，基本子项也越细，计算也更精确。

任何一个建设项目都可以分解为一个或几个单项工程；任何一个单项工程都是由一个或几个单位工程所组成的，作为单位工程的各类建筑工程和安装工程仍然是一个比较复杂的综合实体，还需要进一步分解。就建筑工程来说，又可以按照施工顺序细分为土石方工程、地基处理与边坡支护工程、桩基工程、砌筑工程、混凝土及钢筋混凝土工程、金属结构工程、木结构工程、门窗工程、屋面及防水工程等分部工程。分解成分部工程后，从工程计价的角度，还需要把分部工程按照不同的施工方法、不同的构造及不同的规格，加以更为细致的分解，划分为更为简单细小的部分，即分项工程。分解到分项工程后还可以根据需要进一步划分为定额项目或清单项目，这样就可以得到基本构造单元了。

建筑工程产品定价的基本原理是将最基本的工程项目作为假定产品计算出其工程造价。所谓假定产品是指消耗量定额或工程量清单中所规定的分部分项（子分项）工程。这些工程项目与完整的工程项目有本质不同，无独立存在的意义，只是兼职安装工程的一种因素，是为了确定建筑安装单位工程产品价格而分解出的一种假定产品。

确定单位工程建筑产品价格，首先要确定单价。假定产品（分部分项或子分项）工程的人工、材料、机械台班消耗指标及管理费、利润指标，再用货币形成计算单位假定产品的价格（综合单价），作为建筑产品计价基础；然后根据设计文件及有关的技术标准、规范计算出假定产品的工程量，再乘以假定产品的价格，然后考虑规费和税金即可得出建筑产品价格。

工程造价计价的主要思路就是将建设项目细分至最基本的构成单位，找到了适当的计量单位及当时当地的单价，就可以采取一定的计价方法，进行分部组合汇总，计算出相应工程造价。工程计价的基本原理就在于项目的分解与组合。

工程计价的基本原理可以用公式的形式表达如下：

$$\text{分部分项工程费}=\sum[\text{基本构造单元工程量(定额项目或清单项目)}\times\text{单价}] \tag{5-1}$$

这里的单价可以是工料机单价、综合单价或全费用单价，如为工程量清单计价需要采用综合单价。

（1）工料单价也称概预算单价，包括人工、材料、机械台班费用，是各种人工消耗量、各种材料消耗量、各类机械台班消耗量与其相应单价的乘积。用下式表示：

$$\text{工料单价}=\sum(\text{人材机消耗量}\times\text{人材机单价}) \tag{5-2}$$

（2）综合单价包括人工费、材料费、机械台班费，还包括企业管理费、利润和风险因素。综合单价根据国家、地区、行业定额或企业定额消耗量和相应生产要素的市场价格来确定。

根据采用单价的不同，总价的计算程序有所不同。

（1）采用工料机单价时，在工料机单价确定后，乘以相应定额项目工程量并汇总，得出相应定额项目（分部分项工程或措施项目）的人工、机械和机械台班费用合计，然后再计取管理费和利润得到定额项目（分部分项工程或措施项目）的分部分项工程费（措施项目费），最后计取规费和税金，汇总后形成工程造价。

（2）采用综合单价时，在综合单价确定后，乘以相应项目工程量，经汇总即可得出分部分项工程费、措施项目费和其他项目，再按规定的程序和方法计取规费、税金，各项目费汇总后得出相应工程造价。

（3）采用全费用单价时，在全费用单价确定后，乘以相应项目（分部分项工程、措施项目、其他项目）的工程量，然后汇总即可得到相应工程造价。

三、工程计价的基本程序

（一）工程概预算计价的基本程序

工程概预算计价主要是以定额项目这一假定建筑安装产品为对象，按照概预算定额项目对拟建项目进行列项，计算其工程量，套用概预算定额单价（工料机单价），再考虑定额项目的管理费和税金，即可得到分部分项工程费、措施项目费和其他项目费，然后按规定计算规费和税金，经过汇总即为工程概算价值和工程预算价值。工程概预算计价的基本程序如图5-1所示。

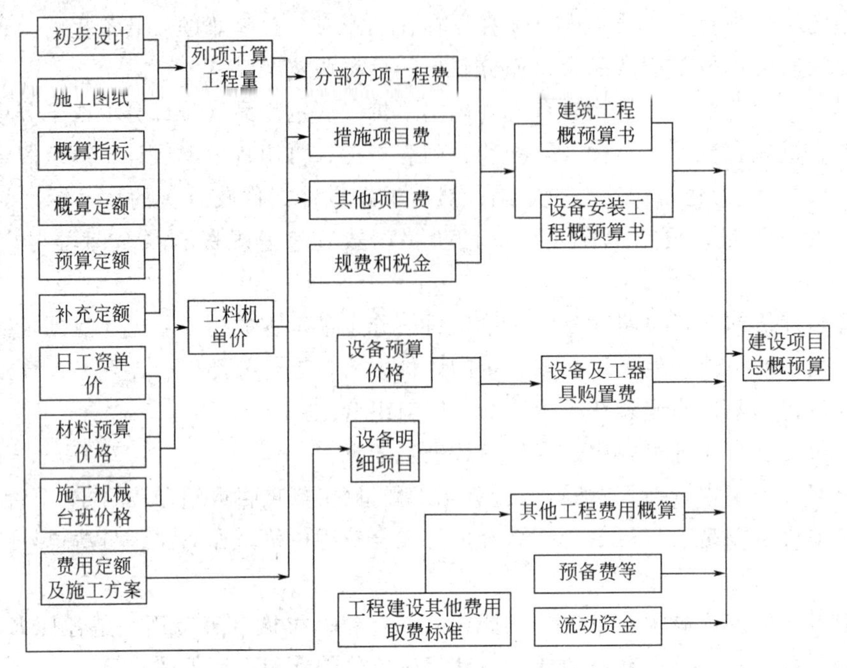

图 5-1 工程概预算计价的基本程序

（二）工程概预算计价的基本程序

工程量清单计价的基本程序首先要根据施工图纸等设计文件编制工程量清单，根据工程清单采用综合单价计算分部分项工程费、措施项目费和其他项目费，然后计算规费和税金，汇总得到工程造价。工程量计价程序如图 5-2 所示。

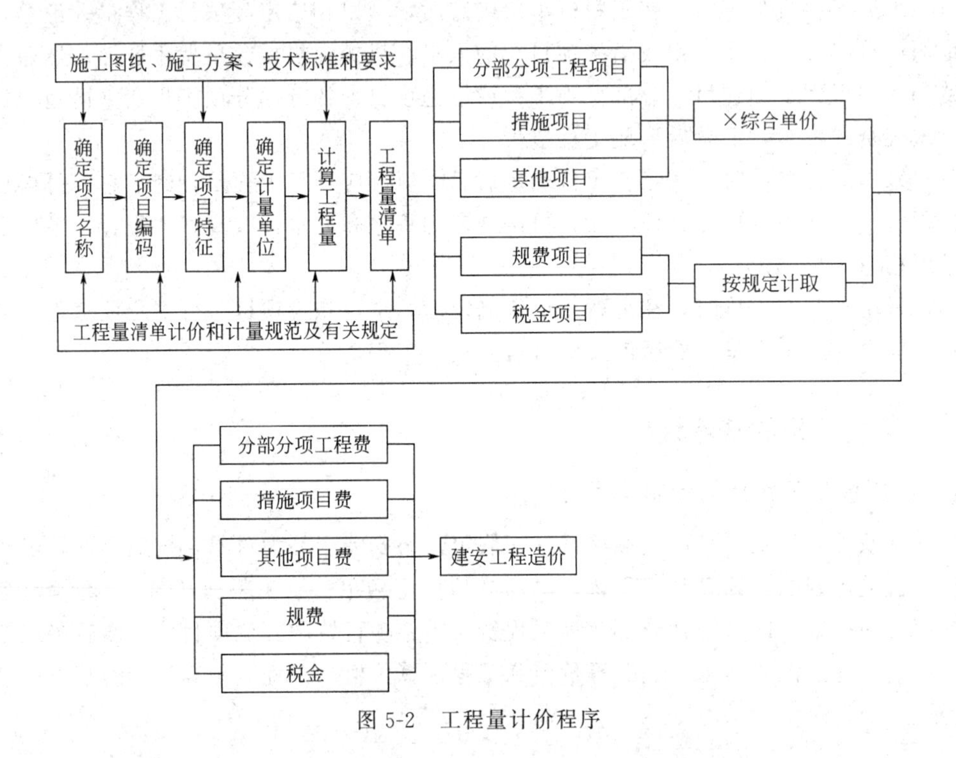

图 5-2 工程量计价程序

第二节 工程量计算基本原理

一、工程计量的基本概念

（一）工程量的含义

在《辞海》中对工程量的描述为“工程量是建筑安装工程中以物理计量单位或自然计量单位表示的建筑物、构筑物、设备安装工程或其各构成部分的实物数量的泛称”。

按照工程计量规范的理解，工程量是指按照一定的约定或规则，以物理计量单位或自然计量单位所表示的分部分项工程项目和措施项目的数量。物理计量单位是指以公制度量表示的长度、面积、体积和重量等计量单位。如楼梯扶手以“米”为计量单位；墙面抹灰以“平方米”为计量单位；混凝土以“立方米”为计量单位等。自然计量单位指建筑成品表现在自然状态下的简单点数所表示的个、条、樘、块等计量单位。如门窗工程可以以“樘”为计量单位，桩基工程可以以“根”为计量单位等。

（二）工程量的作用

(1) 工程量是确定建筑安装工程造价的重要依据。只有准确计算工程量，才能正确计算工程相关费用，合理确定工程造价。

(2) 工程量是承包方生产经营管理的重要依据。工程量是编制项目管理规划，安排工程施工进度，编制材料供应计划，进行工料分析，编制人工、材料、机械台班需要量，进行工程统计和经济核算的重要依据，也是编制工程形象进度统计报表，向工程建设发包方结算工程价款的重要依据。

(3) 工程量发包方管理工程建设的重要依据。工程量是编制建设计划、筹集资金、工程招标文件、工程量清单、建筑工程预算、安排工程价款的拨付和结算、进行投资控制的重要依据。

在计算工程量时，必须严格按照施工图纸和工程量计算规则，避免重算、错算和漏算。

（三）工程量计算

工程量计算指建设工程项目以工程设计图纸、施工组织设计或施工方案及有关技术经济文件为依据，按照相关工程国家标准计算规则、计量单位等规定，进行工程数量的计算活动，在工程建设中简称工程计量。

由于工程计价的多阶段性和多次性，工程计量也具有多阶段性和多次性，不仅包括招标阶段工程量清单编制中的工程计量，也包括投标报价以及合同履约阶段的变更、索赔、支付和结算中的工程计量。工程计量工作在不同计价过程中有不同的具体内容，如在招标阶段主要依据施工图纸和工程量计算规则确定拟完成分部分项工程项目和措施项目的工程数量；在施工阶段主要根据合同约定、施工图纸及工程量计算规则对已完成工程量进行确认。

二、工程量计算的依据

工程量是根据施工图及其相关说明，按照一定的工程量计算规则逐项进行计算并汇总得到的。主要依据如下。

（1）经审定的施工设计图纸及其说明。施工图纸全面反映建筑物（或构筑物）的结构构造、各部位的尺寸及工程做法，是工程量计算的基础资料和基本依据。

（2）工程施工合同、招标文件的商务条款。

（3）经审定的施工组织设计（项目管理实施规划）或施工技术措施方案。施工图纸主要体现拟建工程的实体项目，分项工程的具体施工方法及措施，应按施工组织设计（项目管理实施规划）或施工技术措施方案确定。如计算挖基础土方，施工方法是采用人工开挖，还是采用机械开挖，基坑周围是否需要放坡、预留工作面或做支撑防护等，应以施工方案为计算依据。

（4）工程量计算规则。工程量计算规则是规定在计算分部分项工程实物数量时，从设计文件和图纸中摘取数值的取定原则的方法。工程量计算规则是工程计量的主要依据之一，是工程量数值的取定方法。采用的规范或定额不同，工程量计算规则也不尽相同。在计算工程量时，应按照规定的计算规则进行，我国现行的工程量计算规则主要有以下内容。

① 工程量计算规范中的工程量计算规则。2012 年 12 月，住房和城乡建设部发布了《房屋建筑与装饰工程工程量计算规范》（GB 50854—2013）、《仿古建筑工程工程量计算规范》（GB 50855—2013）、《通用安装工程工程量计算规范》（GB 50856—2013）、《市政工程工程量计算规范》（GB 50857—2013）、《园林绿化工程工程量计算规范》（GB 50858—2013）、《矿山工程工程量计算规范》（GB 50859—2013）、《构筑物工程工程量计算规范》（GB 50860—2013）、《城市轨道交通工程工程量计算规范》（GB 50861—2013）、《爆破工程工程量计算规范》（GB 50862—2013）等九个专业的工程量计算规范（以下简称工程量计算规范），于 2013 年 7 月 1 日起实施，用于规范工程计量行为，统一各专业工程量清单的编制、项目设置和工程量计算规则。采用该工程量计算规则计算的工程量一般为施工图纸的净量，不考虑施工余量。

② 消耗量定额中的工程量计算规则。2015 年 3 月，住房和城乡建设部以“建标〔2015〕34 号文”发布《房屋建筑与装饰工程消耗量定额》（TY01-31-2015）、《通用安装工程消耗量定额》（TY02-31-2015）、《市政工程消耗量定额》（ZYA1-31-2015）（以下简称消耗量定额），在各消耗量定额中规定了分部分项工程和措施项目的工程量计算规则。除了由住房和城乡建设部统一发布的定额外，还有各个地方或行业发布的消耗量定额，其中也都规定了与之相对应的工程量计算规则。采用该计算规则计算工程量除了依据施工图纸外，一般还要考虑采用施工方法和施工方案施工余量。

（5）经审定的其他有关技术经济文件。

三、工程量计算规范与消耗量定额的关系

工程量计算规范和消耗量定额都是工程计价中的主要依据，它们在形式上、内容上和功能上有很大的不同，但又有一定的联系。工程量计算规范主要指导编制工程量清单，进行各阶段工程计量；而消耗量定额是确定清单项目人、材、机消耗量的基础，特别是最高投标限价的编制中确立的消耗量定额的基础性地位。因此，消耗量定额和工程量计算规范在项目划分、工程量计算上既有区别又有很好的衔接。为便于比较，以房屋建筑与装饰工程的工程量计算规范与消耗量定额为例说明。

1. 两者的联系

消耗量定额章节划分与工程量计算规范附录顺序基本一致。消耗量定额包括：土石方工程，地基处理与边坡支护工程，桩基工程，砌筑工程，混凝土及钢筋混凝土工程，金属结构工程，木结构工程，门窗工程，屋面及防水工程，保温、隔热、防腐工程，楼地面装饰工程，墙、柱面装饰与隔断、幕墙工程，天棚工程，油漆、裱糊工程，其他装饰工程，拆除工程，措施项目等十七章，与工程量计算规范附录是一致的。消耗量定额中节的划分也多数与工程量计算规范中的分部工程一致，如土石方工程分三节：土方工程、石方工程、回填及其他。

消耗量定额中的项目编码与工程量计算规范项目编码基本保持一致。消耗量定额中所列项目凡是与工程量计算规范中一致的都统一采用了清单项目的编码，即统一了分部工程项目编码。如消耗量定额第一章土石方工程（编码：0101）中的土方工程编码为010101，与工程量计算规范是一致的。

消耗量定额中的工程量计算规则与工程量计算规范中的计算规则基本计算方法也是一致的。现行消耗量定额的工程量计算规则与工程量计算规范的工程量计算规范都是对原有基础定额或预算定额工程量计算规则的继承和发展，多数内容保持了一定的衔接性。

2. 两者的区别

（1）两者的用途不同 工程量计算规范的工程量计算规则主要用于计算工程量、编制工程量清单、结算中的工程计量等方面。而消耗量定额的工程量计算规则主要用于工程计价（或组价），工程计量不能采用定额中的计算规则。

（2）项目划分和综合的工作内容不同 消耗量定额项目划分一般是基于施工工序进行设置的，体现施工单元，包括的工作内容相对单一；而工程量计算规范清单项目划分一般是基于“综合实体”进行设置的，体现功能单元，包括的工作内容往往不止一项（即一个功能单元可能包括多个施工单元或者一个清单项目可能包括多个定额项目）。如消耗量定额的土方工程（编号：010101），根据施工方法不同分为人工土方和机械土方；人工土方又细分为：人工挖一般土方、人工挖沟槽土方、人工挖基坑土方、人工挖冻土、人工挖淤泥流砂及人工装车、人工运土方、人力车运土方、人工运淤泥流砂等项目。人工挖一般土方根据土壤类别和基深分为8个定额项目。而在工程量计算规范土方工程（编号：010101）中与之对应的清单项目分为5项：挖一般土方，挖沟槽土方，挖基坑土方，冻土开挖，挖淤泥、流砂。清单项目挖一般土方综合的工作内容有：排地表水、土方开挖、围护（挡土板）及拆除、基底钎探、运输，这些内容在消耗量定额中往往为单独的定额子目。

（3）计算口径的调整 消耗量定额项目计量考虑了不同施工方法和加工余量的实际数量，即消耗量定额项目计量考虑了一定的施工方法、施工工艺和现场实际情况，而工程量计算规范规定的工程量主要是完工后的净量［或图纸（含变更）的净量］。

如土方工程中的010101004挖基础土方，按工程量计算规范，其工程量按图示尺寸以垫层底面积乘以挖土深度计算，按规范规定应是净量（需要注意的是规范中也同时说明，编制招标工程量清单时也可以将放坡增加的工程量并入土方工程量内）。消耗量定额项目计量则包括放坡及工作面等的开挖量，即包含了为满足施工工艺要求而增加的加工余量，如图5-3所示。

（4）计量单位的调整 工程量清单项目的计量单位一般采用基本的物理计量单位或自然

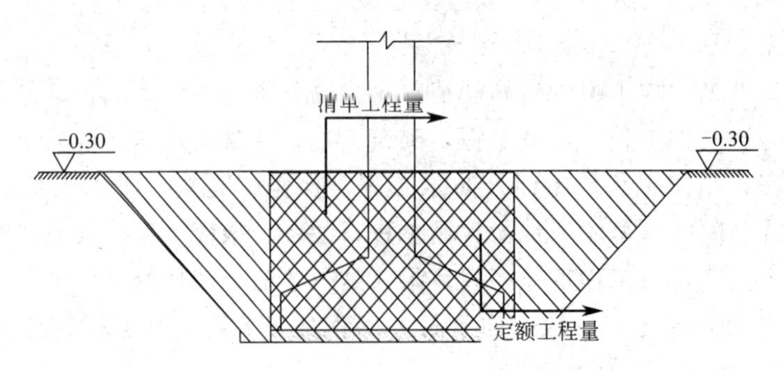

图 5-3 挖基础土方清单工程量与消耗量定额工程量计算口径比较

计量单位，如 m^2、m^3、m、kg、t 等，消耗量定额中的计量单位一般为扩大的物理计量单位或自然计量单位，如 $100m^2$、$1000m^3$、100m 等。

四、工程量计算的方法

（一）工程量计算的原则

（1）列项要正确，严格按照规范或有关定额规定的工程量计算规则计算工程量，避免错算。

（2）工程量计量单位必须与工程量计算规范或有关定额中规定的计量单位相一致。

（3）计算口径要一致。根据施工图列出的工程量清单项目的口径必须与工程量计算规范中相应清单项目的口径相一致。

（4）按图纸，结合建筑物的具体情况进行计算。要结合施工图纸尽量做到结构按楼层，内装修按楼层分房间，外装修按施工层分立面计算，或按施工方案的要求分段计算，或按使用的材料不同分别进行计算。这样，在计算工程量时既可避免漏项，又可为安排施工进度和编制资源计划提供数据。

（5）工程量计算精度要统一，要满足规范要求。

（二）工程量计算顺序

为了避免漏算或重算，提高计算的准确程度，工程量的计算应按照一定的顺序进行。具体的计算顺序应根据具体工程和个人的习惯来确定，一般有以下几种顺序。

1. 单位工程计算顺序

（1）按图纸顺序计算　根据图纸排列的先后顺序，由建施到结施；每个专业图纸由前向后，先平面→再立面→再剖面；先基本图→再详图。

（2）按消耗量定额的分部分项顺序计算　按消耗量定额的章、节、子目次序，由前向后，逐项对照，定额项与图纸设计内容能对上号时就计算。

（3）按工程量计算规范顺序计算　单位工程计算顺序一般按计价规范清单列项顺序计算。即按照计价规范上的分章或分部分项工程顺序来计算工程量。

（4）按施工顺序计算　按施工顺序计算工程量，可以按先施工的先算，后施工的后算的方法进行。由平整场地、基础挖土开始算起，直到装饰工程等全部施工内容结束。

2. 分部分项工程计算顺序

（1）按照顺时针方向计算法　即先从平面图的左上角开始，自左至右，然后再由上而下，最后转回到左上角为止，这样按顺时针方向转圈依次进行计算。例如计算外墙、地面、天棚等分部分项工程，都可以按照此顺序进行计算，如图 5-4 所示。

（2）按“先横后竖、先上后下、先左后右”计算法 即在平面图上从左上角开始，按“先横后竖、从上而下、自左到右”的顺序计算工程量。例如房屋的条形基础土方、砖石基础、砖墙砌筑、门窗过梁、墙面抹灰等分部分项工程，均可按这种顺序计算工程量，如图 5-5 所示。

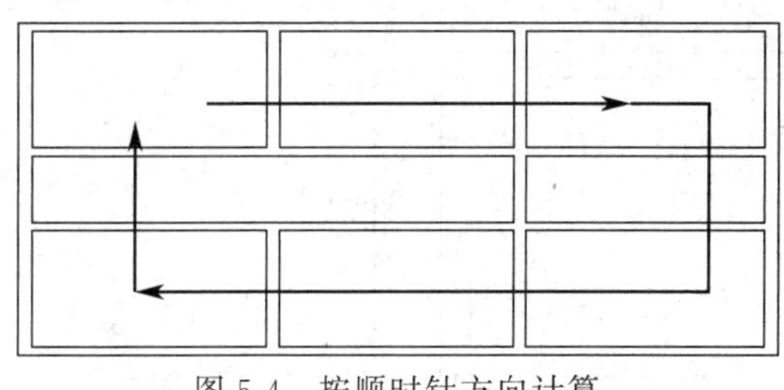

图 5-4 按顺时针方向计算

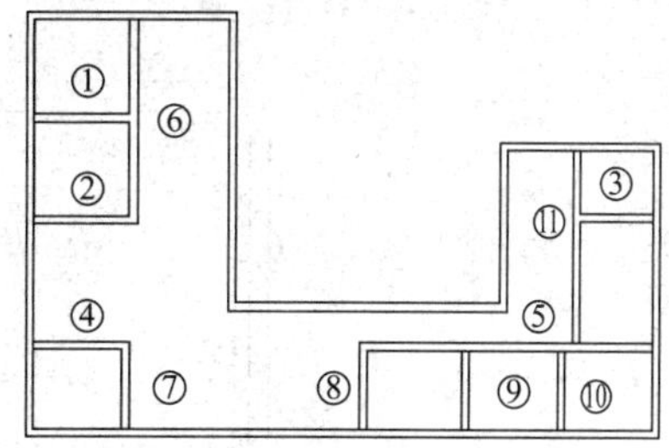

图 5-5 按横竖分割计算

（3）按图纸分项编号顺序计算法 即按照图纸上所标注结构构件、配件的编号顺序进行计算。例如计算混凝土构件、门窗、屋架等分部分项工程，均可以按照此顺序计算，如图 5-6 所示。主要用于图纸上进行分类编号的钢筋混凝土结构、金属结构、门窗、钢筋等构件工程量的计算。例如钢筋混凝土工程中的桩、柱、梁、板等构件。

（4）按照图纸上定位轴线顺序编号计算 对于造型或结构复杂的工程，为了计算和审核方便，可以根据施工图纸轴线编号来确定工程量计算顺序。例如某房屋一层墙体、抹灰分项，可按Ⓐ轴上，①～③轴，③～④轴这样的顺序进行工程量计算，如图 5-7 所示。

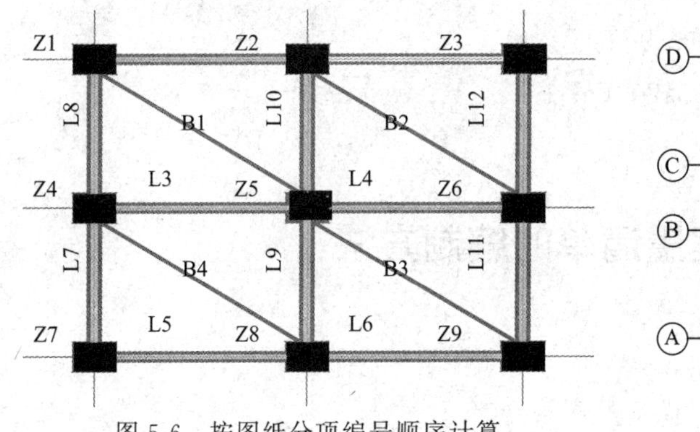

图 5-6 按图纸分项编号顺序计算

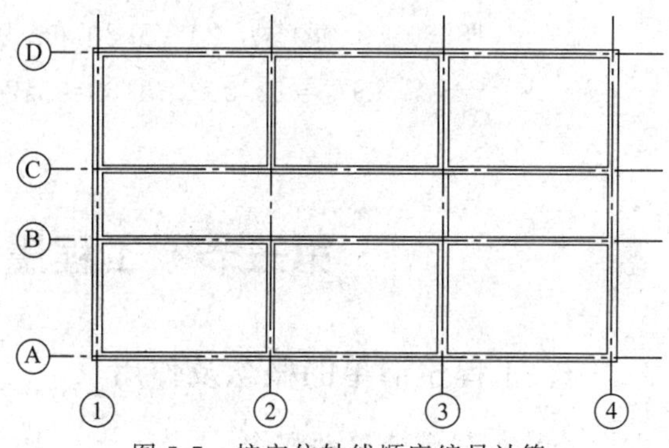

图 5-7 按定位轴线顺序编号计算

按一定顺序计算工程量的目的是防止漏项少算或重复多算的现象发生，只要能实现这一目的，采用哪种顺序方法计算都可以。

（三）常用基数的计算

$L_{中}$——建筑平面图中设计外墙中心线的总长度。与之相关项有：外墙部位的基槽开挖、基础垫层、基础砌筑、外墙墙体等。

$L_{内}$——建筑平面图中设计内墙净长线长度。与之相关项有：地面垫层、楼地面找平层、整体面层。

$L_{外}$——建筑平面图中外墙外边线的总长度。与之相关项有：外墙面的装饰、散水、勒脚。

$L_{净}$——建筑基础平面图中内墙混凝土基础或垫层净长度。

$S_{底}$——建筑物底层建筑面积。与之相关项有：平整场地、地面、天棚。

$S_{房}$——建筑平面图中房心净面积。

$S_{结}$——建筑平面图中，墙身和柱等结构面积。

【例 5-1】 计算图 5-8 所示平面的各个线面基数，理解其相互关系。

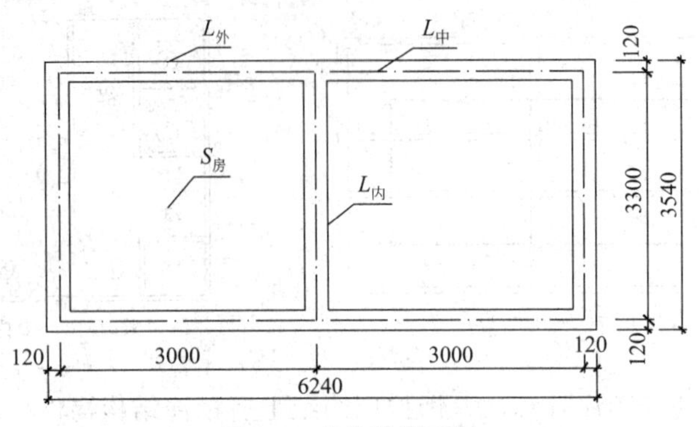

图 5-8 墙体某平面图

解：$L_{中}$＝（3.00×2＋3.30）×2＝18.60（m）

$L_{外}$＝（6.24＋3.54）×2＝19.56（m）或 $L_{外}$＝18.60＋0.24×4＝19.56（m）

$L_{内}$＝3.30－0.24＝3.06（m）

$S_{底}$＝6.24×3.54＝22.09（m^2）

$S_{房}$＝（3.00×2－0.24×2）× 3.06 ＝16.89（m^2）

$S_{结}$＝（18.60＋3.06）×0.24＝5.20（m^2）

或　$S_{结}$＝$S_{底}$－$S_{房}$＝22.09－16.89＝5.20（m^2）

第三节　工程量清单的编制方法

一、工程量清单的概念及作用

（一）工程量清单的概念

工程量清单是载明建设工程分部分项工程项目、措施项目和其他项目的名称和相应数量以及规费和税金项目等内容的明细清单，由招标人依据国家标准、招标文件、设计文件以及施工现场实际情况编制。随招标文件发布供投标报价的工程量清单（包括其说明和表格）称之为招标工程量清单。构成合同文件组成部分的，投标文件中已标明价格，经算术性错误修正（如有）且承包人已确认的工程量清单（包括其说明和表格）称之为已标价工程量清单。

工程量清单一般以单位工程为对象编制，包括分部分项工程量清单、措施项目清单、其他项目清单、规费项目清单和税金项目清单。编制工程量清单的核心是分部分项工程量清单和措施项目清单，应该严格按有关的计量规范，由造价人员编制。

（二）工程量清单的作用

工程量清单和施工图纸一样，表达了拟建项目的质量要求和数量要求，其作用主要体现在以下几点。

（1）提供一个平等的竞争条件　工程量清单和图纸一样，为投标者提供了一个平等竞争的条件，每个投标人都是根据同一工程量清单，由企业根据自身的实力来填不同的综合单价。企业根据自己的生产技术水平和管理水平，自主确定消耗标准和要素价格，实现市场竞争。

招投标过程就是竞争的过程，招标人提供工程量清单，投标人根据自身情况确定综合单价，利用单价与工程量逐项计算每个项目的合价，再分别填入工程量清单表内，计算出投标总价。综合单价成了能否中标的决定性因素。综合单价的高低直接取决于企业管理水平和技术水平的高低，这种局面促成了企业整体实力的竞争，有利于我国建设市场的快速发展。

（2）工程量清单投标报价的重要依据　在招标投标过程中，招标人根据工程量清单确定招标控制价；投标人根据工程量清单和自己的技术管理水平确定投标价。当图纸与工程量清单不一致时，在招标投标与结算中以工程量清单为准。

（3）工程量清单是价款支付和结算的重要依据　在实施阶段，发包人和承包人根据合同约定的方法和工程量清单中的项目特征和工程量对已完工程进行计量和价款的支付。

（4）工程量清单是调整价款、工程索赔的重要依据　在合同价款结算时，需要根据工程量清单中的列项、项目特征和工程量来确定当出现了调价因素后，是否会导致该合同价款的调整，实际发生的项目与工程量清单上的项目是否一致，来决定调价方法。

二、分部分项工程量清单

分部分项工程是“分部工程”和“分项工程”的总称。“分部工程”是单位工程的组成部分，是按结构部位、路段长度及施工特点或施工任务将单位工程划分为若干分部的工程。例如，房屋建筑与装饰工程分为土石方工程、桩基工程、砌筑工程、混凝土及钢筋混凝土工程、楼地面装饰工程、天棚工程等分部工程。“分项工程”是分部工程的组成部分，是按不同施工方法、材料、工序及路段长度等分部工程划分为若干个分项或项目的工程。例如现浇混凝土基础分为带形基础、独立基础、满堂基础、桩承台基础、设备基础等分项工程。

分部分项工程项目清单必须载明项目编码、项目名称、项目特征、计量单位和工程量。分部分项工程项目清单必须根据各专业工程计量规范规定的项目编码、项目名称、项目特征描述、计量单位和工程量计算规则进行编制，其格式如表5-1所示。

表5-1　分部分项工程量清单与计价表

工程名称：　　　　　　　　　　标段：　　　　　　　　　　第　页　共　页

序号	项目编码	项目名称	项目特征描述	计量单位	工程量	金额/元		
						综合单价	合价	其中:暂估价
本页小计								
合　计								

编制人（造价人员）：　　　　　　　　　　复核人（造价工程师）：

注：为计取规费等的使用，可在表中增设其中：“定额人工费”。

（一）项目编码

项目编码是分部分项工程和措施项目清单名称的阿拉伯数字标识。项目编码应由计量规范确定。分部分项工程量清单项目编码以五级编码设置，用十二位阿拉伯数字表示。一、二、三、四级编码为全国统一，即一至九位应按计价规范附录的规定设置；第五级即十至十二位为清单项目编码，应根据拟建工程的工程量清单项目名称设置，不得有重号，这三位清单项目编码由招标人针对招标工程项目具体编制，并应自 001 起顺序编制。

各级编码代表的含义如下。

第一级表示专业工程代码（分二位）（房屋建筑与装饰工程为 01、仿古建筑工程为 02、通用安装工程为 03、市政工程为 04、园林绿化工程为 05、矿山工程 06、构筑物工程 07、城市轨道交通工程 08、爆破工程 09）。

第二级表示专业工程附录分类顺序码（分二位）。

第三级表示分部工程顺序码（分二位）。

第四级表示分项工程项目名称顺序码（分三位）。

第五级表示工程量清单项目名称顺序码（分三位）。

项目编码结构如图 5-9 所示（以房屋建筑与装饰工程为例）：

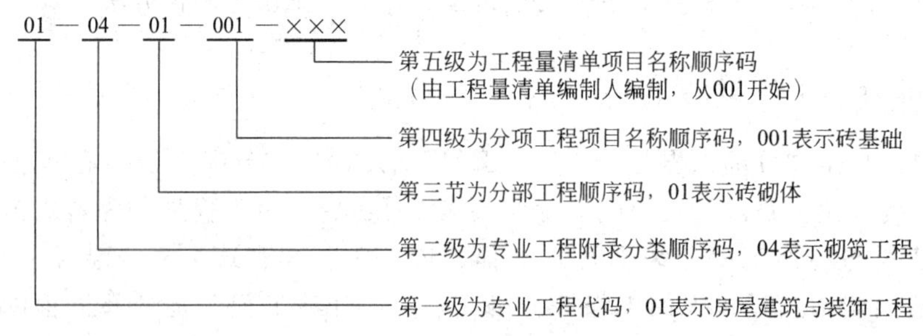

图 5-9 工程量清单项目编码结构

当同一标段（或合同段）的一份工程量清单中含有多个单位工程且工程量清单是以单位工程为编制对象时，在编制工程量清单时应特别注意对项目编码十至十二位的设置不得有重码的规定。例如一个标段（或合同段）的工程量清单中含有三个单位工程，每一单位工程中都有项目特征相同的实心砖墙砌体，在工程量清单中又需反映三个不同单位工程的实心砖墙砌体工程量时，则第一个单位工程的实心砖墙的项目编码应为 010401003001，第二个单位工程的实心砖墙的项目编码应为 010401003002，第三个单位工程的实心砖墙的项目编码应为 010401003003，并分别列出各单位工程实心砖墙的工程量。

（二）项目名称

分部分项工程量清单的项目名称应按各专业工程计量规范附录的项目名称结合拟建工程的实际确定。附录表中的“项目名称”为分项工程项目名称，是形成分部分项工程量清单项目名称的基础。即在编制分部分项工程量清单时，以附录中的分项工程项目名称为基础，考虑该项目的规格、型号、材质等特征要求，结合拟建工程的实际情况，使其工程量清单项目名称具体化、细化，以反映影响工程造价的主要因素。例如“墙面一般抹灰”这一分项工程在形成工程量清单项目名称时可以细化为“外墙面抹灰”“内墙面抹灰”等。清单项目名称应表达详细、准确，各专业工程计量规范中的分项工程项目名称如有缺陷，招标人可作补充，并报当地工程造价管理机构（省级）备案。

（三）项目特征描述

项目特征是表征构成分部分项工程项目、措施项目自身价值的本质特征，是对体现分部分项工程量清单、措施项目清单价值的特有属性和本质特征的描述。从本质上讲，项目特征体现的是对分部分项工程的质量要求，是确定一个清单项目综合单价不可缺少的重要依据，在编制工程量清单时，必须对项目特征进行准确和全面的描述。工程量清单项目特征描述的重要意义在于：项目特征是区分具体清单项目的依据；项目特征是确定综合单价的前提；项目特征是履行合同义务的基础，如实际项目实施中施工图纸中特征与分部分项工程项目特征不一致或发生变化，即可按合同约定调整该分部分项工程的综合单价。

分部分项工程量清单项目特征应按《建设工程工程量清单计价规范》附录中规定的项目特征，结合拟建工程项目的实际、技术规范、标准图集、施工图纸，按照工程结构、使用材质及规格或安装位置等，予以详细而准确的表述和说明。如 010502003 异形柱，需要描述的项目特征有：柱形状、混凝土类别、混凝土强度等级，其中混凝土类别可以是清水混凝土、彩色混凝土等，或预拌（商品）混凝土、现场搅拌混凝土等。

在进行项目特征描述时，掌握以下要点。

1. 必须描述的内容

（1）涉及可准确计量的内容，如门窗洞口尺寸或框外围尺寸。

（2）涉及结构要求的内容，如混凝土构件的混凝土的强度等级。

（3）涉及材质要求的内容，如油漆的品种、管材的材质等。

（4）涉及安装方式的内容，如管道工程中的钢管的连接方式。

2. 可不描述的内容

（1）对计量计价没有实质影响的内容，如现浇混凝土柱的高度、断面大小等特征。

（2）应由投标人根据施工方案确定的内容，如对石方的预裂爆破的单孔深度及装药量的特征规定。

（3）应由投标人根据当地材料和施工要求的内容，如对混凝土构件中的混凝土拌合料使用的石子种类及粒径、砂的种类及特征规定。

（4）应由施工措施解决的内容，如对现浇混凝土板、梁的标高的特征规定。

3. 可不详细描述的内容

（1）无法准确描述的内容，如土壤类别，可考虑将土壤类别描述为“综合”，注明由投标人根据地质勘探资料自行确定土壤类别，决定报价。

（2）施工图纸、标准图集标注明确的，对这些项目可描述为见××图集××页号及节点大样等。

（3）清单编制人在项目特征描述中应注明由投标人自定的，如土方工程中的“取土运距”“弃土运距”等。

在各专业工程计量规范附录中还有关于各清单项目“工作内容”的描述。工作内容是指完成清单项目可能发生的具体工作和操作程序，但应注意的是，在编制分部分项工程量清单时，工作内容通常无须描述，因为在计价规范中，工程量清单项目与工程量计算规则、工作内容有一一对应关系，当采用计价规范这一标准时，工作内容均有规定，无须描述。

（四）计量单位

分部分项工程量清单的计量单位应按工程量计算规范附录中规定的计量单位确定。规范中的计量单位均为基本单位，与定额中所采用基本单位扩大一定的倍数不同。如质量以“t”或“kg”为单位，长度以“m”为单位，面积以“m^2”为单位，体积以“m^3”为单位，自然计量的以“个、件、根、组、系统”为单位。

工程量计算规范附录中有两个或两个以上计量单位的，应结合拟建工程项目的实际情况，选择其中一个确定，在同一个建设项目（或标段、合同段）中，有多个单位工程的相同项目计量单位必须保持一致。如010506001直形楼梯其工程量计量单位可以为“m^3”也可以是“m^2”，由于工程量计算手段的进步，对于混凝土楼梯其体积也是很容易计算的，在工程量计算规范中增加了以“m^3”为单位计算，可以根据实际情况进行选择，但一旦选定必须保持一致。

计量单位应采用基本单位，除各专业另有特殊规定外均按以下单位计量：

① 以重量计算的项目——吨或千克（t或kg）；

② 以体积计算的项目——立方米（m^3）；

③ 以面积计算的项目——平方米（m^2）；

④ 以长度计算的项目——米（m）；

⑤ 以自然计量单位计算的项目——个、套、块、樘、组、台……

⑥ 没有具体数量的项目——宗、项……

工程计量是每一项目汇总的有效位数应遵循以下原则：

① 以“t”为单位，应保留小数点后三位数字，第四位小数四舍五入；

② 以“m”“m^2”“m^3”“kg”为单位，应保留小数点后两位数字，第三位小数四舍五入；

③ 以“个”“件”“根”“组”“系统”为单位的，应取整数。

（五）工程量

工程量主要通过工程量计算规则计算得到。工程量计算规则是指对清单项目工程量的计算规定。除另有说明外，所有清单项目的工程量应以施工图（含变更）图示尺寸的净量为准。

三、措施项目清单

措施项目是指为完成工程项目施工，发生于该工程施工准备和施工过程中的技术、生活、安全、环境保护等方面的项目。措施项目分为单价措施项目和总价措施项目。一般把与分部分项工程紧密相关的措施项目归为单价措施项目，可以按照分部分项工程量清单编制方法按照计量规范编制，如脚手架工程，混凝土模板及支架（撑），垂直运输，超高施工增加，大型机械设备进出场及安拆，施工排水、降水等；把与分部分项工程关系不够紧密的措施项目归为总价项目，按“项”列，不需要计算工程量，如安全文明施工，夜间施工，非夜间施工照明，二次搬运，冬雨季施工，地上、地下设施、建筑物的临时保护设施，已完工程及设备保护等。

（一）单价措施项目清单

单价措施项目清单的编制需要根据计量规范确定其项目编码、项目名称、项目特征、计量单和工程量五个部分，其格式如表5-2所示。

表 5-2 单价措施项目清单与计价表

工程名称： 标段： 第 页 共 页

序号	项目编码	项目名称	项目特征描述	计量单位	工程量	金额/元		
						综合单价	合价	其中：暂估价
本页小计								
合　计								

编制人（造价人员）： 复核人（造价工程师）：

注：为计取规费等的使用，可在表中增设“其中：定额人工费”。

（二）总价措施项目清单

措施项目中不能计算工程量的项目清单，以“项”为计量单位进行编制，如表 5-3 所示。

表 5-3 总价措施项目清单与计价表

工程名称： 标段： 第 页 共 页

序号	项目编码	项目名称	计算基础	费率/%	金额/元	调整费率/%	调整后金额/元	备注
		安全文明施工费						
		夜间施工增加费						
		二次搬运费						
		冬雨季施工增加费						
		已完工程及设备保护费						
		各专业工程的措施项目						
合 计								

编制人（造价人员）： 复核人（造价工程师）：

注：1.“计算基础”中安全文明施工费可为“定额基价”“定额人工费”或“定额人工费＋定额机械费”，其他项目可为“定额人工费”或“定额人工费＋定额机械费”。

2.按施工方案计算的措施费，若无“计算基础”和“费率”的数值，也可只填“金额”数值，但应在备注栏说明施工方案出处或计算方法。

四、其他项目清单的内容

其他项目清单是指除分部分项工程量清单、措施项目清单所包含的内容以外，因招标人的特殊要求而发生的与拟建工程有关的其他费用项目和相应数量的清单。工程建设标准的高低、工程的复杂程度、工程的工期长短、工程的组成内容、发包人对工程管理要求等都直接影响其他项目清单的具体内容。其他项目清单包括暂列金额、暂估价（包括材料暂估单价、工程设备暂估单价、专业工程暂估价）、计日工、总承包服务费。其他项目清单按照表 5-4 的格式编制，出现未包含在表格中内容的项目，可根据工程实际情况补充。

表 5-4　其他项目清单与计价汇总表

序号	项目名称	计量单位	金额/元	结算金额/元	备注
1	暂列金额				明细详见表 5-5
2	暂估价				
2.1	材料(工程设备)暂估价/结算价		—		明细详见表 5-6
2.2	专业工程暂估价/结算价				明细详见表 5-7
3	计日工				明细详见表 5-8
4	总承包服务费				明细详见表 5-9
5	索赔与现场签证		—		明细详见表 5-10
合计				—	

注：材料（工程设备）暂估单价进入清单项目综合单价，此处不汇总。

（一）暂列金额

暂列金额是指招标人在工程量清单中暂定并包括在合同价款中的一笔款项。用于工程合同签订时尚未确定或者不可预见的所需材料、工程设备、服务的采购，施工中可能发生的工程变更、合同约定调整因素出现时的合同价款调整，以及发生的索赔、现场签证确认等的费用。不管采用何种合同形式，其理想的标准是，一份合同的价格就是其最终的竣工结算价格，或者至少两者应尽可能接近。我国规定对政府投资工程实行概算管理，经项目审批部门批复的设计概算是工程投资控制的刚性指标，即使商业性开发项目也有成本的预先控制问题，否则，无法相对准确预测投资的收益和科学合理地进行投资控制。但工程建设自身的特性决定了工程的设计需要根据工程进展不断地进行优化和调整，业主需求可能会随工程建设进展出现变化，工程建设过程还会存在一些不能预见、不能确定的因素。消化这些因素必然会影响合同价格的调整，暂列金额正是因这类不可避免的价格调整而设立的，以便达到合理确定和有效控制工程造价的目的。设立暂列金额并不能保证合同结算价格就不会再出现超过合同价格的情况，是否超出合同价格完全取决于工程量清单编制人对暂列金额预测的准确性，以及工程建设过程是否出现了其他事先未预测到的事件。

暂列金额应根据工程特点，按有关计价规定估算。暂列金额可按照表 5-5 的格式列示。

表 5-5　暂列金额明细表

工程名称：　　　　　　　　　　　　标段：　　　　　　　　　　　　第　页　共　页

序号	项目名称	计量单位	暂定金额/元	备注
1				
2				
3				
合计				—

注：此表由招标人填写，如不能详列，也可只列暂定金额总额，投标人应将上述暂列金额计入投标总价中。

（二）暂估价

暂估价是指招标人在工程量清单中提供的用于支付必然发生但暂时不能确定价格的材料、工程设备单价以及专业工程的金额，包括材料暂估单价、工程设备暂估单价和专业工程暂估价。暂估价类似于 FIDIC 合同条款中的 Prime Cost Items，在招标阶段预见肯定要发生，只是因为标准不明确或者需要由专业承包人完成，暂时无法确定的价格。暂估价数量和拟用项目应当结合工程量清单中的“暂估价表”予以补充说明。为方便合同管理，需要纳入分部分项工程量清单项目综合单价中的暂估价应只是材料、工程设备暂估单价，以方便投标人组价。

专业工程的暂估价一般应是综合暂估价，应当包括除规费和税金以外的管理费、利润等取费。总承包招标时，专业工程设计深度往往是不够的，一般需要交由专业设计人设计。国际上，出于提高可建造性考虑，一般由专业承包人负责设计，以发挥其专业技能和专业施工经验的优势。这类专业工程交由专业分包人完成是国际工程的良好实践，目前在我国工程建设领域也已经比较普遍。公开透明地合理确定这类暂估价的实际开支金额的最佳途径就是通过施工总承包人与工程建设项目招标人共同组织的招标。

暂估价中的材料、工程设备暂估单价应根据工程造价信息或参照市场价格估算，列出明细表；专业工程暂估价应分不同专业，按有关计价规定估算，列出明细表。暂估价可按照表5-6、表5-7的格式列示。

表5-6　材料（工程设备）暂估价及调整表

工程名称：　　　　　　　　　　　　标段：　　　　　　　　　　　　第　页　共　页

序号	材料(工程设备)名称、规格、型号	计量单位	数量		暂估/元		确认/元		差额±/元		备注
			暂估	确认	单价	合价	单价	合价	单价	合价	
合计											

注：此表由招标人填写，并在备注栏说明暂估价的材料、工程设备拟用在哪些清单项目上，投标人应将上述材料、工程设备暂估单价计入工程量清单综合单价报价中。

表5-7　专业工程暂估价及结算价表

工程名称：　　　　　　　　　　　　标段：　　　　　　　　　　　　第　页　共　页

序号	工程名称	工程内容	暂估金额/元	结算金额/元	差额±/元	备注
合计						

注：此表“暂估金额”由招标人填写，投标人应将“暂估金额”计入投标总价中。结算时按合同约定结算金额填写。

（三）计日工

在施工过程中，承包人完成发包人提出的工程合同范围以外的零星项目或工作，按合同中约定的单价计价的一种方式。计日工是为了解决现场发生的零星工作的计价而设立的。国际上常见的标准合同条款中，大多数都设立了计日工（Daywork）计价机制。计日工对完成零星工作所消耗的人工工时、材料数量、施工机械台班进行计量，并按照计日工表中填报的适用项目的单价进行计价支付。计日工适用的所谓零星工作一般是指合同约定之外的或者因变更而产生的、工程量清单中没有相应项目的额外工作，尤其是那些时间不允许事先商定价格的额外工作。编制计日工表格时，一定要给出暂定数量，并且需要根据经验，尽可能估算一个比较贴近实际的数量，且尽可能把项目列全，以消除因此而产生的争议。计日工可按照表 5-8 的格式列示。

表 5-8　计日工表

工程名称：　　　　　　　　　　　　标段：　　　　　　　　　　　　第　页　共　页

序号	项目名称	单位	暂定数量	实际数量	综合单价/元	合价/元	
一	人工						
1							
2							
…							
人工小计							
二	材料						
1							
2							
…							
材料小计							
三	施工机械						
1							
2							
…							
施工机械小计							
四、企业管理费和利润							
总计							

注：此表项目名称、暂定数量由招标人填写，编制招标控制价时，单价由招标人按有关规定确定；投标时，单价由投标人自主报价，按暂定数量计算合价计入投标总价中。结算时，按发承包双方确认的实际数量计算合价。

（四）总承包服务费

总承包服务费是指总承包人为配合协调发包人进行的专业工程发包，对发包人自行采购的材料、工程设备等进行保管以及施工现场管理、竣工资料汇总整理等服务所需的费用。招标人应预计该项费用并按投标人的投标报价向投标人支付该项费用。

总承包服务费应列出服务项目及其内容等。总承包服务费按照表 5-9 的格式列示。

表 5-9　总承包服务费计价表

工程名称：　　　　　　　　　　　　标段：　　　　　　　　　　　　第　页　共　页

序号	项目名称	项目价值/元	服务内容	计算基础	费率/%	金额/元
1	发包人发包专业工程					
2	发包人供应材料					
	合计	—	—		—	

注：此表项目名称、服务内容由招标人填写，编制招标控制价时，费率及金额由招标人按有关计价规定确定；投标时，费率及金额由投标人自主报价，计入投标总价中。

（五）索赔与现场签证

工程索赔是指在工程合同履行过程中，合同一方当事人因对方不履行或未能正确履行合同义务或者由于其他非自身原因而遭受经济损失或权利损害，通过合同约定的程序向对方提出经济和（或）时间补偿要求的行为。

现场签证是指发包人或其授权现场代表（包括工程监理人、工程造价咨询人）与承包人或其授权现场代表就施工过程中涉及的责任事件所做的签认证明。施工合同履行期间出现现场签证事件的，发承包双方应调整合同价。

索赔与现场签证计价汇总表按照表5-10的格式列示。

表5-10　索赔与现场签证计价汇总表

工程名称：　　　　　　　　　　标段：　　　　　　　　　　第　页　共　页

序号	签证及索赔项目名称	计量单位	数量	单价/元	合价/元	索赔及签证依据
—	本页小计	—	—	—		—
—	合　计	—	—	—		—

注：签证及索赔依据是指经双方认可的签证单和索赔依据的编号。

五、规费、税金项目清单

规费项目清单应按照下列内容列项：社会保险费，包括养老保险费、失业保险费、医疗保险费、工伤保险费、生育保险费；住房公积金；出现计价规范中未列的项目，应根据省级政府或省级有关权力部门的规定列项。

税金项目清单应包括：增值税。需要注意的是，当采用简易计税方法确定税金时，可以将城市维护建设税、教育费附加和地方教育附加等项目计入税金。

规费、税金项目计价表如表5-11所示。

表5-11　规费、税金项目计价表

工程名称：　　　　　　　　　　标段：　　　　　　　　　　第　页　共　页

序号	项目名称	计算基础	费率/%	金额/元
1	规费	定额人工费		
1.1	社会保险费	定额人工费		
(1)	养老保险费	定额人工费		
(2)	失业保险费	定额人工费		
(3)	医疗保险费	定额人工费		
(4)	工伤保险费	定额人工费		
(5)	生育保险费	定额人工费		
1.2	住房公积金	定额人工费		
2	税金	分部分项工程费＋措施项目费＋其他项目费＋规费－按规定不计税的工程设备金额		
合计				

第四节　工程量清单计价方法

一、综合单价概念及工程量清单组价过程

（一）综合单价概念

根据清单计价规范规定，工程量清单计价应采用综合单价计价，其中在工程量清单计价中，分部分项工程、措施项目、其他项目计价的核心是确定其综合单价。所谓综合单价就是指完成一个规定清单项目所需的人工费、材料和工程设备费、施工机械使用费和企业管理费、利润以及一定范围内的风险费用。

（二）工程量清单组价过程

在确定了综合单价后就比较容易得到分部分项工程费、措施项目费和其他项目费；然后再根据有关规定确定规费和税金，就得到了发承包阶段的工程造价。

（1）分部分项工程费＝∑分部分项工程量×相应分部分项工程综合单价；

（2）措施项目费＝∑各单价措施项目×相应措施项目综合单价＋∑各总价措施项目费；

(3)其他项目费＝暂列金额＋暂估价(工程设备和专业工程)＋计日工＋总承包服务费；

（4）单位工程造价＝分部分项工程费＋措施项目费＋其他项目费＋规费＋税金；

（5）单项工程造价＝∑单位工程报价；

（6）建设项目总造价＝∑单项工程报价。

二、分部分项工程费的计算方法

由分部分项工程费＝∑分部分项工程量×相应分部分项工程综合单价，可知分部分项工程费的计算首先要根据工程量清单中列出的分部分项工程项目以及其项目特征和工程量的数量，结合分部分项工程项目的施工工艺和程序，分析其资源的消耗得到消耗量，然后考虑资源的价格水平来确定其综合单价，然后乘以分部分项工程项目的工程量，汇总后得到分部分项工程费。关键是确定综合单价，综合单价的组价方法可以分为含量法和总量法。

（一）含量法确定综合单价

1. 确定完成清单项目的工作内容

根据工程量清单项目的项目特征、项目的实际情况和施工方案、施工工艺参照工程量计算规范，确定完成清单项目所需完成的全部工作内容。

2. 计算工作内容的施工工程量

计算工作内容的施工工程量是根据一定的计算规则，计算清单项目所包含的工作内容的施工工程量。

3. 计算单位含量

计算单位含量是计算单位清单项目所包含的工作内容的施工工程量。计算方法如下：

清单项目单位含量＝计算的各工作内容的施工工程量/该清单项目的工程量

4. 选择各要素的单价

根据市场价格信息（考虑一定的风险）或参照造价管理机构发布的信息价，确定人工、材料、工程设备、施工机械等要素的单价。

5. 工作内容的人、材、机费用的确定

计算清单项目每计量单位所含工作内容的人工、材料、机械台班费用。计算方法如下：

工作内容的人工费＝∑工作内容单位含量×人工消耗量标准×人工单价

工作内容的机械费＝∑工作内容单位含量×机械台班消耗量标准×机械台班单价

工作内容的材料费＝∑工作内容单位含量×材料消耗量标准×材料单价

6. 清单项目的人、材、机费用的确定

计算工程量清单项目每计量单位人工、材料、工程设备、施工机械费用。

工程量清单项目人、材、机费用＝∑工作内容的人、材、机费用

7. 确定管理费及利润率

参照造价管理部门发布的有关费用取费标准，结合企业的具体情况确定管理费率和利润率。

8. 计算综合单价

清单项目综合单价＝工程量清单项目人、材、机费用＋管理费＋利润

管理费和利润的计算可参照以下方法进行（或其他规定的方法）：

管理费＝计算基数×管理费率

利润＝计算基数×管理费率

在计算管理费和利润时，计算基数可以以人工费为基础，也可以以人工费和机械费的和为基础，或者以人工费、机械费、材料费之和为基础。

【例 5-2】 某基础工程，基础为C25混凝土带形基础，垫层为C15混凝土垫层，垫层底宽度为1400mm，挖土深度为1.80m，挖土总长为220m，土壤类别为三类土。室外设计地坪以下基础的体积为227m^3，垫层体积为31m^3，弃土运距3km。用清单计价法计算挖基础土方的分部分项工程项目综合单价（含量法）。

解：（1）清单工程量（根据施工图按照计价规范中的工程量计算规则计算的净量）

基础土方挖土总量＝1.4×1.8×220＝554.40（m^3）

（2）综合单价的计算

① 按照计价规范和现场施工工艺情况分析清单项目挖基础土方的工作内容，工作内容包括人工挖土方、人工装自卸汽车运卸土方（10t），运距3km。

② 根据施工方案和工艺，计算各工作内容的施工工程量。

人工挖土方（三类土，挖深2m以内）的施工工程量：

若假定在施工中需在垫层底面增加操作工作面，其宽度为每边0.25m，并且需从垫层底面放坡，放坡系数为0.3。

基础土方挖方总量＝（1.4＋2×0.25＋0.3×1.8）×1.8×220＝966.24（m^3）

人工装自卸汽车运卸土方的施工工程量：

基础回填＝人工挖土方量－基础体积－垫层体积＝966.24－227.00－31.00＝708.24（m^3）

剩余弃土为966.24－708.24＝258.00（m^3），由人工装自卸汽车运卸，运距3km。

③ 计算单位含量。

每清单项目含人工挖土、自卸汽车运卸土的工程量：

人工挖土方（三类土，挖深2m以内）的单位含量=966.24/554.40=1.7428（m^3）

人工装自卸汽车运卸土方的单位含量=258/554.40=0.4653（m^3）

④ 确定工作内容的消耗量。

人工挖土方（三类土，挖深2m以内）的消耗量：

人工消耗量为53.51工日/100m^3，无材料和机械台班消耗。所以，消耗量为：

人工消耗量=1.7428m^3×53.51工日/100m^3=0.9326（工日）

人工消耗量为11.32工日/100m^3，材料消耗量无，机械台班消耗量为2.45台班/100m^3。所以，人工消耗量=0.4653m^3×11.32工日/100m^3=0.0527（工日）；机械消耗量=0.4653m^3×2.45台班/100m^3=0.0114（台班）

⑤ 确定人工、机械台班的单价和管理费率及利润率。

确定人工单价为100元/工日，10t自卸汽车台班单价为400元/台班。管理费按人工费、材料费和机械费的10%计取，利润按人工费、材料费和机械费的8%计取。

⑥ 工作内容的人、材、机费用的确定。

人工挖土方（三类土，挖深2m以内）

人工费：0.9326工日×100元/工日=93.26（元）

机械费：0（元）

材料费：0（元）

人、材、机合计：93.26（元）

管理费和利润：93.26×(10%+8%)=16.79（元）

人工装自卸汽车运卸土方

人工费：0.0527工日×100元/工日=5.27（元）

机械费：0.0114台班×400元/台班=4.56（元）

材料费：0（元）

人、材、机合计：9.83（元）

管理费和利润：9.83×(10%+8%)=1.77（元）

⑦ 清单项目的综合单价。

综合单价=（93.26+16.79）+（9.83+1.77)=121.65（元）

表5-12为该清单项目的计价表。

表5-12 分部分项工程量清单与计价表

工程名称： 标段： 第 页 共 页

序号	项目编码	项目名称	项目特征描述	计量单位	工程量	金额/元		
						综合单价	合价	其中：暂估价
1	0101001003001	挖沟槽土方	土壤类别：三类土 挖土深度：1.8m 弃土运距：3km	m^3	554.40	121.65	67442.76	
本页小计								
合　计								

（二）总量法确定综合单价

1. 确定完成清单项目的工作内容

根据工程量清单项目的项目特征、项目的实际情况和施工方案、施工工艺参照工程量计算规范，确定完成清单项目所需要的全部工作内容。

2. 计算工作内容的施工工程量

根据一定的计算规则，计算清单项目所含的工作内容的施工工程量。

3. 选择各要素的单价

根据市场价格信息（考虑一定的风险）或参照造价管理机构发布的信息价，确定人工、材料、工程设备、施工机械等要素的单价。

4. 工作内容的人、材、机费用的确定

计算清单项目所含工作内容的人工、材料、机械台班费用。计算方法如下：

工作内容的人工费＝$\sum$工作内容施工工程量×人工消耗量标准×人工单价

工作内容的机械费＝$\sum$工作内容施工工程量×机械台班消耗量标准×机械台班单价

工作内容的材料费＝$\sum$工作内容施工工程量×材料消耗量标准×材料单价

5. 计算清单项目的人、材、机费用合计

清单项目的人、材、机费用合计＝$\sum$工作内容的人工费、机械费、材料费

6. 确定管理费率和税率及计算方法

参照造价管理部门发布的有关费用取费标准，结合企业的具体情况确定管理费率和利润率。

7. 确定综合单价

清单项目综合单价＝清单项目人、材、机、管理和利润合计/清单工程量

【例 5-3】 某基础工程，基础为C25混凝土带形基础，垫层为C15混凝土垫层，垫层底宽度为1400mm，挖土深度为1.80m，挖土总长为220m。室外设计地坪以下基础的体积为227m^3，垫层体积为31m^3。用清单计价法计算挖基础土方的分部分项工程项目综合单价（总量法）。

解：（1）清单工程量（根据施工图按照计价规范中的工程量计算规则计算的净量）

基础土方挖土总量＝1.4×1.8×220＝554.40（m^3）

（2）综合单价的计算

① 按照计价规范和现场施工工艺情况分析清单项目挖基础土方的工作内容，工作内容包括人工挖土方、人工装自卸汽车运卸土方，运距3km。

② 根据施工方案和工艺，计算各工作内容的施工工程量。

人工挖土方（三类土，挖深2m以内）的施工工程量

若假定在施工中需在垫层底面增加操作工作面，其宽度每边0.25m，并且需从垫层底面放坡，放坡系数为0.3。

基础土方挖方总量＝（1.4＋2×0.25＋0.3×1.8）×1.8×220＝966.24（m^3）

人工装自卸汽车运卸土方的施工工程量

基础回填＝人工挖土方量－基础体积－垫层体积＝966.24－227－31＝708.24（m^3）

剩余弃土为966－708＝258.00（m^3），由人工装自卸汽车运卸，运距3km。

③ 确定工作内容的消耗量。

人工挖土方（三类土，挖深2m以内）的消耗量

人工消耗量为53.51工日/100m^3无材料和机械台班消耗。所以，消耗量为：

人工消耗量＝966.24m^3×53.51工日/100m^3＝517.04（工日）

人工装自卸汽车运卸土方的消耗量

人工消耗量为11.32工日/100m^3，材料消耗量无，机械台班消耗量为2.45台班/100m^3。所以，人工消耗量＝258m^3×11.32工日/100m^3＝29.21（工日）；机械消耗量＝258m^3×2.45台班/100m^3＝6.3210（台班）。

④ 确定人工、机械台班的单价和管理费率及利润率。

确定人工单价为100元/工日，8t自卸汽车台班单价为400元/台班。管理费按人工费、材料费和机械费的10%计取，利润按人工费、材料费和机械费的8%计取。

⑤ 工作内容的人、材、机费用的确定。

人工挖土方（三类土，挖深2m以内）

人工费：517.04工日×100元/工日＝51704.00（元）

机械费：0（元）

材料费：0（元）

人、材、机合计：51704.00（元）

管理费和利润：51704.00×(10%＋8%)＝9306.7（元）

人工装自卸汽车运卸土方

人工费：29.21工日×100元/工日＝2921.00（元）

机械费：6.3210台班×400元/台班＝2528.00（元）

材料费：0（元）

人、材、机合计：5449.00（元）

管理费和利润：5449.00×(10%＋8%)＝980.82（元）

⑥ 清单项目的综合单价。

综合单价＝[(51704.00＋9306.72)＋(5449.00＋980.82)]/554.40＝121.65（元）

（三）综合单价分析表

综合单价分析表是衡量综合单价的组成和价格完成性、合理性的主要基础，也是综合单价调整的重要基础。综合单价分析表反映了完成一个单位清单项目所需要完成的工作内容，工、料、机的消耗及相应的生产要素的价格水平，管理费和利润的计取等，一般认为属于合同的重要组成部分。表5-13为例【5-3】挖沟槽土方的综合单价分析表。

三、措施项目费的计算方法

措施项目分为单价措施项目和总价措施项目，不论单价措施项目还是总价措施项目都应该对应综合单价的全部内容。在确定措施项目费用时应考虑施工方案和有关的规定，能够根据工程量计算规范计算工程量的按分部分项工程费用的确定方法进行确定；按“项”的总价项目可以以一定的基数乘以相应的费率计算，其中的安全文明施工费应按照国家或省级、行业建设主管部门的规定计价，不得作为竞争性项目。

措施项目费用的计算方法一般有以下几种：

表 5-13 综合单价分析表

工程名称： 标段： 第 页 共 页

清单项目编码	0101001003001		清单项目名称		挖沟槽土方		计量单位	m³	工程量	554
清单综合单价组成明细										
工作内容	单位	数量	单价/元				合价/元			
			人工费	材料费	机械费	管理费和利润	人工费	材料费	机械费	管理费和利润
人工挖土方(三类土，挖深 2m 以内)	m³	1.7428	53.51	0	0	9.63	93.26	0	0	16.79
人工装自卸汽车运卸土(3km 以内)	m³	0.4653	11.32	0	9.80	3.80	5.27	0	4.56	1.77
人工单价	小 计						98.53	0	4.56	18.56
100 元/工日	未计价材料(设备)费/元									
清单项目综合单价/元							122.65			

材料费明细	材料名称、规格、型号	单位	数量	单价/元	合价/元	暂估单价/元	暂估合价/元

(一) 综合单价组价法

该方法适用于可以计算工程量的措施项目，主要是一些与分部分项工程项目有密切联系的项目，如脚手架工程，混凝土模板及支架（撑），垂直运输，超高施工增加，大型机械设备进出场及安拆，施工排水、降水等。措施项目费可以按式（5-3）计算：

$$\text{措施项目费} = \sum \text{措施项目工程量} \times \text{相应措施项目综合单价} \tag{5-3}$$

表 5-14 为脚手架措施项目的清单与计价表。

表 5-14 脚手架措施项目清单与计价表

工程名称： 标段： 第 页 共 页

序号	项目编码	项目名称	项目特征描述	计量单位	工程量	金额/元		
						综合单价	合价	其中:暂估价
1	011701002001	外脚手架	搭设方式:双排 搭设高度:24m 以内 材质:钢管	m²	1470.62	13.54	19907.57	
本页小计								
合 计								

(二) 参数组价法

该方法是按一定的基数乘以一定的系数或以自定义的公式进行计算的。主要适用于施工过程中必然发生的，不太容易确定其工程量，按“项”计取的总价措施项目。如安全文明施工，夜间施工，非夜间施工照明，二次搬运，冬雨季施工，地上、地下设施、建筑物的临时保护设施，已完工程及设备保护等。如以下总价项目措施费的计算可参考以下方法计算：

(1) 安全文明施工费

安全文明施工费=计算基数×安全文明施工费费率(%)

计算基数应为定额基价（定额分部分项工程费+定额中可以计量的措施项目费）、定额人工费或（定额人工费+定额机械费），其费率由工程造价管理机构根据各专业工程的特点综合确定。

(2) 夜间施工增加费

夜间施工增加费=计算基数×夜间施工增加费费率(%)

(3) 二次搬运费

二次搬运费=计算基数×二次搬运费费率(%)

(4) 冬雨季施工增加费

冬雨季施工增加费=计算基数×冬雨季施工增加费费率(%)

(5) 已完工程及设备保护费

已完工程及设备保护费=计算基数×已完工程及设备保护费费率(%)

上述 (2)～(5) 项措施项目的计费基数应为定额人工费或（定额人工费+定额机械费），其费率由工程造价管理机构根据各专业工程特点和调查资料综合分析后确定。

表 5-15 为工程总价措施项目清单与计价表。

表 5-15 工程总价措施项目清单与计价表

工程名称： 标段： 第 页 共 页

序号	项目编码	项目名称	计算基础	费率/%	金额/元	调整费率/%	调整后金额/元	备注
1	011707001001	安全文明施工费	定额人工费	25	209650			
2	011707002001	夜间施工增加费	定额人工费	1.5	12479			
3	011707004001	二次搬运费	定额人工费	1	8386			
4	011707005001	冬雨季施工增加费	定额人工费	0.6	5032			
合计								

四、其他项目费的计算方法

其他项目费包括暂列金额、暂估价、计日工和总承包服务费，其费用构成和综合单价一致。暂列金额由招标人根据项目的具体情况估计，暂估价可以由招标人参考造价管理部分发布的信息价或市场价确定；计日工按综合单价计算，总承包服务费根据按清单中提出的服务的内容和要求确定。

表 5-16 为其他项目清单与计价汇总表。

表 5-16 其他项目清单与计价汇总表

工程名称： 标段： 第 页 共 页

序号	项目名称	金额/元	备注
1	暂列金额	1000000	见明细表
2	暂估价	500000	
2.1	材料(工程设备)暂估价	—	见明细表
2.2	专业工程暂估价	500000	见明细表
3	计日工	300000	见明细表
4	总承包服务费	10000	见明细表
	……		
合计		1810000	—

五、规费和税金的计算方法

规费和税金应按国家或省级、行业建设主管部门的规定计算，不得作为竞争性费用。表 5-17 为规费、税金项目计价表。

表 5-17 规费、税金项目计价表

工程名称： 标段： 第 页 共 页

序号	项目名称	计算基础	费率/%	金额/元
1	规费			758603.6
1.1	安全文明施工费			509918.51
1.1.1	安全施工费	分部分项工程费＋措施项目费＋其他项目费－不取规费	2.34	266937.21
1.1.2	环境保护费	分部分项工程费＋措施项目费＋其他项目费－不取规费	0.56	63882.41
1.1.3	文明施工费	分部分项工程费＋措施项目费＋其他项目费－不取规费	0.65	74149.22
1.1.4	临时设施费	分部分项工程费＋措施项目费＋其他项目费－不取规费	0.92	104949.67
1.2	社会保险费	分部分项工程费＋措施项目费＋其他项目费－不取规费	1.52	173395.11
1.3	住房公积金	分部分项工程费＋措施项目费＋其他项目费－不取规费	0.21	23955.9
1.4	建设项目工伤保险	分部分项工程费＋措施项目费＋其他项目费－不取规费	0.18	20533.63
2	税金	分部分项工程费＋措施项目费＋其他项目费＋规费－甲供材料费	10	1216617.66
合计				1975221.26

注：该表参照山东省计价依据编制，山东省将安全文明施工费列入规费计算。

六、风险费用的确定

风险是一种客观存在的可能会带来损失的不确定的状态。工程风险是指一项工程在设计、施工、设备调试以及移交运行等项目全寿命周期过程中可能发生的风险。

这里的风险费主要是指计价中的风险，即在工程计价中应考虑一定幅度及范围的风险费，风险费可以按一定的风险系数考虑确定。

根据清单计价规范规定，建设工程发承包，必须在招标文件、合同中明确计价中的风险内容及其范围，不得采用无限风险、所有风险或类似语句规定计价中的风险内容及其范围。

1. 应由发包人承担的风险因素

(1) 国家法律、法规、规章和政策发生变化;

(2) 省级或行业建设主管部门发布的人工费调整,但承包人对人工费或人工单价的报价高于发布的除外;

(3) 由政府定价或政府指导价管理的原材料等价格进行了调整。

2. 双方共同承担的风险因素

由于市场物价波动影响合同价款,应由发承包双方合理分摊,可以在合同中约定风险幅度。

3. 应由承包人承担的风险因素

由于承包人使用机械设备、施工技术以及组织管理水平等自身原因造成施工费用增加的,应由承包人全部承担。

第五节　建筑面积计算

一、建筑面积的概念

建筑面积是指建筑物的水平平面面积,即外墙勒脚以上各层水平投影面积的总和。建筑面积包括使用面积、辅助面积和结构面积。

使用面积是指建筑物各层平面布置中,可直接为生产或生活使用的净面积总和。居室净面积在民用建筑中,亦称"居住面积"。例如:住宅建筑中的居室、客厅、书房等。

辅助面积是指建筑物各层平面布置中为辅助生产或生活所占净面积的总和。例如:住宅建筑的楼梯、走道、卫生间、厨房等。使用面积与辅助面积的总和称为"有效面积"。

结构面积是指建筑物各层平面布置中的墙体、柱等结构所占面积的总和(不包括抹灰厚度所占面积)。

二、建筑面积的作用

1. 确定建设规模的重要指标

根据项目立项批准文件所核准的建筑面积,是初步设计的重要控制指标。对于国家投资的项目,施工图的建筑面积不得超过初步设计的5%,否则必须重新报批。

2. 确定各项技术经济指标的基础

建筑面积与使用面积、辅助面积、结构面积之间存在着一定的比例关系。设计人员在进行建筑或结构设计时,在计算建筑面积的基础上再分别计算出结构面积、有效面积等技术经济指标。比如,有了建筑面积,才能确定每平方米建筑面积的工程造价。

$$单位面积工程造价=\frac{工程造价}{建筑面积} \tag{5-4}$$

还有很多其他的技术经济指标(如每平方米建筑面积的工料用量),也需要建筑面积这一数据,如:

$$单位建筑面积的材料消耗指标=\frac{工程材料耗用量}{建筑面积} \tag{5-5}$$

$$单位建筑面积的人工用量=\frac{工程人工工日耗用量}{建筑面积} \tag{5-6}$$

3. 评价设计方案的依据

建筑设计和建筑规划中，经常使用建筑面积控制某些指标，比如容积率、建筑密度、建筑系数等。在评价设计方案时，通常采用居住面积系数、土地利用系数、有效面积系数、单方造价等指标，它们都与建筑面积密切相关。因此，为了评价设计方案，必须准确计算建筑面积。

$$容积率=\frac{建筑总面积}{建筑占地面积}\times 100\% \tag{5-7}$$

$$建筑密度=\frac{建筑物底层面积}{建筑占地总面积}\times 100\% \tag{5-8}$$

根据有关规定，容积率计算式中建筑总面积不包括地下室、半地下室建筑面积，屋顶建筑面积不超过标准层建筑面积10%的也不计算。

4. 计算有关分项工程量的依据

在编制一般土建工程预算时，建筑面积是确定一些分项工程量的基本数据。应用统筹计算方法，根据底层建筑面积，就可以很方便地推算出室内回填土体积、地（楼）面面积和天棚面积等。另外，建筑面积也是脚手架、垂直运输机械费用的计算依据。

5. 选择概算指标和编制概算的基础数据

概算指标通常是以建筑面积为计量单位。用概算指标编制概算时，要以建筑面积为计算基础。

三、建筑面积计算规则与方法

建筑面积的计算主要依据《建筑工程建筑面积计算规范》（GB/T 50353—2013）。建筑面积计算的一般原则是：凡在结构上、使用上形成具有一定使用功能的建筑物和构筑物，并能单独计算出其水平面积的，应计算建筑面积；反之，不应计算建筑面积。取定建筑面积的顺序为：有围护结构的，按围护结构计算面积；无围护结构、有底板的，按底板计算面积（如室外走廊、架空走廊）；底板也不利于计算的，则取顶盖（如车棚、货棚等）；主体结构外的附属设施按结构底板计算面积。即在确定建筑面积时，围护结构优于底板，底板优于顶盖。所以，有盖无盖不作为计算建筑面积的必备条件，如阳台、架空走廊、楼梯是利用其底板，顶盖只是起遮风挡雨的辅助功能。

（一）应计算建筑面积的范围及规则

（1）建筑物的建筑面积应按自然层外墙结构外围水平面积之和计算。结构层高在2.20m及以上的，应计算全面积；结构层高在2.20m以下的，应计算1/2面积。

自然层是按楼地面结构分层的楼层。结构层高是指楼面或地面结构层上表面至上部结构层上表面之间的垂直距离。上下均为楼面时，结构层高是相邻两层楼板结构层上表面之间的垂直距离；建筑物最底层，从“混凝土构造”的上表面，算至上层楼板结构层上表面（分两种情况：一是有混凝土底板的，从底板上表面算起，如底板上有上反梁，则应从上反梁上表面算起；二是无混凝土底板、有地面构造的，以地面构造中最上一层混凝土垫层或混凝土找平层上表面算起）；建筑物顶层，从楼板结构层上表面算至屋面板结构层上表面，如图 5-10 所示。

建筑面积计算不再区分单层建筑和多层建筑，有围护结构的以围护结构外围计算。所谓围护结构是指围合建筑空间的墙体、门、窗。计算建筑面积时不考虑勒脚，勒脚是建筑物外墙与室外地面或散水接触部分墙体的加厚部分，其高度一般为室内地坪与室外地面的高差，也有的将勒脚高度提高到底层窗台，因为勒脚是墙根很矮的一部分墙体加厚，不能代表整个外墙结构。当外墙结构本身在一个层高范围内不等厚时（不包括勒脚，外墙结构在该层高范围内材质不变），以楼地面结构标高处的外围水平面积计算，如图 5-11 所示。当围护结构下部为砌体，上部为彩钢板围护的建筑物（图 5-12），其建筑面积的计算：当 $h<0.45$m 时，建筑面积按彩钢板外围水平面积计算；当 $h\geqslant 0.45$m 时，建筑面积按下部砌体外围水平面积计算。

（2）建筑物内设有局部楼层时，对于局部楼层的二层及以上楼层，有围护结构的应按其围护结构外围水平面积计算，无围护结构的应按其结构底板水平面积计算，且结构层高在 2.20m 及以上的，应计算全面积，结构层高在 2.20m 以下的，应计算 1/2 面积。

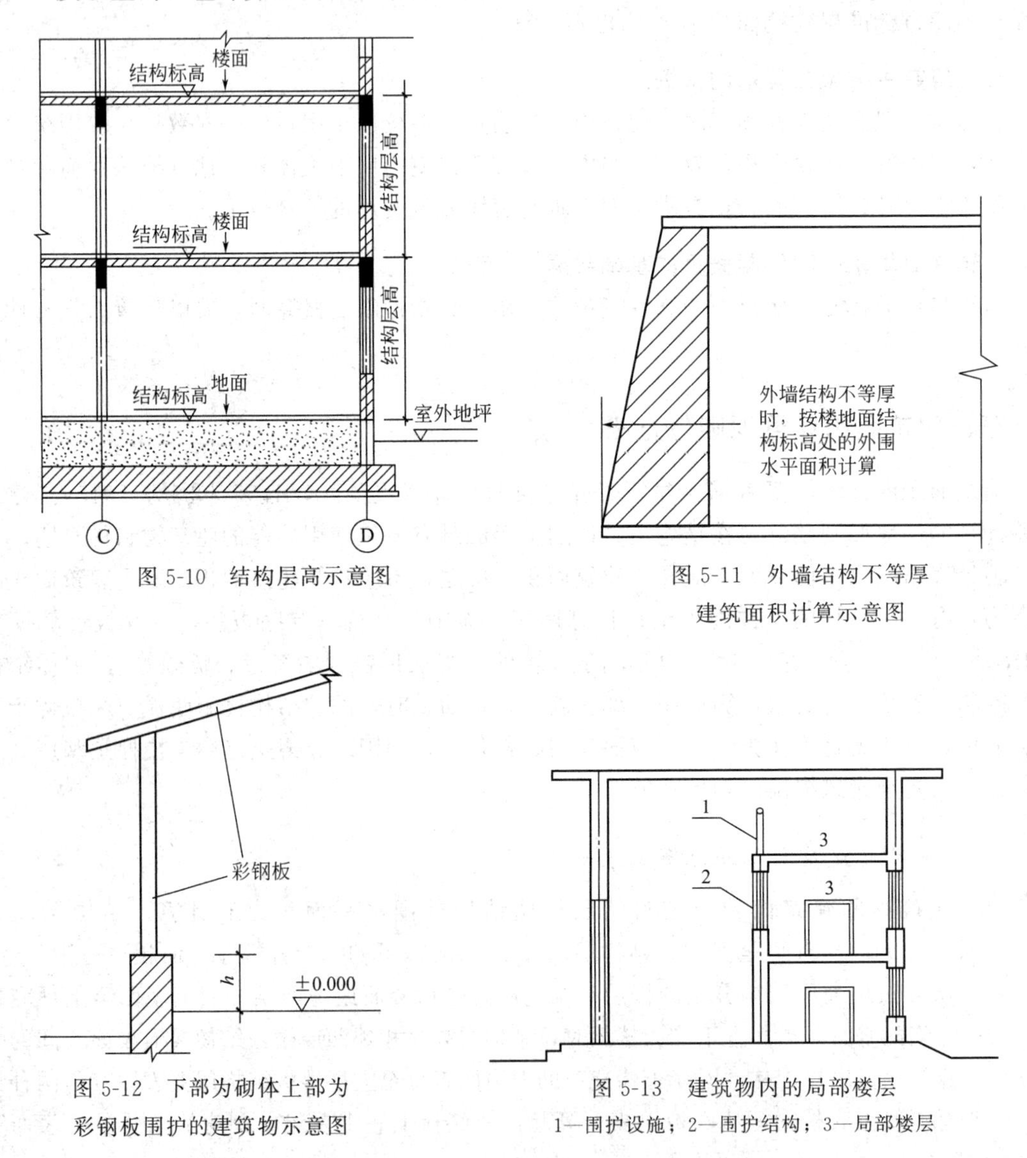

图 5-10 结构层高示意图

图 5-11 外墙结构不等厚建筑面积计算示意图

图 5-12 下部为砌体上部为彩钢板围护的建筑物示意图

图 5-13 建筑物内的局部楼层

1—围护设施；2—围护结构；3—局部楼层

如图 5-13 所示，在计算建筑面积时，只要是在一个自然层内设置的局部楼层，其首层面积已包括在原建筑物中，不能重复计算。因此，应从二层以上开始计算局部楼层的建筑面积。计算方法是有围护结构按围护结构（如图 5-13 中局部二层），没有围护结构的按底板（如图 5-13 中局部三层，需要注意的是，没有围护结构的应该有围护设施）。围护结构是指围合建筑空间的墙体、门、窗。栏杆、栏板属于围护设施。

【例 5-4】 如图 5-14 所示，若某建筑物局部楼层结构层高均超过 2.20m，请计算其建筑面积。

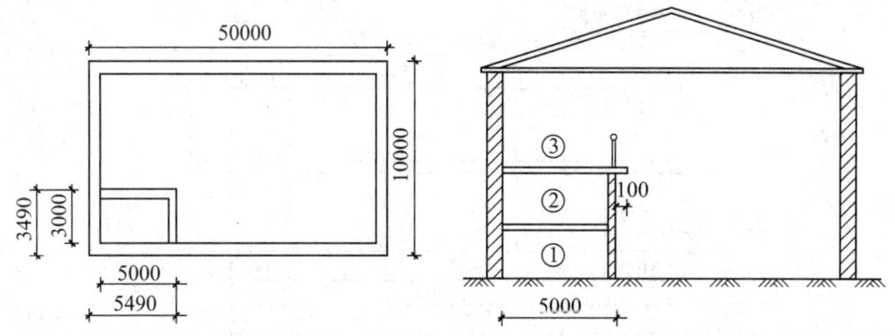

图 5-14　某建筑物内设有局部楼层建筑面积计算示例

解：该建筑物的建筑面积为：首层建筑面积＝50×10＝500（m^2）；局部二层建筑面积（按围护结构计算）＝5.49×3.49＝19.16（m^2）；局部三层建筑面积（按底板计算）＝（5＋0.1）×(3＋0.1)＝15.81（m^2）。

（3）形成建筑空间的坡屋顶，结构净高在 2.10m 及以上的部位应计算全面积；结构净高在 1.20m 及以上至 2.10m 以下的部位应计算 1/2 面积；结构净高在 1.20m 以下的部位不应计算建筑面积。

建筑空间是指以建筑界面限定的、供人们生活和活动的场所。建筑空间是围合空间，可出入（可出入是指人能够正常出入，即通过门或楼梯等进出；而必须通过窗、栏杆、人孔、检修孔等出入的不算可出入）、可利用。所以，这里的坡屋顶指的是与其他围护结构能形成建筑空间的坡屋顶。

结构净高是指楼面或地面结构层上表面至上部结构层下表面之间的垂直距离，如图 5-15 所示。

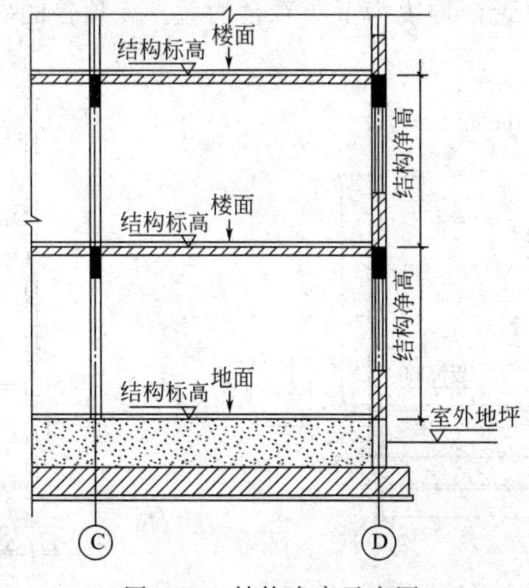

图 5-15　结构净高示意图

【例 5-5】 如图 5-16 所示，计算坡屋顶下建筑空间建筑面积。

解：全面积部分：50×（15－1.5×2－1.0×2）＝500（m^2）；1/2 面积部分：50×1.5×2×1/2＝75（m^2）；合计建筑面积：500＋75＝575（m^2）。

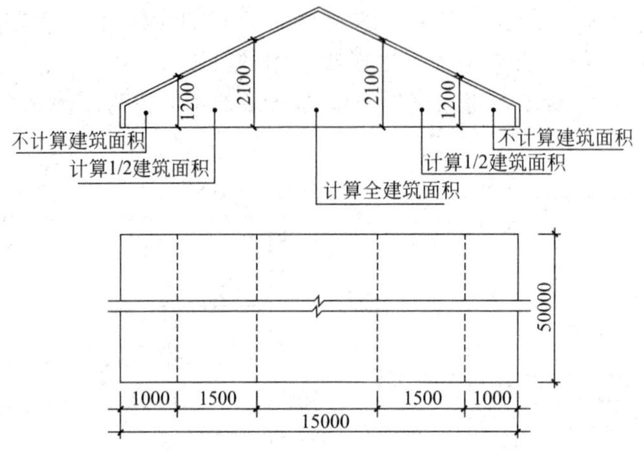

图 5-16 坡屋顶下建筑空间建筑面积计算范围示意图

（4）场馆看台下的建筑空间，结构净高在 2.10m 及以上的部位应计算全面积；结构净高在 1.20m 及以上至 2.10m 以下的部位应计算 1/2 面积；结构净高在 1.20m 以下的部位不应计算建筑面积。室内单独设置有围护设施的悬挑看台，应按看台结构底板水平投影面积计算建筑面积。有顶盖无围护结构的场馆看台应按其顶盖水平投影面积的 1/2 计算面积。场馆区分三种不同的情况：①看台下的建筑空间，对“场”（顶盖不闭合）和“馆”（顶盖闭合）都适用；②室内单独悬挑看台，仅对“馆”适用；③有顶盖无围护结构的看台，仅对“场”适用。

对于第一种情况，场馆看台下的建筑空间因其上部结构多为斜板，所以采用净高的尺寸划定建筑面积的计算范围，如图 5-17 所示。

对于第二种情况，室内单独设置的有围护设施的悬挑看台，因其看台上部设有顶盖且可供人使用，所以按看台板的结构底板水平投影计算建筑面积。

对于第三种情况，场的看台上部空间建筑面积计算，取决于看台上部有无顶盖。按顶盖计算建筑面积的范围应是看台与顶盖重叠部分的水平投影面积。对有双层看台的，各层分别计算建筑面积，顶盖及上层看台均视为下层看台的盖。无顶盖的看台不计算建筑面积，如图 5-18 所示。

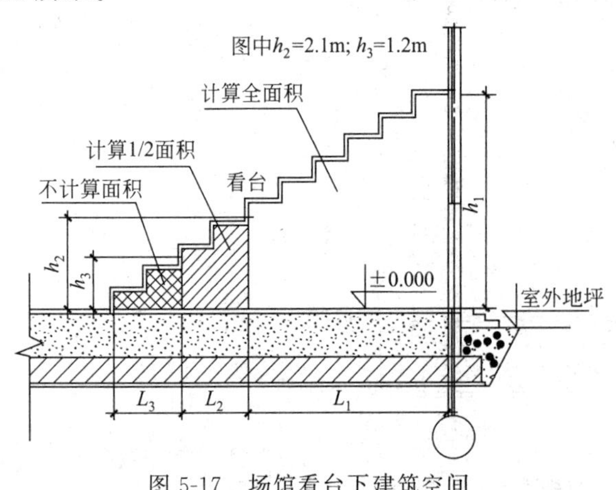

图 5-17 场馆看台下建筑空间

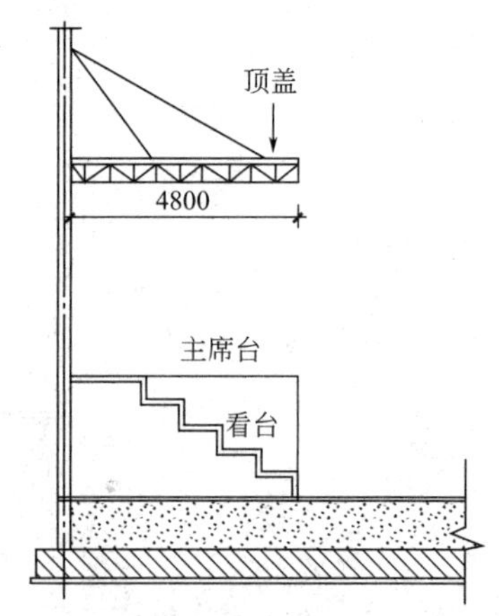

图 5-18 场馆看台（剖面）示意图

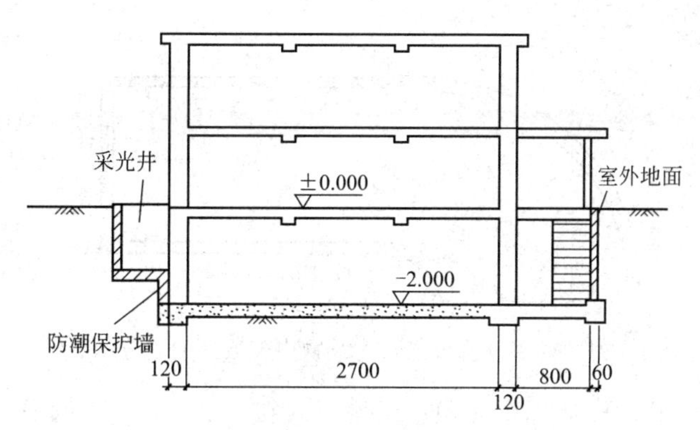

图 5-19 地下室示意图

(5) 地下室、半地下室应按其结构外围水平面积计算。结构层高在 2.20m 及以上的，应计算全面积；结构层高在 2.20m 以下的，应计算 1/2 面积，如图 5-19 所示。

室内地平面低于室外地平面的高度超过室内净高的房间 1/2 者为地下室；室内地平面低于室外地平面的高度超过室内净高的 1/3，且不超过 1/2 的房间为半地下室。地下室、半地下室按"结构外围水平面积"计算，而不按"外墙上口"取定。当外墙为变截面时，按地下室、半地下室楼地面结构标高处的外围水平面积计算。地下室的外墙结构不包括找平层、防水（潮）层、保护墙等。地下空间未形成建筑空间的，不属于地下室或半地下室，不计算建筑面积。

(6) 出入口外墙外侧坡道有顶盖的部位，应按其外墙结构外围水平面积的 1/2 计算面积。

出入口坡道分有顶盖出入口坡道和无顶盖出入口坡道，顶盖以设计图纸为准，对后增加及建设单位自行增加的顶盖等，不计算建筑面积。顶盖不分材料种类（如钢筋混凝土顶盖、彩钢板顶盖、阳光板顶盖等）。地下室出入口见图 5-20。

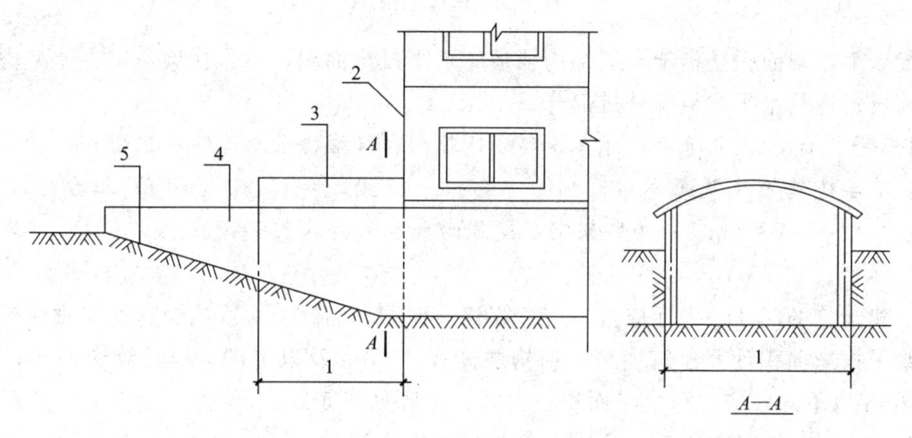

图 5-20 地下室出入口

1—计算 1/2 投影面积部位；2—主体建筑；3—出入口顶盖；4—封闭出入口侧墙；5—出入口坡道

坡道是从建筑物内部一直延伸到建筑物外部的，建筑物内的部分随建筑物正常计算建筑面积，建筑物外的部分按本条执行。建筑物内、外的划分以建筑物外墙结构外边线为界（图 5-21）。所以，出入口坡道顶盖的挑出长度，为顶盖结构外边线至外墙结构外边线的长度。

(7) 建筑物架空层及坡地建筑物吊脚架空层，应按其顶板水平投影计算建筑面积。结构

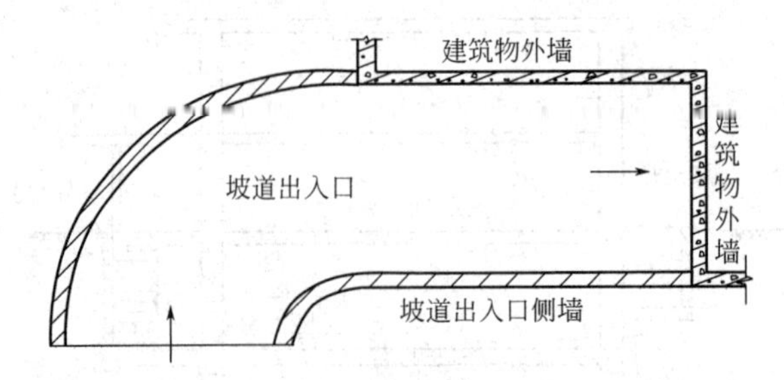

图 5-21 外墙外侧坡道与建筑物内部坡道的划分示意图

层高在 2.20m 及以上的，应计算全面积；结构层高在 2.20m 以下的，应计算 1/2 面积。

架空层指仅有结构支撑而无外围护结构的开敞空间层，即架空层是没有围护结构的。架空层建筑面积的计算方法适用于建筑物吊脚架空层、深基础架空层，也适用于目前部分住宅、学校教学楼等工程在底层架空或在二楼或以上某个甚至多个楼层架空，作为公共活动、停车、绿化等空间的情况。建筑物吊脚架空层见图 5-22。

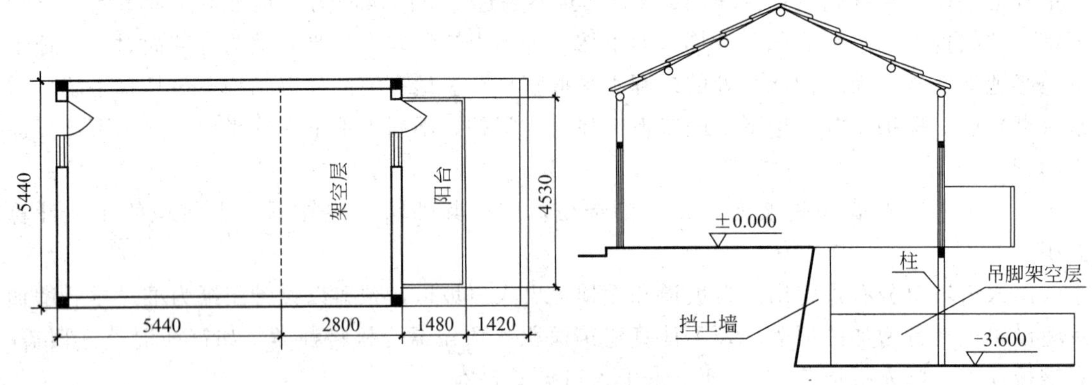

图 5-22 吊脚架空层

顶板水平投影面积是指架空层结构顶板的水平投影面积，不包括架空层主体结构外的阳台、空调板、通长水平挑板等外挑部分。

【例 5-6】 如图 5-22 所示，计算各部分建筑面积（结构层高均满足 2.20m）。

解：单层建筑的建筑面积＝5.44×（5.44＋2.80）＝44.83（m^2）；阳台建筑面积＝1.48×4.35/2＝3.22（m^2）；吊脚架空层建筑面积＝5.44×2.8＝15.23（m^2）。建筑面积合计为 63.28m^2。

（8）建筑物的门厅、大厅应按一层计算建筑面积，门厅、大厅内设置的走廊应按走廊结构底板水平投影面积计算建筑面积。结构层高在 2.20m 及以上的，应计算全面积；结构层高在 2.20m 以下的，应计算 1/2 面积。大厅、走廊见图 5-23。

【例 5-7】 如图 5-23 所示，计算走廊部分建筑面积。

解：（1）当结构层高 h_1（或 h_2、h_3）≥2.2m 时，按结构底板计算全面积，图中某层走廊建筑面积 $S=(2.7+4.5+2.7-0.12\times2)\times(6.3+1.5-0.12\times2)-6\times4.5=46.03(m^2)$；

（2）当结构层高 h_1（或 h_2、h_3）＜2.2m 时，按底板计算 1/2 面积，图中某层走廊建筑面积 $S=[(2.7+4.5+2.7-0.12\times2)\times(6.3+1.5-0.12\times2)-6\times4.5]\times0.5=23.01(m^2)$。

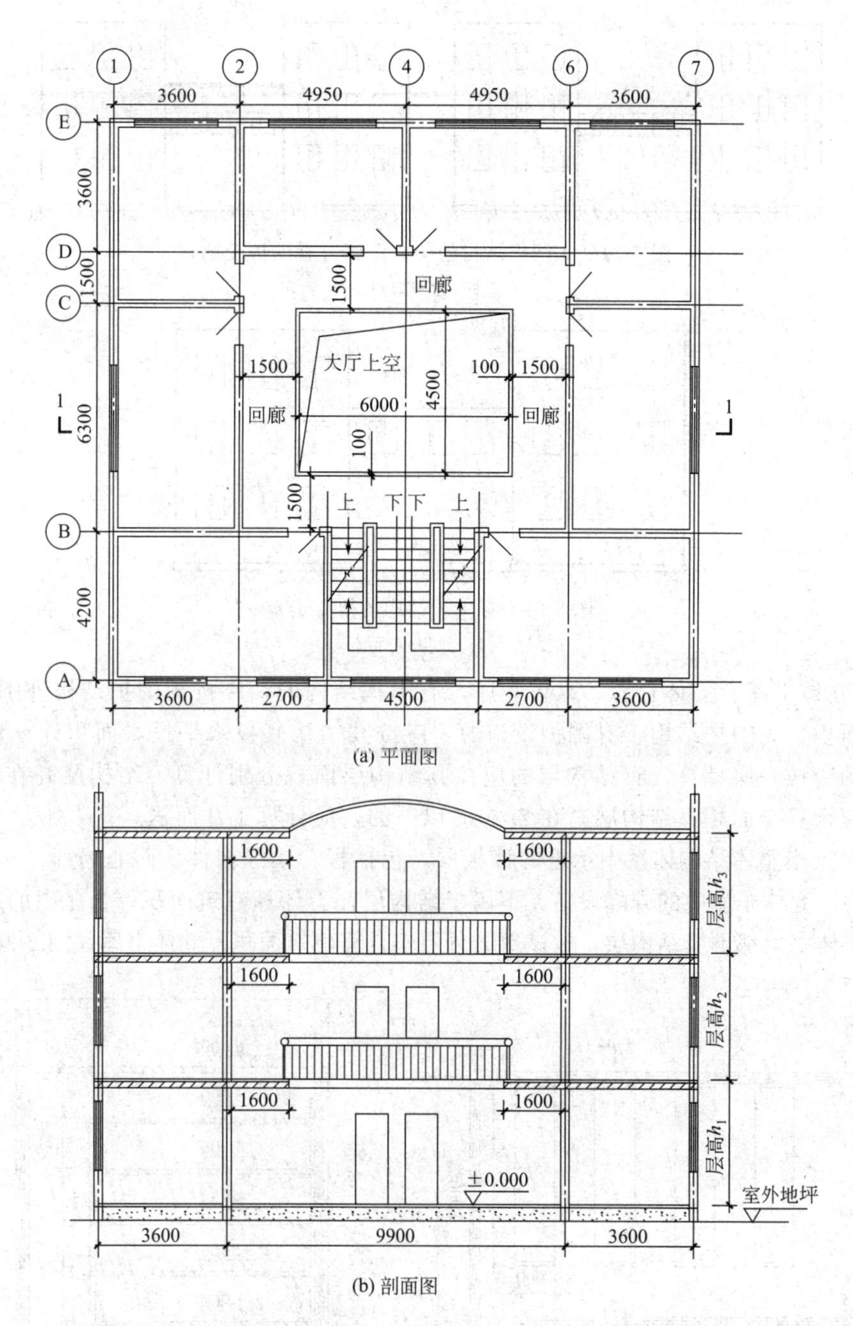

(a) 平面图

(b) 剖面图

图 5-23 大厅、走廊（回廊）示意图

（9）建筑物间的架空走廊，有顶盖和围护结构的，应按其围护结构外围水平面积计算全面积；无围护结构、有围护设施的，应按其结构底板水平投影面积计算 1/2 面积。

架空走廊指专门设置在建筑物的二层或二层以上，作为不同建筑物之间水平交通的空间。无围护结构的架空走廊见图 5-24，有围护结构的架空走廊见图 5-25。架空走廊建筑面积计算分为两种情况：一是有围护结构且有顶盖，计算全面积；二是无围护结构、有围护设施，无论是否有顶盖，均计算 1/2 面积。有围护结构的，按围护结构计算面积；无围护结构的，按底板计算面积。

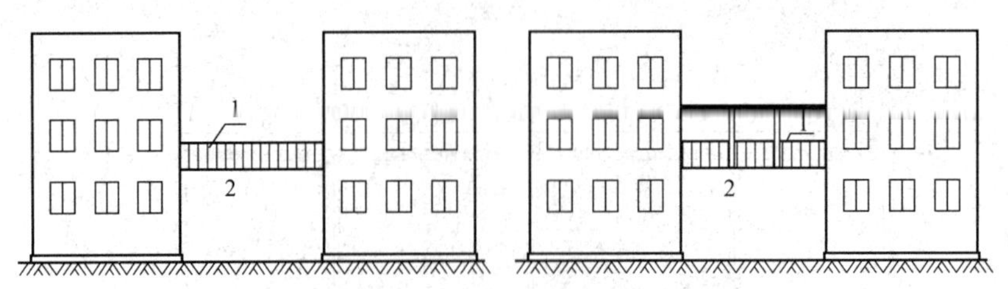

图 5-24 无围护结构的架空走廊（有围护设施）

1—栏杆；2—架空走廊

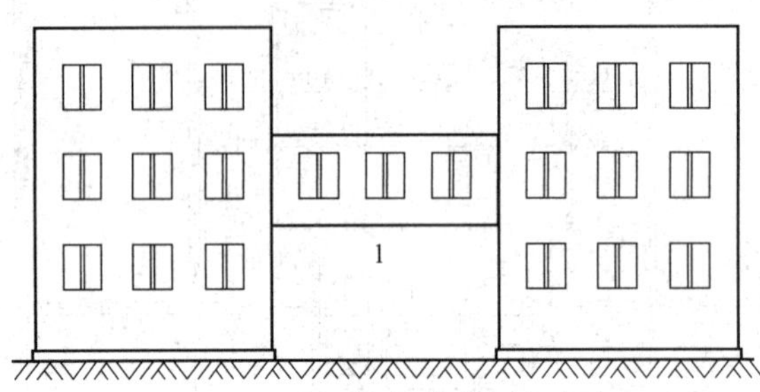

图 5-25 有围护结构的架空走廊

1—架空走廊

（10）立体书库、立体仓库、立体车库，有围护结构的，应按其围护结构外围水平面积计算建筑面积；无围护结构、有围护设施的，应按其结构底板水平投影面积计算建筑面积。无结构层的应按一层计算，有结构层的应按其结构层面积分别计算。结构层高在 2.20m 及以上的，应计算全面积；结构层高在 2.20m 以下的，应计算 1/2 面积。

结构层是指整体结构体系中承重的楼板层，包括板、梁等构件，而非局部结构起承重作用的分隔层。立体车库中的升降设备，不属于结构层，不计算建筑面积；仓库中的立体货架、书库中的立体书架都不算结构层，故该部分分层不计算建筑面积。立体书库如图 5-26 所示。

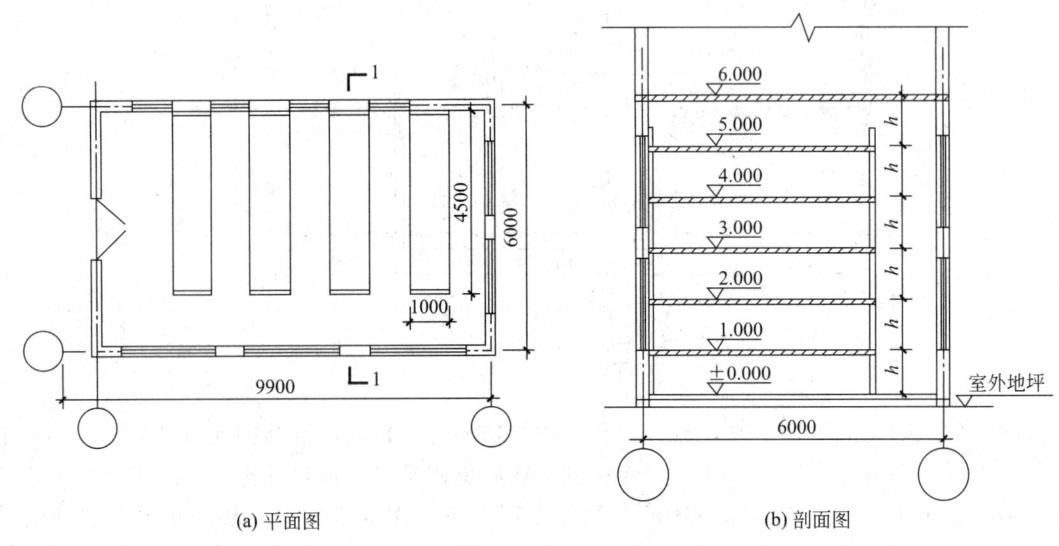

图 5-26 立体书库

（11）有围护结构的舞台灯光控制室，应按其围护结构外围水平面积计算。结构层高在 2.20m 及以上的，应计算全面积；结构层高在 2.20m 以下的，应计算 1/2 面积。舞台灯光控制室见图 5-27。

（12）附属在建筑物外墙的落地橱窗，应按其围护结构外围水平面积计算。结构层高在2.20m及以上的，应计算全面积；结构层高在2.20m以下的，应计算1/2面积。

落地橱窗是指突出外墙面且根基落地的橱窗，可以分为在建筑物主体结构内的和在主体结构外的，这里指的是后者。所以，理解该处橱窗从两点出发：一是附属在建筑物外墙，属于建筑物的附属结构；二是落地，橱窗下设置有基础。若不落地，可按凸（飘）窗规定执行，如图5-28所示。

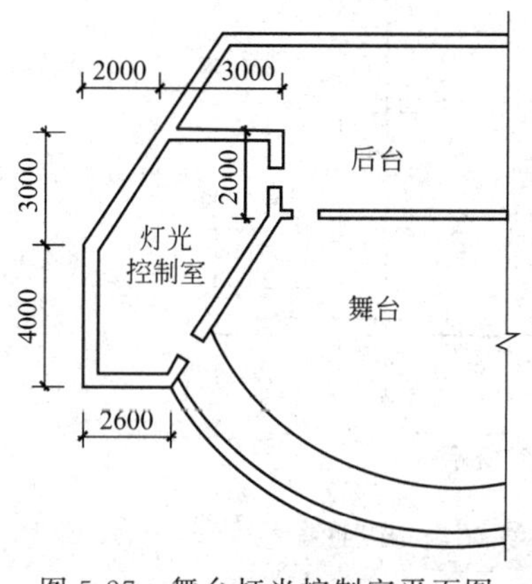

图5-27 舞台灯光控制室平面图

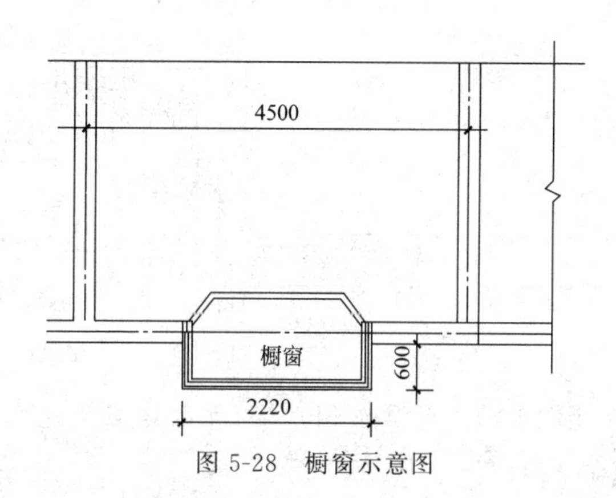

图5-28 橱窗示意图

（13）窗台与室内楼地面高差在0.45m以下且结构净高在2.10m及以上的凸（飘）窗，应按其围护结构外围水平面积计算1/2面积。

凸窗（飘窗）是指凸出建筑物外墙面的窗户。凸（飘）窗须同时满足两个条件方能计算建筑面积：一是结构高差在0.45m以下，二是结构净高在2.10m及以上。如图5-29中，窗台与室内楼地面高差为0.6m，超出了0.45m，并且结构净高1.9m<2.1m，两个条件均不满足，故该凸（飘）窗不计算建筑面积。如图5-30中，窗台与室内楼地面高差为0.3m，小于0.45m，并且结构净高2.2m>2.1m，两个条件同时满足，故该凸（飘）窗计算建筑面积。

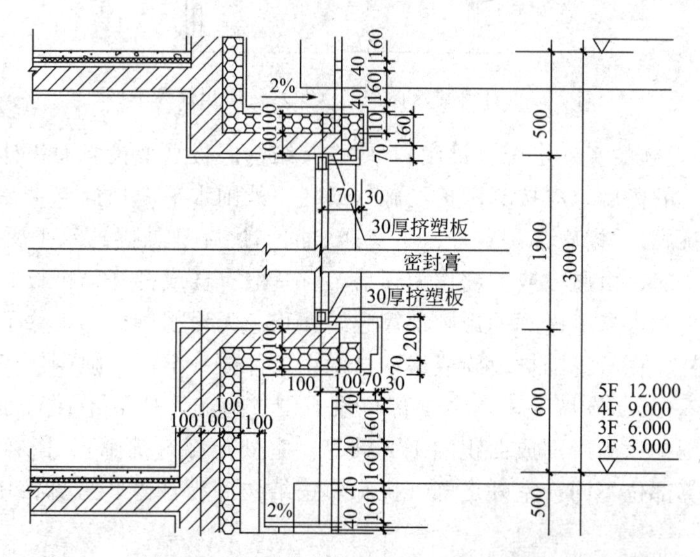

图5-29 不计算建筑面积凸（飘）窗示例

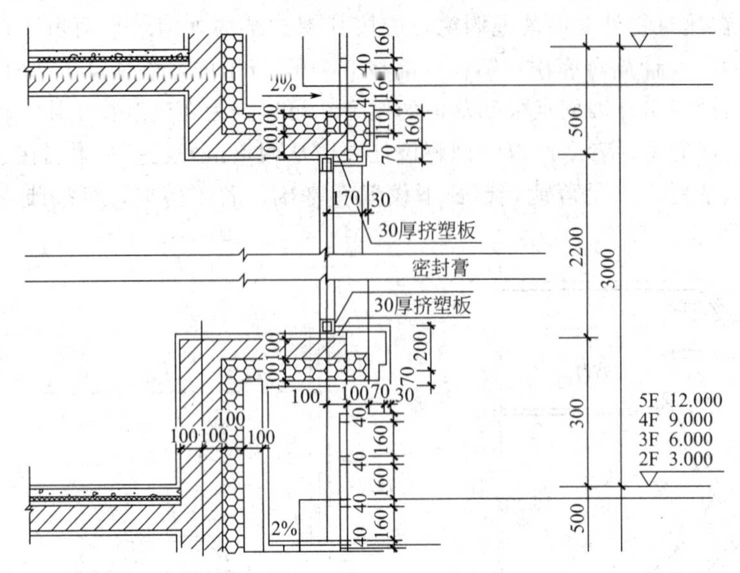

图 5-30 计算建筑面积凸（飘）窗示例

【例 5-8】 计算如图 5-31 所示飘窗的建筑面积（该飘窗同时满足计算建筑面积的两个条件）。

解：$S=[1/2\times(1.2+2.6)\times0.6]\times1/2=0.57(\mathrm{m}^2)$。

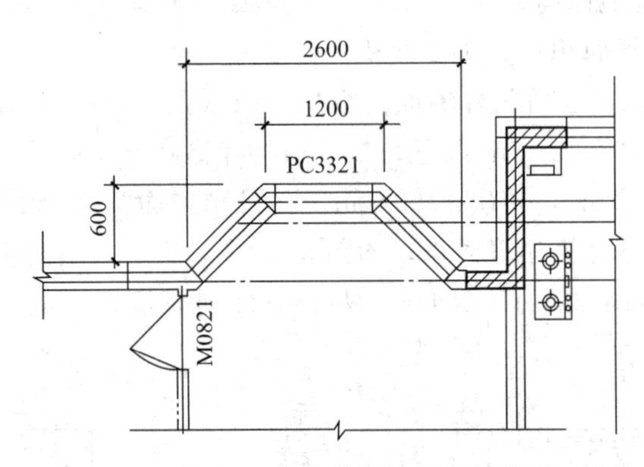

图 5-31 计算建筑面积凸（飘）窗面积计算示例

(14) 有围护设施的室外走廊（挑廊），应按其结构底板水平投影面积计算 1/2 面积；有围护设施（或柱）的檐廊，应按其围护设施（或柱）外围水平面积计算 1/2 面积。

室外走廊（挑廊）、檐廊都是室外水平交通空间。挑廊是悬挑的水平交通空间；檐廊是底层的水平交通空间，由屋檐或挑檐作为顶盖，且一般有柱或栏杆、栏板等。底层无围护设施但有柱的室外走廊可参照檐廊的规则计算建筑面积。无论哪一种廊，除了必须有地面结构外，还必须有栏杆、栏板等围护设施或柱，这两个条件缺一不可，缺少任何一个条件都不计算建筑面积（图 5-32）。在图 5-32 中，3 部位没有围护设施，所以不计算建筑面积，4 部位有围护设施，按围护设施所围成面积的 1/2 计算。室外走廊（挑廊）、檐廊虽然都算 1/2 面积，但取定的计算部位不同：室外走廊（挑廊）按结构底板计算，檐廊按围护设施（或柱）外围计算。

(15) 门斗应按其围护结构外围水平面积计算建筑面积。结构层高在 2.20m 及以上的，

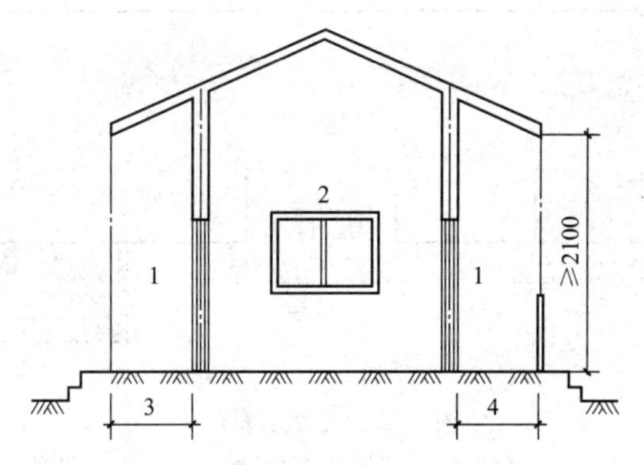

图 5-32　檐廊建筑面积计算示意图

1—檐廊；2—室内；3—不计算建筑面积部位；
4—计算 1/2 建筑面积部位

应计算全面积；结构层高在 2.20m 以下的，应计算 1/2 面积。

门斗是建筑物出入口两道门之间的空间，它是有顶盖和围护结构的全围合空间。门斗是全围合的，门廊、雨篷至少有一面不围合。门斗示意图见图 5-33。

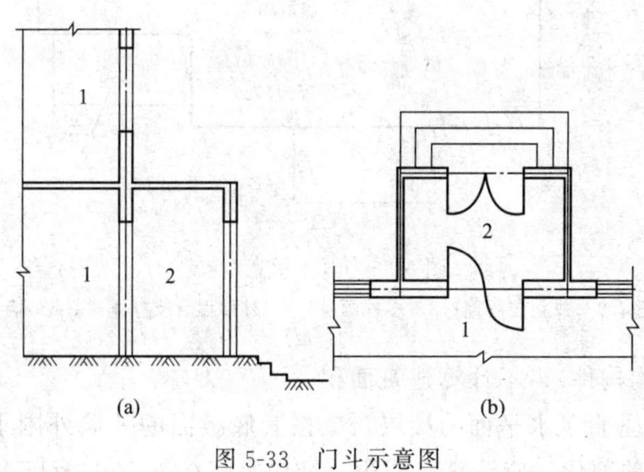

图 5-33　门斗示意图

1—室内；2—门斗

（16）门廊应按其顶板水平投影面积的 1/2 计算建筑面积；有柱雨篷应按其结构板水平投影面积的 1/2 计算建筑面积；无柱雨篷的结构外边线至外墙结构外边线的宽度在 2.10m 及以上的，应按雨篷结构板的水平投影面积的 1/2 计算建筑面积。

门廊是指在建筑物出入口，无门、三面或二面有墙，上部有板（或借用上部楼板）围护的部位。门廊划分为全凹式、半凹半凸式、全凸式，见图 5-34。

雨篷分为有柱雨篷和无柱雨篷。有柱雨篷，没有出挑宽度的限制，也不受跨越层数的限制，均计算建筑面积。无柱雨篷，其结构板不能跨层，并受出挑宽度的限制，设计出挑宽度大于或等于 2.10m 时才计算建筑面积。出挑宽度，是指雨篷结构外边线至外墙结构外边线的宽度，弧形或异形时，取最大宽度，见图 5-35。

（17）设在建筑物顶部的、有围护结构的楼梯间、水箱间、电梯机房等，结构层高在 2.20m 及以上的应计算全面积；结构层高在 2.20m 以下的，应计算 1/2 面积。

建筑物房顶上的建筑部件属于建筑空间的可以计算建筑面积，不属于建筑空间的则归为

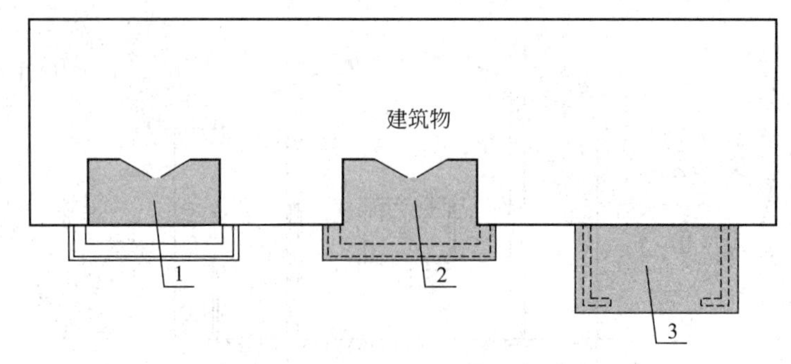

图 5-34 门廊示意图

1—全凹式门廊；2—半凹半凸式门廊；3—全凸式门廊

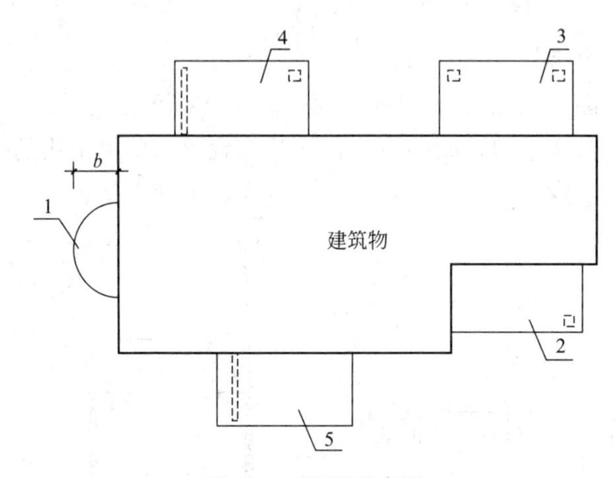

图 5-35 雨篷示意图

1—悬挑雨篷；2—独立柱雨篷；3—多柱雨篷；4—柱墙混合支撑雨篷；5—墙支撑雨篷

屋顶造型（装饰性结构构件），不计算建筑面积。

（18）围护结构不垂直于水平面的楼层，应按其底板面的外墙外围水平面积计算。结构净高在 2.10m 及以上的部位，应计算全面积；结构净高在 1.20m 及以上至 2.10m 以下的部位，应计算 1/2 面积；结构净高在 1.20m 以下的部位，不应计算建筑面积。

围护结构不垂直既可以是向内倾斜，也可以是向外倾斜。在划分高度上，与斜屋面的划分原则相一致。由于目前很多建筑设计追求新、奇、特，造型越来越复杂，很多时候根本无法明确区分什么是围护结构、什么是屋顶，例如，国家大剧院的蛋壳型外壳，无法准确说其到底是算墙还是算屋顶，因此对于斜围护结构与斜屋顶采用相同的计算规则，即只要外壳倾斜，就按净高划段，分别计算建筑面积。但要注意，斜围护结构本身要计算建筑面积，若为斜屋顶时，屋面结构不计算建筑面积。如图 5-36 所示为多（高）层建筑物非顶层，倾斜部位均视为斜围护结构，底板面处的围护结构应计算全面积。图中①部位结构净高在 1.20m 及以上至 2.10m 以下，计算 1/2 面积；图中②部位结构净高小于 1.20m，不计算建筑面积；图中③部位是围护结构，应计算全部面积。

【例 5-9】 如图 5-36 所示建筑物宽 10m，计算其建筑面积。

解： 建筑面积＝(0.1＋3.6＋2.4＋4.0＋0.2)×10＋0.3×10×0.5＝104.5(m^2)。

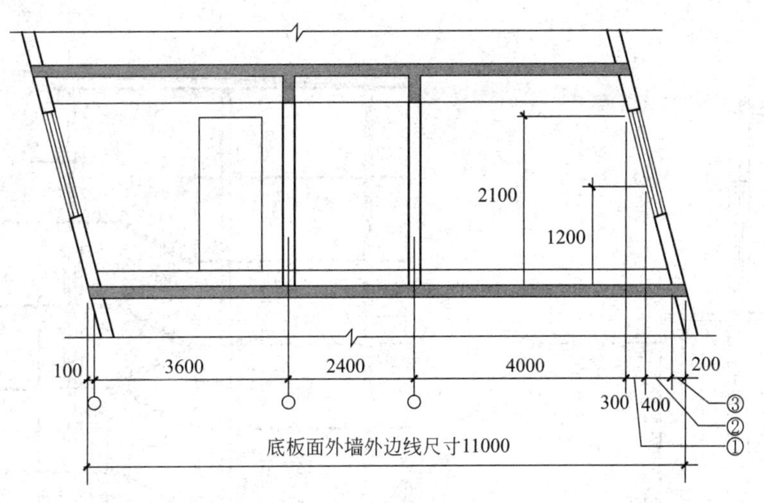

图 5-36 多（高）层建筑物非顶层的建筑面积计算示意图

（19）建筑物的室内楼梯、电梯井、提物井、管道井、通风排气竖井、烟道，应并入建筑物的自然层计算建筑面积。有顶盖的采光井应按一层计算面积，结构净高在 2.10m 及以上的，应计算全面积，结构净高在 2.10m 以下的，应计算 1/2 面积。

室内楼梯包括了形成井道的楼梯（即室内楼梯间）和没有形成井道的楼梯（即室内楼梯），即没有形成井道的室内楼梯也应该计算建筑面积。如，建筑物大堂内的楼梯、跃层（或复式）住宅的室内楼梯等应计算建筑面积。建筑物的楼梯间层数按建筑物的自然层数计算，如图 5-37 所示。

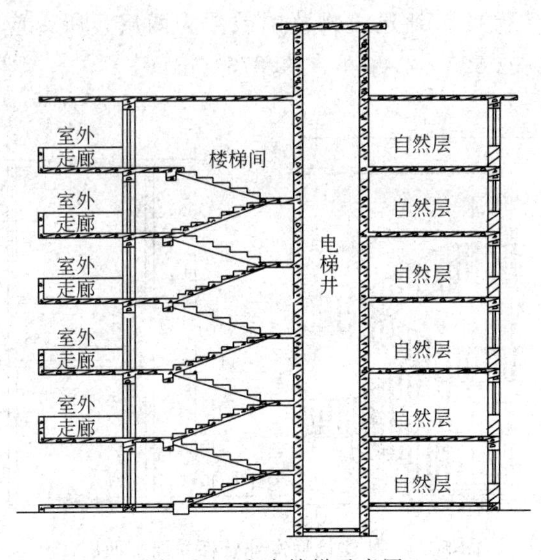

图 5-37 室内楼梯示意图

有顶盖的采光井包括建筑物中的采光井和地下室采光井。图 5-38 为地下室采光井，按一层计算面积。

当室内公共楼梯间两侧自然层数不同时，以楼层多的层数计算。如图 5-39 中楼梯间应计算 6 个自然层建筑面积。

（20）室外楼梯应并入所依附建筑物自然层，并应按其水平投影面积的 1/2 计算建筑面积。

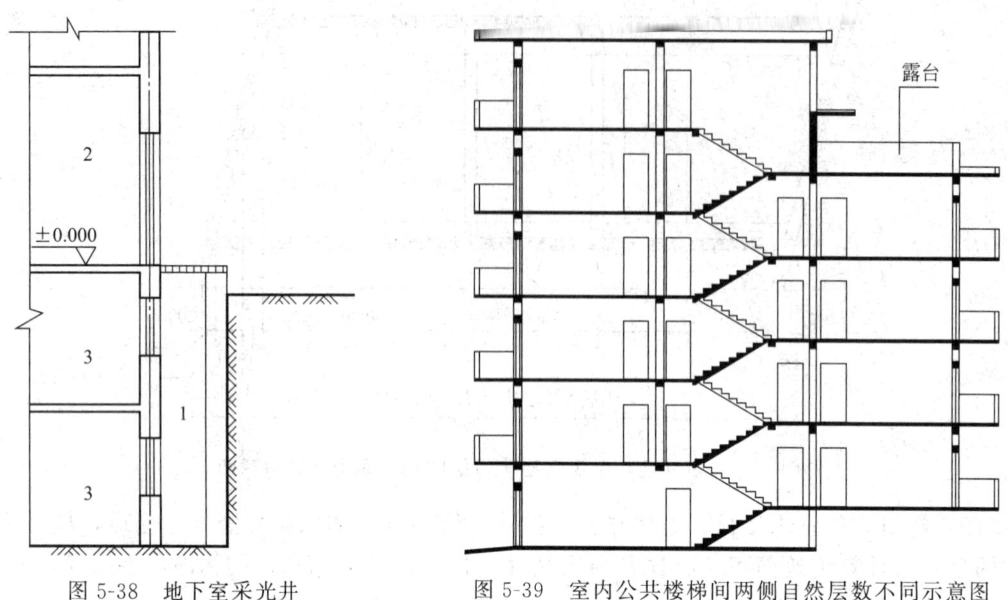

图 5-38 地下室采光井　　图 5-39 室内公共楼梯间两侧自然层数不同示意图

室外楼梯作为连接该建筑物层与层之间交通不可缺少的基本部件，无论从其功能还是工程计价的要求来说，均需计算建筑面积。室外楼梯不论是否有顶盖都需要计算建筑面积。层数为室外楼梯所依附的楼层数，即梯段部分投影到建筑物范围的层数。利用室外楼梯下部的建筑空间不得重复计算建筑面积；利用地势砌筑的为室外踏步，不计算建筑面积。如图 5-40 所示，该建筑物室外楼梯投影到建筑物范围层数为两层，所以应按两层计算建筑面积，室外楼梯建筑面积 $S=3\times6.625\times2\times0.5=19.875$（$m^2$）。

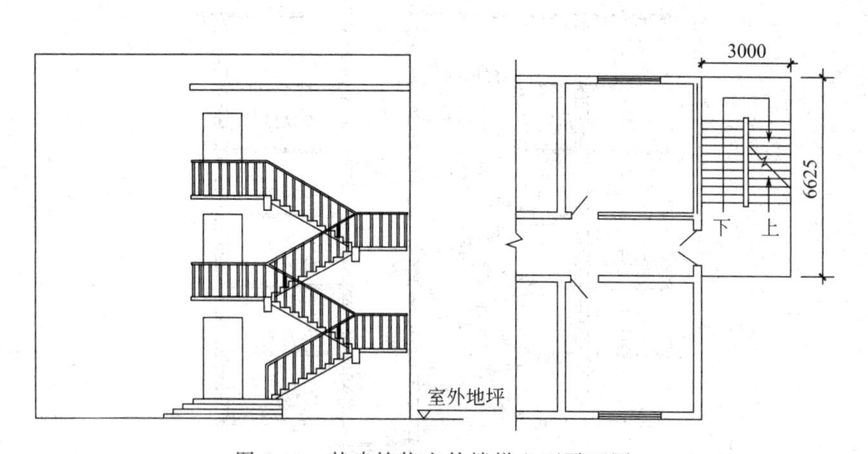

图 5-40 某建筑物室外楼梯立面平面图

（21）在主体结构内的阳台，应按其结构外围水平面积计算全面积；在主体结构外的阳台，应按其结构底板水平投影面积计算 1/2 面积。

阳台是指附设于建筑物外墙，设有栏杆或栏板，可供人活动的室外空间。建筑物的阳台，不论其形式如何，均以建筑物主体结构为界分别计算建筑面积。所以，判断阳台是在主体结构内还是在主体结构外是计算建筑面积的关键。

主体结构是接受、承担和传递建设工程所有上部荷载，维持上部结构整体性、稳定性和安全性的有机联系的构造。判断主体结构要依据建筑平、立、剖面图，并结合结构图纸一起进行。可按如下原则进行判断。

① 砖混结构。通常以外墙（即围护结构，包括墙、门、窗）来判断，外墙以内为主体结构内，外墙以外为主体结构外。

② 框架结构。柱梁体系之内为主体结构内，柱梁体系之外为主体结构外。

③ 剪力墙结构。分以下几种情况：a. 如阳台在剪力墙包围之内，则属于主体结构内；b. 如相对两侧均为剪力墙时，也属于主体结构内；c. 如相对两侧仅一侧为剪力墙时，属于主体结构外；d. 如相对两侧均无剪力墙时，属于主体结构外。

④ 阳台处剪力墙与框架混合时，分两种情况：a. 角柱为受力结构，根基落地，则阳台为主体结构内；b. 角柱仅为造型，无根基，则阳台为主体结构外，见图 5-41。

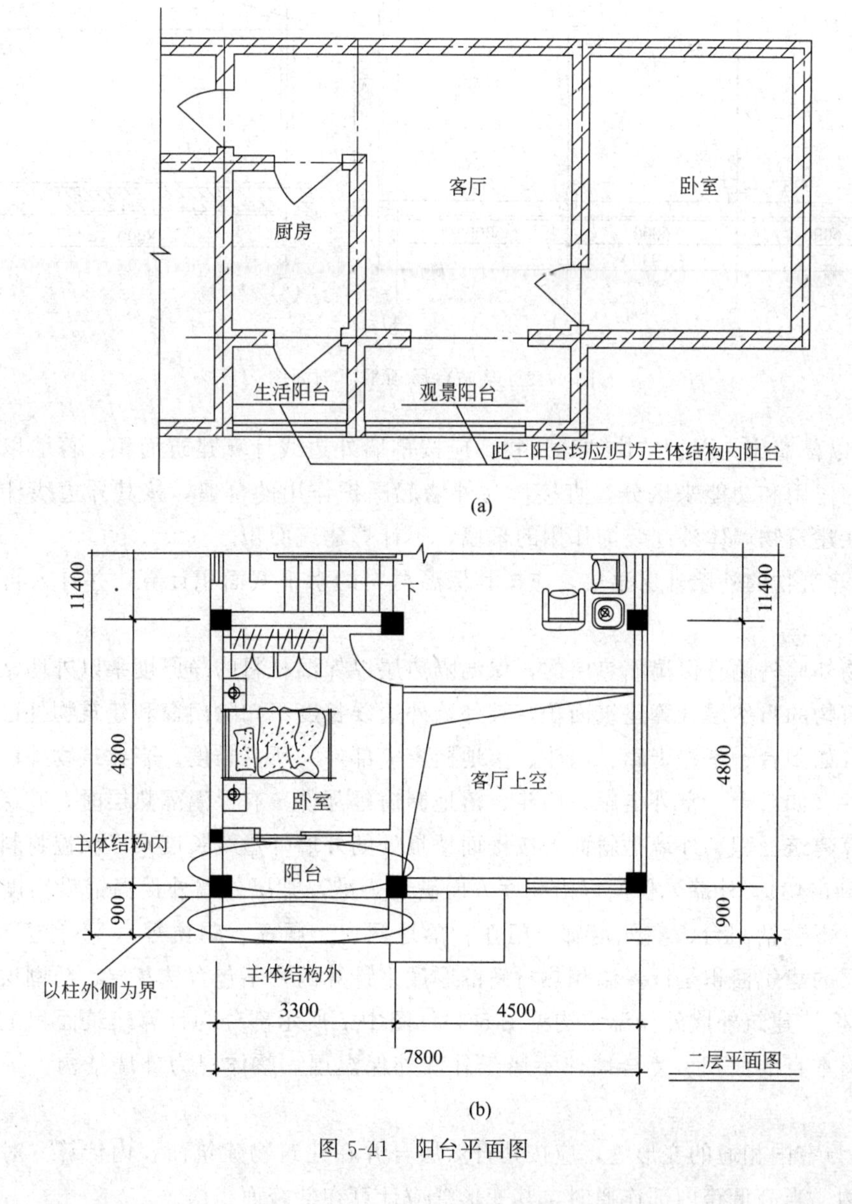

图 5-41　阳台平面图

如图 5-41（a）所示平面图，该图中阳台处于剪力墙包围中，为主体结构内阳台，应计算全面积。如图 5-41（b）所示平面图，该图中阳台有两部分，一部分处于主体结构内，一部分处于主体结构外，应分别计算建筑面积（以柱外侧为界，上面部分属于主体结构内，计算全面积，下面部分属于主体结构外，计算 1/2 面积）。

（22）有顶盖无围护结构的车棚、货棚、站台、加油站、收费站等，应按其顶盖水平投影面积的 1/2 计算建筑面积。

【例 5-10】 如图 5-42 某站台屋顶平面剖面图。计算其建筑面积。

解：图中建筑面积 $S=19.3\times9.3\times0.5=89.745$（$m^2$）。

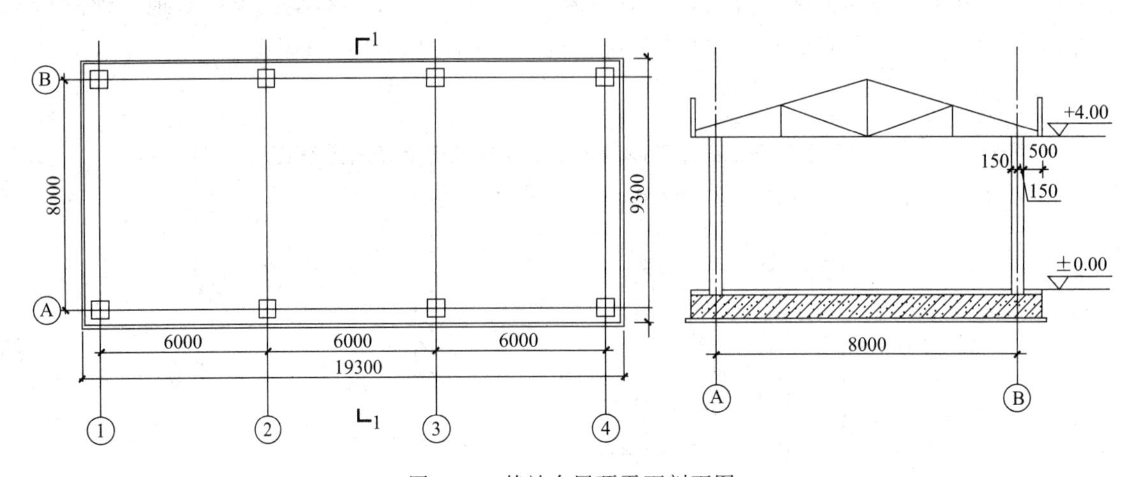

图 5-42　某站台屋顶平面剖面图

（23）以幕墙作为围护结构的建筑物，应按幕墙外边线计算建筑面积。幕墙以其在建筑物中所起的作用和功能来区分，直接作为外墙起围护作用的幕墙，按其外边线计算建筑面积；设置在建筑物墙体外起装饰作用的幕墙，不计算建筑面积。

（24）建筑物的外墙外保温层，应按其保温材料的水平截面积计算，并计入自然层建筑面积。

建筑物外墙外侧有保温隔热层的，保温隔热层以保温材料的净厚度乘以外墙结构外边线长度按建筑物的自然层计算建筑面积，其外墙外边线长度不扣除门窗和建筑物外已计算建筑面积构件（如阳台、室外走廊、门斗、落地橱窗等部件）所占长度。当建筑物外已计算建筑面积的构件（如阳台、室外走廊、门斗、落地橱窗等部件）有保温隔热层时，其保温隔热层也不再计算建筑面积。外墙是斜面者按楼面楼板处的外墙外边线长度乘以保温材料的净厚度计算（见图 5-43）。外墙外保温以沿高度方向满铺为准，某层外墙外保温铺设高度未达到全部高度时（不包括阳台、室外走廊、门斗、落地橱窗、雨篷、飘窗等），不计算建筑面积。保温隔热层的建筑面积是以保温隔热材料的厚度来计算的，不包含抹灰层、防潮层、保护层（墙）的厚度。建筑外墙外保温结构见图 5-44，图中 7 所示部分为计算建筑面积范围，只计算保温材料本身的面积。复合墙体不属于外墙外保温层，整体视为外墙结构，按外围面积计算。

（25）与室内相通的变形缝，应按其自然层合并在建筑物建筑面积内计算。对于高低联跨的建筑物，当高低跨内部连通时，其变形缝应计算在低跨面积内。

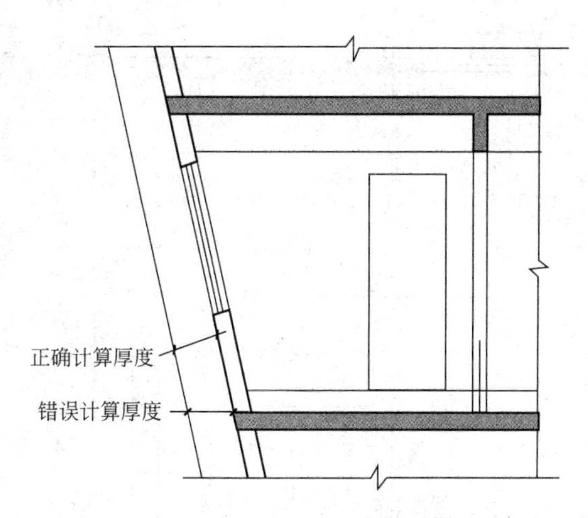

图 5-43 围护结构不垂直于水平面时外墙外保温计算厚度

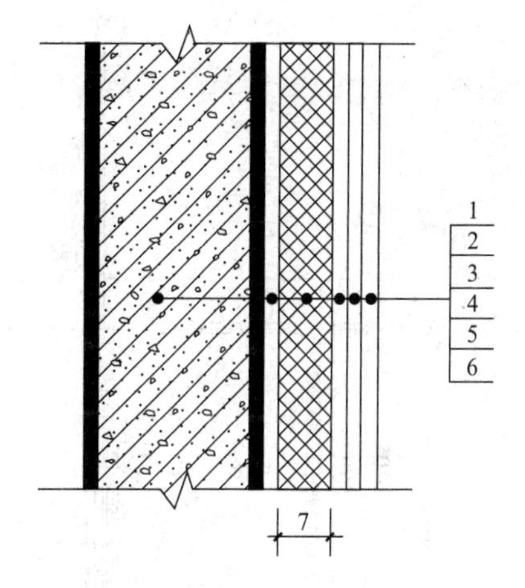

图 5-44 建筑外墙外保温结构

1—墙体；2—黏结胶浆；3—保温材料；4—标准网；5—加强网；6—抹面胶浆；7—计算建筑面积范围

与室内相通的变形缝，是指暴露在建筑物内，在建筑物内可以看见的变形缝，应计算建筑面积；与室内不相通的变形缝不计算建筑面积。如图 5-45 所示变形缝不计算建筑面积。高低联跨的建筑物，当高低跨内部连通或局部连通时，其连通部分变形缝的面积计算在低跨面积内；当高低跨内部不相连通时，其变形缝不计算建筑面积。有高低跨的变形缝见图 5-46。

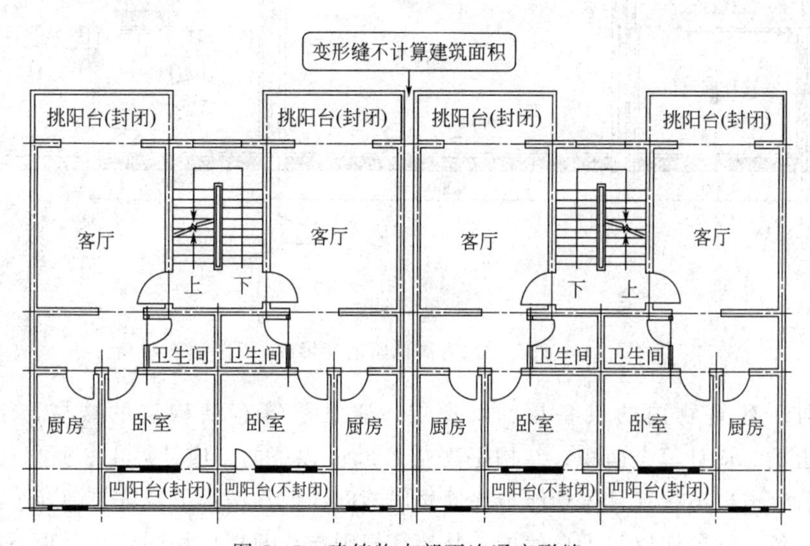

图 5-45 建筑物内部不连通变形缝

【例 5-11】 如图 5-46 所示，计算其建筑面积。

解：大餐厅的建筑面积 $S=9.37\times12.37=115.9069$（$m^2$），操作间和小餐厅的建筑面积 $S=4.84\times6.305\times2=61.0324$（$m^2$）。

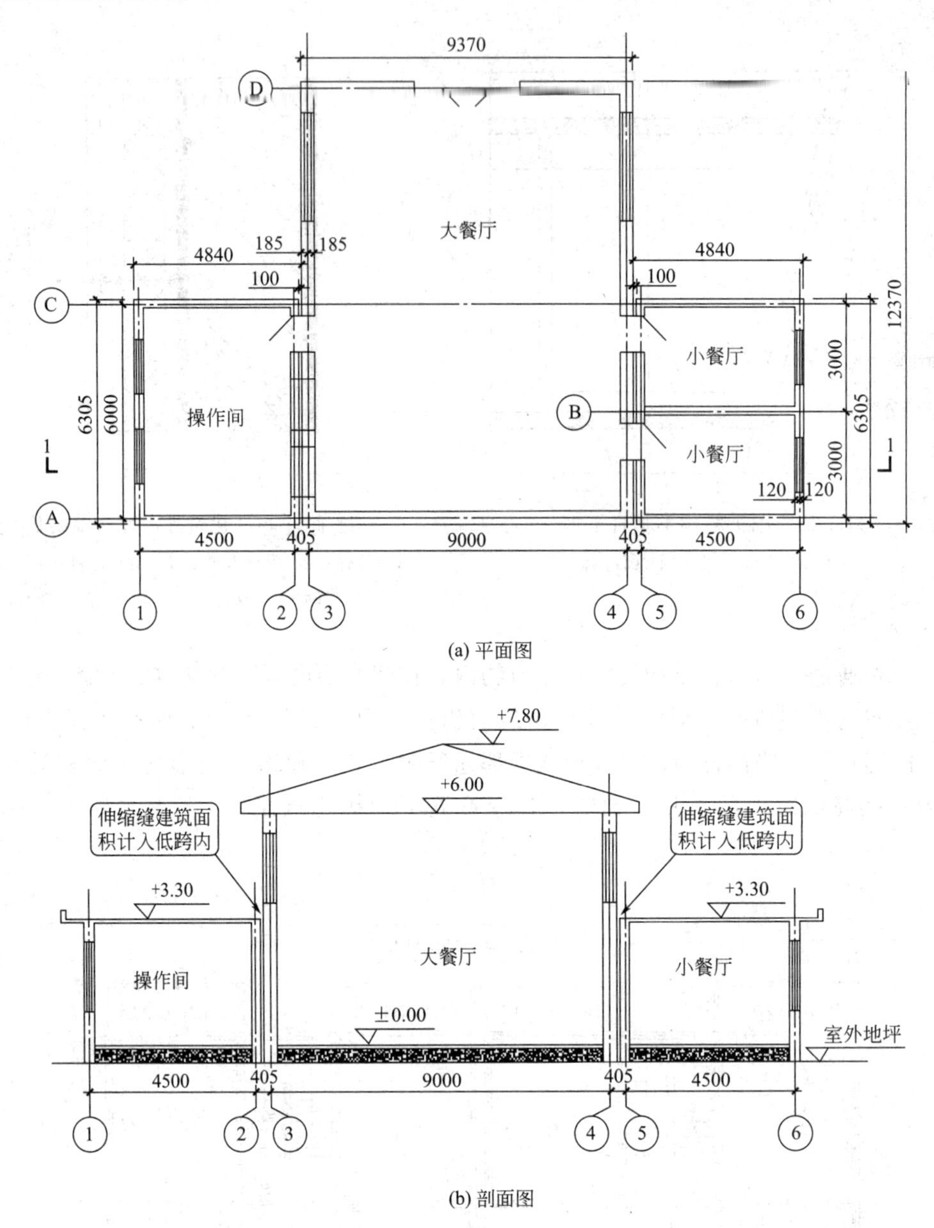

(a) 平面图

(b) 剖面图

图 5-46　有高低跨的变形缝

(26) 对于建筑物内的设备层、管道层、避难层等有结构层的楼层，结构层高在 2.20m 及以上的，应计算全面积；结构层高在 2.20m 以下的，应计算 1/2 面积。

设备层、管道层虽然其具体功能与普通楼层不同，但在结构上及施工消耗上并无本质区别，因此将设备、管道楼层归为自然层，其计算规则与普通楼层相同。在吊顶空间内设置管道的，则吊顶空间部分不能被视为设备层、管道层。设备层见图 5-47。

图 5-47 中的设备层结构层高为 1.8m，所以设备层按围护结构的 1/2 计算建筑面积。

（二）不计算建筑面积的范围

(1) 与建筑物内不相连通的建筑部件。建筑部件指的是依附于建筑物外墙外不与户室开门连通，起装饰作用的敞开式挑台（廊）、平台，以及不与阳台相通的空调室外机搁板（箱）

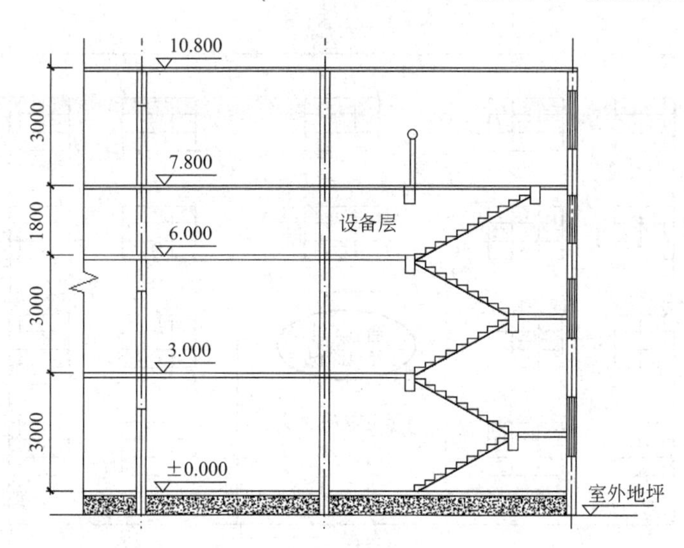

图 5-47　设备层示意图

等设备平台部件。

“与建筑物内不相连通”是指没有正常的出入口。即：通过门进出的，视为“连通”；通过窗或栏杆等翻出去的，视为“不连通”。

(2) 骑楼、过街楼底层的开放公共空间和建筑物通道。骑楼指建筑底层沿街面后退且留出公共人行空间的建筑物，见图 5-48。过街楼指跨越道路上空并与两边建筑相连接的建筑物，见图 5-49。建筑物通道指为穿过建筑物而设置的空间，见图 5-50。

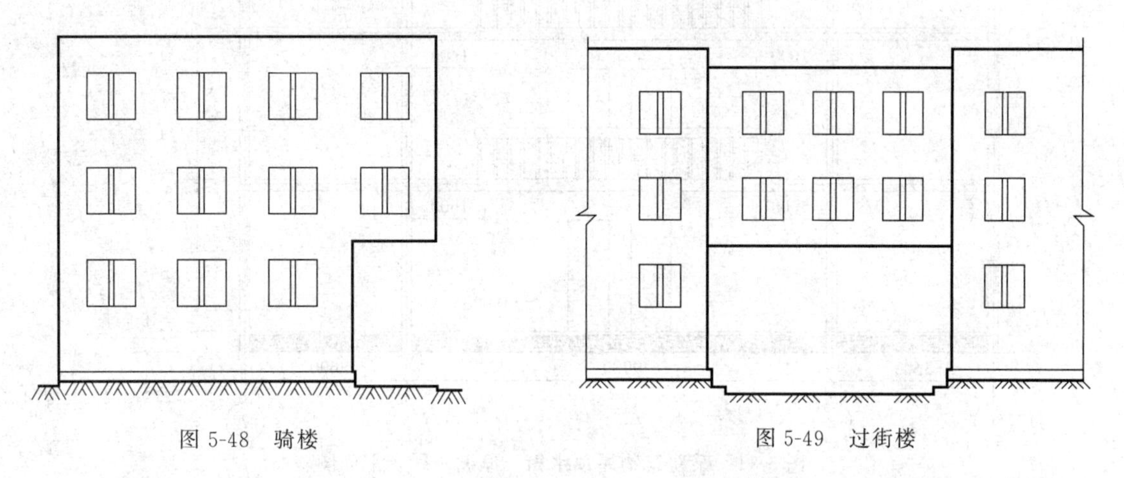

图 5-48　骑楼　　　图 5-49　过街楼

(3) 舞台及后台悬挂幕布和布景的天桥、挑台等。这里指的是影剧院的舞台及为舞台服务的可供上人维修、悬挂幕布、布置灯光及布景等搭设的天桥和挑台等构件设施。

(4) 露台、露天游泳池、花架、屋顶的水箱及装饰性结构构件。露台是设置在屋面、首层地面或雨篷上的供人室外活动的有围护设施的平台。见图 5-51。

(5) 建筑物内的操作平台、上料平台、安装箱和罐体的平台。建筑物内不构成结构层的操作平台、上料平台（包括：工业厂房、搅拌站和料仓等建筑中的设备操作控制平台、上料平台等），其主要作用为室内构筑物或设备服务的独立上人设施，因此不计算建筑面积。见图 5-52。

(6) 勒脚、附墙柱（附墙柱是指非结构性装饰柱）、垛、台阶、墙面抹灰、装饰面、镶贴块料面层、装饰性幕墙，主体结构外的空调室外机搁板（箱）、构件、配件，挑出宽度在

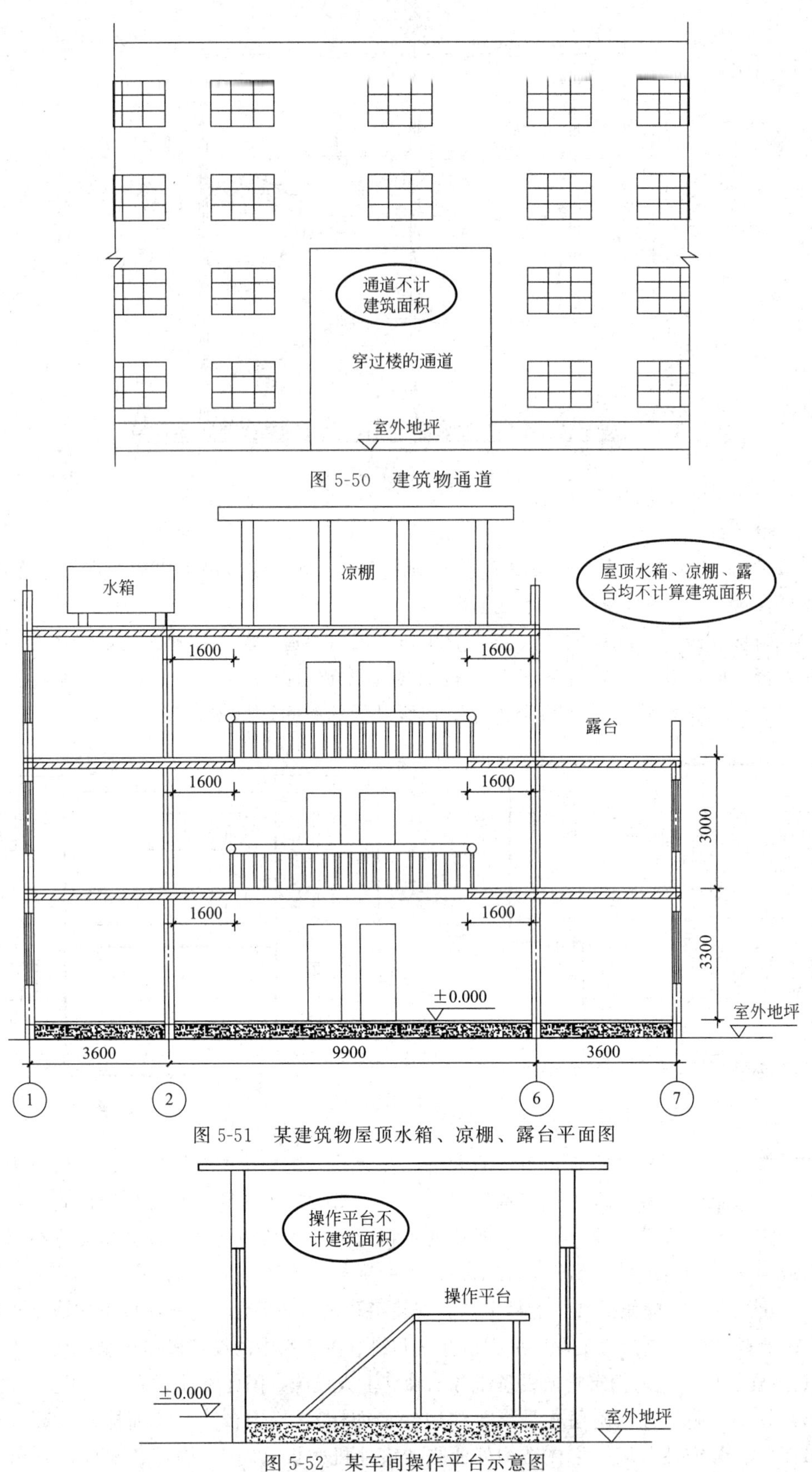

图 5-50 建筑物通道

图 5-51 某建筑物屋顶水箱、凉棚、露台平面图

图 5-52 某车间操作平台示意图

2.10m 以下的无柱雨篷和顶盖高度达到或超过两个楼层的无柱雨篷。

（7）窗台与室内地面高差在 0.45m 以下且结构净高在 2.10m 以下的凸（飘）窗，窗台与室内地面高差在 0.45m 及以上的凸（飘）窗。

（8）室外爬梯、室外专用消防钢楼梯。专用的消防钢楼梯是不计算建筑面积的。当钢楼梯是建筑物通道，兼顾消防用途时，则应计算建筑面积。

（9）无围护结构的观光电梯。

（10）建筑物以外的地下人防通道，独立的烟囱、烟道、地沟、油（水）罐、气柜、水塔、储油（水）池、储仓、栈桥等构筑物。

第六节　计量规范工程量计算规则及应用

建筑与装饰工程工程量的计算是根据《房屋建筑与装饰工程工程量计算规范》（GB 50854—2013）附录中清单项目设置和工程量计算规则进行的，该规范只适用于房屋建筑与装饰工程施工发承包计价活动中的工程量清单编制和工程量计算。《房屋建筑与装饰工程工程量计算规范》附录中包括 17 个部分的工程量计算规则。

一、土（石）方工程

（一）土（石）方工程项目内容及工程量计算

1. 平整场地

按设计图示尺寸以建筑物首层面积计算（m^2）。建筑物场地厚度≤±300mm 的挖、填、运、找平，应按平整场地项目编码列项。厚度＞±300mm 的竖向布置挖土或山坡切土应按一般土方项目编码列项。

2. 挖一般土（石）方

按设计图示尺寸以体积计算（m^3）。挖土（石）方平均厚度应按自然地面测量标高至设计地坪标高间的平均厚度确定。土石方体积应按挖掘前的天然密实体积计算，如需按天然密实体积折算时，应按表 5-18 和表 5-19 系数计算。桩间挖土不扣除桩的体积，并在项目特征中加以描述。

表 5-18　土（石）方体积折算系数表

名称	虚方体积	松填体积	天然密实度体积	夯填
土方	1.00	0.83	0.77	0.67
	1.20	1.00	0.92	0.80
	1.30	1.08	1.00	0.87
	1.50	1.25	1.15	1.00
石方	1.00	0.85	0.65	—
	1.18	1.00	0.76	—
	1.54	1.31	1.00	—
块石	1.75	1.43	1.00	1.67
砂夹石	1.07	0.94	1.00	—

注：虚方指未经碾压、堆积时间≤1 年的土壤。

表 5-19 石方体积折算系数表

石方类别	天然密实度体积	虚方体积	松填体积	码方
石方	1.00	1.54	1.31	—
块石	1.00	1.75	1.43	1.67
砂夹石	1.00	1.07	0.94	—

土壤的不同类型决定了土方工程施工的难易程度、施工方法、功效及工程成本，所以应掌握土壤类别的确定，如土壤类别不能准确划分时，招标人可注明为综合，由投标人根据地勘报告决定报价。土壤分类可参见表 5-20。

表 5-20 土壤分类表

土壤分类	土壤名称	开挖方法
一类、二类土	粉土、砂土(粉砂、细砂、中砂、粗砂、砾砂)、粉质黏土、弱中盐渍土、软土(淤泥质土、泥炭、泥炭质土)、软塑红黏土、冲填土	用锹，少许用镐、条锄开挖。机械能全部直接铲挖满载者
三类土	黏土、碎石土(圆砾、角砾混合土)、可塑红黏土、硬塑红黏土、强盐渍土、素填土、压实填土	主要用镐、条锄，少许用锹开挖。机械需部分刨松方能铲挖满载者或可直接铲挖但不能满载者
四类土	碎石土(卵石、碎石、漂石、块石)、坚硬红黏土、超盐渍土、杂填土	全部用镐、条锄挖掘，少许用撬棍挖掘。机械须普遍刨松方能铲挖满载者

注：本表土的名称及其含义按国家标准《岩土工程勘察规范》(GB 50021—2001)(2009 年版)定义。

石方工程中项目特征应描述岩石的类别，岩石的分类应按表 5-21 确定。弃碴运距可以不描述，但应注明由投标人根据施工现场实际情况自行考虑，决定报价。

表 5-21 岩石分类表

岩石分类		代表性岩石	开挖方法
极软岩		(1)全风化的各种岩石；(2)各种半成岩	部分用手凿工具、部分用爆破法开挖
软质岩	软岩	(1)强风化的坚硬岩或较硬岩；(2)中等风化～强风化的较软岩；(3)未风化～微风化的页岩、泥岩、泥质砂岩等	用风镐和爆破法开挖
	较软岩	(1)中等风化-强风化的坚硬岩或较硬岩；(2)未风化～微风化的凝灰岩、千枚岩、泥灰岩、砂质泥岩等	用爆破法开挖
硬质岩	较硬岩	(1)微风化的坚硬岩；(2)未风化～微风化的大理岩、板岩、石灰岩、白云岩、钙质砂岩等	用爆破法开挖
	坚硬岩	未风化-微风化的花岗岩、闪长岩、辉绿岩、玄武岩、安山岩、片麻岩、石英岩、石英砂岩、硅质砾岩、硅质石灰岩等	用爆破法开挖

3. 挖沟槽土(石)方及挖基坑土(石)方

按设计图示尺寸以基础垫层底面积乘以挖土深度计算(m^3)。基础土(石)方开挖深度应按基础垫层底表面标高至交付施工场地标高确定，无交付施工场地标高时，应按自然地面标高确定。

沟槽、基坑、一般土(石)方的划分为：底宽≤7m 且底长>3 倍底宽为沟槽；底长≤3 倍底宽且底面积≤150m^2 为基坑；超出上述范围则为一般土方(石)。

挖沟槽、基坑、一般土方因工作面和放坡增加的工程量(管沟工作面增加的工程量)，是否并入各土方工程量中，按各省、自治区、直辖市或行业建设主管部门的规定实施，如并入各土方工程量中，办理工程结算时，按经发包人认可的施工组织设计规定计算，编制工程量清单时，可按表5-22～表5-24规定计算。

表5-22 放坡系数表

土类别	放坡起点/m	人工挖土	机械挖土		
			坑内作业	坑上作业	顺沟槽在坑上作业
一类、二类土	1.20	1∶0.5	1∶0.33	1∶0.75	1∶0.5
三类土	1.50	1∶0.33	1∶0.25	1∶0.67	1∶0.33
四类土	2.00	1∶0.25	1∶0.10	1∶0.33	1∶0.25

注：1.沟槽、基坑中土类别不同时，分别按其放坡起点、放坡系数、不同土类别厚度加权平均计算。

2.计算放坡时，在交接处的重复工程量不予扣除，原槽、坑作基础垫层时，放坡自垫层上表面开始计算。

表5-23 基础施工所需工作面宽度计算表

基础材料	每边各增加工作面宽度/mm
砖基础	200
浆砌毛石、条石基础	150
混凝土基础垫层支模板	300
混凝土基础支模板	300
基础垂直面做防水层	1000(防水层面)

表5-24 管沟施工每侧工作面宽度计算表

管沟材料 管道结构宽/mm	≤500	≤1000	≤2500	＞2500
混凝土及钢筋混凝土管道/mm	400	500	600	700
其他材质管道/mm	300	400	500	600

注：管道结构宽—有管座的按基础外缘，无管座的按管道外径。

4. 冻土开挖

按设计图示尺寸开挖面积乘以厚度以体积计算。

5. 挖淤泥、流砂

按设计图示位置、界限以体积计算。挖方出现流砂、淤泥时，如设计未明确，在编制工程量清单时，其工程数量可为暂估量，结算时应根据实际情况由发包人与承包人双方现场签证确认工程量。

6. 管沟土（石）方

按设计图示以管道中心线长度计算（m）；或按设计图示管底垫层面积乘以挖土深度以体积计算（m^3）。无管底垫层按管外径的水平投影面积乘以挖土深度计算。不扣除各类井的长度，井的土方并入。

管沟土（石）方项目适用于管道（给排水、工业、电力、通信）、光（电）缆沟［包括：人（手）孔、接口坑］及连接井（检查井）等。有管沟设计时，平均深度以沟垫层底面标高至交付施工场地标高计算；无管沟设计时，直埋管深度应按管底外表面标高至交付施工场地标高的平均高度计算。

（二）回填

1. 回填方

按设计图示尺寸以体积计算。①场地回填：回填面积乘以平均回填厚度；②室内回填：主墙间净面积乘以回填厚度，不扣除间隔墙；③基础回填：挖方清单项目工程量减去自然地坪以下埋设的基础体积（包括基础垫层及其他构筑物）。

2. 余方弃置

按挖方清单项目工程量减利用回填方体积（正数）计算。

【例 5-12】 某工程±0.00 以下基础施工图见图 5-53～图 5-56，室内外标高差 450mm。基础垫层为非原槽浇筑，垫层支模，混凝土强度等级 C10，地圈梁混凝土强度等级为 C20。砖基础为普通页岩标准砖，M5.0 水泥砂浆砌筑。独立柱基及柱为 C20 混凝土，混凝土及砂浆为现场搅拌。确定了施工方案：人工开挖，不考虑排地表水及基底钎探，不考虑支挡土板，

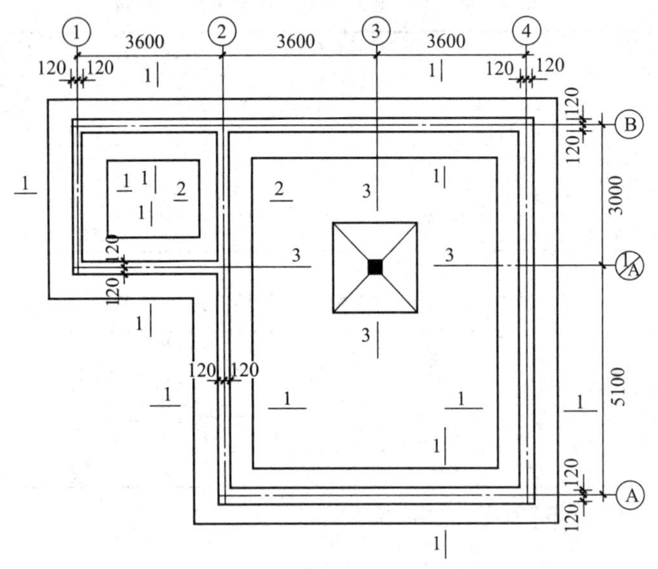

图 5-53 某工厂基础平面图

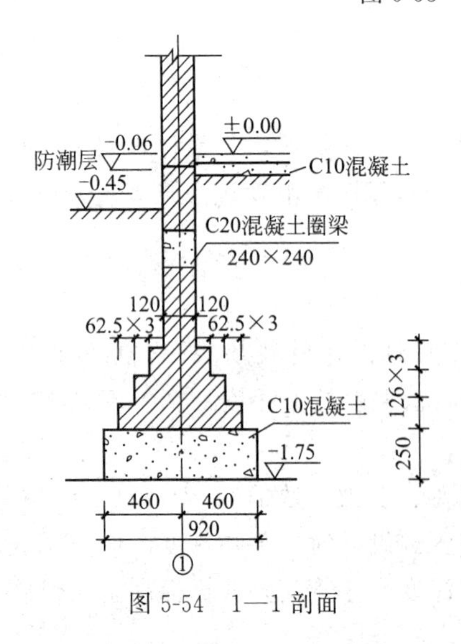

图 5-54 1—1 剖面

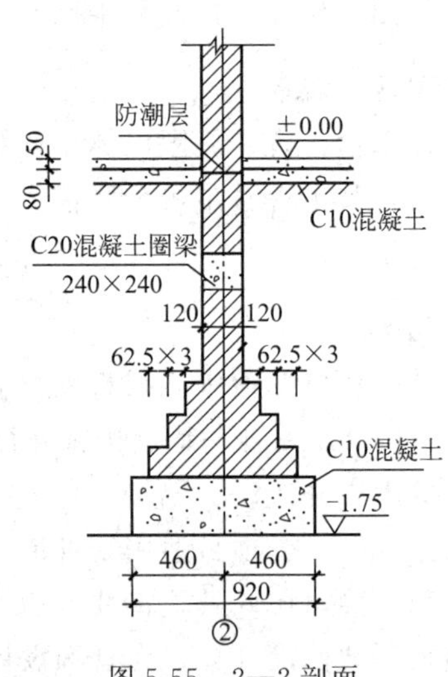

图 5-55 2—2 剖面

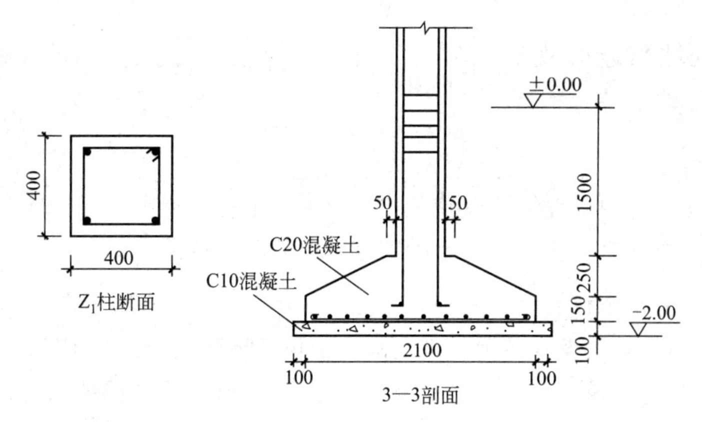

图 5-56 柱断面、基础剖面

工作面 300mm，放坡系数为 1∶0.33；土方一部分按挖土方量的 60%进行现场运输、堆放，采用人力车运输，距离 40m，另一部分坑边 5m 内堆放。平整场地弃土、取土运距为 5m。弃土外运 5km，回填夯实。土壤类别为三类土。请根据工程量计算规范确定相关清单项目的工程量（可以按净量计算，也可以考虑将施工方案中工作面和放坡增加的工程量并入计算，本例题采用后者，按净量计算由学生自行完成。）

解：考虑工作面和放坡的工程量并入到土方工程量中进行计算。计算过程及结果见表 5-25。

表 5-25 工程量计算表

工程名称：某工程

序号	清单项目编码	清单项目名称	计算式	工程量合计	计量单位
1	010101001001	平整场地	$S=11.04\times3.24+5.1\times7.44=73.71$	73.71	m^2
2	010101003001	挖沟槽土方	$L_{中}=(10.8+8.1)\times2=37.8$ $L_{内}=3-0.92+0.3\times2=1.48$ $S_{1-1(2-2)}=(0.92+2\times0.3)\times1.3=1.98$ $V=(37.8+1.48)\times1.98=77.77$	77.77	m^3
3	010101004001	挖基坑土方	$S_{下}=(2.3+0.3\times2)^2=2.9^2$ $S_{上}=(2.3+0.3\times2+2\times0.33\times1.55)^2=3.92^2$ $V=\frac{1}{3}\times h\times(S_{上}+S_{下}+\sqrt{S_{上}S_{下}})=\frac{1}{3}\times1.55\times(2.9^2+3.92^2+2.9\times3.92)=18.16$	18.16	m^3
4	010103002001	土方回填	①垫层：$V=(37.8+2.08)\times0.92\times0.250+2.3\times2.3\times0.1=9.70$ ②埋在土下砖基础(含圈梁)：$V=(37.8+2.76)\times(1.05\times0.24+0.0625\times3\times0.126\times4)=40.56\times0.3465=14.05$ ③埋在土下的混凝土基础及柱：$V=\frac{1}{3}\times0.25\times(0.5^2+2.1^2+0.5\times2.1)+1.05\times0.4\times0.4+2.1\times2.1\times0.15=1.31$ 基坑回填：$V=77.77+18.16-9.7-14.05-1.31=70.87$ 室内回填：$V=(3.36\times2.76+7.86\times6.96-0.4\times0.4)\times(0.45-0.13)=20.42$	91.29	m^3
5	010103001001	余方弃置	$V=95.93-91.29=4.64$	4.64	m^3

二、地基处理与边坡支护工程

（一）地基处理

1. 换填垫层等

换填垫层：按设计图示尺寸以体积计算。铺设土工合成材料：按设计图示尺寸以面积计算。预压地基、强夯地基：按设计图示处理范围以面积计算。

2. 振冲密实（分不填料和填料两种）

振冲桩（不填料）：按设计图示处理范围以面积计算，如图5-57所示。

振冲桩（填料）：按设计图示尺寸以桩长计算或按设计桩截面乘以桩长以体积计算。

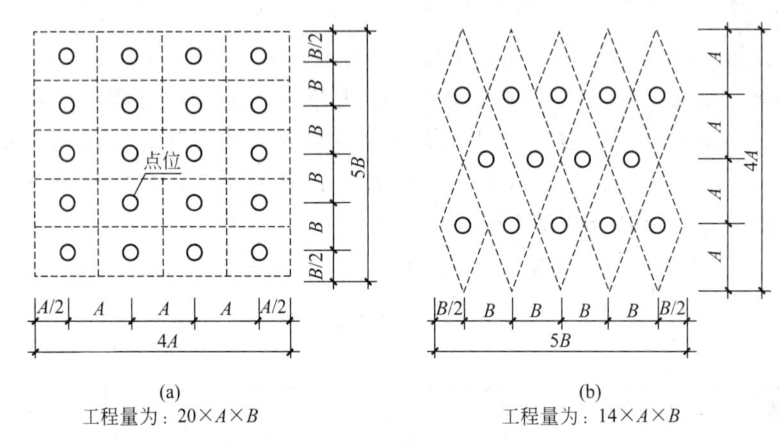

(a) 工程量为：20×A×B　　(b) 工程量为：14×A×B

图5-57 工程量计算示意图

3. 砂石桩

按设计图示尺寸以桩长（包括桩尖）计算；或按设计桩截面乘以桩长（包括桩尖）以体积计算。

4. 水泥粉煤灰碎石桩

水泥粉煤灰碎石桩按设计图示尺寸以桩长（包括桩尖）计算。夯实水泥土桩、石灰桩、灰土（土）挤密桩等工程量计算规则与此项目相同。

5. 深层搅拌桩

深层搅拌桩按设计图示尺寸以桩长计算。粉喷桩、柱锤冲扩桩与此项目相同。

6. 注浆地基

按设计图示尺寸以钻孔深度计算；或按设计图示尺寸以加固体积计算。高压喷射注浆类型包括旋喷、摆喷、定喷，高压喷射注浆方法包括单管法、双重管法、三重管法。

7. 褥垫层

按设计图示尺寸以铺设面积计算；或按设计图示尺寸以体积计算。

（二）基坑与边坡支护

1. 地下连续墙

按设计图示墙中心线长乘以厚度乘以槽深以体积计算。地下连续墙和喷射混凝土（砂浆）的钢筋网、咬合灌注桩的钢筋笼及钢筋混凝土支撑的钢筋制作、安装，混凝土挡土墙按混凝土及钢筋混凝土工程中相关项目列项。

2. 咬合灌注桩

按设计图示尺寸以桩长计算或按设计图示数量计算。

3. 圆木桩、预制钢筋混凝土板桩

按设计图示尺寸以桩长（包括桩尖）计算或按设计图示数量计算。

4. 型钢桩

按设计图示尺寸以质量计算或按设计图示数量计算。

5. 钢板桩

按设计图示尺寸以质量计算或按设计图示墙中心线长乘以桩长以面积计算。

6. 锚杆（锚索）、**土钉**

按设计图示尺寸以钻孔深度计算或按设计图示数量计算。

7. 喷射混凝土（水泥砂浆）

喷射混凝土（水泥砂浆）按设计图示尺寸以面积计算。

8. 钢筋混凝土支撑

钢筋混凝土支撑按设计图示尺寸以体积计算。

9. 钢支撑

按设计图示尺寸以质量计算。不扣除孔眼质量，焊条、铆钉、螺栓等不另增加质量。

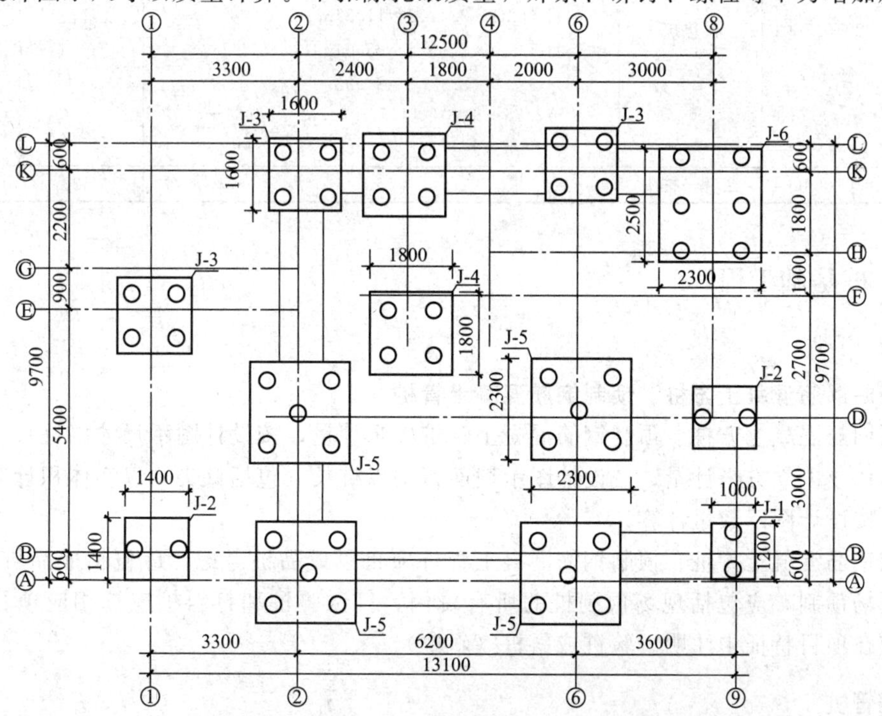

图 5-58　某别墅 CFG 桩平面图

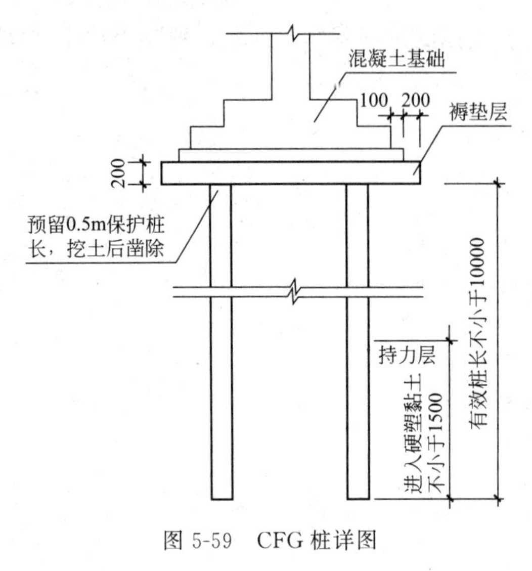

图 5-59 CFG 桩详图

【例 5-13】 某别墅工厂基底为可塑黏土，采用水泥粉煤灰碎石桩（CFG 桩）进行地基处理，桩径 400mm，桩体强度等级 C20，根数 520 根，设计长度 10m，桩端进入硬塑性黏土不少于 1.5m，桩定在地面以下 1.5～2m，CFG 桩采用振动沉管灌注桩施工，桩顶采用 200mm 厚人工级配砂石（砂：碎石＝3：7，最大粒径 30mm）作为褥垫层，如图 5-58 和图 5-59 所示。请根据工程量计算规范计算 CFG 桩、褥垫层及截桩头工程量。

解：根据工程量计算规范计算计算 CFG 桩、褥垫层及截桩头工程量，计算过程及结果见表 5-26。

表 5-26 工程量计算表

工程名称：某工程

序号	清单项目编码	清单项目名称	计算式	工程量合计	计量单位
1	010201008001	水泥粉煤灰碎石桩	$L=52\times10=520$m	520	m
2	010201017001	褥垫层	(1)J-1 $1.8\times1.6\times1=2.88\text{m}^2$ (2)J-2 $2.0\times2.0\times2=8.00\text{m}^2$ (3)J-3 $2.2\times2.2\times3=14.52\text{m}^2$ (4)J-4 $2.4\times2.4\times2=11.52\text{m}^2$ (5)J-5 $2.9\times2.9\times4=33.64\text{m}^2$ (6)J-6 $2.9\times3.1\times1=8.99\text{m}^2$ $S=2.88+8.00+14.52+11.52+33.64+8.99=79.55\text{m}^2$	79.55	m^2
3	010301004001	截(凿)桩头	$n=52$ 根	52	根

三、桩基础工程

（一）打桩

1. 预制钢筋混凝土方桩、预制钢筋混凝土管桩

预制钢筋混凝土方桩、预制钢筋混凝土管桩以米计量，按设计图示尺寸以桩长（包括桩尖）计算；或以立方米计量，按设计图示截面积乘以桩长（包括桩尖）以实体积计算；或以根计量，按设计图示数量计算。

预制钢筋混凝土方桩、预制钢筋混凝土管桩项目以成品桩考虑，应包括成品桩购置费，如果用现场预制，应包括现场预制桩的所有费用。打试验桩和打斜桩应按相应项目单独列项，并应在项目特征中注明试验桩或斜桩（斜率）。

2. 钢管桩

钢管桩按设计图示尺寸以质量计算（t）；或按设计图示以数量计算（根）。

3. 截（凿）桩头

截（凿）桩头按设计桩截面乘以桩头长度以体积计算；或按设计图示数量计算。截（凿）桩头项目适用于地基处理与边坡支护工程、桩基础工程所列桩的桩头截（凿）。

（二）灌注桩

1. 泥浆护壁成孔灌注桩、沉管灌注桩、干作业成孔灌注桩

泥浆护壁成孔灌注桩、沉管灌注桩、干作业成孔灌注桩工程量按设计图示尺寸以桩长（包括桩尖）计算；或按不同截面在桩上范围内以体积计算；或按设计图示数量计算。

泥浆护壁成孔灌注桩是指在泥浆护壁条件下成孔，采用水下灌注混凝土的桩。其成孔方法包括冲击钻成孔、冲抓锥成孔、回旋钻成孔、潜水钻成孔、泥浆护壁的旋挖成孔等；沉管灌注桩的沉管方法包括锤击沉管法、振动沉管法、振动冲击沉管法、内夯沉管法等；干作业成孔灌注桩是指不用泥浆护壁和套管护壁的情况下，用钻机成孔后，下钢筋笼，灌注混凝土的桩，适用于地下水位以上的土层使用。其成孔方法包括螺旋钻成孔、螺旋钻成孔扩底、干作业的旋挖成孔等。

2. 挖孔桩土（石）方

挖孔桩土（石）方按设计图示尺寸（含护壁）截面积乘以挖孔深度以体积计算。混凝土灌注桩的钢筋笼制作、安装，按混凝土与钢筋混凝土工程中相关项目编码列项。

3. 人工挖孔灌注桩

人工挖孔灌注桩按桩芯混凝土体积以立方米计算；或按设计图示数量以根计算。

4. 压浆桩

钻孔压浆桩按设计图示尺寸以桩长按米计算；或按设计图示数量以根计算。灌注桩后压浆按设计图示以注浆孔数计算。

【例 5-14】 某工程采用人工挖孔桩基础，尺寸如图 5-60 所示，共 10 根，强度等级为 C25，桩芯采用商品混凝土，强度等级为 C25。地层自上而下：卵石层（四类土）厚 5～7m，强风化泥岩（极软岩）厚 3～5m，以下为中风化泥岩（软岩）。请根据工程量计算规范计算挖孔桩土方、人工挖孔灌注桩的工程量。

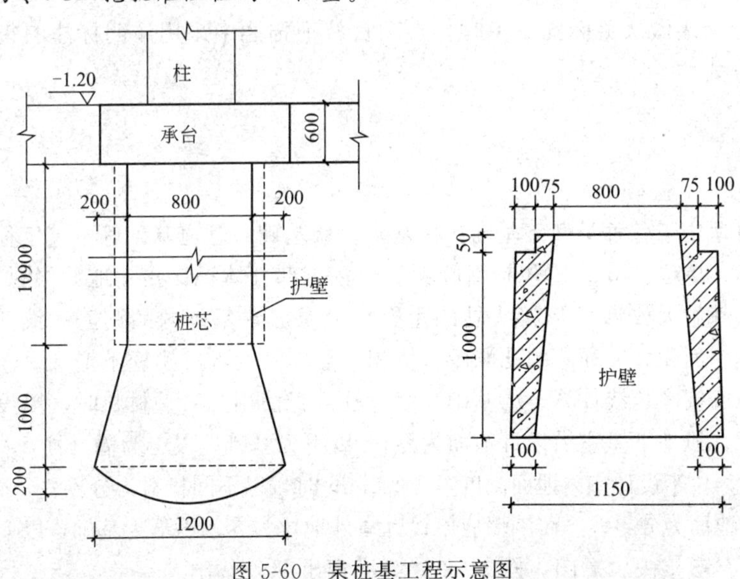

图 5-60 某桩基工程示意图

解：根据工程量计算规范计算挖孔桩土方、人工挖孔灌注桩的工程量。计算过程及结果见表 5-27。

表 5-27 工程量计算表

工程名称：某工程

序号	清单项目编码	清单项目名称	计算式	工程量合计	计量单位
1	010302004001	挖孔桩土（石）方	(1)直芯 $V_1=\pi\times\left(\frac{1.150}{2}\right)^2\times10.9=11.32$ (2)扩大头 $V_2=\frac{1}{3}\times1\times(\pi\times0.4^2+\pi\times0.6^2+\pi\times0.4\times0.6)$ $=\frac{1}{3}\times1\times3.14\times(0.4^2+0.6^2+0.4\times0.6)=0.80$ (3)扩大头球冠 $V_3=\pi\times0.2^2\times\left(R-\frac{0.2}{3}\right)$ $R=\frac{0.6^2+0.2^2}{2\times0.2}=1$ $V_3=3.14\times0.2\times\left(1-\frac{0.2}{3}\right)=0.12$ $V=V_1+V_2V_3=(11.32+0.8+0.12)\times10$ $=122.40m^3$	122.40	m^3
2	010302005001	人工挖孔灌注桩	(1)护桩壁 C20 混凝土 $V=\pi\times\left[\left(\frac{1.15}{2}\right)^2-\left(\frac{0.875}{2}\right)\right]^2\times10.9$ $=\pi\times(0.575^2-0.4375^2)\times10.9\times10$ $=47.65m^3$ (2)桩芯混凝土 $V=122.4-47.65=74.75m^3$	74.75	m^3

四、砌筑工程

砌筑工程包括砖砌体、砌块砌体、石砌体、垫层（单独列出的清单项目）。在砌筑工程中若施工图设计标注做法见标准图集时，在项目特征描述中采用注明标注图集的编码、页号及节点大样的方式。

（一）砖砌体

1. 砖基础

砖基础项目适用于各种类型砖基础：柱基础、墙基础、管道基础等。其工程量按设计图示尺寸以体积计算，单位：m^3。①包括附墙垛基础宽出部分体积，扣除地梁（圈梁）、构造柱所占体积，不扣除基础大放脚 T 形接头处的重叠部分及嵌入基础内的钢筋、铁件、管道、基础砂浆防潮层和单个面积≤$0.3m^2$ 的孔洞所占体积，靠墙暖气沟的挑檐不增加。②基础长度：外墙按中心线，内墙按净长线计算。③基础与墙（柱）身使用同一种材料时，以设计室内地面为界（有地下室者，以地下室室内设计地面为界），以下为基础，以上为墙（柱）身。基础与墙身使用不同材料时，位于设计室内地面高度≤±300mm 时，以不同材料为分界线，高度>±300mm 时，以设计室内地面为分界线。砖围墙应以设计室外地坪为界，以下为基础，以上为墙身。

图 5-61 为 T 形接头示意图，图 5-62 为墙垛宽出部分基础。

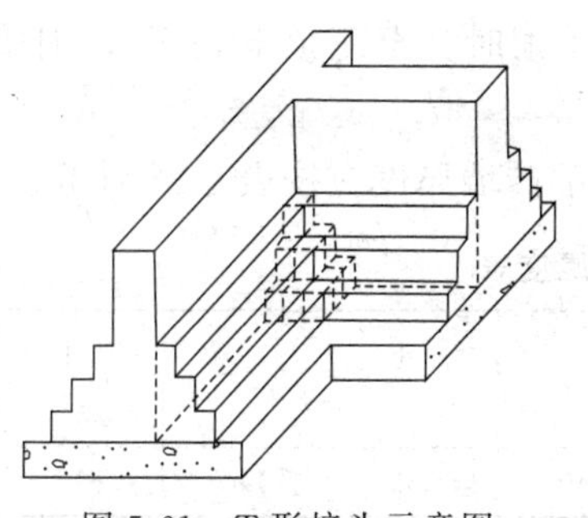

图 5-61　T形接头示意图

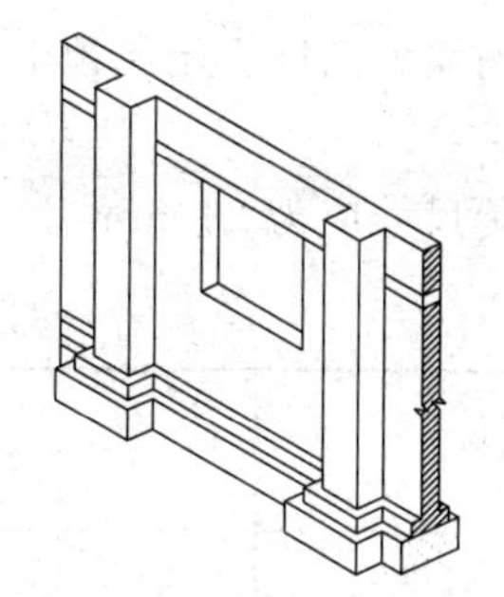

图 5-62　墙垛宽出部分基础

2. 实心砖墙、多孔砖墙、空心砖墙

（1）按设计图示尺寸以体积计算，单位：m^3。扣除门窗洞口、过人洞、空圈、嵌入墙内的钢筋混凝土柱、梁、圈梁、挑梁、过梁及凹进墙内的壁龛、管槽、暖气槽、消火栓箱所占体积。不扣除梁头、板头、檩头、垫木、木楞头、沿椽木、木砖、门窗走头、砖墙内加固钢筋、木筋、铁件、钢管及单个面积≤0.3m^2 的孔洞所占体积。凸出墙面的腰线、挑檐、压顶、窗台线、虎头砖、门窗套的体积亦不增加。凸出墙面的砖垛并入墙体体积内计算。附墙烟囱、通风道、垃圾道应按设计图示尺寸以体积（扣除孔洞所占体积）计算并入所依附的墙体体积内。当设计规定孔洞内需抹灰时，应按“墙、柱面装饰与隔断、幕墙工程”中零星抹灰项目编码列项。

（2）墙长度。外墙按中心线，内墙按净长线。

（3）墙高度。①外墙：斜（坡）屋面无檐口天棚者算至屋面板底；有屋架且室内外均有天棚者算至屋架下弦底另加 200mm；无天棚者算至屋架下弦底另加 300mm，出檐宽度超过 600mm 时按实砌高度计算；平屋面算至钢筋混凝土板底。②内墙：位于屋架下弦者，算至屋架下弦底；无屋架者算至天棚底另加 100mm；有钢筋混凝土楼板隔层者算至楼板顶；有框架梁时算至梁底。③女儿墙：从屋面板上表面算至女儿墙顶面（如有混凝土压顶时算至压顶下表面）。④内、外山墙：按其平均高度计算。

外墙高度见示意图 5-63，内墙高度见示意图 5-64。

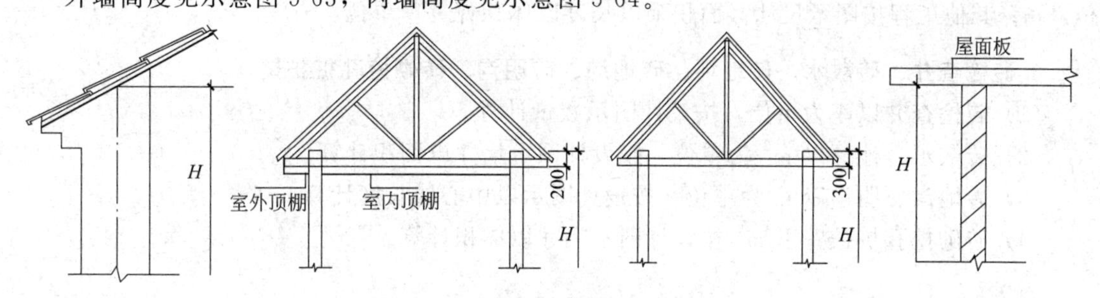

图 5-63　不同情况下外墙高度示意图

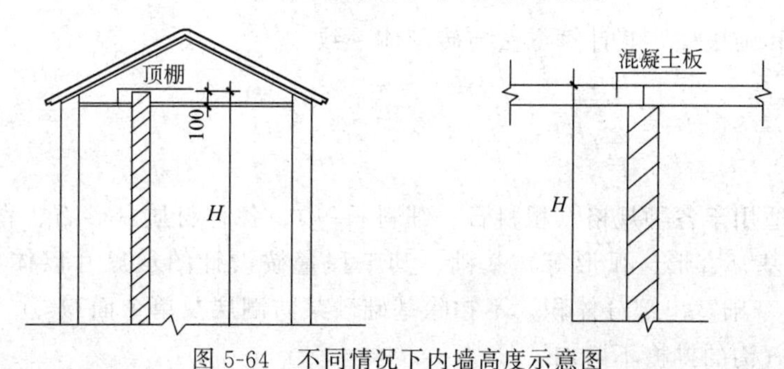

图 5-64　不同情况下内墙高度示意图

(4) 围墙。高度算至压顶上表面（如有混凝土压顶时算至压顶下表面），围墙柱并入围墙体积内。

标准砖尺寸应为240mm×115mm×53mm。标准砖墙厚度应按表5-28计算。

表5-28 标准砖墙厚度表

砖数(厚度)	$\frac{1}{4}$	$\frac{1}{2}$	$\frac{3}{4}$	1	$1\frac{1}{2}$	2	$2\frac{1}{2}$	3
计算厚度/mm	53	115	180	240	365	490	615	740

3. 其他墙体

(1) 空斗墙。按设计图示尺寸以空斗墙外形体积计算，单位：m^3。墙角、内外墙交接处、门窗洞口立边、窗台砖、屋檐处的实砌部分体积并入空斗墙体积内。

(2) 空花墙。按设计图示尺寸以空花部分外形体积计算，单位：m^3，不扣除孔洞部分体积。

(3) 填充墙。按设计图示尺寸以填充墙外形体积计算，单位：m^3。

4. 实心砖柱、多孔砖柱

按设计图示尺寸以体积计算，扣除混凝土及钢筋混凝土梁垫、梁头、板头所占体积，单位：m^3。

5. 零星砌砖

按零星项目列项的有：框架外表面的镶贴砖部分，空斗墙的窗间墙、窗台下、楼板下、梁头下等的实砌部分，台阶、台阶挡墙、梯带、锅台、炉灶、蹲台、池槽、池槽腿、砖胎模、花台、花池、楼梯栏板、阳台栏板、地垄墙、≤0.3m^2的孔洞填塞等。

以上项目中砖砌锅台与炉灶可按外形尺寸以设计图示数量计算，单位：个；砖砌台阶可按图示尺寸水平投影面积计算，单位：m^2；小便槽、地垄墙可按图示尺寸以长度计算，单位：m；其他工程按图示尺寸截面积乘以长度以体积计算，单位：m^3。

6. 砖检查井、砖散水、砖地坪、砖地沟、砖明沟、砖砌挖孔桩护壁

(1) 砖检查井以座为单位，按设计图示数量计算。

(2) 砖散水、地坪以m^2为单位，按设计图示尺寸以面积计算。

(3) 砖地沟、明沟以m为单位，按设计图示以中心线长度计算。

(4) 砖砌挖孔桩护壁以m^3按设计图示尺寸以体积计算。

(二) 砌块砌体

包括砌块墙和砌块柱，其计算方法与砖砌体一致。

(三) 石砌体

1. 石基础

石基础项目适用于各种规格（粗料石、细料石等）、各种材质（砂石、青石等）和各种类型（柱基、墙基、直形、弧形等）基础。其工程量按设计图示尺寸以体积计算，单位：m^3。包括附墙垛基础宽出部分体积，不扣除基础砂浆防潮层及单个面积≤0.3 m^2的孔洞所占体积，靠墙暖气沟的挑檐不增加。

① 基础长度：外墙按中心线，内墙按净长线计算。

② 石基础、石勒脚、石墙身的划分：基础与勒脚应以设计室外地坪为界，勒脚与墙身应以设计室内地坪为界。石围墙内外地坪标高不同时，应以较低地坪标高为界，以下为基础；内外标高之差为挡土墙时，挡土墙以上为墙身。基础垫层包括在基础项目内，不计算工程量。

2. 石勒脚

石勒脚项目适用于各种规格（粗料石、细料石等）、各种材质（砂石、青石、大理石、花岗石等）和各种类型（直形、弧形等）勒脚。其工程量按设计图示尺寸以体积计算，单位：m^3。扣除单个面积＞$0.3m^2$ 的孔洞所占体积。

3. 石墙、石柱

石墙、石柱的工程量计算规则与砖墙一致。

4. 石挡土墙

石挡土墙项目适用于各种规格（粗料石、细料石、块石、毛石、卵石等）、各种材质（砂石、青石、石灰石等）和各种类型（直形、弧形、台阶形等）挡土墙。其工程量按设计图示尺寸以体积计算，单位：m^3。石梯膀应按石挡土墙项目编码列项。

5. 石栏杆

石栏杆项目适用于无雕饰的一般石栏杆。其工程量按设计图示以长度计算，单位：m。石栏杆项目适用于无雕饰的一般石栏杆。

6. 石护坡

石护坡项目适用于各种石质和各种石料（粗料石、细料石、片石、块石、毛石、卵石等），其工程量按设计图示尺寸以体积计算，单位：m^3。

7. 石台阶

石台阶项目包括石梯带（垂带），不包括石梯膀，其工程量按设计图示尺寸以体积计算，单位：m^3。

8. 其他

（1）石坡道。按设计图示尺寸以水平投影面积计算，单位：m^2。

（2）石地沟、石明沟。按设计图示以中心线长度计算，单位：m。

（四）垫层

除混凝土垫层外，没有包括垫层要求的清单项目应按该垫层项目编码列项，即不包括混凝土垫层，如砌筑基础中的灰土垫层可按此列项。垫层按设计图示尺寸以体积计算，单位：m^3。

【例 5-15】 某条形基础平面图、剖面大样见图 5-65。室内外高差为 150mm，基础垫层原槽浇筑，清条石 1000mm×300mm×300mm，基础采用 M7.5 水泥砂浆砌筑，页岩标准砖 MU7.5，基础为 M5.0 水泥砂浆砌筑。垫层为 3∶7 灰土。请根据工程量计算规范计算垫层、石基础、砖基础的工程量（请学生自行完成有关的土方工程量计算）。

解：根据工程量计算规范计算垫层、石基础、砖基础的工程量，计算过程及结果见表 5-29。

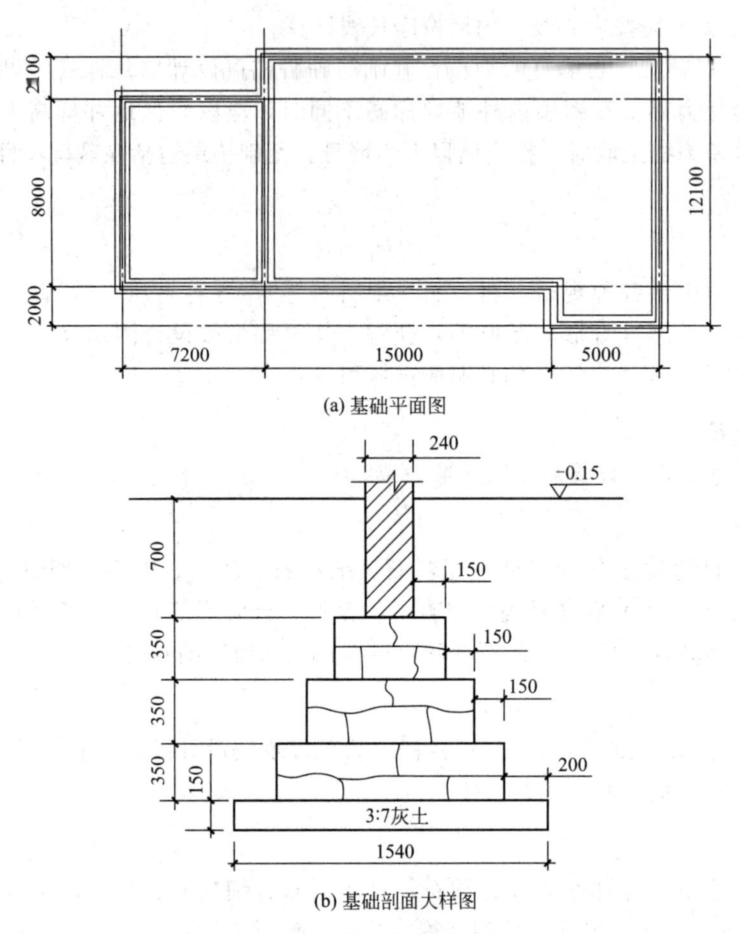

图 5-65 某砌筑基础工程

表 5-29 工程量计算表

工程名称：某工程

序号	清单项目编码	清单项目名称	计算式	工程量合计	计量单位
1	010404001001	垫层	$L_外=(27.2+12.1)\times2=78.6$ $L_内=8-1.54=6.46$ $V=(78.6+6.46)\times1.54\times0.15=19.65$	19.65	m^3
2	010403001001	石基础	$L_外=78.6$ $L_{内1}=8-1.14=6.86$ $L_{内2}=8-0.84=7.16$ $L_{内3}=8-0.54=7.46$ $V=(78.6+6.86)\times1.14\times0.35+(78.6+7.16)\times0.84\times0.35+(78.6+7.46)\times0.54\times0.35$ $=34.10+25.21+16.27=75.58$	75.58	m^3
3	010401001001	砖基础	$L_外=78.6$ $L_内=8-0.24=7.76$ $V=(78.6+7.76)\times0.24\times0.85=17.62$	17.62	m^3

五、混凝土及钢筋混凝土工程

1. 现浇混凝土基础

现浇混凝土基础包括垫层、带形基础、独立基础、满堂基础、设备基础、桩承台基础。按设计图示尺寸以体积计算，单位：m^3。不扣除构件内钢筋、预埋铁件和伸入承台基础的桩头所占体积。

有肋带形基础、无肋带形基础应分别编码列项，并注明肋高；箱式满堂基础及框架式设备基础中柱、梁、墙、板按现浇混凝土柱、梁、墙、板分别编码列项；箱式满堂基础底板按满堂基础项目列项，框架设备基础的基础部分按设备基础列项。

2. 现浇混凝土柱

现浇混凝土柱包括矩形柱、构造柱、异形柱。按设计图示尺寸以体积计算，单位：m^3。不扣除构件内钢筋、预埋铁件所占体积。

柱高按以下规定计算。①有梁板的柱高，应自柱基上表面（或楼板上表面）至上一层楼板上表面之间的高度计算，如图 5-66 所示。②无梁板的柱高，应自柱基上表面（或楼板上表面）至柱帽下表面之间的高度计算，如图 5-67 所示。③框架柱的柱高应自柱基上表面至柱顶高度计算，如图 5-68 所示。④构造柱按全高计算，嵌接墙体部分并入柱身体积，如图 5-69 所示。⑤依附柱上的牛腿和升板的柱帽，并入柱身体积计算，如图 5-70 所示。

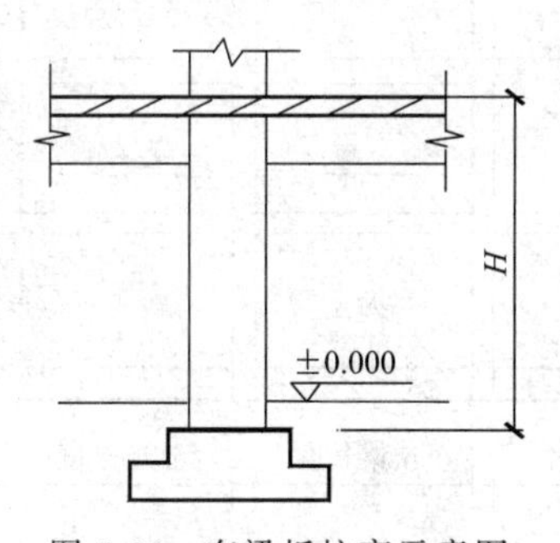

图 5-66 有梁板柱高示意图

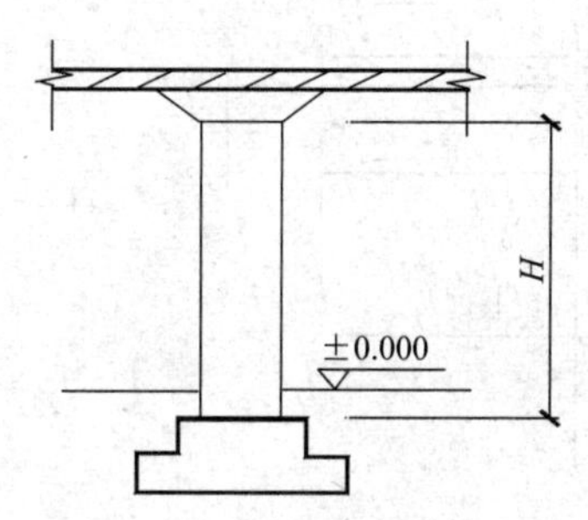

图 5-67 无梁板柱高示意图

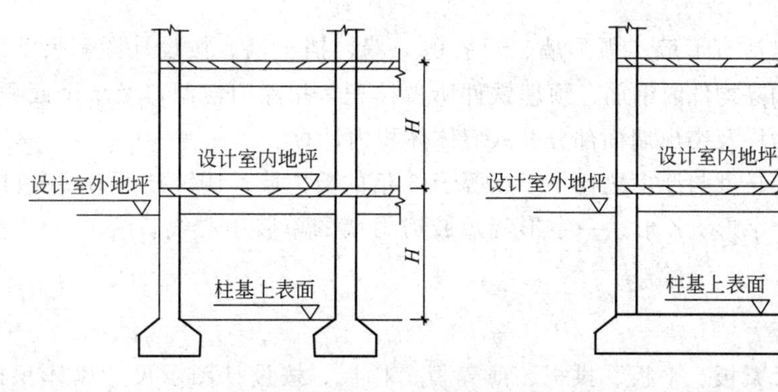

图 5-68 框架柱柱高示意图

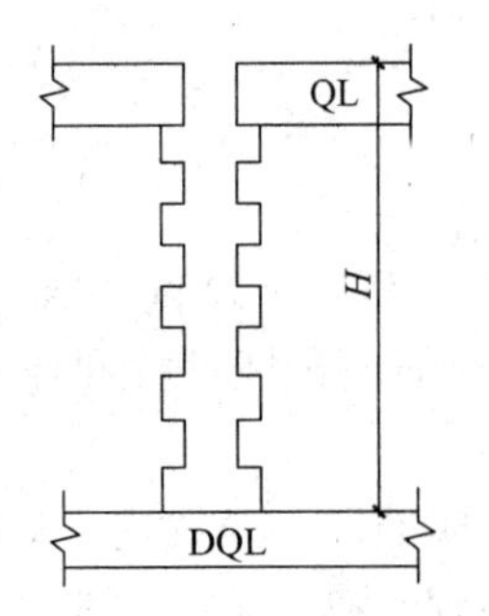

图 5-69 构造柱柱高示意图

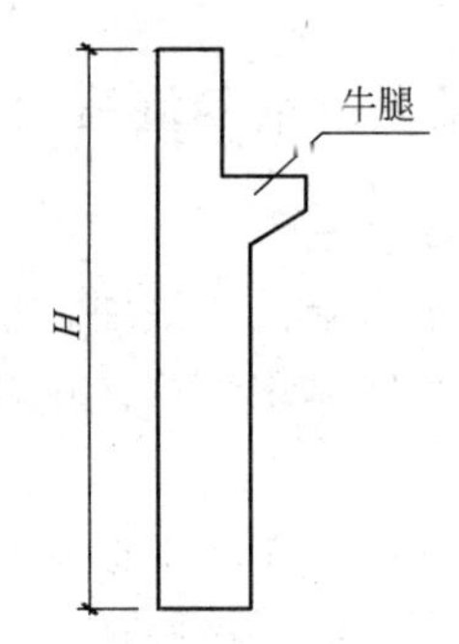

图 5-70 带牛腿的现浇混凝土柱高示意图

3. 现浇混凝土梁

现浇混凝土梁包括基础梁、矩形梁、异形梁、圈梁、过梁、弧形梁、拱形梁。按设计图示尺寸以体积计算，单位：m^3。不扣除构件内钢筋、预埋铁件所占体积，伸入墙内的梁头、梁垫并入梁体积内。

梁长：梁与柱连接时，梁长算至柱侧面；主梁与次梁连接时，次梁长算至主梁侧面。见图 5-71 和图 5-72。

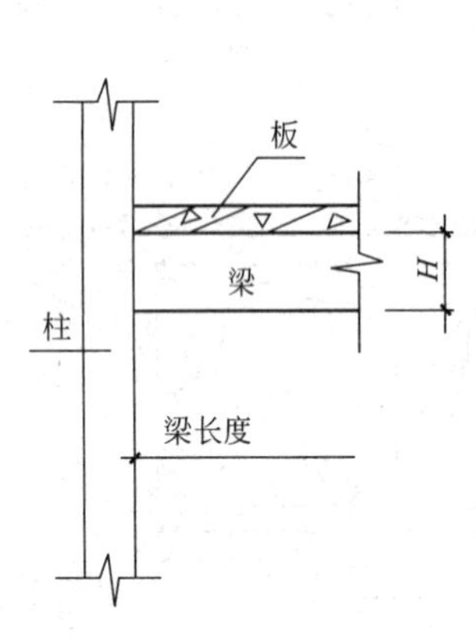

图 5-71 梁与柱连接示意图

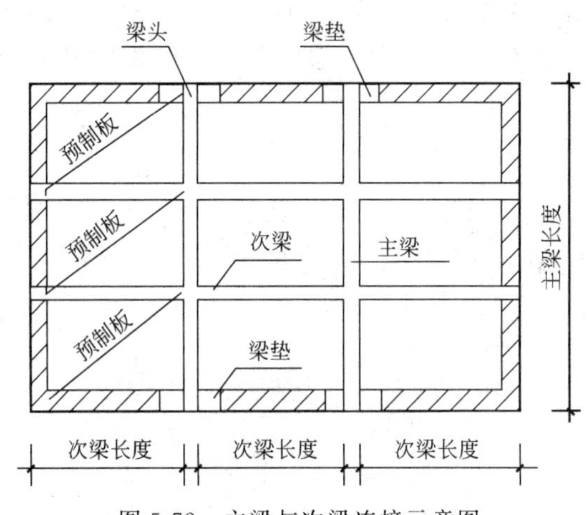

图 5-72 主梁与次梁连接示意图

4. 现浇混凝土墙

现浇混凝土墙包括直形墙、弧形墙、短肢剪力墙、挡土墙。按设计图示尺寸以体积计算，单位：m^3。不扣除构件内钢筋、预埋铁件所占体积，扣除门窗洞口及单个面积>$0.3m^2$的孔洞所占体积，墙垛及突出墙面部分并入墙体体积内计算。

墙肢截面的最大长度与厚度之比小于或等于 6 倍的剪力墙，按短肢剪力墙项目列项。L 形、Y 形、T 形、十字形、Z 形、一字形等短肢剪力墙的单肢中心线长≤0.4m，按柱项目列项。

5. 现浇混凝土板

(1) 有梁板、无梁板、平板、拱板、薄壳板、栏板。按设计图示尺寸以体积计算，单位：m^3。不扣除构件内钢筋、预埋铁件及单个面积≤$0.3m^2$ 的柱、垛以及孔洞所占体积；压形钢板混凝土楼板扣除构件内压形钢板所占体积。

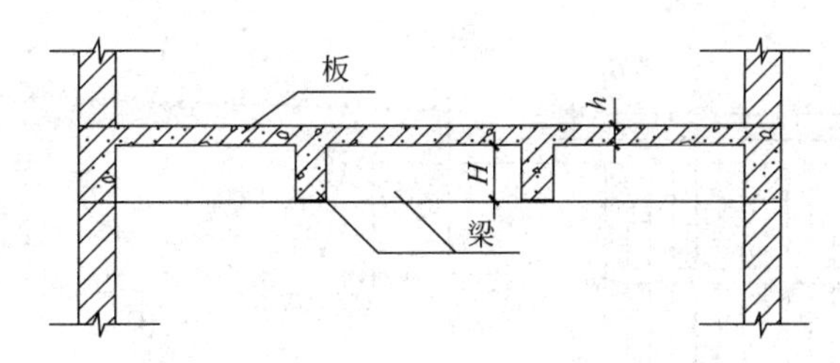

图 5-73 有梁板（包括主、次梁与板）

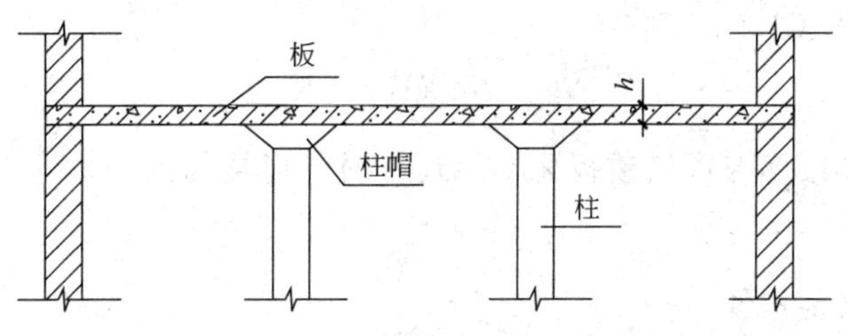

图 5-74 无梁板（包括柱帽）

有梁板（包括主、次梁与板）按梁、板体积之和计算，见图 5-73；无梁板按板和柱帽体积之和计算，见图 5-74；各类板伸入墙内的板头并入板体积内计算；薄壳板的肋、基梁并入薄壳体积内计算。

（2）天沟（檐沟）、挑檐板。按设计图示尺寸以体积计算，单位：m^3。

（3）雨篷、悬挑板、阳台板，按设计图示尺寸以墙外部分体积计算，单位：m^3。包括伸出墙外的牛腿和雨篷反挑檐的体积。

现浇挑檐、天沟板、雨篷、阳台与板（包括屋面板、楼板）连接时，以外墙外边线为分界线；与圈梁（包括其他梁）连接时，以梁外边线为分界线。外边线以外为挑檐、天沟、雨篷或阳台，见图 5-75。

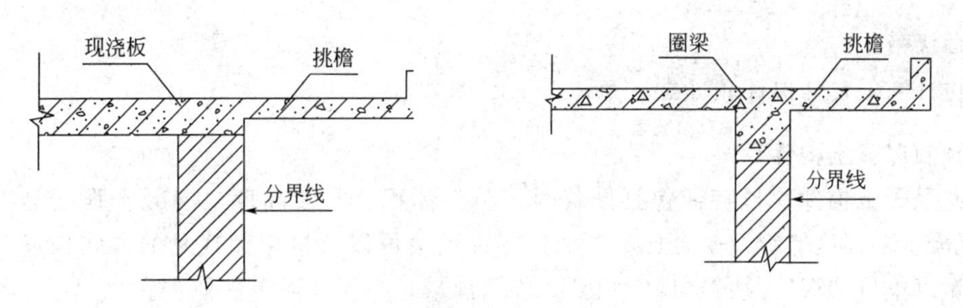

图 5-75 现浇混凝土挑檐板分界线示意图

（4）空心板。按设计图示尺寸以体积计算，单位：m^3。空心板（GBF 高强薄壁蜂巢芯板等）应扣除空心部分体积。

（5）其他板，按设计图示尺寸以体积计算，单位：m^3。

6. 现浇混凝土楼梯

现浇混凝土楼梯包括直形楼梯、弧形楼梯。按设计图示尺寸以水平投影面积计算，单位：m^2，不扣除宽度≤500mm 的楼梯井，伸入墙内部分不计算；或者以立方米计量，按设计图示尺寸以体积计算，见图 5-76。

整体楼梯（包括直形楼梯、弧形楼梯）水平投影面积包括休息平台、平台梁、斜梁和楼

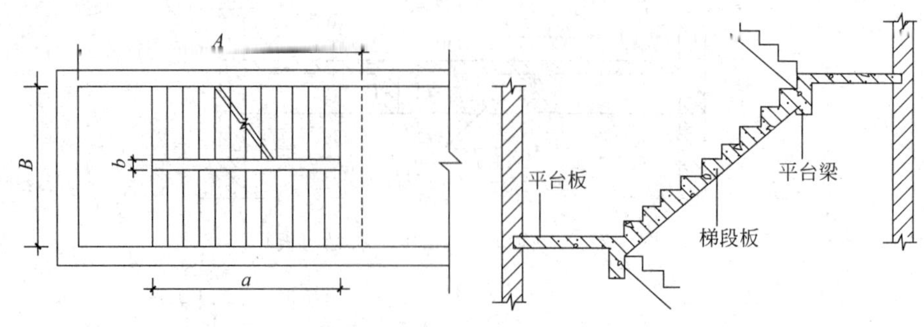

图 5-76 现浇混凝土楼梯示意图

梯的连接梁。当整体楼梯与现浇楼板无梯梁连接时，以楼梯的最后一个踏步边缘加 300mm 为界。

7. 现浇混凝土其他构件

（1）散水、坡道、室外地坪，按设计图示尺寸以水平投影面积计算，单位：m^2。不扣除单个面积≤0.3m^2 的孔洞所占面积。不扣除构件内钢筋、预埋铁件所占体积。

（2）电缆沟、地沟，按设计图示以中心线长度计算，单位：m。

（3）台阶。以平方米计量，按设计图示尺寸水平投影面积计算；或者以 m^3 计量，按设计图示尺寸以体积计算。架空式混凝土台阶，按现浇楼梯计算。

（4）扶手、压顶。以米计量，按设计图示的中心线延长米计算；或者以 m^3 计量，按设计图示尺寸以体积计算。

（5）化粪池、检查井。按设计图示尺寸以体积计算；以座计量，按设计图示数量计算。

（6）其他构件，主要包括现浇混凝土小型池槽、垫块、门框等，按设计图示尺寸以体积计算，单位：m^3。

8. 后浇带

按设计图示尺寸以体积计算，单位：m^3。

9. 预制混凝土构件

预制混凝土构件项目特征包括图代号、单件体积、安装高度、混凝土强度等级、砂浆（细石混凝土）强度等级及配合比。若引用标准图集可以直接用图代号的方式描述，若工程量按数量以单位“根”“块”“榀”“套”“段”计量，必须描述单件体积。

（1）预制混凝土柱、梁　预制混凝土柱包括矩形柱、异形柱；预制混凝土梁包括矩形梁、异形梁、过梁、拱形梁、鱼腹式吊车梁等。均按设计图示尺寸以体积计算，单位：m^3，不扣除构件内钢筋、预埋铁件所占体积，或按设计图示尺寸以数量计算，单位：根。

（2）预制混凝土屋架　预制混凝土屋架包括折线型屋架、组合屋架、薄腹屋架、门式刚架屋架、天窗架屋架，均按设计图示尺寸以体积计算，单位：m^3，不扣除构件内钢筋、预埋铁件所占体积；或按设计图示尺寸以数量计算，单位：榀。三角形屋架应按折线形屋架项目编码列项。

（3）预制混凝土板

① 平板、空心板、槽形板、网架板、折线板、带肋板、大型板。按设计图示尺寸以体积计算，单位：m^3，不扣除构件内钢筋、预埋铁件及单个尺寸≤300mm×300mm 的孔洞所

占体积，扣除空心板孔洞体积；或按设计图示尺寸以数量计算，单位：块。

不带肋的预制遮阳板、雨篷板、挑檐板、栏板等，应按平板项目编码列项。预制F形板、双T形板、单肋板和带反挑檐的雨篷板、挑檐板、遮阳板等，应按带肋板项目编码列项。预制大型墙板、大型楼板、大型屋面板等，应按大型板项目编码列项。

② 沟盖板、井盖板、井圈。按设计图示尺寸以体积计算，单位：m^3；或按设计图示尺寸以数量计算，单位：块。

（4）预制混凝土楼梯　以m^3计量，按设计图示尺寸以体积计算，扣除空心踏步板空洞体积；或以块计量，按设计图示数量计算。

（5）其他预制构件　其他预制构件包括烟道、垃圾道、通风道及其他构件（预制钢筋混凝土小型池槽、压顶、扶手、垫块、隔热板、花格等，按其他构件项目编码列项）。

其工程量计算以立方米计量，按设计图示尺寸以体积计算，不扣除单个面积≤300mm×300mm的孔洞所占体积，扣除烟道、垃圾道、通风道的孔洞所占体积；或以m^2计量，按设计图示尺寸以面积计算，不扣除单个面积≤300mm×300mm的孔洞所占面积；或以根计量，按设计图示尺寸以数量计算。

10. 钢筋工程

（1）现浇混凝土钢筋、预制构件钢筋、钢筋网片、钢筋笼。均按设计图示钢筋（网）长度（面积）乘以单位理论质量计算，单位：t。

现浇构件中伸出构件的锚固钢筋应并入钢筋工程量内。除设计（包括规范规定）标明的搭接外，其他施工搭接不计算工程量，在综合单价中综合考虑。

清单项目工作内容中综合了钢筋的焊接（绑扎）连接，钢筋的机械连接单独列项。在工程计价中，钢筋连接的数量可根据《房屋建筑与装饰工程消耗量定额》（TY01-31-2015）中规定确定。即钢筋连接的数量按设计图示及规范要求计算，设计图纸及规范要求未标明的，按以下规定计算：

① Φ10以内的长钢筋按每12m计算一个钢筋接头；

② Φ10以上的长钢筋按每9m计算一个钢筋接头。

现浇构件中固定位置的支撑钢筋、双层钢筋用的“铁马”在编制工程量清单时，如果设计未明确，其工程数量可为暂估量，结算时按现场签证数量计算。

（2）先张法预应力钢筋，按设计图示钢筋长度乘以单位理论质量计算，单位：t。

（3）后张法预应力钢筋、预应力钢丝、预应力钢绞线，按设计图示钢筋（丝束、绞线）长度乘以单位理论质量计算，单位：t。

其长度应按以下规定计算：

① 低合金钢筋两端均采用螺杆锚具时，钢筋长度按孔道长度减0.35m计算，螺杆另行计算。

② 低合金钢筋一端采用镦头插片、另一端采用螺杆锚具时，钢筋长度按孔道长度计算，螺杆另行计算。

③ 低合金钢筋一端采用镦头插片、另一端采用帮条锚具时，钢筋增加0.15m计算；两端均采用帮条锚具时，钢筋长度按孔道长度增加0.3m计算 。

④ 低合金钢筋采用后张混凝土自锚时，钢筋长度按孔道长度增加0.35m计算。

⑤ 低合金钢筋（钢绞线）采用JM、XM、QM型锚具，孔道长度在20m以内时，钢筋长度增加1m计算；孔道长度在20m以外时，钢筋（钢绞线）长度按孔道长度增加1.8m

计算。

⑥ 碳素钢丝采用锥形锚具，孔道长度在20m以内时，钢丝束长度按孔道长度增加1m计算；孔道长在20m以上时，钢丝束长度按孔道长度增加1.8m计算。

⑦ 碳素钢丝束采用镦头锚具时，钢丝束长度按孔道长度增加0.35m计算。

（4）钢筋的工程量按以下方法计算（有关钢筋工程量的详细计算参考本教材其他章节）：

钢筋工程量＝图示钢筋长度×单位理论质量

图示钢筋长度＝构件尺寸－保护层厚度＋弯起钢筋增加长度＋两端弯钩长度＋图纸注明（或规范规定）的搭接长度

有关计算参数确定如下：

① 钢筋的单位质量。钢筋单位质量见表5-30，也可根据钢筋直径计算理论质量，钢筋的容重可按7850kg/m^{3}计算。

表5-30　钢筋单位质量表

直径/mm	理论质量/(kg/m)	横截面积/cm^2	直径/mm	理论质量/(kg/m)	横截面积/cm^2
4	0.099	0.126	18	1.998	2.545
5	0.154	0.196	20	2.466	3.142
6	0.222	0.283	22	2.984	3.801
6.5	0.26	0.332	24	3.551	4.524
8	0.395	0.503	25	3.85	4.909
10	0.617	0.785	28	4.83	5.153
12	0.888	1.131	30	5.55	7.069
14	1.208	1.539	32	5.31	8.043
16	1.578	2.011	40	9.865	12.561

② 钢筋的混凝土保护层厚度。根据《混凝土结构设计规范》（GB 50010—2010）规定，结构中最外层钢筋的混凝土保护层厚度（钢筋外边缘至混凝土表面的距离）应不小于钢筋的公称直径。设计使用年限为50年的混凝土结构，其保护层厚度尚应符合表5-31的规定。

③ 弯起钢筋增加长度。如图5-77弯起钢筋增加的长度为$S-L$。不同弯起角度的$S-L$值计算见表5-32。

表5-31　混凝土保护层最小厚度　　单位：mm

环境等级	板 墙 壳	梁 柱	环境等级	板 墙 壳	梁 柱
一	15	20	三a	30	40
二a	20	25			
二b	25	35	三b	40	50

注：1.混凝土强度等级不大于C25时，表中保护层厚度数值应增加5mm；

2.钢筋混凝土基础宜设置混凝土垫层，其受力钢筋的混凝土保护层厚度应从垫层顶面算起，且不应小于40mm。

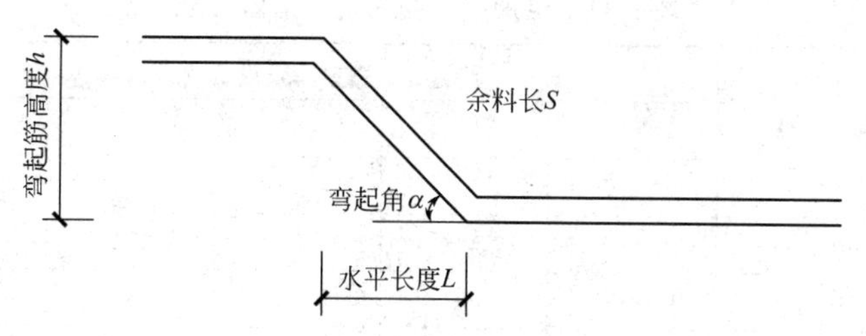

图 5-77　弯起钢筋增加长度示意图

表 5-32　弯起钢筋增加长度计算表

弯起角度	S	L	$S-L$
30°	2.000h	1.732h	0.268h
45°	1.414h	1.000h	0.414h
60°	1.15h	0.577h	0.573h

注：弯起钢筋高度 h＝构件高度－保护层厚度。

④ 两端弯钩长度。采用Ⅰ级钢筋做受力筋时，两端需设弯钩，弯钩形式有 180°、90°、135°三种。如图 5-78 图中 d 为钢筋的直径，三种形式的弯钩增加长度分别为 6.25d、3.5d、4.9d。

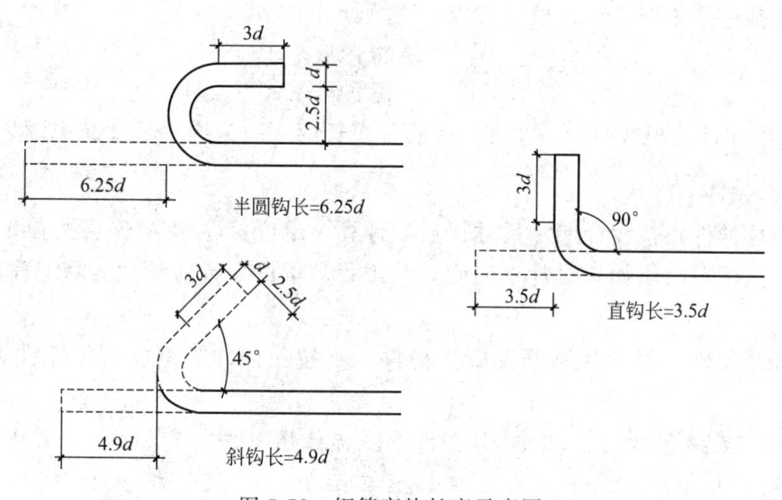

图 5-78　钢筋弯钩长度示意图

⑤ 钢筋的锚固及搭接长度。纵向受拉钢筋抗震锚固长度见表 5-33。

⑥ 纵向受拉钢筋抗震绑扎搭接长度。按锚固长度乘以修正系数计算，修正系数见表 5-34。

⑦ 箍筋长度的计算。矩形梁、柱的箍筋长度应按图纸规定计算。无规定时，箍筋长度＝构件截面周长－8×保护层厚＋2×钩长。箍筋两个弯钩增加长度的经验参考值见表 5-35。

表 5-33　纵向受拉钢筋抗震锚固长度

钢筋类型		混凝土强度等级与抗震等级					
		C20		C25		C30	
		一、二	三	一、二	三	一、二	三
HPB235 光圆Ⅰ级钢筋		36*d*	33*d*	31*d*	28*d*	27*d*	25*d*
HRB335 月牙纹	*d*≤25	44*d*	41*d*	38*d*	35*d*	34*d*	31*d*
	d>25	49*d*	45*d*	42*d*	39*d*	38*d*	34*d*
HRB400	*d*≤25	53*d*	49*d*	46*d*	42*d*	41*d*	37*d*
HRB500	*d*>25	58*d*	53*d*	51*d*	46*d*	45*d*	41*d*

表 5-34　纵向受拉钢筋抗震绑扎搭接长度修正系数

纵向钢筋搭接接头面积百分率	≤25	≤50	≤100
修正系数	1.2	1.4	1.6

表 5-35　箍筋两个弯钩增加长度经验参考值表

箍筋直径/mm			
Φ4～Φ5	Φ6	Φ8	Φ10～Φ12
80	100	120	150～170

箍筋（或其他分布钢筋）的根数，应按下式计算：

$$\text{箍筋根数}=\frac{\text{箍筋分布长度}}{\text{箍筋间距}}+1$$

注意式中在计算根数时取整加 1；箍筋分布长度一般为构件长度减去两端保护层厚度。

11. 螺栓、铁件

螺栓、预埋铁件，按设计图示尺寸以质量计算，单位：t。机械连接按数量计算，单位：个。编制工程量清单时，如果设计未明确，其工程数量可为暂估量，实际工程量按现场签证数量计算。

以上现浇或预制混凝土和钢筋混凝土构件，不扣除构件内钢筋、预埋铁件所占体积或面积。

【例 5-16】 某框架结构，其中 KL2 的平法标注图如图 5-79 所示，共计 20 根。其混凝土强度等级为 C30，抗震等级为一级，框架柱 500×500。根据工程量计算规范计算框架梁和钢筋的工程量（计算中保护层厚度按 25mm，计算中不考虑拉筋和钢筋的搭接长度）。

解：计算结果见表 5-36。

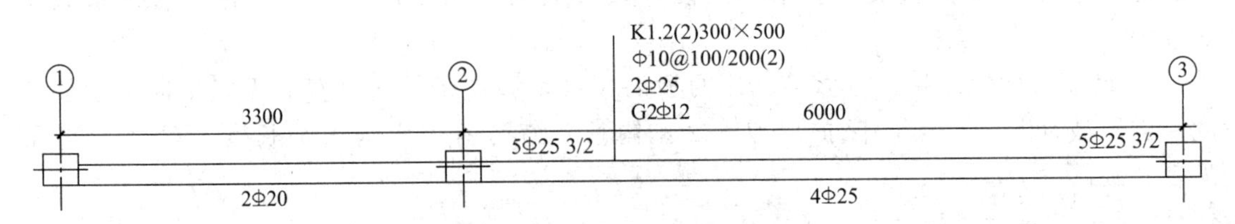

图 5-79　KL2 平法标注图

表 5-36 工程量计算表

序号	清单项目编码	清单项目名称	计算式	工程量合计	计量单位
1	010503002001	矩形梁	0.3×0.5×(3.3−0.5+6−0.5)×20=24.9	24.90	m^3
2	010515001001	现浇构件钢筋(⏀25)	(1)上部通长钢筋 20×2⏀25: 锚固长度 max(0.4l_{aE},0.5h_c+5d)+15d=max(0.4×33×25,0.5×500+5×25)+15×25=750mm [750+(9300−500)+750]×2×20=412000mm (2)第一排支座负筋 20×1⏀25: 第二跨第一排左支座负筋: (750+5500/3)×20=51667mm 第二跨第一排右支座负筋: [(750+15×25)+5500/3]×20=59167mm (3)第二排支座负筋 20×2⏀25: 第二跨第二排左支座负筋: (750+5500/4)×40=85000mm 第二跨第二排右支座负筋: (750+5500/4)×40=85000mm (4)下部非通长钢筋: 第二跨下部非通长钢筋 20×4⏀25: [(33×25)+(6000−500)+750]×2×20=283000mm (5)合计长度=968333mm 质量:3.85×968333/1000=3728.0825kg=3.728t	3.728	t
3	010515001002	现浇构件钢筋(⏀12)	侧面构造筋 20×G2⏀12: (8800+15×12×2)×2×20=366400mm 质量:0.888×366400/1000=325.3632kg=0.325t	0.325	t
4	010515001003	现浇构件钢筋(⏀20)	第一跨下部非通长钢筋 20×2⏀20: 右支座锚固长度=33×20;左支座锚固长度=max(0.4l_{aE},0.5h_c+5d)+15d=650mm [650+(6000−500)+(33×20)]×2×20=272400mm 质量:2.466×272400/1000=671.7384kg=0.672t	0.672	t
5	010515001004	现浇构件钢筋(⏀10 箍筋)	(1)单根长度: (300+500)×2−8×25−4×10+1.9×10×2+max(10×10,75)×2=1598mm (2)箍筋根数: 加密区=2h_b=2×500=1000mm(大于 500mm) 第一跨左加密区(1000−50)/100+1=11 根,第一跨右加密区(1000−50)/100+1=11 根,第一跨非加密区 800/200−1=3 根,第一跨合计 25 根 第二跨左加密区(1000−50)/100+1=11 根,第二跨右加密区(1000−50)/100+1=11 根,第二跨非加密区 3500/200−1=17 根,第二跨合计 39 根 总根数:25+39=64 根 (3)总长度:1598×64=102272mm (4)质量: 0.617×105468/1000=63.101824kg=0.063t	0.063	t

六、金属结构

1. 钢网架

按设计图示尺寸以质量计算，单位：t。不扣除孔眼的质量，焊条、铆钉、螺栓等不另增加质量。但在报价中应考虑金属构件的切边，不规则及多边形钢板发生的损耗。

2. 钢屋架、钢托架、钢桁架、钢桥架

(1) 钢屋架　以榀计量，按设计图示数量计算；或以吨计量，按设计图示尺寸以质量计算。不扣除孔眼的质量，焊条、铆钉、螺栓等不另增加质量。

(2) 钢托架、钢桁架、钢桥架　按设计图示尺寸以质量计算，单位：t。不扣除孔眼的质量，焊条、铆钉、螺栓等不另增加质量。

3. 钢柱

(1) 实腹柱、空腹柱　按设计图示尺寸以质量计算，单位：t。不扣除孔眼的质量，焊条、铆钉、螺栓等不另增加质量，依附在钢柱上的牛腿及悬臂梁等并入钢柱工程量内。实腹钢柱类型指十字形、T形、L形、H形等；空腹钢柱类型指箱形柱、格构柱等。

(2) 钢管柱　按设计图示尺寸以质量计算，单位：t。不扣除孔眼的质量，焊条、铆钉、螺栓等不另增加质量，钢管柱上的节点板、加强环、内衬管、牛腿等并入钢管柱工程量内。

型钢混凝土柱浇筑钢筋混凝土，其混凝土和钢筋应按混凝土及钢筋混凝土工程中相关项目编码列项。

4. 钢梁、钢吊车梁

按设计图示尺寸以质量计算，单位：t。不扣除孔眼的质量，焊条、铆钉、螺栓等不另增加质量，制动梁、制动板、制动桁架、车挡并入钢吊车梁工程量内。

型钢混凝土梁浇筑钢筋混凝土，其混凝土和钢筋应按混凝土及钢筋混凝土工程中相关项目编码列项。

5. 压型钢板楼板、墙板

(1) 压型钢板楼板，按设计图示尺寸以铺设水平投影面积计算，单位：m^2。不扣除单个面积≤0.3 m^2 的柱、垛及孔洞所占面积。

(2) 压型钢板墙板，按设计图示尺寸以铺挂面积计算，单位：m^2。不扣除单个面积≤0.3m^2 的梁、孔洞所占面积，包角、包边、窗台泛水等不另加面积。

6. 钢构件

(1) 钢支撑、钢拉条、钢檩条、钢天窗架、钢挡风架、钢墙架、钢平台、钢走道、钢梯、钢栏杆、钢支架、零星钢构件，按设计图示尺寸以质量计算，单位：t。不扣除孔眼的质量，焊条、铆钉、螺栓等不另增加质量。钢墙架项目包括墙架柱、墙架梁和连接杆件。加工铁件等小型构件，应按零星钢构件项目编码列项。

(2) 钢漏斗，按设计图示尺寸以质量计算，单位：t。不扣除孔眼的质量，焊条、铆钉、螺栓等不另增加质量，依附漏斗的型钢并入漏斗工程量内。

7. 金属制品

(1) 成品空调金属百叶护栏、成品栅栏、金属网栏，按设计图示尺寸以面积计算，单位：m^2。

(2) 成品雨篷按设计图示接触边以长度计算，单位：m；或按设计图示尺寸以展开面积

计算，单位：m^2。

(3) 砌块墙钢丝网加固、后浇带金属网按设计图示尺寸以面积计算，单位：m^2。

【例 5-17】 某工程空腹钢柱如图 5-80 所示，共 2 根，加工厂制作，运输到现场拼装、安装、超声波探伤，耐火极限二级。钢材单位理论质量如表 5-37 所示。请根据工程量计算规范计算空腹钢柱的工程量。

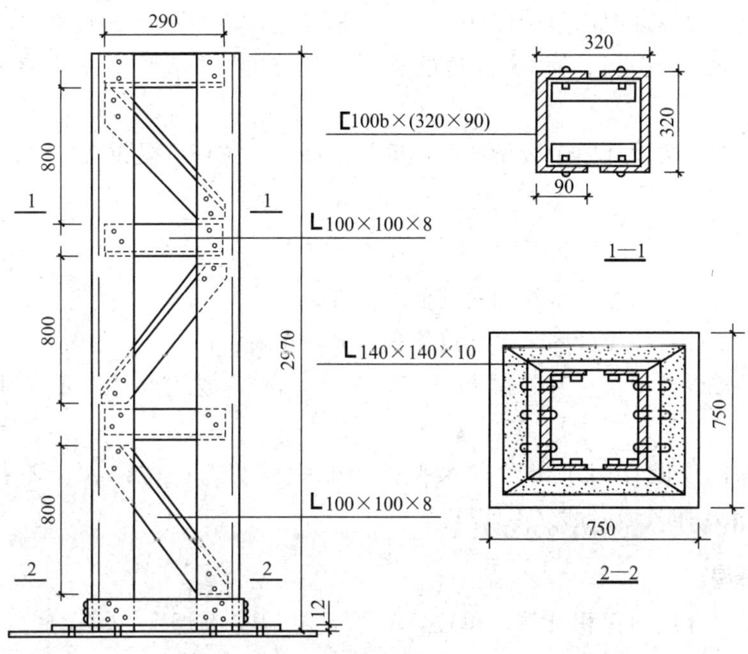

图 5-80　某空腹钢柱

表 5-37　钢材单位理论质量表

规格	单位质量	备注
[100b×(320×90)	43.25kg/m	槽钢
L100×100×8	12.28kg/m	角钢
L140×140×10	21.49kg/m	角钢
-12	94.20kg/m^2	钢板

解： 根据工程量计算规范计算空腹钢柱的工程量，计算过程及结果见表 5-38。

表 5-38　工程量计算表

序号	清单项目编码	清单项目名称	计算式	工程量合计	计量单位
1	010603002001	空腹钢柱	①[100b×(320×90)：$G_1=2.97\times2\times43.25\times2=513.81$kg ②L100×100×8：$G_2=(0.29\times6+\sqrt{0.8^2+0.29^2}\times6)\times12.28\times2=168.13$kg ③L140×140×10：$G_3=(0.32+0.14\times2)\times4\times21.49\times2=103.15$kg ④-12：$G_4=0.75\times0.75\times94.20\times2=105.98$kg $G=G_1+G_2+G_3+G_4=513.81+168.13+103.15+105.98=891.07$kg	0.891	1

七、木结构

1. 木屋架

包括木屋架和钢木屋架。对于屋架的跨度应以上、下弦中心线两交点之间的距离计算。

（1）木屋架，按设计图示数量计算，单位：榀；或按设计图示的规格尺寸以体积计算，单位：m^3。带气楼的屋架和马尾、折角以及正交部分的半屋架，应按相关屋架项目编码列项。

（2）钢木屋架，按设计图示数量计算，单位：榀。钢拉杆、受拉腹杆、钢夹板、连接螺栓应包括在报价内。

2. 木构件

包括木柱、木梁、木檩、木楼梯及其他木构件。

（1）木柱、木梁，按设计图示尺寸以体积计算，单位：m^3。

（2）木檩条按设计图示尺寸以体积计算，单位：m^3；或按设计图示尺寸以长度计算，单位：m。

（3）木楼梯，按设计图示尺寸以水平投影面积计算，单位：m^2。不扣除宽度小于300mm的楼梯井，伸入墙内部分不计算。

3. 屋面木基层

按设计图示尺寸以斜面积计算，单位：m^2。不扣除房上烟囱、风帽底座、风道、小气窗、斜沟等所占面积。小气窗的出檐部分不增加面积。

【例 5-18】 某厂房，方木屋架如图 5-81 所示，共 4 榀，现场制作，不刨光，拉杆为 ϕ10mm 的圆钢，铁件刷防锈漆一遍，轮胎式起重机安装，安装高度 6m。根据工程量计价规范计算该工程方木屋架以立方米计量的分部分项工程量。

解：计算结果见表 5-39。

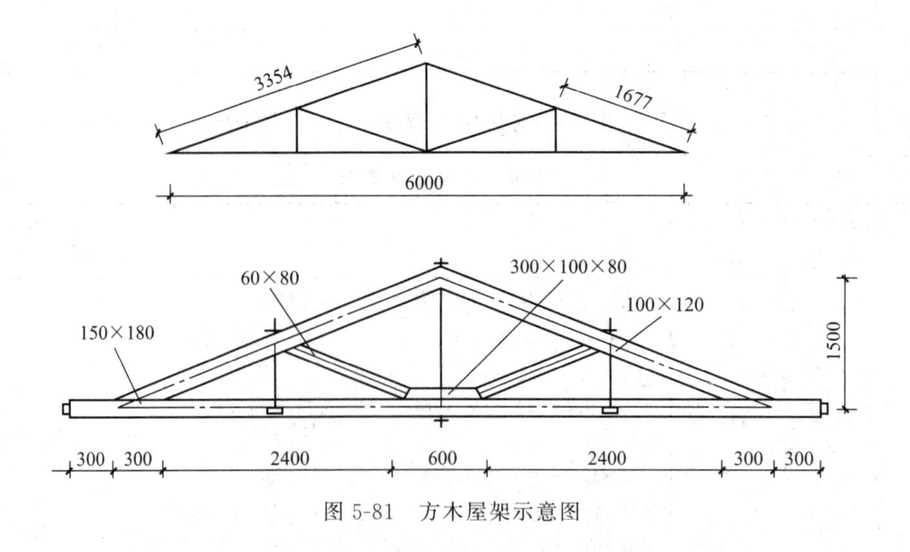

图 5-81　方木屋架示意图

表 5-39　工程量计算表

序号	清单项目编码	清单项目名称	计算式	工程量合计	计量单位
1	010701001001	方木屋架	下弦杆体积＝0.15×0.18×6.6×4＝0.713m^3 上弦杆体积＝0.10×0.12×3.354×2×4＝0.322m^3 斜撑体积＝0.06×0.08×1.677×2×4＝0.064m^3 元宝垫木体积＝0.30×0.10×0.08×4＝0.010m^3 合计：0.713＋0.322＋0.064＋0.010＝1.109m^3	1.109	m^3

八、门窗工程

门窗工程包括木门、金属门、金属卷帘（闸）门、厂库房大门及特种门、木窗、金属窗等。

1. 木门

（1）木质门、木质门带套、木质连窗门、木质防火门，工程量可以按设计图示数量计算，单位：樘；或按设计图示洞口尺寸以面积计算，单位：m^2。木质门带套计量按洞口尺寸以面积计算，不包括门套的面积，但门套应计算在综合单价中。

（2）木门框以樘计量，按设计图示数量计算；以米计量，按设计图示框的中心线以延长米计算。

（3）门锁安装按设计图示数量计算，单位：个或套。

2. 金属门

金属门包括金属（塑钢）门、彩板门、钢质防火门、防盗门，按设计图示数量计算，单位：樘；或按设计图示洞口尺寸以面积计算（无设计图示洞口尺寸，按门框、扇外围以面积计算），单位：m^2。

3. 金属卷帘（闸）门

金属卷帘（闸）门项目包括金属卷帘（闸）门、防火卷帘（闸）门，工程量按设计图示数量计算，单位：樘；或按设计图示洞口尺寸以面积计算，单位：m^2。

4. 厂库房大门及特种门

厂库房大门、特种门项目包括木板大门、钢木大门、全钢板大门、防护铁丝门、金属格栅门、钢质花饰大门、特种门。

（1）木板大门、钢木大门、全钢板大门工程量按设计图示数量计算，单位：樘；或按设计图示洞口尺寸以面积计算，单位：m^2。

（2）防护铁丝门工程量按设计图示数量计算，单位：樘；或按设计图示门框或扇以面积计算，单位：m^2。

（3）金属格栅门工程量按设计图示数量计算，单位：樘；或按设计图示洞口尺寸以面积计算，单位：m^2。

（4）钢质花饰大门工程量按设计图示数量计算，单位：樘；或按设计图示门框或扇以面积计算，单位：m^2。

（5）特种门工程量按设计图示数量计算，单位：樘；或按设计图示洞口尺寸以面积计算，单位：m^2。

5. 木窗

木窗包括木质窗、木飘（凸）窗、木橱窗、木纱窗。木质窗应区分木百叶窗、木组合窗、木天窗、木固定窗、木装饰空花窗等项目，分别编码列项。

(1) 木质窗工程量按设计图示数量计算，单位：樘；或按设计图示洞口尺寸以面积计算，单位：m^2。

(2) 木飘（凸）窗、木橱窗工程量按设计图示数量计算，单位：樘；或按设计图示尺寸以框外围展开面积计算，单位：m^2。

(3) 木纱窗工程量按设计图示数量计算，单位：樘；或按框的外围尺寸以面积计算，单位：m^2。

6. 金属窗

金属窗应区分金属组合窗、防盗窗等项目，分别编码列项。

(1) 金属（塑钢、断桥）窗、金属防火窗、金属百叶窗、金属格栅窗工程量按设计图示数量计算，单位：樘；或按设计图示洞口尺寸以面积计算，单位：m^2。

(2) 金属纱窗工程量按设计图示数量计算，单位：樘；或按框的外围尺寸以面积计算，单位：m^2。

(3) 金属（塑钢、断桥）橱窗、金属（塑钢、断桥）飘（凸）窗工程量按设计图示数量计算，单位：樘；或按设计图示尺寸以框外围展开面积计算，单位：m^2。

(4) 彩板窗、复合材料窗工程量按设计图示数量计算，单位：樘；或按设计图示洞口尺寸或框外围以面积计算，单位：m^2。

7. 门窗套

包括木门窗套、金属门窗套、石材门窗套、门窗木贴脸、硬木筒子板、饰面夹板筒子板。木门窗套适用于单独门窗套的制作、安装。

(1) 木门窗套、木筒子板、饰面夹板筒子板、金属门窗套、石材门窗套、成品木门窗套工程量按设计图示数量计算，单位：樘；或按设计图示尺寸以展开面积计算，单位：m^2；或按设计图示中心以延长米计算，单位：m。

(2) 门窗贴脸工程量按设计图示数量计算，单位：樘；或按设计图示尺寸以延长米计算，单位：m。

8. 窗台板

包括木窗台板、铝塑窗台板、石材窗台板、金属窗台板。按设计图示尺寸以展开面积计算，单位：m^2。

9. 窗帘、窗帘盒、窗帘轨

在项目特征描述中，当窗帘是双层，项目特征必须描述每层材质；当窗帘以米计量，项目特征必须描述窗帘高度和宽度。

(1) 窗帘工程量按设计图示尺寸以成活后长度计算，单位：m；或按图示尺寸以成活后展开面积计算，单位：m^2。

(2) 木窗帘盒，饰面夹板、塑料窗帘盒，铝合金属窗帘盒，窗帘轨。按设计图示尺寸以长度计算，单位：m。

九、屋面及防水工程

1. 瓦、型材屋面

（1）瓦屋面、型材屋面按设计图示尺寸以斜面积计算，单位：m^2。不扣除房上烟囱、风帽底座、风道、小气窗、斜沟等所占面积，小气窗的出檐部分不增加面积。

（2）阳光板、玻璃钢屋面按设计图示尺寸以斜面积计算。不扣除屋面面积≤0.3m^2 孔洞所占面积。

（3）膜结构屋面按设计图示尺寸以需要覆盖的水平投影面积计算，单位：m^2。

2. 屋面防水

（1）屋面卷材防水、屋面涂膜防水。按设计图示尺寸以面积计算，单位：m^2。斜屋顶（不包括平屋顶找坡）按斜面积计算；平屋顶按水平投影面积计算。不扣除房上烟囱、风帽底座、风道、屋面小气窗和斜沟所占面积。屋面的女儿墙、伸缩缝和天窗等处的弯起部分，并入屋面工程量内。

屋面找平层按楼地面装饰工程平面砂浆找平层项目编码列项。屋面防水搭接及附加层用量不另行计算，在综合单价中考虑。

（2）屋面刚性防水。按设计图示尺寸以面积计算，单位：m^2。不扣除房上烟囱、风帽底座、风道等所占的面积。

（3）屋面排水管。按设计图示尺寸以长度计算，单位：m。如设计未标注尺寸，以檐口至设计室外散水上表面垂直距离计算。

（4）屋面排（透）气管。按设计图示尺寸以长度计算，单位：m。

（5）屋面（廊、阳台）泄（吐）水管。按设计图示数量计算，单位：根或个。

（6）屋面天沟、檐沟。按设计图示尺寸以面积计算，单位：m^2。铁皮和卷材天沟按展开面积计算。

（7）屋面变形缝。按设计图示以长度计算，单位：m。

3. 墙面防水、防潮

（1）墙面卷材防水、墙面涂膜防水、墙面砂浆防水（潮）。按设计图示尺寸以面积计算，单位：m^2。

（2）墙面变形缝。按设计图示尺寸以长度计算，单位：m。墙面变形缝，若做双面，工程量乘系数 2。

4. 楼（地）面防水、防潮

（1）楼（地）面卷材防水、楼（地）面涂膜防水、楼（地）面砂浆防水（潮），按设计图示尺寸以面积计算，单位：m^2，楼（地）面防水搭接及附加层用量不另行计算，在综合单价中考虑。①楼（地）面防水：按主墙间净空面积计算，扣除凸出地面的构筑物、设备基础等所占面积，不扣除间壁墙及单个面积≤0.3m^2 的柱、垛、烟囱和孔洞所占面积；②楼（地）面防水反边高度≤300mm 算作地面防水，反边高度＞300mm 按墙面防水计算。

（2）楼（地）面变形缝。按设计图示尺寸以长度计算，单位：m。

【例 5-19】 某工程 SBS 改性沥青卷材防水屋面平面、剖面图如图 5-82 所示，其自结构层由下向上的做法为：钢筋混凝土板上用 1∶12 水泥珍珠岩找坡，坡度 2%，最薄处 60mm；保温隔热层上 1∶3 水泥砂浆找平层反边高 300mm，在找平层上刷冷底子油，加热烤铺，贴

3mm 厚 SBS 改性沥青防水卷材一道（反边高 300mm），在防水卷材上抹 1：2.5 水泥砂浆找平层（反边高 300mm）。不考虑嵌缝，砂浆以使用中砂为拌合料，女儿墙不计算，未列项目不补充。根据工程量计价规范计算该屋面找平层、保温及卷材防水分部分项工程量。

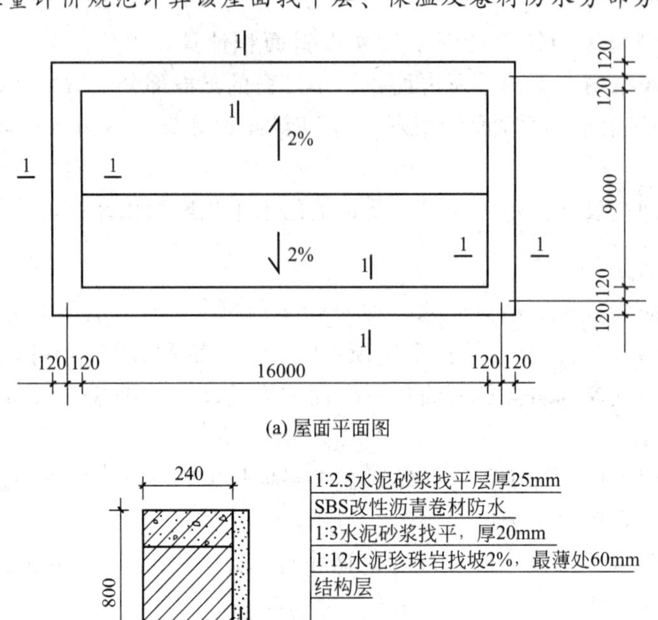

(a) 屋面平面图

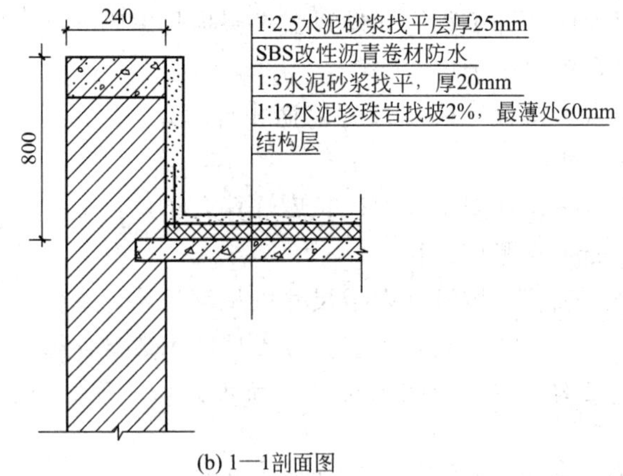

(b) 1—1剖面图

图 5-82 屋面平面、剖面图

解：计算结果见表 5-40。

表 5-40 工程量计算表

序号	清单项目编码	清单项目名称	计算式	工程量合计	计量单位
1	011001001001	屋面保温	$S=16\times9=144\text{m}^2$	144	m^2
2	010902001001	屋面卷材防水	$S=16\times9+(16+9)\times2\times0.3=159\text{m}^2$	159	m^2
3	011101006001	屋面找平层	$S=16\times9+(16+9)\times2\times0.3=159\text{m}^2$	159	m^2

十、保温、隔热、防腐工程

1. 保温、隔热

（1）保温隔热屋面。按设计图示尺寸以面积计算，单位：m^2。扣除面积＞0.3m^2 的孔洞及占位面积。

（2）保温隔热天棚。按设计图示尺寸以面积计算，单位：m^2。扣除面积＞0.3m^2 的柱、垛、孔洞所占面积，与天棚相连的梁按展开面积，计算并入天棚工程量内。柱帽保温隔热应并入天棚保温隔热工程量内。

(3) 保温隔热墙面。按设计图示尺寸以面积计算，单位：m^2。扣除门窗洞口以及面积＞0.3m^2 的梁、孔洞所占面积；门窗洞口侧壁以及与墙相连的柱，并入保温墙体工程量。

(4) 保温柱、梁。按设计图示尺寸以面积计算，单位：m^2。①柱按设计图示柱断面保温层中心线展开长度乘以保温层高度以面积计算，扣除面积＞0.3m^2 的梁所占面积；②梁按设计图示梁断面保温层中心线展开长度乘以保温层长度以面积计算，保温柱、梁适用于不与墙、天棚相连的独立柱、梁。

(5) 隔热楼地面。按设计图示尺寸以面积计算，单位：m^2。扣除面积＞0.3m^2 的柱、垛、孔洞所占面积。

2. 防腐面层

(1) 防腐混凝土面层、防腐砂浆面层、防腐胶泥面层、玻璃钢防腐面层、聚氯乙烯板面层、块料防腐面层。按设计图示尺寸以面积计算，单位：m^2。①平面防腐：扣除凸出地面的构筑物、设备基础等以及面积＞0.3m^2 的孔洞、柱垛所占面积；②立面防腐：扣除门、窗洞口以及面积＞0.3m^2 的孔洞、梁所占面积。门、窗、洞口侧壁、垛突出部分按展开面积计算。

(2) 池、槽块料防腐面层。按设计图示尺寸以展开面积计算，单位：m^2。

(3) 防腐踢脚线，应按楼地面装饰工程“踢脚线”项目编码列项。

3. 其他防腐

(1) 隔离层。按设计图示尺寸以面积计算，单位：m^2。① 平面防腐：扣除凸出地面的构筑物、设备基础等以及面积＞0.3m^2 的孔洞、柱、垛所占面积；②立面防腐：扣除门、窗、洞口以及面积＞0.3m^2 的孔洞、梁所占面积，门、窗、洞口侧壁、垛突出部分按展开面积并入墙面积内。

(2) 砌筑沥青浸渍砖。按设计图示尺寸以体积计算，单位：m^3。

(3) 防腐涂料。按设计图示尺寸以面积计算，单位：m^2。①平面防腐：扣除凸出地面的构筑物、设备基础等以及面积＞0.3m^2 的孔洞、柱、垛所占面积；②立面防腐：扣除门、窗、洞口以及面积＞0.3m^2 的孔洞、梁所占面积，门、窗、洞口侧壁、垛突出部分按展开面积并入墙面积内。

【例 5-20】 某库房地面做 1∶0.533∶0.533∶3.121 不发火沥青砂浆防腐面层，踢脚线抹 1∶0.3∶1.5∶4 铁屑砂浆，厚度均为 20mm，踢脚线高度 200mm，如图 5-83 所示。墙厚

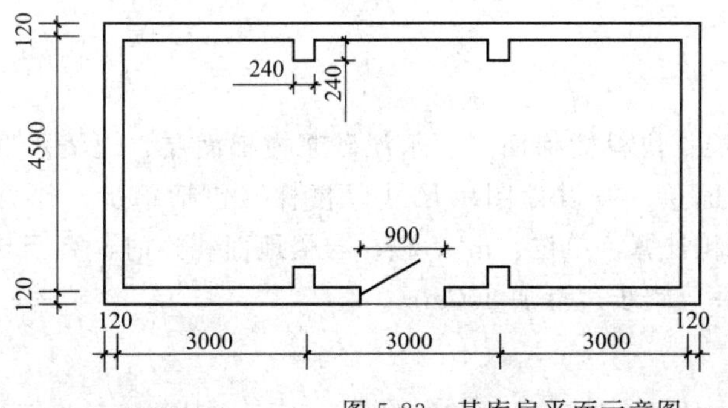

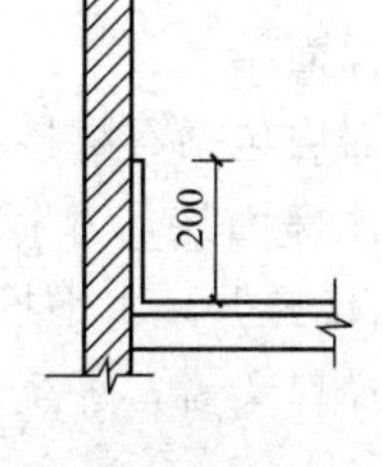

图 5-83　某库房平面示意图

均为 240mm，门洞地面做防腐面层，侧边不做踢脚线。根据工程量计算规范计算该库房工程防腐面层及踢脚线的分部分项工程量。

解：计算结果见表 5-41。

表 5-41 工程量计算表

序号	清单项目编码	清单项目名称	计算式	工程量合计	计量单位
1	011002002001	防腐砂浆面层	$S=(9.00-0.24)\times(4.5-0.24)=37.32$	37.32	m^2
2	011105001001	砂浆踢脚线	$L=(9.00-0.24+0.24\times4+4.5-0.24)\times2-0.90=27.06$	27.06	m

十一、楼地面装饰工程

1. 整体面层及找平层

（1）水泥砂浆楼地面、现浇水磨石楼地面、细石混凝土楼地面、菱苦土楼地面、自流坪楼地面。按设计图示尺寸以面积计算，单位：m^2。扣除凸出地面构筑物、设备基础、室内铁道、地沟等所占面积，不扣除间壁墙及≤0.3m^2 的柱、垛、附墙烟囱及孔洞所占面积。门洞、空圈、暖气包槽、壁龛的开口部分不增加面积。间壁墙指墙厚≤120mm的墙。

（2）平面砂浆找平层。按设计图示尺寸以面积计算，单位：m^2。平面砂浆找平层只适用于仅做找平层的平面抹灰。楼地面混凝土垫层另现浇混凝土基础中垫层项目编码列项，除混凝土外的其他材料垫层按砌筑工程中垫层项目编码列项。

2. 块料面层

块料面层包括石材楼地面、碎石材楼地面、块料楼地面。按设计图示尺寸以面积计算，单位：m^2。门洞、空圈、暖气包槽、壁龛的开口部分不增加面积。

3. 橡塑面层和其他材料面层

橡塑面层包括橡胶板楼地面、橡胶卷材楼地面、塑料板楼地面、塑料卷材楼地面；其他材料面层包括楼地面地毯、竹木（复合）地板、金属复合地板、防静电活动地板。按设计图示尺寸以面积计算，单位：m^2。门洞、空圈、暖气包槽、壁龛的开口部分并入相应的工程量内。

4. 踢脚线

踢脚线包括水泥砂浆踢脚线、石材踢脚线、块料踢脚线、塑料板踢脚线、木质踢脚线、金属踢脚线、现浇水磨石踢脚线、防静电踢脚线。按设计图示长度乘以高度以面积计算，单位：m^2；或按延长米计算，单位：m。

5. 楼梯面层

楼梯面层包括石材楼梯面层、块料楼梯面层、水泥砂浆楼梯面层、现浇水磨石楼梯面层、地毯楼梯面层、木板楼梯面层。按设计图示尺寸以楼梯（包括踏步、休息平台及≤500mm 的楼梯井）水平投影面积计算，单位：m^2。楼梯与楼地面相连时，算至梯口梁内侧边沿；无梯口梁者，算至最上一层踏步边沿加 300mm。

6. 台阶装饰

台阶装饰包括石材台阶面、块料台阶面、拼碎块料台阶面、水泥砂浆台阶面、现浇水磨石台阶面、剁假石台阶面。按设计图示尺寸以台阶（包括最上层踏步边沿加 300mm）水平投影面积计算，单位：m^2。

十二、墙、柱面装饰与隔断、幕墙工程

1. 墙面抹灰

墙面抹灰包括墙面一般抹灰、墙面装饰抹灰、墙面勾缝、立面砂浆找平层。工程量按设计图示尺寸以面积计算，单位：m^2。扣除墙裙、门窗洞口及单个 $>0.3m^2$ 的孔洞面积，不扣除踢脚线、挂镜线和墙与构件交接处的面积，门窗洞口和孔洞的侧壁及顶面不增加面积。附墙柱、梁、垛、烟囱侧壁并入相应的墙面面积内。飘窗凸出外墙面增加的抹灰并入外墙工程量内。①外墙抹灰面积按外墙垂直投影面积计算。②外墙裙抹灰面积按其长度乘以高度计算。③内墙抹灰面积按主墙间的净长乘以高度计算。无墙裙的内墙高度按室内楼地面至天棚底面计算；有墙裙的内墙高度按墙裙顶至天棚底面计算。但有吊顶天棚的内墙面抹灰，抹至吊顶以上部分在综合单价中考虑。④内墙裙抹灰面积按内墙净长乘以高度计算。

立面砂浆找平项目适用于仅做找平层的立面抹灰。墙面抹石灰砂浆、水泥砂浆、混合砂浆、聚合物水泥砂浆、麻刀石灰浆、石膏灰浆等按墙面一般抹灰列项；墙面水刷石、斩假石、干粘石、假面砖等按墙面装饰抹灰列项。

2. 柱（梁）面抹灰

柱（梁）面抹灰包括柱（梁）面一般抹灰、柱（梁）面装饰抹灰、柱（梁）面砂浆找平层、柱面勾缝。按设计图示柱（梁）断面周长乘以高度以面积计算，单位：m^2。

柱（梁）面抹石灰砂浆、水泥砂浆、混合砂浆、聚合物水泥砂浆、麻刀石灰浆、石膏灰浆等按柱（梁）面一般抹灰编码列项；柱（梁）面水刷石、斩假石、干粘石、假面砖等按柱（梁）面装饰抹灰项目编码列项。

3. 零星抹灰

墙、柱（梁）面 $\leqslant 0.5m^2$ 的少量分散的抹灰按零星抹灰项目编码列项，包括零星项目一般抹灰、零星项目装饰抹灰、零星砂浆找平层。按设计图示尺寸以面积计算，单位：m^2。

4. 墙面块料面层

（1）石材墙面、碎拼石材、块料墙面。按设计图示尺寸以面积计算，单位：m^2。项目特征中“安装的方式”可描述为砂浆或黏合剂粘贴、挂贴、干挂等，不论哪种安装方式，都要详细描述与组价相关的内容。

（2）干挂石材钢骨架按设计图示尺寸以质量计算，单位：t。

5. 柱（梁）面镶贴块料

（1）石材柱面、块料柱面、拼碎块柱面。按设计图示尺寸以镶贴表面积计算，单位：m^2。

（2）石材梁面、块料梁面。按设计图示尺寸以镶贴表面积计算，单位：m^2。

6. 零星镶贴块料

墙柱面 $\leqslant 0.5m^2$ 的少量分散的镶贴块料面层按零星项目执行。包括石材零星项目、块

料零星项目、拼碎块零星项目。按设计图示尺寸以镶贴表面积计算，单位：m^2。

7. 墙饰面

（1）饰面板工程量按设计图示墙净长乘以净高以面积计算，单位：m^2。扣除门窗洞口及单个$>0.3m^2$的孔洞所占面积。

（2）墙面装饰浮雕。按设计图示尺寸以面积计算，单位：m^2。

8. 柱（梁）饰面

（1）柱（梁）面装饰。按设计图示饰面外围尺寸以面积计算，单位：m^2。柱帽、柱墩并入相应柱饰面工程量内。

（2）成品装饰柱。设计数量以“根”计算；或按设计长度以“m”计算。

9. 幕墙

（1）带骨架幕墙。按设计图示框外围尺寸以面积计算，单位：m^2。与幕墙同种材质的窗所占面积不扣除。

（2）全玻（无框玻璃）幕墙。按设计图示尺寸以面积计算，单位：m^2。带肋全玻幕墙按展开面积计算。

10. 隔断

（1）木隔断、金属隔断。按设计图示框外围尺寸以面积计算，单位：m^2。不扣除单个$\leqslant 0.3m^2$的孔洞所占面积；浴厕门的材质与隔断相同时，门的面积并入隔断面积内。

（2）玻璃隔断、塑料隔断。按设计图示框外围尺寸以面积计算。不扣除单个$\leqslant 0.3m^2$的孔洞所占面积。

（3）成品隔断。按设计图示框外围尺寸以面积计算；或按设计间的数量以间计算。

十三、天棚工程

1. 天棚抹灰

按设计图示尺寸以水平投影面积计算，单位：m^2。不扣除间壁墙、垛、柱、附墙烟囱、检查口和管道所占的面积，带梁天棚、梁两侧抹灰面积并入天棚面积内，板式楼梯底面抹灰按斜面积计算，锯齿形楼梯底板抹灰按展开面积计算。

2. 天棚吊顶

（1）天棚吊顶。按设计图示尺寸以水平投影面积计算，单位：m^2。天棚面中的灯槽及跌级、锯齿形、吊挂式、藻井式天棚面积不展开计算。不扣除间壁墙、检查口、附墙烟囱、柱垛和管道所占面积，扣除单个$>0.3m^2$的孔洞、独立柱及与天棚相连的窗帘盒所占的面积。

（2）格栅吊顶、吊筒吊顶、藤条造型悬挂吊顶、织物软雕吊顶、装饰网架吊顶。按设计图示尺寸以水平投影面积计算，单位：m^2。

3. 采光天棚

采光天棚骨架不包括在本节中，应单独按金属结构工程相关项目编码列项。其工程量计算按框外围展开面积计算，单位：m^2。

4. 天棚其他装饰

（1）灯带（槽）按设计图示尺寸以框外围面积计算，单位：m^2。

（2）送风口、回风口按设计图示数量计算，单位：个。

【例 5-21】 某办公室顶棚装修，平面如图 5-84 所示。天棚设检查孔一个（0.5m×0.5m），窗帘盒宽 200mm，高 400mm，通长。吊顶做法：一级不上人，ϕ10 钢筋吊杆，U 形轻钢龙骨，中距 450mm×450mm，基层为九夹板，面层为红榉拼花，基层板刷防火涂料，红榉面板刷硝基清漆。请计算清单项目工程量。

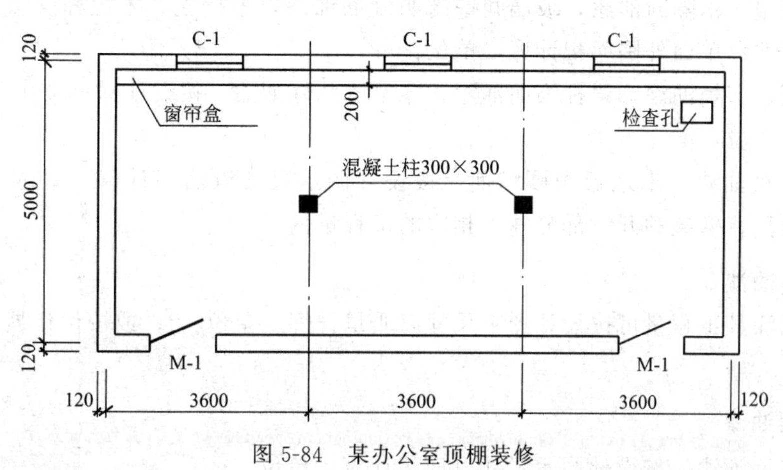

图 5-84　某办公室顶棚装修

解：计算结果见表 5-42。

表 5-42　工程量计算表

清单项目编码	清单项目名称	计算式	工程量合计	计量单位
011302001001	天棚吊顶	(3.60×3－0.24)×(5.00－0.24－0.20)－0.3×0.3×2＝47.97	47.97	m^2

十四、油漆、涂料、裱糊工程

1. 门油漆

门油漆包括木门油漆、金属门油漆，其工程量计算按设计图示数量或设计图示单面洞口面积计算，单位：樘/m^2。木门油漆应区分单层木门、双层（一玻一纱）木门、双层（单裁口）木门、全玻自由门、半玻自由门、装饰门及有框门或无框门等，分别编码列项。金属门油漆应区分平开门、推拉门、钢制防火门等项目，分别编码列项。

2. 窗油漆

窗油漆包括木窗油漆、金属窗油漆，其工程量计算按设计图示数量或设计图示单面洞口面积计算，单位：樘/m^2。木窗油漆应区分单层玻璃窗、双层（一玻一纱）木窗、双层框扇（单裁口）木窗、双层框三层（二玻一纱）木窗、单层组合窗、双层组合窗、木百叶窗、木推拉窗等，分别编码列项。金属窗油漆应区分平开窗、推拉窗、固定窗、组合窗、金属隔栅窗等项目，分别编码列项。

3. 木扶手及其他板条、线条油漆

木扶手及其他板条、线条油漆包括木扶手油漆，窗帘盒油漆，封檐板、顺水板油漆，挂衣板、黑板框油漆，挂镜线、窗帘棍、单独木线油漆。按设计图示尺寸以长度计算，单位：m。木扶手应区分带托板与不带托板，分别编码列项。

4. 木材面油漆

（1）木护墙、木墙裙油漆，窗台板、筒子板、盖板、门窗套、踢脚线油漆，清水板条天棚、檐口油漆，木方格吊顶天棚油漆，吸音板墙面、天棚面油漆，暖气罩油漆及其他木材面油漆。其工程量均按设计图示尺寸以面积计算，单位：m^2。

（2）木间壁、木隔断油漆，玻璃间壁露明墙筋油漆，木栅栏、木栏杆（带扶手）油漆。按设计图示尺寸以单面外围面积计算，单位：m^2。

（3）衣柜、壁柜油漆，梁柱饰面油漆，零星木装修油漆。按设计图示尺寸以油漆部分展开面积计算，单位：m^2。

（4）木地板油漆、木地板烫硬蜡面。按设计图示尺寸以面积计算，单位：m^2。孔洞、空圈、暖气包槽、壁龛的开口部分并入相应的工程量内。

5. 金属面油漆

金属面油漆其工程量可按设计图示尺寸以质量计算，单位：t；或按设计展开面积计算，单位：m^2。

6. 抹灰面油漆

（1）抹灰面油漆。按设计图示尺寸以面积计算，单位：m^2。

（2）抹灰线条油漆。按设计图示尺寸以长度计算，单位：m。

（3）满刮腻子。按设计图示尺寸以面积计算，单位：m^2。

7. 喷刷涂料

（1）墙面喷刷涂料、天棚喷刷涂料。按设计图示尺寸以面积计算，单位：m^2。

（2）空花格、栏杆刷涂料。按设计图示尺寸以单面外围面积计算，单位：m^2。

（3）线条刷涂料。按设计图示尺寸以长度计算，单位：m。

（4）金属构件刷防火涂料。可按设计图示尺寸以质量计算，单位：t；或按设计展开面积计算，单位 m^2。

（5）木材构件喷刷防火涂料。工程量按设计图示以面积计算，单位：m^2。

8. 裱糊

裱糊包括墙纸裱糊、织锦缎裱糊。按设计图示尺寸以面积计算，单位：m^2。

十五、其他装饰工程

1. 柜类、货架

柜类、货架包括柜台、酒柜、衣柜、存包柜、鞋柜、书柜、厨房壁柜、木壁柜、厨房低柜、厨房吊柜、矮柜、吧台背柜、酒吧吊柜、酒吧台、展台、收银台、试衣间、货架、书架、服务台。工程量计算有三种方式可供选择：按设计图示数量计算，单位：个；或按设计图示尺寸以延长米计算，单位：m；或按设计图示尺寸以体积计算，单位：m^3。

2. 装饰线

装饰线包括金属装饰线、木质装饰线、石材装饰线、石膏装饰线、镜面玻璃线、铝塑装饰线、塑料装饰线、GRC装饰线。按设计图示尺寸以长度计算，单位：m。

3. 扶手、栏杆、栏板装饰

扶手、栏杆、栏板装饰包括金属扶手、栏杆、栏板，硬木扶手、栏杆、栏板，塑料扶手、栏杆、栏板，GRC栏杆、扶手，金属靠墙扶手，硬木靠墙扶手，塑料靠墙扶手，玻璃栏板。按设计图示尺寸以扶手中心线以长度（包括弯头长度）计算，单位：m。

4. 暖气罩

暖气罩包括饰面板暖气罩、塑料板暖气罩、金属暖气罩。按设计图示尺寸以垂直投影面积（不展开）计算。

5. 浴厕配件

① 洗漱台按设计图示尺寸以台面外接矩形面积计算。不扣除孔洞、挖弯、削角所占面积，挡板、吊沿板面积并入台面面积内。②晒衣架、帘子杆、浴缸拉手、毛巾杆（架）、毛巾环、卫生纸盒、肥皂盒、镜箱按设计图示数量计算。③镜面玻璃按设计图示尺寸以边框外围面积计算。

6. 雨篷、旗杆

① 雨篷吊挂饰面、玻璃雨篷按设计图示尺寸以水平投影面积计算。②金属旗杆按设计图示数量计算，单位：根。

7. 招牌、灯箱

① 平面、箱式招牌按设计图示尺寸以正立面边框外围面积计算。复杂的凸凹造型部分不增加面积。②竖式标箱、灯箱，信报箱按设计图示数量计算。

8. 美术字

美术字包括泡沫塑料字、有机玻璃字、木质字、金属字、吸塑字。按设计图示数量计算，单位：个。

十六、拆除工程

（1）砖砌体拆除以 m^3 计量，按拆除的体积计算；或以m计量，按拆除的延长米计算。

（2）混凝土及钢筋混凝土构件、木构件拆除以 m^3 计算，按拆除构件的体积计算；或以 m^2 计算，按拆除部位的面积计算；或以m计算，按拆除部位的延长米计算。

（3）抹灰面拆除，屋面、隔断横隔墙拆除，均按拆除部位的面积计算，单位：m^2。块料面层、龙骨及饰面、玻璃拆除均按拆除面积计算，单位：m^2。

（4）铲除油漆涂料裱糊面以 m^2 计算，按铲除部位的面积计算；或以m计算，按铲除部位的延长米计算。

（5）栏板、栏杆拆除以 m^2 计量，按拆除部位的面积计算；或以m计量，按拆除的延长米计算。

（6）门窗拆除包括木门窗和金属门窗拆除，以 m^2 计量，按拆除面积计算；以樘计量，按拆除樘数计算。

（7）金属构件拆除中钢网架以t计量，按拆除构件的质量计算，其他（钢梁、钢柱、钢支撑、钢墙架）拆除按拆除构件质量计算外还可以按拆除延长米计算，以 m 计量。

（8）管道拆除以 m 计量，按拆除管道的延长米计算；卫生洁具、灯具拆除以套（个）计量，按拆除的数量计算。

（9）其他构件拆除中，暖气罩、柜体拆除可以按拆除的个数计量，也可按拆除延长米计算；窗台板、筒子板拆除可以按拆除的块数计算，也可按拆除的延长米计算；窗帘盒、窗帘轨拆除按拆除的延长米计算。

（10）开孔（打洞）以个为单位，按数量计算。

十七、措施项目

规范中给出了脚手架、混凝土模板及支架、垂直运输、超高施工增加、大型机械设备进出场及安拆、施工降水及排水、安全文明施工及其他措施项目的计算规则或应包含范围。除安全文明施工及其他措施项目外，前 6 项都详细列出了项目编码、项目名称、项目特征、工程量计算规则、工程内容，其清单的编制与分部分项工程一致。

1. 脚手架

（1）综合脚手架，按建筑面积计算，单位：m^2。用综合脚手架时，不再使用外脚手架、里脚手架等单项脚手架；综合脚手架适用于能够按“建筑面积计算规则”计算建筑面积的建筑工程脚手架，不适用于房屋加层、构筑物及附属工程脚手架。综合脚手架项目特征包括建设结构形式、檐口高度，同一建筑物有不同的檐高时，按建筑物竖向切面分别按不同檐高编列清单项目。脚手架的材质可以不作为项目特征内容，但需要注明由投标人根据工程实际情况按照有关规范自行确定。

（2）外脚手架、里脚手架、整体提升架、外装饰吊篮，按所服务对象的垂直投影面积计算，单位：m^2。整体提升架包括 2m 高的防护架体设施。

（3）悬空脚手架、满堂脚手架，按搭设的水平投影面积计算，单位：m^2。

（4）悬挑脚手架，按搭设长度乘以搭设层数以延长米计算，单位：m。

2. 混凝土模板及支架

混凝土模板及支撑（架）项目，只适用于以平方米计量，按模板与混凝土构件的接触面积计算，采用清水模板时应在项目特征中说明。以立方米计量的模板及支撑（架），按混凝土及钢筋混凝土实体项目执行，其综合单价应保护模板及支撑（架）。以下仅规定了按接触面积计算的规则与方法。

（1）混凝土基础、柱、梁、墙板等主要构件模板及支架工程量按模板与现浇混凝土构件的接触面积计算，单位：m^2。原槽浇灌的混凝土基础、垫层不计算模板工程量。若现浇混凝土梁、板支撑高度超过 3.6m 时，项目特征应描述支撑高度。

① 现浇钢筋混凝土墙、板单孔面积$\leqslant 0.3m^2$ 的孔洞不予扣除，洞侧壁模板亦不增加；单孔面积$>0.3m^2$ 时应予扣除，洞侧壁模板面积并入墙、板工程量内计算。

② 现浇框架分别按梁、板、柱有关规定计算；附墙柱、暗梁、暗柱并入墙内工程量内计算。

③ 柱、梁、墙、板相互连接的重叠部分，均不计算模板面积。

④ 构造柱按图示外露部分计算模板面积。

（2）天沟、檐沟、电缆沟、地沟、散水、扶手、后浇带、化粪池、检查井按模板与现浇混凝土构件的接触面积计算。

（3）雨篷、悬挑板、阳台板，按图示外挑部分尺寸的水平投影面积计算，挑出墙外的悬臂梁及板边不另计算。

（4）楼梯，按楼梯（包括休息平台、平台梁、斜梁和楼层板的连接梁）的水平投影面积计算，不扣除宽度≤500mm 的楼梯井所占面积，楼梯踏步、踏步板、平台梁等侧面模板不另计算，伸入墙内部分亦不增加。

3. 垂直运输

垂直运输指施工工程在合理工期内所需垂直运输机械。垂直运输可按建筑面积计算也可以按施工工期日历天数计算，单位：m^2 或天。

项目特征包括建筑物建筑类型及结构形式、地下室建筑面积、建筑物檐口高度及层数。其中建筑物的檐口高度是指设计室外地坪至檐口滴水的高度（平屋顶系指屋面板底高度），突出主体建筑物屋顶的电梯机房、楼梯出口间、水箱间、瞭望塔、排烟机房等不计入檐口高度。同一建筑物有不同檐高时，按建筑物的不同檐高做纵向分割，分别计算建筑面积，以不同檐高分别编码列项。

4. 超高施工增加

单层建筑物檐口高度超过 20m，多层建筑物超过 6 层时（不包括地下室层数），可按超高部分的建筑面积计算超高施工增加。其工程量计算按建筑物超高部分的建筑面积计算，单位：m^2。同一建筑物有不同檐高时，可按不同高度的建筑面积分别计算建筑面积，以不同檐高分别编码列项。

5. 大型机械设备进出场及安拆

安拆费包括施工机械、设备在现场进行安装拆卸所需人工、材料、机械和试运转费用以及机械辅助设施的折旧、搭设、拆除等费用；进出场费包括施工机械、设备整体或分体自停放地点运至施工现场或由一施工地点运至另一施工地点所发生的运输、装卸、辅助材料等费用。工程量按使用机械设备的数量计算，单位：台次。

6. 施工排水、降水

（1）成井，按设计图示尺寸以钻孔深度计算，单位：m。

（2）排水、降水，按排、降水日历天数计算，单位：昼夜。

7. 安全文明施工及其他措施项目

安全文明施工费是指工程施工期间按照国家现行的环境保护、建筑施工安全、施工现场环境与卫生标准和有关规定，购置和更新施工安全防护用具及设施、改善安全生产条件和作业环境所需要的费用。其他措施项目包括夜间施工费，夜间施工照明费，二次搬运、冬雨季施工、地上、地下设施、建筑物的临时保护设施，已完工程及设备保护等。

（1）安全文明施工　安全文明施工（含环境保护、文明施工、安全施工、临时设施），其包含的具体范围如下。

① 环境保护包含范围：现场施工机械设备降低噪声、防扰民措施；水泥和其他易飞扬细颗粒建筑材料密闭存放或采取覆盖措施等；工程防扬尘洒水；土石方、建渣外运车辆冲洗、防洒漏等；现场污染源的控制、生活垃圾清理外运、场地排水排污措施等；其他环境保

护措施。

② 文明施工包含范围：“五牌一图”；现场围挡的墙面美化（包括内外粉刷、刷白、标语等）、压顶装饰；现场厕所便槽刷白、贴面砖，水泥砂浆地面或地砖，建筑物内临时便溺设施；其他施工现场临时设施的装饰装修、美化措施；现场生活卫生设施；符合卫生要求的饮水设备、淋浴、消毒等设施；生活用洁净燃料；防煤气中毒、防蚊虫叮咬等措施；施工现场操作场地的硬化；现场绿化、治安综合治理；现场配备医药保健器材、物品和急救人员培训；用于现场工人的防暑降温、电风扇、空调等设备及用电；其他文明施工措施。

③ 安全施工包含范围：安全资料、特殊作业专项方案的编制，安全施工标志的购置及安全宣传；“三宝”（安全帽、安全带、安全网）、“四口”（楼梯口、电梯井口、通道口、预留洞口）、“五临边”（阳台围边、楼板围边、屋面围边、槽坑围边、卸料平台两侧围边）、水平防护架、垂直防护架、外架封闭等防护；施工安全用电，包括配电箱三级配电、两级保护装置要求、外电防护措施；起重机、塔吊等起重设备（含井架、门架）及外用电梯的安全防护措施（含警示标志）费用及卸料平台的临边防护、层间安全门、防护棚等设施；建筑工地起重机械的检验检测；施工机械防护棚及其围栏的安全保护设施；施工安全防护通道；工人的安全防护用品、用具购置；消防设施与消防器材的配置；电气保护、安全照明设施；其他安全防护措施。

④ 临时设施包含范围：施工现场采用彩色、定型钢板，砖、混凝土砌块等围挡的安砌、维修、拆除或摊销；施工现场临时建筑物、构筑物的搭设、维修、拆除或摊销；如临时宿舍、办公室、食堂、厨房、厕所、诊疗所、临时文化福利用房、临时仓库、加工场、搅拌台、临时简易水塔、水池等。施工现场临时设施的搭设、维修、拆除或摊销。如临时供水管道、临时供电管线、小型临时设施等；施工现场规定范围内临时简易道路铺设，临时排水沟、排水设施安砌、维修、拆除；其他临时设施搭设、维修、拆除或摊销。

（2）夜间施工　夜间施工包含的工作内容及范围有：夜间固定照明灯具和临时可移动照明灯具的设置、拆除；夜间施工时，施工现场交通标志、安全标牌、警示灯等的设置、移动、拆除；包括夜间照明设备摊销及照明用电、施工人员夜班补助、夜间施工劳动效率降低等。

（3）非夜间施工照明　非夜间施工照明包含的工作内容及范围有：为保证工程施工正常进行，在如地下室等特殊施工部位施工时所采用的；照明设备的安拆、维护、摊销及照明用电等。

（4）二次搬运　二次搬运包含的工作内容及范围有：由于施工场地条件限制而发生的材料、成品、半成品等一次运输不能到达堆放地点，必须进行二次或多次搬运。

（5）冬雨季施工　冬雨季施工包含的工作内容及范围有：冬雨（风）季施工时增加的临时设施（防寒保温、防雨、防风设施）的搭设、拆除；冬雨（风）季施工时，对砌体、混凝土等采用的特殊加温、保温和养护措施；冬雨（风）季施工时，施工现场的防滑处理、对影响施工的雨雪的清除；包括冬雨（风）季施工时增加的临时设施的摊销、施工人员的劳动保护用品、冬雨（风）季施工劳动效率降低等。

（6）地上、地下设施，建筑物的临时保护设施　地上、地下设施，建筑物的临时保护设施包含的工作内容及范围有：在工程施工过程中，对已建成的地上、地下设施和建筑物进行的遮盖、封闭、隔离等必要保护措施。

（7）已完工程及设备保护 已完工程及设备保护包含的工作内容及范围有：对已完工程及设备采取的覆盖、包裹、封闭、隔离等必要保护措施。

第七节 计价定额在清单计价中的应用[1]

这里计价定额主要指在计价活动中应用到的消耗量定额、费用定额、价目表、清单指引等计价依据。在现代社会生活中，定额是无处不在的，广泛存在于生产、流通、分配和消费领域。标准定额是确保安全质量、规范市场秩序的重要技术依据，是落实国家技术经济政策、促进技术进步的重要途径，标准定额是需要共同遵守，可以重复使用的，统一的技术、经济和管理规定，是一项进行定量的工作，是经济建设和项目投资的重要制度和依据，广泛存在于人民生活的各个领域。利用消耗量定额及有关的计价依据可以较为方便地确定分部分项工程的消耗量、工程单价、相关费用的费率，进而确定工程造价。

本节主要解决基于计价定额计算综合单价，进而计算全部的建筑安装工程费用。所以，要解决工程类别划分以确定各项费率，价目表的应用，综合单价的计算及计价程序等问题。以下内容主要以《山东省建设工程费用项目组成及计算规则》（鲁建标字〔2016〕40号）为依据，综合考虑《山东省建筑工程价目表》《山东省建设工程消耗量定额与工程量清单衔接对照表》等说明如何计算相关取费项目的费用计算及全部建筑安装工程费用的计算。《山东省建设工程费用项目组成及计算规则》涉及定额建设工程项目费用的组成、计算程序、费率、工程类别的划分等内容，建设项目的费用组成不再详细介绍，就其他内容作出说明。

一、工程类别划分

工程类别划分标准，是根据不同的单位工程，按其施工难易程度，结合当地建筑市场的实际情况进行确定。工程类别标准是计取有关费用的依据，是企业投标报价的参考。建筑工程的工程类型，按工业厂房工程、民用建筑工程、构筑物工程、桩基础工程、单独土石方工程等五个类型分列。同一建筑物工程类型不同时，按建筑面积大的工程类型、确定其工程类别。

工程类别的确定，以单位工程为划分对象。一个单项工程的单位工程，包括：建筑工程、装饰工程、水卫工程、暖通工程、电气工程等若干个相对独立的单位工程。一个单位工程只能确定一个工程类别。工程类别划分标准中有两个指标的，确定工程类别时，需满足其中一项指标。

（一）建筑工程类别划分

1. 确定工程类型

建筑工程的工程类型，按工业厂房工程、民用建筑工程、构筑物工程、桩

[1] 注意：消耗量定额具体应用请扫二维码。

基础工程、单独土石方工程等五个类型分列。

（1）工业厂房工程，指直接从事物质生产的生产厂房或生产车间。

工业建筑中，为物质生产配套和服务的实验室、化验室、食堂、宿舍、医疗、卫生及管理用房等独立建筑物，按民用建筑工程确定工程类别。

（2）民用建筑工程，指直接用于满足人们物质和文化生活需要的非生产性建筑物。

（3）构筑物工程，指与工业或民用建筑配套、并独立于工业与民用建筑之外，如：烟囱、水塔、储仓、水池等工程。

（4）桩基础工程，是浅基础不能满足建筑物的稳定性要求而采用的一种深基础工艺，主要包括：各种现浇和预制混凝土桩以及其他材质的桩基础。桩基础工程适用于建设单位直接发包的桩基础工程。

（5）单独土石方工程：指建筑物、构筑物、市政设施等基础土石方以外的，挖方或填方工程量＞5000m^3 且需要单独编制概预算的土石方工程。包括：土石方的挖、运、填等。

（6）同一建筑物工程类型不同时，按建筑面积大的工程类型确定其工程类别。

2. 房屋建筑工程的结构形式

（1）钢结构，是指柱、梁（屋架）、板等承重构件用钢材制作的建筑物。

（2）混凝土结构，是指柱、梁（屋架）、板等承重构件用现浇或预制的钢筋混凝土制作的建筑物。

（3）同一建筑物结构形式不同时，按建筑面积大的结构形式确定其工程类别。

3. 工程特征

（1）建筑物檐高，指设计室外地坪至檐口滴水（或屋面板板顶）的高度。突出建筑物主体屋面楼梯间、电梯间、水箱间部分高度不计入檐口高度。

（2）建筑物的跨度，指设计图纸轴线间的宽度。

（3）建筑物的建筑面积，按建筑面积计算规范的规定计算。

（4）构筑物高度，指设计室外地坪至构筑物主体结构顶坪的高度。

（5）构筑物的容积，指设计净容积。

（6）桩长，指设计桩长（包括桩尖长度）。

4. 与建筑物配套的零星项目

如：水表井、消防水泵接合器井、热力入户井、排水检查井、雨水沉砂池等，按相应建筑物的类别确定工程类别。

其他附属项目，如：场区大门、围墙、挡土墙、庭院甬路、室外管道支架等，按建筑工程 Ⅲ 类确定工程类别。

5. 工业厂房的设备基础

单体混凝土体积＞1000m^3，按构筑物工程Ⅰ类；单体混凝土体积＞600m^3，按构筑物工程Ⅱ类；单体混凝土体积≤600m^3 且＞50m^3，按构筑物工程Ⅲ类；≤50m^3，按相应建筑物或构筑物的工程类别确定工程类别。

6. 强夯工程

按单独土石方工程Ⅱ类确定工程类别。建筑工程类别划分标准见表5-43。

表 5-43 建筑工程类别划分标准

工程特征				单位	工程类别		
					Ⅰ	Ⅱ	Ⅲ
工业建筑工程	钢结构		跨度 建筑面积	m m^2	>30 >25000	>18 >12000	≤18 ≤12000
	其他结构	单层	跨度 建筑面积	m m^2	>24 >15000	>18 >10000	≤18 ≤10000
		双层	檐高 建筑面积	m m^2	>60 >20000	>30 >12000	≤30 ≤12000
民用建筑工程	钢结构		檐高 建筑面积	m m^2	>60 >30000	>30 >12000	≤30 ≤12000
	混凝土结构		檐高 建筑面积	m m^2	>60 >20000	>30 >10000	≤30 ≤10000
	其他结构		层数 建筑面积	层 m^2	— —	>10 >12000	≤10 ≤12000
	别墅结构 (≤3层)		层数 建筑面积	层 m^2	≤5 ≤500	≤10 ≤700	>10 >700
构筑物工程	烟囱		混凝土结构高度 砖结构高度	m m	>100 >60	>60 >40	≤60 ≤40
	水塔		高度 容积	m m^3	>60 >100	>40 >60	≤40 ≤60
	筒仓		高度 容积(单体)	m m^3	>35 >2500	>20 >1500	≤20 ≤1500
	贮池		容积(单体)	m^3	>3000	>1500	≤1500
单独土石方工程			土石方	m^3	>30000	>12000	5000<体积≤12000
桩基础工程			桩长	m	>30	>12	≤12

（二）装饰工程类别划分

（1）装饰工程，指建筑物主体结构完成后，在主体结构表面及相关部位进行抹灰、镶贴和铺装面层等施工，以达到建筑设计效果的施工内容。

a. 作为地面各层次的承载体，在原始地基或回填土上铺筑的垫层，属于建筑工程。附着于垫层或者主体结构的找平层仍属于建筑工程。

b. 为主体结构及其施工服务的边坡支护工程，属于建筑工程。

c. 门窗（不含门窗零星装饰），作为建筑物围护结构的重要组成部分，属于建筑工程。工艺门扇以及门窗的包框、镶嵌和零星装饰，属于装饰工程。

d. 位于墙柱结构外表面以外、楼板（含屋面板）以下的各种龙骨（骨架）、各种找平层、面层，属于装饰工程。

e. 具有特殊功能的防水层、保温层，属于建筑工程；防水层、保温层以外的面层属于装饰工程。

f. 为整体工程或主体结构工程服务的脚手架、垂直运输、水平运输、大型机械进出场，属于建筑工程；单纯为装饰工程服务的，属于装饰工程。

g. 建筑工程的施工增加，属于建筑工程；装饰工程的施工增加，属于装饰工程。

（2）特殊公共建筑，包括：观演展览建筑（如影剧院，影视制作播放建筑，城市级图书馆、博物馆、展览馆、纪念馆等）、交通建筑（如汽车、火车、飞机、轮船的站房建筑等）、体育场馆（如体育训练、比赛场馆等）、高级会堂等。

（3）一般公共建筑，包括：办公建筑、文教卫生建筑（如教学楼、实验楼、学校图书馆、门诊楼、病房楼、检验化验楼等）、科研建筑、商业建筑等。

（4）宾馆、饭店的星级，按《旅游涉外饭店星级标准》确定。

装饰工程类别划分标准见表 5-44。

表 5-44 装饰工程类别划分标准

工程名称	工程类别		
	Ⅰ	Ⅱ	Ⅲ
工业与民用建筑	四星级以上	三星级	二星级以下
单独外墙装饰	幕墙高度 50m 以上	幕墙高度 30m 以上	幕墙高度 30m 以下（含 30m）

二、建筑工程费率

《山东省建设工程费用项目组成及计算规则》中规定了企业管理费、利润、措施费及规费的取定费率，以供在计价中参考使用。

（一）措施费费率

建筑工程及装饰工程部分措施费费率见表 5-45。

表 5-45 建筑工程及装饰工程部分措施费费率 单位：%

费用名称 / 专业名称	夜间施工费		二次搬运费		冬雨季施工增加费		已完工程及设备保护费	
	一般计税	简易计税	一般计税	简易计税	一般计税	简易计税	一般计税	简易计税
建筑工程	2.55	2.80	2.18	2.40	2.91	3.20	0.15	0.15
装饰工程	3.64	4.00	3.28	3.60	4.10	4.50	0.15	0.15
措施费中的人工费含量	25						10	

注：建筑、装饰工程中已完工程及设备保护费的计费基础为省价人材机之和。

（二）企业管理费、利润率

建筑工程及装饰工程企业管理费、利润参考费率见表 5-46。

表 5-46 建筑工程及装饰工程企业管理费、利润参考费率 单位：%

专业名称 \ 费用名称		企业管理费						利润					
		Ⅰ		Ⅱ		Ⅲ		Ⅰ		Ⅱ		Ⅲ	
		一般计税	简易计税	一般计税	简易计税	一般计税	简易计税	一般计税	简易计税	一般计税	简易计税	一般计税	简易计税
建筑工程	建筑工程	43.4	43.2	34.7	34.5	25.6	25.4	35.8	35.8	20.3	20.3	15.0	15.0
	构筑物工程	34.7	34.5	31.3	31.2	20.8	20.7	30.0	30.0	24.2	24.2	11.6	11.6
	单独土石方工程	28.9	28.8	20.8	20.7	13.1	13.0	22.3	22.3	16.0	16.0	6.8	6.8
	桩基础工程	23.2	23.1	17.9	17.8	13.1	13.0	16.9	16.9	13.1	13.1	4.8	4.8
装饰工程		66.2	65.9	52.7	52.4	32.2	32.0	36.7	36.7	23.8	23.8	17.3	17.3

注：企业管理费中采用一般计算时，包括了附加税费。

（三）总承包服务费、采购保管费费率

建筑工程及装饰工程总承包服务费、采购保管费费率见表 5-47。

表 5-47 建筑工程及装饰工程总承包服务费、采购保管费费率 单位：%

费用名称	费率	
总承包服务费	3	
采购保管费	材料	2.5
	设备	1

（四）规费费率及税率

建筑工程及装饰工程规费费率见表 5-48。

表 5-48 建筑工程及装饰工程规费费率（一般计税） 单位：%

费用名称 \ 专业名称		建筑工程			
		建筑工程		装饰工程	
		一般计税	简易计税	一般计税	简易计税
安全文明施工费		4.47	4.29	4.15	3.97
其中：(1)安全施工费		2.34	2.16	2.34	2.16
(2)环境保护费		0.56	0.56	0.12	0.12
(3)文明施工费		0.65	0.65	0.10	0.10
(4)临时设施费		0.92	0.92	1.59	1.59
社会保障费		1.52	1.40	1.52	1.40
优质优价费	国家优质工程	1.76	1.66	1.76	1.66
	省级优质工程	1.16	1.10	1.16	1.10
	市级优质工程	0.93	0.88	0.93	0.88
住房公积金		3.80	3.80	3.80	3.80
工伤保险费		0.177	0.164	0.177	0.164
增值税		9	3	9	3

注：表中的住房公积金及工伤保险费按工程所占地市规定计取（表中费率采用青岛市规定）。

三、建筑工程费用的计算程序

（一）建筑工程费用计算程序

建筑工程与装饰工程费用计算程序见表5-49。

表5-49 建筑工程与装饰工程费用计算程序

序号	费用名称	计算方法
一	分部分项工程费（定额项目）	Σ{[定额(工日消耗量×人工单价)+Σ(材料消耗量×材料单价)+Σ(机械台班消耗量×台班单价)]×分部分项工程量}
	计费基础 JD_1	见表5-50
二	措施项目费	2.1+2.2
	2.1 单价措施项目	Σ{[定额(工日消耗量×人工单价)+Σ(材料消耗量×材料单价)+Σ(机械台班消耗量×台班单价)]×单价措施项目工程量}
	2.2 总价措施项目	计费基础 JD_1×相应费率
	计费基础 JD_2	见表5-50
三	其他项目费	3.1+3.2+3.3+3.4+3.5+3.6+3.8
	3.1 暂列金额	可按分部分项工程费的10%～15%估列
	3.2 专业工程暂估价	按规定估价
	3.3 特殊项目暂估价	按规定估价
	3.4 计日工	按计价规范规定计算
	3.5 采购保管费	按相应规定计算
	3.6 其他检验试验费	按相应规定计算
	3.7 总承包服务费	专业工程暂估价(甲供材)×费率
	3.8 其他	
四	企业管理费	$[JD_1+JD_2]$×管理费费率
五	利润	$[JD_1+JD_2]$×利润率
六	规费	6.1+6.2+6.3+6.4+6.5
	6.1 安全文明施工费	(一+二+三+四+五)×费率
	6.2 社会保险费	(一+二+三+四+五)×费率
	6.3 住房公积金	按工程所在地设区市相关规定计算
	6.4 环境保护费	按工程所在地设区市相关规定计算
	6.5 建设项目工伤保险费	按工程所在地设区市相关规定计算
	6.6 优质优价费	(一+二+三+四+五)×费率
七	设备费	Σ(设备单价×设备工程量)
八	税金	(一+二+三+四+五+六+七+八−不计税项目)×税率

注：根据有关规定，甲供材本身的价格不属于营业额，不参与计税，不进入工程费用合计，但甲供材的保管费参与计税。

计费基础选用及计算方法见表 5-50。

表 5-50　计费基础选用及计算方法

计费基础	计算方法
计费基础 JD_1	分部分项工程的省价人工费之和
	Σ[分部分项工程定额Σ(工日消耗量×省价人工单价)×分部分项工程量]
计费基础 JD_2	单价措施项目的省价人工费之和＋总价措施项目费中的省价人工费之和
	Σ[单价措施项目定额Σ(工日消耗量×省价人工单价)×单价措施项目工程量×H]

注：H 为总价措施费中人工费含量（%）。

（二）适用于清单计价的计算程序

建筑工程与装饰工程费用计算程序见表 5-51。

表 5-51　建筑工程与装饰工程费用计算程序

序号	费用名称	计算方法
一	分部分项工程费(清单项目)	Σ(J_1×分部分项工程量)
	分部分项工程综合单价(J_1)	1.1＋1.2＋1.3＋1.4＋1.5
	1.1 人工费	每计量单位Σ(工日消耗量×人工单价)
	1.2 材料费	每计量单位Σ(材料消耗量×材料单价)
	1.3 施工机械使用费	每计量单位Σ(施工机械台班消耗量×台班单价)
	1.4 企业管理费	计费基础 JQ_1×管理费费率
	1.5、利润	计费基础 JQ_1×利润率
	计费基础 JQ_1	见表 5-52
二	措施项目费	2.1＋2.2
	2.1 单价措施费	Σ{[每计量单位Σ(工日消耗量×人工单价)＋Σ(材料消耗量×材料单价)＋Σ(机械台班消耗量×台班单价)＋JQ_2×(管理费费率＋利润率)]×单价措施项目工程量}
	2.2 总价措施费	Σ[(JQ_1×分部分项工程量)× 措施费费率＋(JQ_1× 分部分项工程量)×省发措施费费率× H×(管理费费率＋利润率)]
三	其他项目费	3.1＋3.2＋3.3＋3.4＋3.5＋3.6＋3.7＋3.8
	3.1 暂列金额	可按分部分项工程费的 10%～15%估列
	3.2 专业工程暂估价	按规定估价
	3.3 特殊项目暂估价	按规定估价
	3.4 计日工	按计价规范规定计算
	3.5 采购保管费	按相应规定计算
	3.6 其他检验试验费	按相应规定计算
	3.7 总承包服务费	专业工程暂估价(甲供材)×费率
	3.8 其他	

续表

序号	费用名称	计算方法
四	规费	4.1+4.2+4.3+4.4+4.5
	4.1 安全文明施工费	(一+二+三)×费率
	4.2 社会保险费	(一+二+三)×费率
	4.3 住房公积金	按工程所在地设区市相关规定计算
	4.4 环境保护费	按工程所在地设区市相关规定计算
	4.5 建设项目工伤保险	按工程所在地设区市相关规定计算
	4.6 优质优价费	(一+二+三)×费率
五	设备费	Σ(设备单价×设备工程量)
六	税金	(一+二+三+四+五-不计税项目)×税率
七	工程费用合计	一+二+三+四+五+六

注：1.根据有关规定，甲供材本身的价格不属于营业额，不参与计税，不进人工程费用合计，但甲供材的保管费参与计税。
2.该计价程序将安全文明施工费列入规费计算。

计费基础选用及计算方法见表5-52。

表5-52 计费基础选用及计算方法

计费基础	计算方法
计费基础 JQ_1	分部分项工程每计量单位的省价人工费之和
	分部分项工程每计量单位(工日消耗量×省人工单价)
计费基础 JQ_2	单价措施项目每计量单位的省价人工费之和
	单价措施项目每计量单位(工日消耗量×省人工单价)

注：H为总价措施费中人工费含量（%）。

四、计价定额在综合单价计算中应用的基本原理

（一）基于计价定额计算综合单价的思路

清单项目的综合单价从费用的构成上看，综合了人工费、材料费、施工机械使用费和企业管理费；从完成的内容上看，综合单价应为完成单位清单项目所有工作内容的人工费、材料费、施工机械使用费和企业管理费。清单计价的核心是确定清单项目的综合单价，综合单价的计算可采用定额组价的方法进行。

在工程量清单组价过程中需要分析清单项目包含工作内容的工、料、机的消耗量和工、料、机的单价。消耗标准和工、料、机的单价以及定额基价等是用来分析清单项目进行组价的有效工具。在组价过程中，清单项目工、料、机的消耗可以采用定额消耗确定，其综合单价可以采用价目表及信息价再考虑一定的调价差进行确定。管理费、利润等费率可参照有关的计价依据确定。

（二）基于计价定额计算综合单价的步骤

首先，依据提供的工程量清单和施工图纸，按照工程所在地区颁发的计价定额的规定，确定所组价的定额项目名称，并计算出相应的工程量；其次，依据工程造价政策规定或工程造价信息确定其人工、材料、机械台班单价；同时，在考虑风险因素确定管理费率和利润率

的基础上，按规定程序计算出所组价定额项目的合价，然后将若干项所组价的定额项目合价相加除以工程量清单项目工程量，便得到工程量清单项目综合单价，对于未计价材料费（包括暂估单价的材料赏）应计入综合单价。

定额项目合价＝定额项目工程量×[∑（定额人工消耗量×人工单价）＋∑(定额材料消耗量×材料单价)＋∑(定额机械台班消耗量×机械台班单价)＋价差（基价或人工、材料、机具费用)＋管理费和利润]

工程量清单综合单价＝[∑定额项目合价＋未计价材料]÷工程量清单项目工程量

例如，以工程量计算规范中的“砖基础”清单项目为例，说明基于计价定额确定其综合单价的基本思路（以山东省 2016 版计价依据为例说明）。

首先，根据工程量计算规范，确定清单项目的工作内容。清单项目“砖基础”的工作内容包括“1. 砂浆制作、运输；2. 砌砖；3. 防潮层铺设；4. 材料运输”等四项目内容。其具体内容见表 5-53。

表 5 53 砖基础清单项目表

项目编码	项目名称	项目特征	计量单位	工程量计算规章	工作内容
010401001	砖基础	(1)砖品种、规格、强度等级 (2)基础类型 (3)砂浆强度等级 (4)防潮层材料种类	m^3	按设计图示尺寸以体积计算。 包括附墙垛基础宽出部分体积，扣除地梁（圈梁)、构造柱所占体积，不扣除基础大放脚 T 形接头处的重叠部分及嵌入基础内的钢筋、铁件、管道、基础砂浆防潮层和单个面积≤0.3 m^2 的孔洞所占体积，靠墙暖气沟的挑檐不增加	1. 砂浆制作、运输 2. 砌砖 3. 防潮层铺设 4. 材料运输

其次，通过清单指引或清单项目与定额项目对照表等参考依据，确定清单项目所对应的定额项目。如以《山东省建设工程消耗量定额与工程量清单衔接对照表》为例（见表 5-54)，清单项目“砖基础”综合了“砖基础”和“防潮层”定额项目。同时，可以查找相应的定额项目，见表 5-55～表 5-57。

表 5-54 山东省建设工程消耗量定额与工程量清单衔接对照表

<table>
<tr><th>项目编码</th><th>项目名称</th><th>项目特征</th><th>单位</th><th></th></tr>
<tr><td>010401001-000</td><td>砖基础</td><td>(1)砖品种、规格、强度等级
(2)基础类型
(3)砂浆强度等级
(4)防潮层材料种类</td><td>m^3</td><td>按设计图示尺寸以体积计算。
包括附墙垛基础宽出部分体积，扣除地梁（圈梁)、构造柱所占体积，不扣除基础大放脚 T 形接头处的重叠部分及嵌入基础内的钢筋、铁件、管道、基础砂浆防潮层和单个面积≤0.3m^2 的孔洞所占体积，靠墙暖气沟的挑檐不增加。
基础长度：外墙按外墙中心线，内墙按内墙净长线计算</td></tr>
<tr><td colspan="5">砌砖</td></tr>
<tr><td>4-1-1</td><td colspan="3">砖基础</td><td>$10m^3$</td></tr>
<tr><td colspan="5">防潮层</td></tr>
<tr><td>9-2-67</td><td colspan="3">水泥砂浆二次抹压 厚 20mm</td><td>$10m^2$</td></tr>
<tr><td>9-2-71</td><td colspan="3">防水砂浆掺防水剂 厚 20mm</td><td>$10m^2$</td></tr>
</table>

表 5-55 砖基础定额项目表

工作内容：清理基槽坑，调、运、铺砂浆，运、砌砖等 计量单位：10m³

定额编号			4-1-1
项目名称			砖基础
名称		单位	消耗量
人工	综合工日	工日	10.97
材料	烧结煤矸石普通砖 240×115×53	千块	5.3032
	水泥砂浆 M5.0	m^3	2.3985
	水	m^3	1.0606
机械	灰浆搅拌机 200L	台班	0.3000

表 5-56 水泥砂浆二次抹压防潮层定额项目表

工作内容：清理基层，调制砂浆、铺混凝土或砂浆，压实、抹光 计量单位：10m²

定额编号			9-2-65	9-2-66	9-2-67	9-2-68
项目名称			细石混凝土		水泥砂浆二次抹压	
			厚 40mm	每增减 10mm	厚 20mm	每增减 10mm
名称		单位	消耗量			
人工	综合工日	工日	0.95	0.14	0.88	0.14
材料	C20 细石混凝土	m^3	0.4040	0.1010	—	—
	水泥抹灰砂浆 1∶2	m^3	—	—	0.2050	0.1025
	锯成材	m^3	0.0069	0.0010	0.0040	0.0010
	水	m^3	0.9640	0.0200	0.1127	0.0300
机械	灰浆搅拌机 200L	台班	—	—	0.0320	0.0130
	混凝土振捣器 平板式	台班	0.0240	0.0040	—	—

表 5-57 水泥砂浆二次抹压防水砂浆掺防水剂防潮层定额项目表

工作内容：清理基层，调配砂浆，抹水泥砂浆 计量单位：10m²

定额编号			9-2-69	9-2-70	9-2-71	9-2-72
项目名称			防水砂浆掺防水粉		防水砂浆掺防水剂	
			厚 20mm	每增减 10mm	厚 20mm	每增减 10mm
名称		单位	消耗量			
人工	综合工日	工日	0.83	0.14	0.83	0.14
材料	水泥抹灰砂浆 1∶2	m^3	0.2050	0.1025	0.2050	0.1025
	素水泥浆	m^3	0.0100	—	0.0100	—
	防水粉	kg	6.6300	3.3150	—	—
	防水剂	kg	—	—	13.2600	6.6300
机械	灰浆搅拌机 200L	台班	0.0350	0.0130	0.0350	0.0130

最后，在以上基础上，根据清单项目的具体情况，可以确定清单项目所对应的定额项目，确定消耗量及要素单价，采用含量法或总量法计算综合单价。或直接套用价目表（见表5-58）确定综合单价。在计算管理费和利润时，根据项目类别，通过计价依据查阅管理费及利润率，见表5-59。

表 5-58　定额项目价目表

定额编号	项目名称	定额单位	增值税(简易计税)				增值税(一般计税)			
			单价（含税）	人工费	材料费（含税）	机械费（含税）	单价（除税）	人工费	材料费（除税）	机械费（除税）
4-1-1	M5.0水泥砂浆基础	$10m^3$	3587.58	1042.15	2497.62	47.81	3494.48	1042.15	2404.98	47.35
9-2-67	水泥砂浆二次抹压厚20mm	$10m^2$	176.15	83.60	87.45	5.10	167.06	83.60	78.41	5.05
9-2-68	水泥砂浆二次抹压每增减10mm	$10m^2$	57.04	13.30	41.67	2.07	52.77	13.30	37.42	2.05
9-2-71	防水砂浆掺防水剂厚20mm	$10m^2$	195.74	78.85	111.31	5.58	183.33	78.85	98.96	5.52
9-2-72	防水砂浆掺防水剂每增减10mm	$10m^2$	67.56	13.30	52.19	2.07	61.85	13.30	46.50	2.05

表 5-59　管理费及利润率（一般计税方法）

	企业管理费			利润		
	Ⅰ	Ⅱ	Ⅲ	Ⅰ	Ⅱ	Ⅲ
建筑工程	43.4%	34.7%	25.6%	35.8%	20.3%	15.0%
装饰工程	66.2%	53.7%	32.2%	36.7%	23.8%	17.3%

五、计价定额组价应用实例

（一）案例背景

某砖基础工程平面图、剖面图如图5-85、图5-86所示，砖基础为烧结煤矸石普通砖240×115×53，砌筑砂浆采用M5.0水泥砂浆，基础底铺3∶7灰土垫层300mm厚，基础防潮

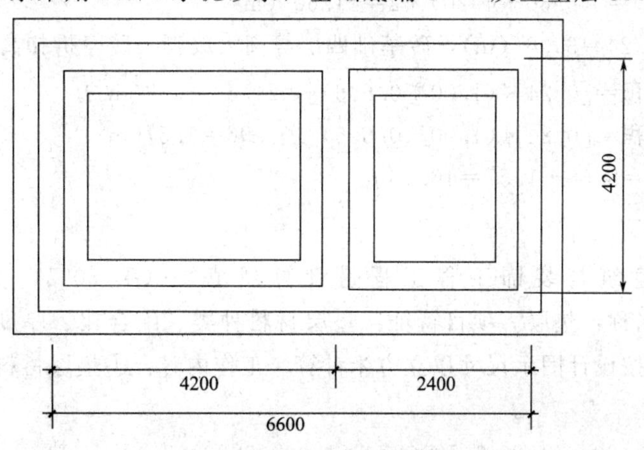

图5-85　某砖基础工程平面图

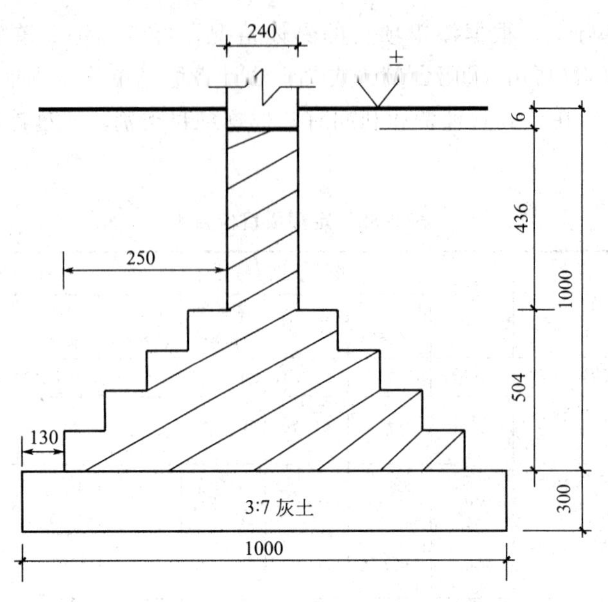

图 5-86 某砖基础工程剖面图

层采用抹防水砂浆 1∶2，掺防水剂 20mm 厚。

（二）分部分项工程量清单的编制

1. 砖基础

根据《房屋建筑与装饰工程工程量计算规范》（GB 50854—2013 ）项目编码，010401001。项目名称：砖基础。项目特征：①砖品种、规格，机制标准红砖；②基础类型，带型基础；③砂浆强度等级，水泥砂浆，M5.0。计量单位，m^3。工程量计算规则，按设计图示尺寸以体积计算：包括附墙跺基础宽出部分体积，扣除地梁（圈梁）、构造柱所占体积，不扣除大放脚 T 形接头处的重叠部分及嵌入基础内的钢筋、铁件、管道、基础砂浆防潮层和单个面积 $0.3m^2$ 以内的孔洞所占体积，靠墙暖气沟的挑檐不增加。基础长度，外墙按净长线计算。工作内容：①砂浆制作、运输；②砌砖；③防潮层铺设；④材料运输。

工程量为：$L_{中}$＝（6.60＋4.20）×2＝21.60（m）

$L_{内}$＝4.20－0.24＝3.96（m），砖基础四层等高大放脚一砖厚折扣高度为 0.656m

外墙砖基础体积＝[0.24×(1.00＋0.656)]×21.6＝8.58(m^3)

内墙砖基础体积＝[0.24×(1.00＋0.656)]×3.96＝1.57(m^3)

工程数量合计＝8.58＋1.57＝10.15m^3

2. 垫层

根据《房屋建筑与装饰工程工程量计算规范》（GB 50854—2013）项目编码，010404001。项目名称：垫层。项目特征：垫层材料种类、配合比、厚度。计量单位：m^3。工程量计算规则，按设计图示尺寸以立方米计算。工作内容：①垫层材料的拌制；②垫层铺设；③材料运输。

工程量为：[21.60＋(4.20-0.50×2)]×1.00×0.30＝7.44(m^3)

将上述结果及相关内容填入“分部分项工程量清单”，如表 5-60 所示。

表 5-60　分部分项工程量清单

工程名称：某工程　　　　标段：　　　　第 1 页　共 1 页

序号	项目编码	项目名称	项目特征描述	计量单位	工程量	金额/元		
						综合单价	合价	其中：暂估价
1	010401001001	砖基础	(1)砖品种、规格：机制标准红砖 (2)基础类型：带形基础 (3)砂浆强度等级：水泥砂浆，M5.0	m^3	10.15			
2	01044001001	垫层	3：7 灰土垫层，厚度 300mm	m^3	7.44			

（三）分部分项工程量清单计价表的编制

“010401001001 砖基础”项目综合单价计算如下。

(1) 根据《山东省建设工程消耗量定额与工程量清单衔接对照表》，“010401001001 砖基础”综合的定额项目为：4-1-1 砖基础、9-2-71 防水砂浆掺防水剂厚 20mm。

(2) 根据定额工程量计算规则，计算定额项目的工程量。

① 砖基础工程量：[0.24×(1.00+0.656)]×21.6+[0.24×(1.00+0.656)]×3.96=10.15(m^3)

② 防水砂浆工程量：(21.6+3.96)×0.24=6.13（m^2）

(3) 分别计算清单项目每计量单位，应包含的各项工作内容的工程数量。

① 砖基础单位含量：10.15÷10.15/10=0.1000（m^3）

② 防水砂浆防潮层单位含量：6.13÷10.15/10=0.0604（m^2）

(4) 套用价目表，确定人工、材料及机械费（见表 5-61）。

表 5-61　价目表

定额编号	定额项目名称	定额单位	单价(一般计税)		
			人工费	材料费	机械费
4-1-1	M5.0 水泥砂浆砖基础	$10m^3$	1042.15	2403.63	47.31
9-2-71	防水砂浆掺防水剂 厚 20mm	$10m^2$	78.85	98.26	5.52

① 砖基础的人材机费用

人工费：1042.15×0.1=104.22（元）

材料费：2403.63×0.1=240.36（元）

机械费：47.31×0.1=4.73（元）

② 防水砂浆的人材机费用

人工费：78.85×0.0604=4.76（元）

材料费：98.26×0.0604=5.93（元）

机械费：5.52×0.0604=0.33（元）

（5）若为Ⅲ工程，则企业情况确定管理费率25.6%，利润率为15%。计算其管理费及利润。

① 砖基础的管理费及利润：104.22×(25.6%+15%)=42.31（元）

② 防水砂浆的管理费及利润：4.76×(25.6%+15%)=1.93（元）

（6）砖基础的综合单价：(104.2+240.36+4.73+42.31)+(4.76+5.93+0.33+193)=404.59(元)

"01044001001 垫层"项目综合单价计算如下。

（1）根据《山东省建设工程消耗量定额与工程量清单衔接对照表》，"01044001001 垫层"综合的定额项目为：2-1-1 3∶7 灰土垫层。

（2）根据定额工程量计算规则，计算工程量。

与清单计算规则相同，工程量为：7.44m^3。

（3）计算清单项目每计量单位，应包含的各项工作内容的工程数量。

单位含量：7.44/7.44/10=0.1

（4）套用价目表，确定人工、材料及机械使用费（见表5-62）。

表5-62 价目表

定额编号	定额项目名称	定额单位	数量	单价		
				人工费	材料费	机械费
2-1-1	3∶7 灰土垫层 机械振动	10m^3	0.1	653.60	1121.69	12.77

人工费：653.60×1.05×0.1=68.63（元）（条形基础垫层 人工×1.05，机械×1.05）

材料费：1121.69×0.1=112.17（元）

机械费：12.77×1.05×0.1=1.34（元）（条形基础垫层 人工×1.05，机械×1.05）

（5）若为Ⅲ工程，则管理费率取25.6%，利润率取15%。计算其管理费及利润。

管理费及利润为：68.63×(25.6%+15%)=27.86（元）

（6）垫层的综合单价：68.63+112.17+1.34+27.86=210（元）

计算结果见表5-63。

表5-63 分部分项工程和单价措施项目清单与计价表

工程名称：某工程　　标段　　第1页　共1页

序号	项目编码	项目名称	项目特征描述	计量单位	工程量	金额/元		
						综合单价	合价	其中：暂估价
1	010401001001	砖基础	(1)砖品种、规格：机制标准红砖 (2)基础类型：带型基础 (3)砂浆强度等级：水泥砂浆，M5.0	m^3	10.15	404.59	4106.59	
2	01044001001	垫层	3∶7 灰土垫层，厚度300mm	m^3	7.44	210	1562.4	

编制砖基础清单项目的综合单价分析表，见表5-64。

表 5-64　综合单价分析表

工程名称：　　　　　　　　　　　标段：　　　　　　　　　　　第　页　共　页

清单项目编码	010401001001	清单项目名称	砖基础	计量单位	m^3	工程量	10.15

清单综合单价组成明细											
定额编号	定额项目名称	定额单位	数量	单价/元				合价/元			
				人工费	材料费	机械费	管理费和利润	人工费	材料费	机械费	管理费和利润
4-1-1	M5.0水泥砂浆砖基础	$10m^3$	0.1	1042.15	2403.63	47.31	423.11	104.22	240.36	4.73	42.31
9-2-71	防水砂浆掺防水剂厚20mm	$10m^2$	0.0604	78.85	98.26	5.52	32.02	4.76	5.93	0.33	1.93
人工单价		小计						108.98	246.3	5.06	44.24
综合工日(土建)95元/工日		未计价材料(设备)费/元						0			
清单项目综合单价/元								404.59			

材料费明细	材料名称、规格、型号	单位	数量	单价/元	合价/元	暂估单价/元	暂估合价/元
	烧结煤矸石普通砖 240×115×53	千块	0.5303	368.93	195.64		
	水	m^3	0.1061	4.27	0.45		
	防水剂	kg	0.8008	1.62	1.3		
	其他材料费				48.91	—	0
	材料费小计				246.3	—	0

清单综合单价组成明细											
定额编号	定额项目名称	定额单位	数量	单价/元				合价/元			
				人工费	材料费	机械费	管理费和利润	人工费	材料费	机械费	管理费和利润
2-1-1换	3∶7灰土垫层 人工×1.05,机械×1.05	$10m^3$	0.1	686.28	1121.69	13.41	278.63	68.63	112.17	1.34	27.86
人工单价		小计						68.63	112.17	1.34	27.86
28元/工日		未计价材料(设备)费/元						0			
清单项目综合单价/元								210			

材料费明细	材料名称、规格、型号	单位	数量	单价/元	合价/元	暂估单价/元	暂估合价/元
	其他材料费				112.17	—	0
	材料费小计				112.17	—	0

课后习题

一、简答题

1. 简述定额计价的基本原理。
2. 简述工程概预算编制的基本程序。
3. 什么是工程量清单，它由哪几部分组成？
4. 如何理解统一项目编码的作用和意义，并举例说明十二位编码是如何区分清单项目的。
5. 综合单价包括哪些内容，如何计算？
6. 分部分项工程量清单的编制步骤有哪些？
7. 其他项目清单包含哪些内容？如何编制其他项目清单？
8. 什么是规费项目清单和税金项目清单？
9. 简述工程量清单计价的基本方法和程序。
10. 工程量清单计价应包括哪些费用？

二、单项选择题

1. 关于工程量清单项目特征的描述，下列说法中错误的是（　　）。

A. 在编制工程量清单时，必须对项目特征进行准确和全面的描述

B. 项目特征描述的内容应按附录中的规定，结合拟建工程的实际，满足确定综合单价的需要

C. 为达到规范、全面描述项目特征的要求，项目特征不能描述为详见××图号

D. 若采用标准图集能够全部或部分满足项目特征描述的要求，项目特征描述可直接采用详见××图集

2. 关于建筑安装企业采用一般计税方法计算增值税，下列说法中错误的是（　　）。

A. 建筑业增值税税率为3%

B. 增值税＝税前造价×适用的增值税税率

C. 各费用项目都以不包含增值税可抵扣进项税额的价格计算

D. 税前造价为人工费、材料费、施工机械使用费、企业管理费、利润和规费之和

3. 有关工程量清单综合单价中的风险费用，下列表述正确的是（　　）。

A. 风险费用作为独立的费用项目列示在工程量清单综合单价中

B. 综合单价中包含一定范围内的风险费用

C. 风险费用是用于化解承包方在工程合同中约定内容和范围内的市场价格波动风险的费用

D. 对于人工费、材料和工程设备费、施工机械使用费，综合单价中应包括相同的风险费率

4. 根据其他项目清单，下列（　　）属于招标人确定的部分。

A. 暂列金额和材料暂估价　　B. 暂列金额和总承包服务费

C. 总承包服务费和计日工　　D. 材料暂估价和计日工

5. 分部分项工程量清单应包括（　　）。

A. 项目名称、项目特征、工程内容

B. 工程量清单表和工程量清单说明

C. 工程量清单表、措施项目一览表和其他项目清单表
D. 项目编码、项目名称、项目特征、计量单位和工程量

6. 工程量清单中的分部分项工程量应按（ ）。
A. 企业定额规定的工程量计算规则计算 B. 设计图纸标注的尺寸计算
C. 通常公认的计算规则计算 D. 国家规范规定的工程量计算规则计算

7. 计算单位工程I程量时，强调按照既定的顺序进行，其目的是（ ）。
A 便于制订材料采购计划 B. 便于有序安排施工进度
C. 避免因人而异，口径不同 D. 防止计算错误

8. 根据《建筑工程建筑面积规范》(GB/T 50353—2013)，形成建筑空间，结构净高2.18m部位的坡屋顶，其建筑面积（ ）。
A. 不予计算 B. 按1/2面积计算
C. 按全面积计算 D. 视使用性质确定

9. 根据《建筑工程建筑面积规范》(GB/T 50353—2013)，建筑物间有两侧护栏的架空走廊，其建筑面积（ ）。
A. 按护栏外围水平面积的1/2计算 B. 按结构底板水平投影面积的1/2计算
C. 按护栏外围水平面积计算全面积 D. 按结构底板水平投影面积计算全面积

10. 根据《建筑工程建筑面积计算规范》(GB/T 50353—2013)，围护结构不垂直于水平面结构净高2.15m楼层部位，其建成面积应（ ）。
A. 按顶板水平投影面积的1/2计算 B. 按顶板水平投影面积计算全面积
C. 按底板外墙外围水平面积的1/2计算 D. 按底板外墙外围水平面积计算全面积

11. 根据《建筑工程建筑面积计算规范》(GB/T 50353—2013)，建筑物室外楼梯，其建筑面积（ ）。
A. 按水平投影面积计算全面积
B. 按结构外围面积计算全面积
C. 依附于自然层按水平投影面积的1/2计算
D. 依附于自然层按结构外层面积的1/2计算

12. 根据《房屋建筑与装饰工程工程量计算规范》(GB/T 50854—2013)，某建筑物场地土方工程，设计基础长27m，宽为8m，周边开挖深度均为2m，实际开挖后场内堆土量为570m^3，则土方工程量为（ ）。
A. 平整场地216m B. 沟槽土方655m
C. 基坑土方528m D. 一般土方438m

13. 根据《房屋建筑与装饰工程工程量计算规范》(GB/T 50854—2013)，地基处理工程量计算正确的是（ ）。
A. 换填垫层按设计图示尺寸以体积计算
B. 强夯地基按设计图示处理范围乘以处理深度以体积计算
C. 填料振冲桩以填料体积计算
D. 水泥粉煤碎石桩按设计图示尺寸以体积计算

14. 根据《房屋建筑与装饰工程工程量计算规范》(GB/T 50854—2013)，打桩工程量计算正确的是（ ）。
A. 打预制钢筋混凝土方桩，按设计图示尺寸桩长以米计算，送桩工程量另计

B. 打预制钢筋混凝土管桩，按设计图示数量以根计算，截桩头工程量另计

C. 钢管桩按设计图示截面积乘以桩长，以实体积计算

D. 钢板桩按不同板幅以设计长度计算

15. 根据《房屋建筑与装饰工程工程量计算规范》(GB 50854—2013)，砖基础工程量计算正确的是（ ）。

A. 外墙基础断面积（含大放脚）乘以外墙中心线长度以体积计算

B. 内墙基础断百积（大放脚部分扣除）乘以内墙净长线以体积计算

C. 地圈梁部分体积并入基础计算

D. 靠墙暖气沟挑檐体积并入基础计算

16. 根据《房屋建筑与装饰工程工程量计算规范》(GB 50854—2013)，实心砖墙工程量计算正确的是（ ）。

A. 凸出墙面的砖垛单独列项

B. 框架梁间内墙按梁间墙体积计算

C. 围墙扣除柱所占体积

D. 平屋顶外墙算至钢筋混凝土板顶面

17. 根据《房屋建筑与装饰工程工程量计算规范》(GB 50854—2013)，砌筑工程垫层工程量应（ ）。

A. 按基坑（槽）底设计图示尺寸以面积计算

B. 按垫层设计宽度乘以中心线长度以面积计算

C. 按设计图示尺寸以体积计算

D. 按实际铺设垫层面积计算

18. 根据《房屋建筑与装饰工程工程量计算规范》(GB 50854—2013)，混凝土框架柱工程量应（ ）。

A. 按设计图示尺寸扣除板厚所占部分以体积计算

B. 区别不同截面以长度计算

C. 按设计图示尺寸不扣除梁所占部分以体积计算

D. 按柱基上表面至梁底面部分以体积计算

19. 根据《房屋建筑与装饰工程工程量计算规范》(GB 50854—2013)，现浇混凝土墙工程量应（ ）。

A. 扣除凸出墙面部分体积

B. 不扣除面积为 0.33m^2 的孔洞体积

C. 将伸入墙内的梁头计入

D. 扣除预埋铁件体积

20. 根据《房屋建筑与装饰工程计算规范》(GB 50854—2013)，现浇混凝土工程量计算正确的是（ ）。

A. 雨篷与圈梁连接时其工程量以梁中心为分界线

B. 阳台梁与圆梁连接部分并入圈梁工程量

C. 挑檐板按设计图示水平投影面积计算

D. 空心板按设计图示尺寸以体积计算，空心部分不予扣除

21. 根据《房屋建筑与装饰工程工程量计算规范》(GB 50854—2013)。某钢筋混凝土梁长为 12000mm。设计保护层厚为 25mm，钢筋为ϕ10@300，则该梁所配箍筋数量为（ ）。

A. 40 根

B. 41 根

C. 42 根

D. 300 根

22. 编制工程量清单出现计算规范附录中未包括的清单项目时，编制人应作补充，下列有关编制补充项目的说法中正确的是（　　）。

A. 补充项目编码应由B与三位阿拉伯数字组成

B. 补充项目应报县级工程造价管理机构备案

C. 补充项目的工作内容应予以明确

D. 补充项目编码应顺序编制，起始序号由编制人根据需要自主确定

三、多项选择题

1. 根据《建设工程工程量清单计价规范》(GB 50500—2013）的规定，分部分项工程量清单中的综合单价包括（　　）。

A. 人工费　　B. 材料费　　C. 措施费

D. 利润　　E. 风险费

2. 下列有关暂列金额的表述，正确的有（　　）。

A. 用于施工合同签订时尚未确定或者不可预见的所需材料、设备、服务的采购

B. 用于施工中可能发生的工程变更、合同约定调整因素出现时的工程价款调整

C. 用于发生的索赔、现场签证确认等的费用

D. 用于支付必然发生但暂时不能确定价格的材料的单价

E. 用于因为标准不明确或者需要有专业承包人完成，暂时无法确定价格的费用

3. 采用工程量清单报价，下列计算公式正确的是（　　）。

A. 分部分项工程费＝∑（分部分项工程量×相应分部分项工程单价）

B. 措施项目费＝∑措施项目费

C. 单位工程报价＝∑分部分项工程费

D. 单项工程报价＝∑单位工程报价

E. 建设项目总报价＝∑单项工程报价

4. 根据《建设工程工程量清单计价规范》(GB 50500—2013)，关于计量单位说法正确的是（　　）。

A. 以重量计算的项目，其计量单位应为吨或千克

B. 以吨为计量单位时，其计算结果应保留三位小数

C. 以立方米为计量单位时，其计算结果应保留三位小数

D. 以千克为计量单位时，其计算结果应保留一位小数

E. 以“个”“项”为单位的，应取整数

5. 根据《建筑工程建筑面积计算规范》(GB/T 50353—2013)，不计算建筑面积的有（　　）。

A. 建筑物首层地面有围护设施的露台　　B. 兼顾消防与建筑物相同的室外钢楼梯

C. 与建筑物相连的室外台阶　　D. 与室内相同的变形缝

E. 形成建筑空间，结构净高 1.50m 的坡屋顶

6. 根据《房屋建筑与装饰工程工程量计算规范》(GB 50854—2013)，石方工程量计算正确的有（　　）。

A. 挖一般石方按设计图示尺寸以建筑物首层面积计算

B. 挖沟槽石方按沟槽设计底面积乘以挖石深度以体积计算

C. 挖基坑石方按基坑底面积乘以自然地面测量标高至设计地坪标高的平均厚度以体积计算

D. 挖管沟石方按设计图示以管道中心线长度以米计算

E. 挖管沟石方按设计图示截面积乘以长度以体积计算

7. 根据《房屋建筑与装饰工程工程量计算规范》(GB 50854—2013)，现浇混凝土构件工程量计算争取的有（　　）。

A. 构造柱按柱断面尺寸乘以全高以体积计算，嵌入墙体部分不计

B. 框架柱工程量按柱基上表面至柱顶以高度计算

C. 梁按设计图示尺寸以体积计算，主梁与次梁交接处按主梁体积计算

D. 混凝土弧形墙按垂直投影面积乘以墙厚以体积计算

E. 挑檐板按设计图示尺寸以体积计算

8. 根据《房屋建筑与装饰工程工程量计算规范》(GB 50854—2013)，措施项目工程量计算正确的是（　　）。

A. 里脚手架按建筑面积计算

B. 满堂脚手架按搭设水平投影面积计算

C. 混凝土墙模板按模板与墙接触面积计算

D. 混凝土构造柱模板按图示外露部分计算模板面积

E. 超高施工增加费包括人工、机械降效，供水加压以及通信联络设备费用

四、计算题

1. 某工程柱下独立基础见图 5-87，共 18 个。已知：土壤类别为三类土；混凝土现场搅

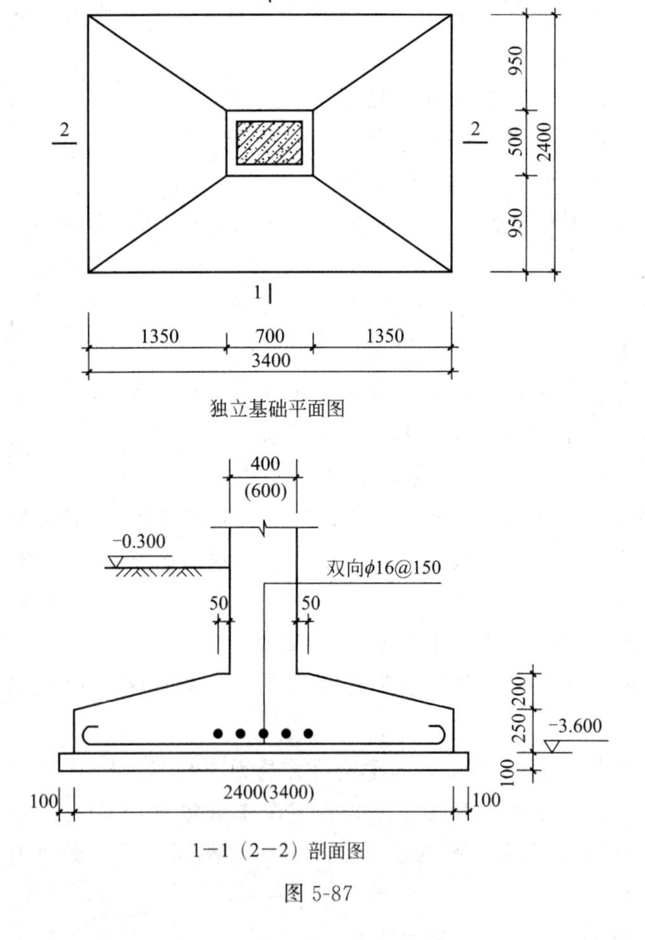

图 5-87

拌，混凝土强度等级：基础垫层C10，独立基础及独立柱C20；弃土运距200m；基础回填土夯填；土方挖、填计算均按天然密实土。

问题：

(1) 根据图示内容和《建设工程工程量清单计价规范》的规定，根据表5-65所列清单项目编制±0.00以下的分部分项工程量清单。有关分部分项工程量清单的统一项目编码见下表。

表5-65　分部分项工程量清单的统一项目编码表

项目编码	项目名称	项目编码	项目名称
010101003	挖基础土方	010402001	矩形柱
010401002	独立基础	010103001	土方回填(基础)

(2) 某承包商拟投标该工程，根据地质资料，确定柱基础为人工放坡开挖，工作面每边增加0.3m；自垫层上表面开始放坡，放坡系数为0.33；基坑边可堆土490m；余土用翻斗车外运200m。

该承包商使用的消耗量定额如下：挖1m土方，用工0.48工日（已包括基底钎探用工）；装运（外运200m）1m土方，用工0.10工日，翻斗车0.069台班。已知：翻斗车台班单价为63.81元/台班，人工单价为22元/工日。

计算承包商挖独立基础土方的人工费、材料费、机械费合价。

(3) 假定管理费率为12%，利润率为7%，风险系数为1%。按《建设工程工程量清单计价规范》有关规定，计算承包商填报的挖独立基础土方工程量清单的综合单价（风险费以工料机和管理费之和为基数计算）。

2. 某混凝土基础，强度等级C30，基础平面如图5-88所示，已知二类土，地下静止水位线−0.8，根据工程量计算规范求挖土方、混凝土基础、砖基础的工程量。

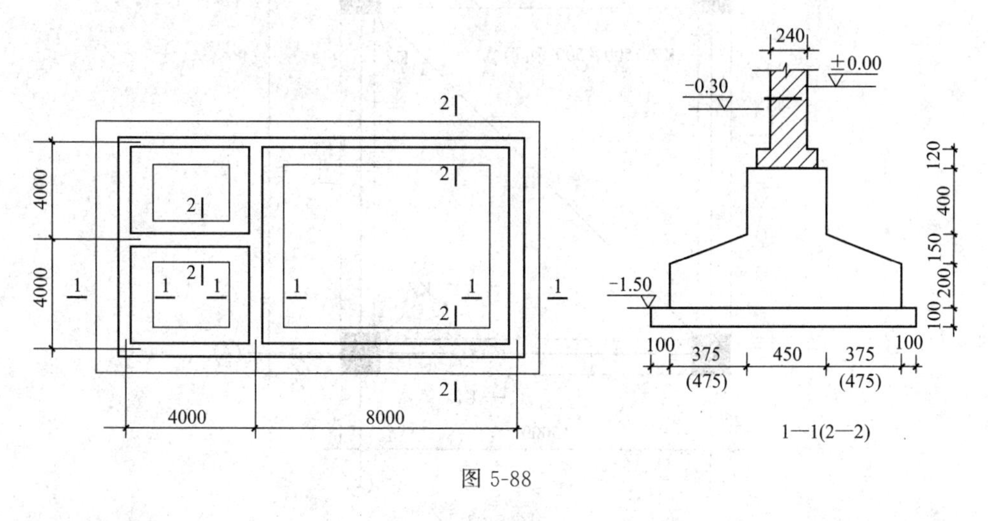

图5-88

3. 现浇钢筋混凝土平板如图5-89所示，计算①、③号钢筋用量（单位：kg）。

4. 某工程楼梯梁TL如图5-90所示。梁纵向钢筋通长布置。计算该梁钢筋的长度。

5. 某框架结构建筑物某层现浇混凝土及钢筋混凝土柱梁板结构图，如图5-91所示，层高3.0m，板厚120mm，梁、板顶标高为+6.00m，柱的区域部分为（+3.0m～+6.0m）。其中模板单列，按单价措施项目列项。请根据工程量计算规范计算现浇混凝土模板工程量及KL_1的工程量。

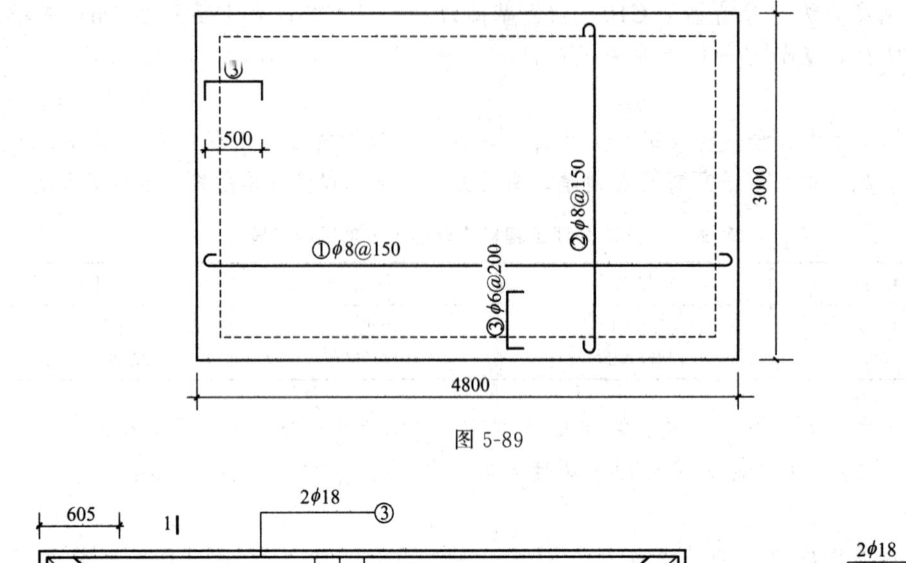

图 5-89

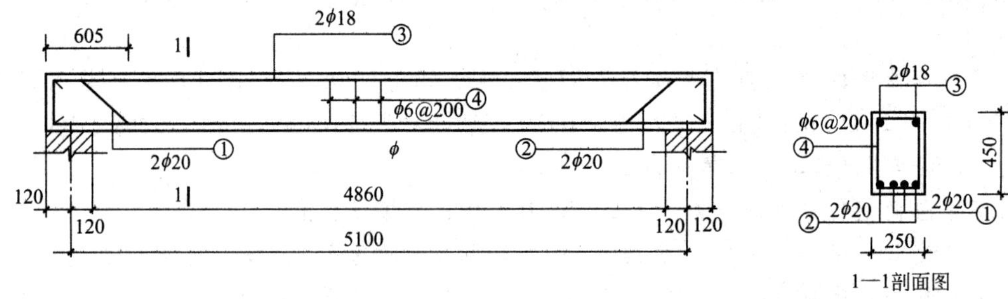

图 5-90

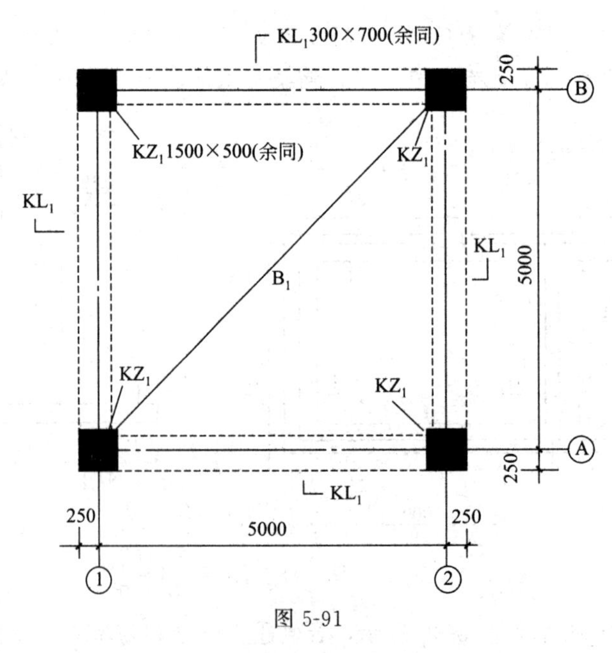

图 5-91

6. 某高层建筑如图 5-92 所示，框剪结构，女儿墙高 1.8m，施工组织设计中，垂直运输采用自升式塔式起重机及单笼施工电梯。根据工程量计算规范计算垂直运输、超高施工增加的工程量。

7. 某民用住宅如图 5-93 所示，雨篷水平投影面积为 3300mm×1500mm，计算其建筑面积。

8. 某基础工程如图 5-94 所示，M5.0 水泥砂浆砌筑。计算砖基础的工程量。

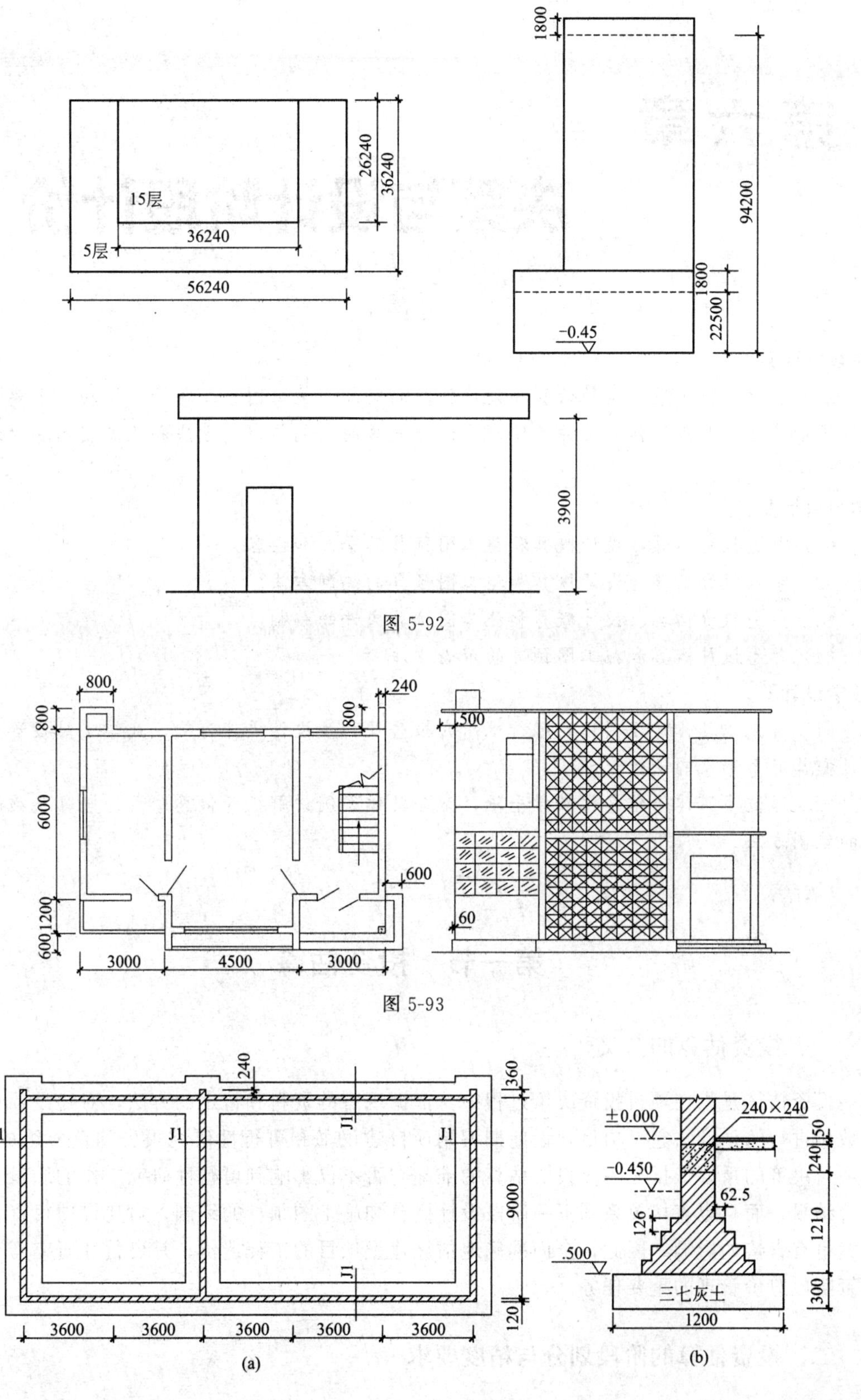

图 5-92

图 5-93

图 5-94

决策与设计阶段计价

【内容概要】

本章主要包括决策阶段的估算和设计阶段的概算、施工图预算等计价活动。主要内容包括投资估算方法及投资估算文件的编制，设计概算的编制与审查方法和施工图预算的编制与审查方法。

【学习目标】

（1）熟悉投资估算、设计概算和施工图预算的含义和内容。

（2）掌握投资估算、设计概算和施工图预算的编制方法。

（3）熟悉投资估算、设计概算和施工图预算文件的编制。

（4）熟悉设计概算和施工图预算的审查方法。

【教学设计】

（1）首先以具体建设项目的可行性研究报告及初步设计文件为例，让学生对投资估算和设计概算有个形象的认识。

（2）通过多媒体等信息化教学手段，结合具体案例讲解投资估算、设计概算及施工图预算的编制方法。

第一节　投资估算

一、投资估算的含义

投资估算是指在项目投资决策过程中，依据现有的资料和特定的方法，对建设项目的投资数额进行的估计。它是项目建设前期编制项目建议书和可行性研究报告的重要组成部分，是项目决策的重要依据之一。投资估算的准确与否不仅影响到可行性研究工作的质量和经济评价结果，而且也直接关系到下一阶段设计概算和施工图预算的编制，对建设项目资金筹措方案也有直接的影响。因此，全面准确地估算建设项目的工程造价，是可行性研究乃至整个决策阶段造价管理的重要任务。

二、投资估算的阶段划分与精度要求

在我国，项目投资估算是指在做初步设计之前各工作阶段中的一项工作。在做工程初步设计之前，根据需要可邀请设计单位参加编制项目规划和项目建议书，并可委托设计单位承

担项目的初步可行性研究、可行性研究及设计任务书的编制工作，同时应根据项目已明确的技术经济条件，编制和估算出精确度不同的投资估算额。我国建设项目的投资估算分为以下几个阶段。

1. 项目规划阶段的投资估算

建设项目规划阶段是指有关部门根据国民经济发展规划、地区发展规划和行业发展规划的要求，编制一个建设项目的建设规划。此阶段是按项目规划的要求和内容，粗略地估算建设项目所需要的投资额。其对投资估算精度的要求为允许误差大于±30%。

2. 项目建议书阶段的投资估算

在项目建议书阶段，是按项目建议书中的产品方案、项目建设规模、产品主要生产工艺、企业车间组成、初选建厂地点等，估算建设项目所需要的投资额。其对投资估算精度的要求为误差控制在±30%以内。此阶段项目投资估算的意义是可据此判断一个项目是否需要进行下一阶段的工作。

3. 初步可行性研究阶段的投资估算

初步可行性研究阶段，是在掌握了更详细、更深入的资料的条件下，估算建设项目所需的投资额。其对投资估算精度的要求为误差控制在±20%以内。此阶段项目投资估算的意义是据此确定是否进行详细可行性研究。

4. 详细可行性研究阶段的投资估算

详细可行性研究阶段的投资估算至关重要，因为这个阶段的投资估算经审查批准之后，便是工程设计任务书中规定的项目投资限额，并可据此列入项目年度基本建设计划。其对投资估算精度的要求为误差控制在±10%以内。

三、投资估算方法

（一）建设投资静态投资部分的估算

不同阶段的投资估算，其方法和允许误差都是不同的。项目规划和项目建议书阶段，投资估算的精度低，可采取简单的匡算法，如单位生产能力法、生产能力指数法、系数估算法、比例估算法或混合法等，在条件允许时，也可采用指标估算法。在可行性研究阶段，投资估算精度要求高，需采用相对详细的投资估算方法，即指标估算法。

1. 项目建议书阶段投资估算常用方法

（1）单位生产能力估算法　依据调查的统计资料，利用相近规模的单位生产能力投资乘以建设规模，即得拟建项目投资。其计算公式为：

$$C_2=\left(\frac{C_1}{Q_1}\right)Q_2 f \tag{6-1}$$

式中　C_1——已建类似项目的静态投资额；

C_2——拟建项目静态投资额；

Q_1——已建类似项目的生产能力；

Q_2——拟建项目的生产能力；

f——不同时期、不同地点的定额、单价、费用变更等的综合调整系数。

这种方法把项目的建设投资与其生产能力的关系视为简单的线性关系，估算简便迅速。而事实上，单位生产能力的投资会随着生产规模的增加而减少，因此，这种方法一般只适用于与已建项目在规模和时间上相近的拟建项目，一般两者间的生产能力比值为0.2～2。

由于在实际工作中不易找到与拟建项目完全类似的项目，通常是把项目按其构成的车间、设施和装置进行分解，分别套用类似车间、设施和装置的单位生产能力投资指标计算，然后加总求得项目总投资，或根据拟建项目的规模和建设条件，将投资进行适当调整后估算项目的投资额。

【例 6-1】 某地2012年拟建一座200套客房的豪华宾馆，该地区2009年已建成类似的一座豪华宾馆，且掌握了以下资料：它有250套客房，有门厅、餐厅、会议室、游泳池、夜总会、网球场等设施。总造价为1025万美元，调整系数为1.2，估算该项目的总投资。

解：拟建项目的建设投资＝(1025/250)×200×1.2＝984（万美元）

(2) 生产能力指数法　又称指数估算法，它是根据已建成的类似项目生产能力和投资额来粗略估算同类但生产能力不同的拟建项目静态投资额的方法，是对单位生产能力估算法的改进。其计算公式为：

$$C_2=C_1\left(\frac{Q_2}{Q_1}\right)^x f \tag{6-2}$$

式中，x 为生产能力指数，其他符号含义同前。

上式表明造价与规模（或容量）呈非线性关系，且单位造价随工程规模（或容量）的增大而减小。在正常情况下，$0 \leqslant x \leqslant 1$。不同生产率水平的国家和不同性质的项目中，$x$ 的取值是不相同的。若已建类似项目的生产规模与拟建项目生产规模相差不大，Q_1 与 Q_2 的比值在0.5～2，则指数 x 的取值近似为1。若已建类似项目的生产规模与拟建项目生产规模的比值为2～50，且拟建项目生产规模的扩大仅靠增大设备规模来达到时，则 x 的取值在0.6～0.7；若是靠增加相同规格设备的数量达到时，x 的取值在0.8～0.9。

生产能力指数法与单位生产能力估算法相比精确度略高，其误差可控制在±20%以内，尽管估价误差仍较大，但有它独特的好处：即这种估价方法不需要详细的工程设计资料，只知道工艺流程及规模就可以，在总承包工程报价时，承包商大都采用这种方法估价。

【例 6-2】 2006年已建成年产100万吨的某煤矿，其投资额为30000万元，2010年拟建生产150万吨的煤矿，建设期2年。自2006年至2010年每年平均造价指数递增3%，生产能力指数0.8，估算拟建煤矿的静态投资额为多少？

解：$C_2=C_1\times(Q_2/Q_1)^x\times f=30000\times(150/100)^{0.8}\times(1+3\%)^4=4670283$（万元）

(3) 系数估算法　系数估算法也称为因子估算法，它是以拟建项目的主体工程费或主要设备购置费为基数，以其他工程费与主体工程费或设备购置费的百分比为系数，以此估算拟建项目静态投资的方法。系数估算法的种类很多，在我国国内常用的方法有设备系数法和主体专业系数法，朗格系数法是实行项目投资估算常用的方法。

①设备系数法。以拟建项目的设备购置费为基数，根据已建成的同类项目的建筑安装费和其他工程费等与设备价值的百分比，求出拟建项目建筑安装工程费和其他工程费，进而求

出项目的静态投资。其计算公式如下：

$$C=E(1+f_1P_1+f_2P_2+f_3P_3+\cdots)+I \tag{6-3}$$

式中　C——拟建项目的静态投资；

E——拟建项目根据当时当地价格计算的设备购置费；

P_1，P_2，P_3，…——已建项目中建筑安装工程费及其他工程费等与设备购置费的比例；

f_1，f_2，f_3，…——由于时间地点因素引起的定额、价格、费用标准等变化的综合调整系数；

I——拟建项目的其他费用。

② 主体专业系数法。以拟建项目中投资比重较大，并与生产能力直接相关的工艺设备投资为基数，根据已建同类项目的有关统计资料，计算出拟建项目各专业工程（总图、土建、采暖、给排水、管道、电气、自控等）与工艺设备投资的百分比，据此求出拟建项目各专业投资，然后加总即为拟建项目的静态投资。其计算公式为：

$$C=E(1+f_1P'_1+f_2P'_2+f_3P'_3+\cdots)+I \tag{6-4}$$

式中，P'_1、P'_2、P'_3、…为已建项目中各专业工程费用与工艺设备投资的比重；其他符号同前。

（4）比例估算法　根据已知的同类建设项目主要生产工艺设备投资占整个建设项目的投资比例，先逐项估算出拟建项目主要生产工艺设备投资，再按比例进行估算拟建建设项目静态投资的方法。该方法主要应用于设计深度不足，拟建建设项目与类似建设项目的主要生产工艺设备投资比重较大，行业内相关系数等基础资料完备的情况。其计算公式为：

$$I=\frac{1}{K}\sum_{i=1}^{n}Q_iP_i \tag{6-5}$$

式中　I——拟建项目的静态投资；

K——已建项目主要设备投资占拟建项目投资的比例；

n——设备种类数；

Q_i——第 i 种设备的数量；

P_i——第 i 种设备的单价（到厂价格）。

（5）混合法　混合法是根据主体专业设计的阶段和深度，国家及地区、行业或部门相关投资估算基础资料和数据，以及其他统计和积累的、可靠的相关造价基础资料，对一个拟建建设项目采用生产能力指数法与比例估算法或系数估算法与比例估算法混合估算其相关投资额的方法。

2. 可行性研究阶段指标估算方法

这种方法是把建设项目以单项工程或单位工程，按建设内容纵向划分为各个主要生产设施、辅助及公用设施、行政及福利设施以及各项其他基本建设费用，按费用性质横向划分为建筑工程、设备及工器具购置、安装工程等，根据各种具体的投资估算指标，进行各单位工程或单项工程投资的估算，在此基础上汇集编制成拟建建设项目的各个单项工程费用和拟建建设项目的工程费用投资估算。再按相关规定估算工程建设其他费用、基本预备费等，形成拟建项目静态投资。

（1）建筑工程费用估算　建筑工程费用是指为建造永久性建筑物和构筑物所需要的费用，一般采用单位建筑工程投资估算法、单位实物工程量投资估算法、概算指标投资估算法等进行估算。

① 单位建筑工程投资估算法，以单位建筑工程费用乘以建筑工程总量计算。这种方法可以进一步分为单位长度价格法、单位面积价格法、单位容积价格法和单位功能价格法。

a. 单位长度价格法。此法是利用每单位长度的成本价格进行估算，首先利用已知的项目建筑工程费用除以该项目的长度，从而得到单位长度的价格，然后将结果应用到未来拟建项目中，以此来估算建设项目的建筑工程费。例如，水库以水坝单位长度（m）的投资，铁路、公路以单位长度（km）的投资，矿上掘进以单位长度（m）的投资，乘以相应的建筑工程量计算建筑工程费。

b. 单位面积价格法。此方法首先要用已知的项目建筑工程费用除以该项目的房屋总面积，即为单位面积价格，然后将结果应用到未来的项目中，以估算拟建项目的建筑工程费。

c. 单位容积价格法。此方法首先要用已完工程总的建筑工程费用除以建筑容积，即为单位容积价格，然后将结果应用到未来的项目中，以估算拟建项目的建筑工程费。在一些项目中，楼层高度是影响成本的重要因素。例如，仓库、工业窑炉砌筑的高度根据需要会有很大的变化，显然这时不再适用单位面积价格，而单位容积价格则成为确定初步估算的好方法。

d. 单位功能价格法。此方法是利用每功能单位的成本价格进行估算，选出所有此类项目中共有的单位，并计算每个项目中该单位的数量。例如，可以用医院里的病床数量为功能单位，新建一所医院的成本被细分为其所提供的病床数量。这种计算方法首先给出每张床的单价，然后乘以该医院所有病床的数量，从而确定该医院项目的金额。

② 单位实物工程量投资估算法，以单位实物工程量的投资乘以实物工程总量计算。土石方工程按每立方米投资，矿井巷道衬砌工程按每延米投资，路面铺设工程按每平方米投资，乘以相应的实物工程总量计算建筑工程费。

③ 概算指标投资估算法，对于没有上述估算指标，或者建筑工程费占总投资比例较大的项目，可采用概算指标估算法。采用此种方法，应拥有较为详细的工程资料、建筑材料价格和工程费用指标信息，投入的时间和工作量大。

（2）设备及工器具购置费估算　设备购置费根据项目主要设备表及价格、费用资料编制，工器具购置费按设备费的一定比例计取。对于价值高的设备应按单台（套）估算购置费，价值较小的设备可按类估算，国内设备和进口设备应分别估算。

（3）安装工程费估算　安装工程费通常按行业或专门机构发布的安装工程定额、取费标准和指标估算投资。具体可按安装费率、每吨设备安装费或单位安装实物工程量的费用估算，即：

$$安装工程费=设备原价\times安装费率 \tag{6-6}$$

$$安装工程费=设备吨重\times每吨安装费 \tag{6-7}$$

$$安装工程费=安装工程实物量\times安装费用指标 \tag{6-8}$$

（4）工程建设其他费用估算　工程建设其他费用的计算应结合拟建项目的具体情况，有合同或协议明确的费用按合同或协议列入。无合同或协议明确的费用，根据国家和各行业部门、工程所在地地方政府的有关工程建设其他费用定额和计算办法估算。

（5）基本预备费估算　基本预备费的估算一般是以建设项目的工程费用和工程建设其他

费用之和为基础，乘以基本预备费率进行计算的。基本预备费率的大小，应根据建设项目的设计阶段和具体的设计深度，以及在估算中所采用的各项估算指标与设计内容的贴近度、项目所属行业主管部门的具体规定确定。

（二）建设投资动态部分的估算

建设投资动态部分包括价差预备费、建设期贷款利息、投资方向调节税三部分。估算方法见第三章第一节相关内容。

（三）流动资金的估算

流动资金是指项目运营需要的流动资产投资，指生产经营性项目投产后，为进行正常生产运营，用于购买原材料、燃料、支付工资及其他经营费用等所需的周转资金。流动资金估算一般采用分项详细估算法，个别情况或者小型项目可采用扩大指标估算法。

1. 分项详细估算法

流动资金的显著特点是在生产过程中不断周转，其周转额的大小与生产规模及周转速度直接相关。分项详细估算法是根据周转额与周转速度之间的关系，对构成流动资金的各项流动资产和流动负债分别进行估算。流动资产的构成要素一般包括存货、库存现金、应收账款和预付账款；流动负债的构成要素一般包括应付账款和预收账款。流动资金等于流动资产和流动负债的差额，计算公式为：

$$流动资金=流动资产-流动负债 \tag{6-9}$$

$$流动资产=应收账款+预付账款+存货+现金 \tag{6-10}$$

$$流动负债=应付账款+预收账款 \tag{6-11}$$

$$流动资金本年增加额=本年流动资金-上年流动资金 \tag{6-12}$$

进行流动资金估算时，首先计算各类流动资产和流动负债的年周转次数，然后再分项估算占用资金额。

（1）周转次数计算　周转次数是指流动资金的各个构成项目在一年内完成多少个生产过程。周转次数可用1年天数（通常按360天计算）除以流动资金的最低周转天数计算，则各项流动资金年平均占用额度为流动资金的年周转额度除以流动资金的年周转次数。即：

$$周转次数=360/流动资金最低周转天数 \tag{6-13}$$

各类流动资产和流动负债的最低周转天数，可参照同类企业的平均周转天数并结合项目特点确定，或按部门（行业）规定，在确定最低周转天数时应考虑储存天数、在途天数，并考虑适当的保险系数。

（2）应收账款估算应收账款是指企业对外赊销商品、提供劳务尚未收回的资金。计算公式为：

$$应收账款=年经营成本/应收账款周转次数 \tag{6-14}$$

（3）预付账款估算　预付账款是指企业为购买各类材料、半成品或服务所预先支付的款项，计算公式为：

$$预付账款=外购商品或服务年费用金额/预付账款周转次数 \tag{6-15}$$

（4）存货估算　存货是企业为销售或者生产耗用而储备的各种物资，主要有原材料、辅助材料、燃料、低值易耗品、维修备件、包装物、商品、在产品、自制半成品和产成品等。为简化计算，仅考虑外购原材料、燃料、其他材料、在产品和产成品，并分项进行计算。计算公式为：

$$存货=外购原材料、燃料+其他材料+在产品+产成品 \tag{6-16}$$

$$外购原材料、燃料=年外购原材料、燃料费用/分项周转次数 \tag{6-17}$$

$$其他材料=年其他材料费用/其他材料周转次数 \tag{6-18}$$

$$在产品=\frac{年外购原材料、燃料+年工资及福利费+年修理费+年其他制造费用}{在产品周转次数} \tag{6-19}$$

$$产成品=(年经营成本-年其他营业费用)/产成品周转次数 \tag{6-20}$$

（5）现金需要量估算　项目流动资金中的现金是指货币资金，即企业生产运营活动中停留于货币形态的那部分资金，包括企业库存现金和银行存款。计算公式为：

$$现金=(年工资及福利费+年其他费用)/现金周转次数 \tag{6-21}$$

年其他费用＝制造费用＋管理费用＋营业费用－（以上三项费用中所含的工资及福利费、折旧费、摊销费、修理费）　(6-22)

（6）流动负债估算　流动负债是指在一年或者超过一年的一个营业周期内，需要偿还的各种债务，包括短期借款、应付票据、应付账款、预收账款、应付工资、应付福利费、应付股利、应交税金、其他暂收应付款、预提费用和一年内到期的长期借款等。在可行性研究中，流动负债的估算可以只考虑应付账款和预收账款两项。计算公式为：

$$应付账款=外购原材料、燃料动力费及其他材料年费用/应付账款周转次数 \tag{6-23}$$

$$预收账款=预收的营业收入年金额/预收账款周转次数 \tag{6-24}$$

2. 扩大指标估算法

扩大指标估算法是根据现有同类企业的实际资料，求得各种流动资金率指标，亦可依据行业或部门给定的参考值或经验确定比率。将各类流动资金率乘以相对应的费用基数来估算流动资金。一般常用的基数有营业收入、经营成本、总成本费用和建设投资等，究竟采用何种基数依行业习惯而定。扩大指标估算法简便易行，但准确度不高，适用于项目建议书阶段的估算。扩大指标估算法计算流动资金的公式为：

$$年流动资金额=年费用基数\times 各类流动资金率 \tag{6-25}$$

四、投资估算文件的编制

1. 建设投资估算表编制

建设投资是项目投资的重要组成，是项目财务分析的基础数据。根据项目前期研究各阶段对投资估算精度的要求、行业的特点和相关规定，可选用相应的投资估算方法。在估算出建设投资后需编制建设投资估算表，按照费用归集形式，建设投资可按概算法或按形成资产法分类。

（1）概算法　建设投资由工程费用、工程建设其他费用和预备费三部分构成。其中工程费用又由建筑工程费、设备及工器具购置费和安装工程费构成；工程建设其他费用内容较多，且随行业和项目的不同而有所区别。预备费包括基本预备费和价差预备费。按照概算法编制的建设投资估算表如表 6-1 所示。

表 6-1 建设投资估算表（概算法）

序号	工程或费用名称	建筑工程费/万元	设备购置费/万元	安装工程费/万元	其他费用/万元	合计/万元	其中:外币	比例/%
1	工程费用							
1.1	主体工程							
1.1.1	××××							
	……							
1.2	辅助工程							
1.2.1	××××							
	……							
1.3	公用工程							
1.3.1	××××							
	……							
1.4	服务性工程							
1.4.1	××××							
	……							
1.5	厂外工程							
1.5.1	××××							
	……							
1.6	××××							
2	工程建设其他费用							
2.1	××××							
	……							
3	预备费							
3.1	基本预备费							
3.2	价差预备费							
4	建设投资合计							
	比例/%							

（2）形成资产法 建设投资由形成固定资产的费用、形成无形资产的费用、形成其他资产的费用和预备费四部分组成。固定资产费用是指项目投产时将直接形成固定资产的建设投资，包括工程费用和工程建设其他费用中按规定将形成固定资产的费用，后者被称为固定资产其他费用，主要包括建设单位管理费、可行性研究费、研究试验费、勘察设计费、环境影响评价费、场地准备及临时设施费、引进技术和引进设备其他费、工程保险费、联合试运转费、特殊设备安全监督检验费和市政公用设施建设及绿化费等。无形资产费用是指将直接形成无形资产的建设投资，主要是专利权、非专利技术、商标权、土地使用权和商誉等。其他资产费用是指建设投资中除形成固定资产和无形资产以外的部分，如生产准备及开办费等。按形成资产法编制的建设投资估算表如表 6-2 所示。

表 6-2 建设投资估算表（形成资产法）

序号	工程或费用名称	建筑工程费/万元	设备购置费/万元	安装工程费/万元	其他费用/万元	合计/万元	其中：外币	比例/%
1	固定资产费用							
1.1	工程费用							
1.1.1	××××							
1.1.2	××××							
1.1.3	××××							
	……							
1.2	固定资产其他费用							
	××××							
	……							
2	无形资产费用							
2.1	××××							
	……							
3	其他资产费用							
3.1	××××							
	……							
4	预备费							
4.1	基本预备费							
4.2	价差预备费							
5	建设投资合计							
	比例/%							

2. 建设期利息估算表的编制

建设期贷款利息的估算，根据建设期资金用款计划，可按当年借款在当年年中支用考虑，即当年借款按半年计息，上年借款按全年计息。建设期利息估算表主要包括建设期发生的各项借款及其债券等项目，期初借款余额等于上年借款本金和应计利息之和，即上年期末借款余额；其他融资费用主要指融资中发生的手续费、承诺费、管理费、信贷保险费等融资费用。建设期利息估算表如表 6-3 所示。

表 6-3 建设期利息估算表

人民币单位：万元

序号	项目	合计	建设期					
			1	2	3	4	…	n
1	借款							
1.1	建设期利息							
1.1.1	期初借款余额							
1.1.2	当期借款							
1.1.3	当期应计利息							

续表

序号	项目	合计	建设期					
			1	2	3	4	…	n
1.1.4	期末借款余额							
1.2	其他融资费用							
1.3	小计(1.1+1.2)							
2	债券							
2.1	建设期利息							
2.1.1	期初债务余额							
2.1.2	当期债务金额							
2.1.3	当期应计利息							
2.1.4	期末债务余额							
2.2	其他融资费用							
2.3	小计(2.1+2.2)							
3	合计(1.3+2.3)							
3.1	建设期利息合计(1.1+2.1)							
3.2	其他融资费用合计(1.2+2.2)							

3. 流动资金估算表的编制

根据流动资金各项估算的结果，编制流动资金估算表，见表6-4。

表6-4　流动资金估算表

人民币单位：万元

序号	项目	最低周转天数	周转次数	计算期					
				1	2	3	4	…	n
1	流动资金								
1.1	应收账款								
1.2	存货								
1.2.1	原材料								
1.2.2	××××								
	……								
1.2.3	燃料								
1.2.4	××××								
	……								
1.2.5	在产品								
1.2.6	产成品								
1.3	现金								
1.4	预付账款								
2	流动负债								
2.1	应付账款								

续表

序号	项目	最低周转天数	周转次数	计算期					
				1	2	3	4	…	n
2.2	预收账款								
3	流动资金(1−2)								
4	流动资金当期增加额								

4. 单项工程投资估算汇总表的编制

按照指标估算法，可行性研究阶段根据各种投资估算指标，进行各单位工程或单项工程投资的估算。单项工程投资估算应按建设项目划分的各个单项工程分别计算组成工程费用的建筑工程费、设备及工器具购置费及安装工程费。编制单项工程投资估算汇总表见表 6-5。

表 6-5 单项工程投资估算汇总表

工程名称：

序号	费用名称	估算值/万元					技术经济指标			
		建筑工程费	设备及工器具购置费	安装工程费	工程建设其他费	合计	单位	数量	单价价值	比例/%
一	工程费用									
(一)	主要生产系统									
1	××××车间									
	一般土建									
	给排水									
	采暖									
	通风空调									
	照明									
	工艺设备及安装									
	工艺金属结构									
	工艺管道									
	工艺筑炉及保温									
	变配电设备及安装									
	仪表设备及安装									
	……									
	小计									
	……									
2	××××									
	……									

5. 项目总投资估算汇总表的编制

将估算的各类投资进行汇总，得到项目总投资估算汇总表 6-6。

表 6-6 项目总投资估算汇总表

工程名称：

序号	费用名称	估算值/万元					技术经济指标			
		建筑工程费	设备及工器具购置费	安装工程费	工程建设其他费	合计	单位	数量	单价价值	比例/%
一	工程费用									
（一）	主要生产系统									
1	××××车间									
2	××××车间									
3	……									
（二）	辅助生产系统									
1	××××车间									
2	××××仓库									
3	……									
（三）	公用及福利设施									
1	变电所									
2	锅炉房									
3	……									
（四）	外部工程									
1	××××工程									
2	……									
	小计									
二	工程建设其他费用									
1	……									
2	小计									
三	预备费									
1	基本预备费									
2	价差预备费									
	小计									
四	建设期利息									
五	流动资金									
	投资估算合计									
	比例/%									

6. 项目分年度投资计划表

估算出项目建设投资后，应根据项目计划进度的安排，编制分年投资计划表，见表 6-7。该表中的分年建设投资可用来安排融资计划，估算建设期利息。由此，估算的建设期利息列入该表，流动资金本来就是分年估算的，可由流动资金估算表转入。分年投资计划表是编制项目资金筹措计划表的基础。

表 6-7　分年投资计划表

序号	项目	人民币/万元			外币		
		第1年	第2年	…	第1年	第2年	…
	分年计划/%						
1	建设投资						
2	建设期利息						
3	流动资金						
4	项目投入总资金（1+2+3）						

【例 6-3】 某集团公司拟建A、B两个工业项目，A项目为拟建年产30万吨铸钢厂，根据调查统计资料提供的当地已建年产25万吨铸钢厂的主厂房工艺设备投资约2400万元。A项目的生产能力指数为1。已建类似项目资料：主厂房其他各专业投资占工艺设备投资的比例，见表6-8，项目其他各系统工程及工程建设其他费用占主厂房投资的比例，见表6-9。

表 6-8　主厂房其他各专业投资占工艺设备投资的比例

加热炉	汽化冷却	余热锅炉	自动化仪表	起重设备	供电与传动	建筑安装工程
0.12	0.01	0.04	0.02	0.09	0.18	0.40

表 6-9　其他各系统工程及工程建设其他费用占主厂房投资的比例

动力系统	机修系统	总图运输系统	行政及生活福利	工程建设其他费用
0.30	0.12	0.20	0.30	0.20

A项目的资金来源为自有资金和贷款，贷款总额为8000万元，分年均衡发放，贷款利率8%（按年计息）。建设期3年，第1年投入30%，第2年投入50%，第3年投入20%。预计建设期物价年平均上涨率3%，投资估算到开工的时间按一年考虑，基本预备费率10%。

B项目为拟建一条化工原料生产线，厂房的建筑面积为5000m^2，同行业已建类似项目的建筑工程费为3000元/m^2，设备全部从国外引进，经询价，设备的货价（离岸价）为800万美元。

问题：

（1）对于A项目，已知拟建项目建设期与类似项目建设期的综合价格差异系数为1.25，试用生产能力指数估算法估算拟建工程的工艺设备投资额；用系数估算法估算该项目主厂房投资和项目建设的工程费用与其他费用。

（2）估算A项目的建设投资。

（3）对于A项目，若单位产量占用营运资金额为33.67元/吨，试用扩大指标估算法估算该项目的流动资金。确定A项目的总投资。

（4）对于B项目，类似项目建筑工程费用含有的人工费、材料费、机械费和综合税费占建筑工程造价的比例分别为18.26%、57.63%、9.98%、14.13%。因建设时间、地点、标准等不同，相应的综合调整系数分别为1.25、1.32、1.15、1.2，其他内容不变。计算B项目的建筑工程费用。

（5）对于B项目，海洋运输公司的现行海运费率6%，海运保险费率3.5%，外贸手续费率、银行手续费率、关税税率和增值税率分别按1.5%、5‰、17%、17%计取。国内供销手续费率0.4%，运输、装卸和包装费率0.1%，采购保管费率1%。美元兑换人民币的汇率均按1美元=6.2元人民币计算，设备的安装费率为设备原价的10%。估算进口设备的购置费和安装工程费。

解：

(1) 工艺设备投资、主厂房投资、工程费与其他费用

① 用生产能力指数估算法估算A项目主厂房工艺设备投资。

主厂房工艺设备投资$=2400\times\left(\frac{30}{25}\right)\times1.25=3600$（万元）

② 用系数估算法估算A项目主厂房投资。

A项目主厂房投资$=3600\times(1+12\%+1\%+4\%+2\%+9\%+18\%+40\%)$

$=3600\times(1+0.86)=6696$（万元）

其中，建筑安装工程费$=3600\times0.4=1440$（万元）

设备投资$=3600\times1.46=5256$（万元）

③ 工程费与工程建设其他费。

工程费与工程建设其他费。$=6696\times(1+30\%+12\%+20\%+30\%+20\%)$

$=6696\times(1+1.12)=14195.52$（万元）

(2) 建设投资

① 基本预备费计算。

基本预备费$=14195.52\times10\%=1419.55$（万元）

工程费$=6696\times(1+30\%+12\%+20\%+30\%)=6696\times(1+0.92)=12856.32$（万元）

建设期各年的静态投资额如下。

第一年：$12856.32\times30\%=3856.90$（万元）

第二年：$12856.32\times50\%=6428.16$（万元）

第三年：$12856.32\times20\%=2571.26$（万元）

② 价差预备费计算。

价差预备费$=3856.90\times[(1+3\%)^1(1+3\%)^{0.5}(1+3\%)^{1-1}-1]+6428.16\times[(1+3\%)^1(1+3\%)^{0.5}(1+3\%)^{2-1}-1]+2571.26\times[(1+3\%)^1(1+3\%)^{0.5}(1+3\%)^{3-1}-1]$

$=174.86+493.01+280.26=948.13$（万元）

由此得：预备费$=1419.55+948.13=2367.68$（万元）

A项目的建设投资$=14195.52+2367.68=16563.20$（万元）

(3) 估算A项目的总投资

① 流动资金。$30\times33.67=1010.10$（万元）

② 建设期贷款利息计算。

第1年贷款利息$=(0+8000\times30\%\div2)\times8\%=96$（万元）

第2年贷款利息$=[(8000\times30\%+96)+(8000\times50\%\div2)]\times8\%$

$=(2400+96+4000\div2)\times8\%=359.68$（万元）

第3年贷款利息$=[(2400+96+4000+359.68)+(8000\times20\%\div2)]\times8\%$

$=(6855.68+1600\div2)\times8\%=612.45$（万元）

建设期贷款利息$=96+359.68+612.45=1068.13$（万元）

③ 拟建项目总投资。

拟建项目总投资。=建设投资+建设期贷款利息+流动资金

=16563.20+1068.13+1010.10=18641.43（万元）

(4) 对于B项目，建筑工程造价综合差异系数

18.26%×1.25+57.63%×1.32+9.98%×1.15+14.13%×1.2=1.27

B项目的建筑安装工程费用为：

3000×5000×1.27=1905.00（万元）

(5) B项目进口设备的购置费=设备原价+设备国内运杂费，如表6-10所示。

表6-10 进口设备原价计算表

单位：万元

费用名称	计算公式	费用
货价	货价=800×6.20=4960.00	4960.00
国外运输费	国外运输费=4960×6%=297.60	297.60
国外运输保险费	国外运输保险费=(4960.00+297.60)×3.5‰/(1−3.5‰)=18.47	18.47
关税	关税=(4960.00+297.60+18.47)×17%=896.93	896.93
增值税	增值税=(4960.00+297.60+18.47+896.93)×17%=1049.41	1049.41
银行财务费	银行财务费=4960.00×5‰=24.80	24.80
外贸手续费	外贸手续费=(4960.00+297.60+18.47)×1.5%=79.14	79.14
进口设备原价	进口设备原价	7326.35

由表得知，进口设备的原价为：7326.35万元。

国内供销、运输、装卸和包装费=进口设备原价×费率=7326.35×(0.4%+0.1%)=36.63（万元）

设备采保费=(进口设备原价+国内供销、运输、装卸和包装费)×采保费率

=(7326.35+36.63)×1%=73.63(万元)

进口设备国内运杂费=国内供销、运输、装卸和包装费+设备采保费

=36.63+73.63=110.26（万元）

进口设备购置费=7326.35+110.26=7436.61（万元）

设备的安装费=设备原价×安装费率=7326.35×10%=732.64（万元）

【例6-4】 某建设项目的工程费与工程建设其他费的估算额为52180万元，预备费为5000万元，建设期3年。3年的投资比例是：第1年20%、第2年55%、第3年25%，第4年投产。

该项目固定资产投资来源为自有资金和贷款。贷款的总额为40000万元（其中外汇贷款为2300万美元），贷款按年均衡发放。外汇牌价为1美元兑换6.6元人民币。贷款的人民币部分从中国建设银行获得，年利率为6%（按季计息）。贷款的外汇部分从中国银行获得，年利率为8%（按年计息）。

建设项目达到设计生产能力后，全厂定员为1100人，工资和福利费按照每人每年7.2万元估算；每年其他费用为860万元（其中其他制造费用为660万元）；年外购原材料、燃料、动力费估算为19200万元；年经营成本为21000万元，年销售收入33000万元，年修理费占年经营成本10%；年预付款为800万元；年预收账款为1200万元。各项流动资金最低周转天数分别为：应收账款30天，现金40天，应付账款为30天，存货为40天，预付账款

为 30 天，预收账款为 30 天。

问题：

(1) 估算建设期贷款利息。

(2) 用分项详细估算法估算拟建项目的流动资金。

(3) 估算拟建项目的总投资。

解：

(1) 建设期贷款利息计算

① 人民币贷款实际利率计算。

人民币实际利率＝ $(1+6\%\div4)^4-1=6.14\%$

② 每年投资的贷款部分本金数额计算。

人民币部分：贷款总额为 40000－2300×6.6＝24820（万元）

第 1 年为：24820×20％＝4964（万元）

第 2 年为：24820×55％＝13651（万元）

第 3 年为：24820×25％＝6205（万元）

美元部分：贷款总额为 2300 万元

第 1 年为：2300×20％＝460（万美元）

第 2 年为：2300×55％＝1265（万美元）

第 3 年为：2300×25％＝575（万美元）

③ 每年应计利息计算。

a. 人民币建设期贷款利息计算。

第 1 年贷款利息＝(0＋4964÷2)×6.14％＝152.39(万元)

第 2 年贷款利息＝[(4964＋152.39)＋13651÷2]×6.14％＝733.23(万元)

第 3 年贷款利息＝[(4964＋152.39＋13651＋733.23)＋6205÷2]×6.14％
＝1387.83(万元)

人民币贷款利息合计＝152.39＋733.23＋1387.83＝2273.45(万元)

b. 外币贷款利息计算。

第 1 年外币贷款利息＝(0＋460÷2)×8％＝18.40(万美元)

第 2 年外币贷款利息＝[(460＋18.40)＋1265÷2]×8％＝88.87(万美元)

第 3 年外币贷款利息＝[(460＋18.48＋1265＋88.87)＋575÷2]×8％
＝169.58(万美元)

外币贷款利息合计＝18.40＋88.87＋169.58＝276.85(万美元)

(2) 用分项详细估算法估算流动资金

流动资金＝流动资产－流动负债

式中，流动资产＝应收账款＋现金＋存货＋预付账款；流动负债＝应付账款＋预收账款。

① 应收账款＝年经营成本÷年周转次数＝21000÷（360÷30）＝1750（万元）

② 现金＝(年工资福利费＋年其他费)÷年周转次数
＝(1100×7.2＋860)÷(360÷40)＝975.56(万元)

③ 存货。

外购原材料、燃料＝年外购原材料、燃料动力费÷年周转次数

=19200÷(360÷40)=2133.33(万元)

在产品=(年工资福利费+年其他制造费+年外购原材料燃料费+年修理费)÷年周转次数

=(1100×7.2+660+19200+21000×10%)÷(360÷40)=3320.00(万元)

产成品=年经营成本÷年周转次数=21000÷(360÷40)=2333.33(万元)

存货=2133.33+3320+2333.33=7786.66(万元)

④ 预付账款=年预付账款÷年周转次数=800÷(360÷30)=66.67(万元)

⑤ 应付账款=年外购原材料、燃料、动力费÷年周转次数

=19200÷(360÷30)=1600.00(万元)

⑥ 预收账款=年预收账款÷年周转次数=1200÷(360÷30)=100(万元)

由此求得:流动资产=应收账款+现金+存货+预付账款

=1750+975.56+7786.66+66.67=10578.89(万元)

流动负债=应付账款+预收账款=1600+100=1700(万元)

流动资金=流动资产-流动负债=10578.89-1700=8878.89(万元)

(3)总投资=建设投资+贷款利息+流动资金

=52180+5000+276.85×6.6+2273.45+8878.89=70159.55(万元)

第二节 设计概算

一、设计概算的概念

设计概算是初步设计阶段编制的确定工程造价的文件,是初步设计文件的组成部分,是在投资估算的控制下根据初步设计或扩大初步设计、概算指标、概算定额或综合指标预算定额、设备材料预算价格等资料,确定建筑物或构筑物造价的文件。采用两阶段设计的建设项目,初步设计阶段必须编制设计概算;采用三阶段设计的,扩大初步设计阶段必须编制修正概算。

设计概算对项目投资控制起着重要作用,根据有关规定,初步设计概算经主管部门批准后就成为拟建项目投资的最高限额。所以,设计概算一旦经过批准,一般不允许随意调整。

二、设计概算的内容

设计概算可分单位工程概算、单项工程综合概算和建设项目总概算三级。各级概算之间的相互关系如图 6-1 所示。

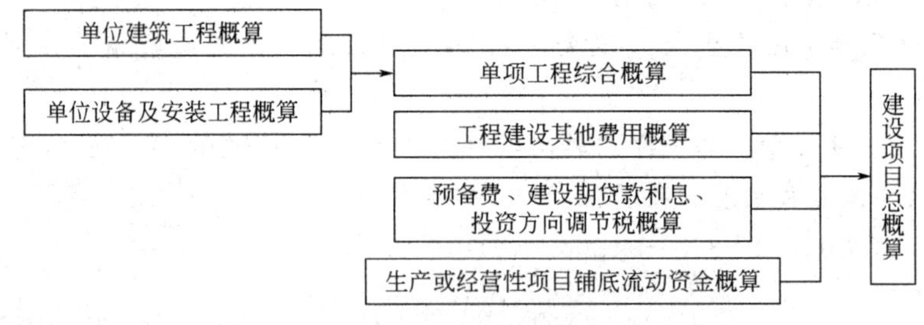

图 6-1 设计概算的三级概算关系图

1. 单位工程概算

单位工程是指具有独立的设计文件，能够独立组织施工，但不能独立发挥生产能力或使用功能的工程项目，是单项工程的组成部分。单位工程概算是确定各单位工程建设费用的文件，是编制单项工程综合概算的依据，是单项工程综合概算的组成部分。

2. 单项工程综合概算

单项工程是指在一个建设项目中，具有独立的设计文件，建成后可以独立发挥生产能力或使用功能的工程项目。它是建设项目的组成部分，如生产车间、办公楼、食堂、图书馆、学生宿舍、住宅楼、一个配水厂等。单项工程是一个复杂的综合体，是具有独立存在意义的一个完整工程，如输水工程、净水厂工程、配水工程等。单项工程概算是确定一个单项工程所需建设费用的文件，它是由单项工程中的各单位工程概算汇总编制而成的，是建设项目总概算的组成部分。单项工程综合概算的组成内容如图 6-2 所示。

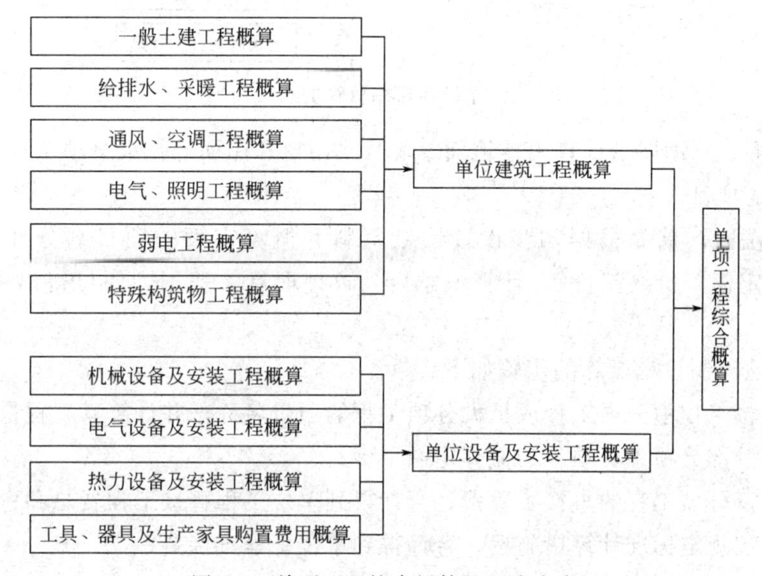

图 6-2 单项工程综合概算的组成内容

3. 建设项目总概算

建设项目总概算是确定整个建设项目从筹建到竣工验收所需全部费用的文件，它是由各单项工程综合概算、工程建设其他费用概算、预备费概算、建设期贷款利息概算、固定资产投资方向调节税和铺底流动资金概算汇总编制而成的，如图 6-3 所示。

三、设计概算的编制方法

（一）单位工程概算的编制

建筑工程概算的编制方法有：概算定额法、概算指标法、类似工程预算法等；设备及安装工程概算的编制方法有：预算单价法、扩大单价法、设备价值百分比法和综合吨位指标法等。

1. 单位建筑工程概算的编制方法

（1）概算定额法　概算定额法又叫扩大单价法或扩大结构定额法，是采用概算定额编制工程概算的方法。概算定额法适用于设计达到一定深度，建筑结构尺寸比较明确，能按照设

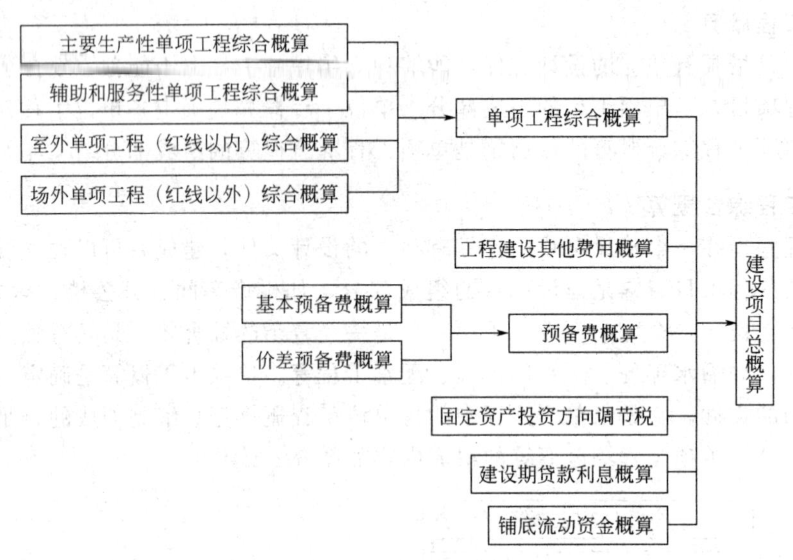

图 6-3 建设项目总概算的组成内容

计的平面、立面、剖面图纸计算出楼地面、墙身、门窗和屋面等扩大分项工程（或扩大结构构件）工程量的项目。

采用该方法时，首先根据初步设计图纸资料和概算定额的项目划分计算出工程量，然后套用概算定额单价（基价），计算汇总后，再计取有关费用，便可得出单位工程概算造价。

概算定额法编制设计概算的步骤如下：

① 列出单位工程中分项工程或扩大分项工程的项目名称，并计算其工程量；

② 确定各分部分项工程项目的概算定额单价；

③ 计算分部分项工程的直接工程费，合计得到单位工程直接工程费总和；

④ 按照有关规定标准计算措施费，合计得到单位工程直接费；

⑤ 按照一定的取费标准和计算基础计算间接费和利税；

⑥ 计算单位工程概算造价；

⑦ 计算单位建筑工程经济技术指标，编制单位工程概算表。

【例 6-5】 某市拟建一座 $7560m^2$ 教学楼，请按给出的扩大单价（人工、材料、机械单价）和工程量表 6-11 编制出该教学楼土建工程设计概算造价和平方米造价。按有关规定标准计算得到措施费为 438000 元，各项费率分别为：规费和管理费合计费率为 5%，利润率为 7%，综合税率为 3.41%。

表 6-11 某教学楼土建工程量和扩大单价

分部工程名称	单位	工程量	扩大单价/元	分部工程名称	单位	工程量	扩大单价/元
基础工程	$10m^3$	160	2500	楼面工程	$100m^2$	90	1800
混凝土及钢筋混凝土	$10m^3$	150	6800	卷材屋面	$100m^2$	40	4500
砌筑工程	$10m^3$	280	3300	门窗工程	$100m^2$	35	5600
地面工程	$100m^2$	40	1100	天棚工程	$100m^2$	180	600

解：根据已知条件和表 6-11 数据及扩大单价，求得该教学楼土建工程概算造价如表 6-12。

表 6-12　某教学楼土建工程概算造价计算表

序号	分部工程或费用名称	单位	工程量	单价/元	合价/元
1	基础工程	$10m^3$	160	2500	400000
2	混凝土及钢筋混凝土	$10m^3$	150	6800	1020000
3	砌筑工程	$10m^3$	280	3300	924000
4	地面工程	$100m^2$	40	1100	44000
5	楼面工程	$100m^2$	90	1800	162000
6	卷材屋面	$100m^2$	40	4500	180000
7	门窗工程	$100m^2$	35	5600	196000
8	天棚工程	$100m^2$	180	600	108000
A	人工、材料、机械合计	以上 8 项之和			3034000
B	措施费(人工、材料、机械)				438000
C	单位工程人工、材料、机械费用合计	A+B			3472000
D	管理费和规费	C×5%			173600
E	利润	(C+D)×7%			255192
F	税金	(C+D+E)×3.413%			133134
概算造价		C+D+E+F			4033926
平方米造价		4033926/7560			533.6

注：以上管理费、规费、利润、税金的计算为假定，实际计算要根据各地具体规定进行。

（2）概算指标法　概算指标法是用拟建的厂房、住宅的建筑面积（或体积）乘以技术条件相同或基本相同工程的概算指标，得出单位工程人工、材料、机械费用合计，然后按规定计算出管理费、利润、规费和税金等，编制出单位工程概算的方法。

概算指标法的适用范围是当初步设计深度不够，不能准确地计算出工程量，但工程设计技术比较成熟而又有类似工程概算指标可以利用时，可采用此法。

由于拟建工程（设计对象）往往与类似工程的概算指标的技术条件不尽相同，拟建工程的结构特征可能与概算指标中规定的结构特征有局部的不同，因此，必须对概算指标进行调整后方可套用，调整方法如下。

① 调整概算指标中的每平方米（立方米）造价。

结构变化修正概算指标(元/m^2)$=J+Q_1P_1-Q_2P_2$　　(6-26)

式中　J——原概算指标；

Q_1——概算指标中换入结构的数量；

Q_2——概算指标中换出结构的数量；

P_1——换入结构的单价；

P_2——换出结构的单价。

② 调整概算指标中的人工、材料、机械数量。

结构变化修正概算指标的人工、材料、机械数量＝原概算指标的人工、材料、机械数量＋换入结构件工程量×相应定额人工、材料、机械消耗量－换出结构件工程量×相应定额人工、材料、机械消耗量　(6-27)

两种方法，前者是直接修正概算指标单价，后者是修正概算指标人工、材料、机械数量。

【例 6-6】 假设新建单身宿舍一座，其建筑面积为 $3500m^2$，按概算指标和地区材料预算价格等算出单位造价为 738 元/m^2，其中：一般土建工程 640 元/m^2，采暖工程 32 元/m^2，给排水工程 36 元/m^2，照明工程 30 元/m^2。但新建单身宿舍设计资料与概算指标相比较，其结构构件有部分变更。设计资料表明，外墙为 1.5 砖外墙，而概算指标中外墙为 1 砖墙。根据当地土建工程预算定额，外墙带形毛石基础的预算单价为 147.87 元/m^3，1 砖外墙的预算单价为 177.10 元/m^3，1.5 砖外墙的预算单价为 178.08 元/m^3；概算指标中每 $100m^2$ 中含外墙带形毛石基础为 $18m^3$，1 砖外墙为 $46.5m^3$。新建工程设计资料表明，每 $100m^2$ 中含外墙带形毛石基础为 $19.6m^3$，1.5 砖外墙为 $61.2m^3$。请计算调整后的概算单价和新建宿舍的概算造价。

解：土建工程中对结构构件的变更和单价调整，如表 6-13 所示。

表 6-13 结构变化引起的单价调整

序号	结构名称	单位	数量(每 $100m^2$ 含量)	单价/元	合价/元
	土建工程单位面积造价				640
	换出部分				
1	外墙带形毛石基础	m^3	18	147.87	2661.66
2	1 砖外墙	m^3	46.5	177.10	8235.15
	合计	元			10896.81
	换入部分				
3	外墙带形毛石基础	m^3	19.6	147.87	2898.25
4	1.5 砖外墙	m^3	61.2	178.08	10898.5
	合计	元			13796.75
单位造价修正系数:640－10896.81/100＋13796.75/100＝669(元)					

其余的单价指标都不变，因此经调整后的概算造价为 669＋32＋36＋30＝767（元/m^2）

新建宿舍的概算造价＝767×3500＝2684500（元）

(3) 类似工程预算法　类似工程预算法是利用技术条件与设计对象相类似的已完工程或在建工程的工程造价资料来编制拟建工程设计概算的方法。

类似工程预算法适用于拟建工程初步设计与已完工程或在建工程的设计相类似而又没有可用的概算指标的情况，但必须对建筑结构差异和价差进行调整。建筑结构差异的调整方法与概算指标法的调整方法相同，类似工程造价的价差调整常用两种方法即：

① 类似工程造价资料有具体的人工、材料、机械台班的用量时，可按类似工程预算造价资料中的主要材料用量、工日数量、机械台班用量乘以拟建工程所在地的主要材料预算价

格、人工单价、机械台班单价，计算出单位工程的人工、材料、机械费用合计，再乘以当地的综合费率，即可得出所需的造价指标。

② 类似工程造价资料只有人工、材料、机械台班费用和措施费、管理费和规费时，可按下面公式调整：

$$D=AK \tag{6-28}$$

$$K=a\%K_1+b\%K_2+c\%K_3+d\%K_4+e\%K_5 \tag{6-29}$$

式中 D——拟建工程单方概算造价；

A——类似工程单方预算造价；

K——综合调整系数；

$a\%$，$b\%$，$c\%$，$d\%$，$e\%$——类似工程预算的人工费、材料费、机械台班费、措施费、管理费及规费占预算造价的比重，如：$a\%$=类似工程人工费（或工资标准）/类似工程预算造价×100%，$b\%$、$c\%$、$d\%$、$e\%$类同；

K_1，K_2，K_3，K_4，K_5——拟建工程地区与类似工程预算造价在人工费、材料费、机械台班费、措施费、管理费及规费之间的差异系数，如：K_1=拟建工程概算的人工费（或工资标准）/类似工程预算人工费（或地区工资标准），K_2、K_3、K_4、K_5类同。

【例 6-7】 新建一幢教学大楼，建筑面积为 3500m^2，根据下列类似工程施工图预算的有关数据，试用类似工程预算编制概算。已知数据如下。

（1）类似工程的建筑面积为 2400m^2，预算成本 2576000 元。

（2）类似工程各种费用占预算成本的权重是：人工费 6%、材料费 55%、机械费 6%、措施费 3%、其他费用 30%。

（3）拟建工程地区与类似工程地区造价之间相对应的差异系数为 $K_1=1.02$、$K_2=1.05$、$K_3=0.99$、$K_4=1.04$、$K_5=0.95$。

求拟建工程的概算造价。

解：（1）综合调整系数为：

$K=6\%\times1.02+55\%\times1.05+6\%\times0.99+3\%\times1.04+30\%\times0.95=1.014$

（2）类似工程预算单方造价为：2576000/2400=1073.33（元/m^2）

（3）拟建教学楼工程单方概算成本为：1073.33×1.014=1088.36（元/m^2）

（4）拟建教学楼工程的概算造价为：1088.36×3500=3809260（元）

2. 单位设备及安装工程概算的编制方法

单位设备及安装工程概算包括单位设备及工器具购置费概算和单位设备安装工程费概算两大部分。

（1）单位设备及工器具购置费概算。设备及工器具购置费是根据初步设计的设备清单计算出设备原价，并汇总求出设备总原价，然后按有关规定的设备运杂费率乘以设备总原价，两项相加再考虑工器具及生产家具购置费即为设备及工器具购置费概算。

（2）单位设备安装工程费概算的编制方法。设备安装工程费概算的编制方法是根据初步设计深度和要求所明确的程度来确定的。其主要编制方法有：

① 预算单价法。当初步设计较深，有详细的设备清单时，可直接按安装工程预算定额

单价编制安装工程概算，概算编制程序基本同于安装工程施工图预算。该法具有计算比较具体，精确性较高的优点。

② 扩大单价法。当初步设计深度不够，设备清单不完备，只有主体设备或仅有成套设备重量时，可采用主体设备、成套设备的综合扩大安装单价来编制概算。

上述两种方法的具体操作与建筑工程概算相类似。

③ 设备价值百分比法，又叫安装设备百分比法。当初步设计深度不够，只有设备出厂价而无详细规格、重量时，安装费可按占设备费的百分比计算，其百分比值（即安装费率）由主管部门制定或由设计单位根据已完类似工程确定。该法常用于价格波动不大的定型产品和通用设备产品。其计算公式为：

$$设备安装费=设备原价\times安装费率(\%) \tag{6-30}$$

④ 综合吨位指标法。当初步设计提供的设备清单有规格和设备重量时，可采用综合吨位指标编制概算，其综合吨位指标由主管部门或由设计单位根据已完类似工程资料确定。该法常用于设备价格波动较大的非标准设备和引进设备的安装工程概算。其计算公式为：

$$设备安装费=设备吨重\times每吨设备安装费指标(元/吨) \tag{6-31}$$

（二）单项工程综合概算的编制

1. 单项工程综合概算的含义

单项工程综合概算是确定单项工程建设费用的综合性文件，它是由该单项工程的各专业单位工程概算汇总而成的，是建设项目总概算的组成部分。

2. 单项工程综合概算的内容

单项工程综合概算文件一般包括编制说明（不编制总概算时列入）、综合概算表（含其所附的单位工程概算表和建筑材料表）两大部分。当建设项目只有一个单项工程时，此时综合概算文件（实为总概算）除包括上述两大部分外，还应包括工程建设其他费用、建设期贷款利息、预备费和固定资产投资方向调节税的概算。

（1）编制说明　编制说明应列在综合概算表的前面，其内容如下。

① 工程概况。简述建设项目性质、特点、生产规模、建设周期、建设地点等主要情况。引进项目要说明引进内容以及与国内配套工程等主要情况。

② 编制依据。包括国家和有关部门的规定、设计文件、现行概算定额或概算指标、设备材料的预算价格和费用指标等。

③ 编制方法。说明设计概算是采用概算定额法，还是采用概算指标法或其他方法。

④ 其他必要的说明。

（2）综合概算表　综合概算表是根据单项工程所辖范围内的各单位工程概算等基础资料，按照国家或部委所规定的统一表格进行编制的。

① 综合概算表的项目组成。对于工业建筑，综合概算包括建筑工程和设备及安装工程；对于民用建筑，综合概算包括一般土木工程、给排水、采暖、通风、空调、电气及照明工程等。

② 综合概算的费用组成。一般应由建筑工程费用、安装工程费用、设备购置费及工器

具生产家具购置费所组成。当不编制总概算时，还应包括工程建设其他费用、建设期贷款利息、预备费和固定资产方向调节税等费用项目。

单项工程综合概算表如表 6-14 所示。

表 6-14 单项工程综合概算表

建设项目名称： 单项工程名称： 单位：万元 共 页 第 页

序号	概算编号	工程项目和费用名称	设计规模和主要工程量	建筑工程费	安装工程费	设备购置费	工器具购置费	其他	合计	其中:引进部分	
										美元	折合人民币
一		主要工程									
1		××××									
2		××××									
二		辅助工程									
1		××××									
2		××××									
三		配套工程									
1		××××									
2		××××									
		单项工程概算费用合计									

（三）建设项目总概算的编制

1. 总概算的含义

建设项目总概算是设计文件的重要组成部分，是确定整个建设项目从筹建到竣工交付使用所预计花费的全部费用的文件。它是由各单项工程综合概算、工程建设其他费用、建设期贷款利息、预备费、固定资产投资方向调节税和经营性项目的铺底流动资金概算所组成，按照主管部门规定的统一表格进行编制而成的。

2. 总概算的内容

设计总概算文件一般应包括：编制说明、总概算表、各单项工程综合概算书、工程建设其他费用概算表、主要建筑安装材料汇总表。独立装订成册的总概算文件宜加封面、签署页（扉页）和目录。现将有关主要问题说明如下。

（1）编制说明　编制说明的内容与单项工程综合概算文件相同。

（2）总概算表　总概算表格式如表 6-15 所示。

（3）各单项工程综合概算书　单项工程综合概算表和建筑安装单位工程概算表。

（4）工程建设其他费用概算表　工程建设其他费用概算按国家或地区或部委所规定的项目和标准确定，并按同一格式编制。

（5）主要建筑安装材料汇总表　针对每一个单项工程列出钢筋、型钢、水泥、木材等主要建筑安装材料的消耗量。

表 6-15　总概算表

总概算编号：　　　　　　　　　工程名称：　　　　　　　　　单位：万元　　共　　页第　　页

序号	概算编号	工程项目和费用名称	建筑工程费	安装工程费	设备购置费	工器具购置费	其他费用	合计	其中:引进部分		占总投资比例/%
									美元	折合人民币	
一		工程费用									
1		主要工程									
2		辅助工程									
3		配套工程									
二		其他费用									
三		预备费									
四		建设期利息									
五		铺底流动资金									
六		建设项目概算总投资									

四、设计概算的审查方法

采用适当方法审查设计概算，是确保审查质量、提高审查效率的关键。较常用方法有以下几种。

1. 对比分析法

对比分析法主要是通过建设规模、标准与立项批文对比；工程数量与设计图纸对比；综合范围、内容与编制方法、规定对比；各项取费与规定标准对比；材料、人工单价与统一信息对比；引进设备、技术投资与报价要求对比；技术经济指标与同类工程对比等。通过以上对比，容易发现设计概算存在的主要问题和偏差。

2. 查询核实法

查询核实法是对一些关键设备和设施，重要装置，引进工程图纸不全、难以核算的较大投资进行多方查询核对，逐项落实的方法。主要设备的市场价向设备供应部门或招标公司查询核实；重要生产装置、设施向同类企业（工程）查询了解；引进设备价格及有关费税向进出口公司调查落实；复杂的建筑安装工程向同类工程的建设、承包、施工单位征求意见；深度不够或不清楚的问题直接向原概算编制人员、设计者询问清楚。

3. 联合会审法

联合会审前，可先采取多种形式分头审查，包括设计单位自审，主管、建设、承包单位初审，工程造价咨询公司评审，邀请同行专家预审，审批部门复审，等；经层层审查把关后，由有关单位和专家进行联合会审。在会审大会上，由设计单位介绍概算编制情况及有关问题，各有关单位、专家汇报初审和预审意见。然后进行认真分析、讨论，结合对各专业技术方案的审查意见所产生的投资增减，逐一核实原概算出现的问题。经过充分协商，认真听取设计单位意见后，实事求是地处理、调整。

通过以上复审后，对审查中发现的问题和偏差，按照单项、单位工程的顺序，先按设备费、安装费、建筑费和工程建设其他费用分类整理；然后按照静态投资、动态投资和铺底流动资金三大类，汇总核增或核减的项目及其投资额；最后将具体审核数据，按照“原编概算”“审核结果”“增减投资”“增减幅度”四栏列表，并按照原总概算表汇总顺序，将增减项目逐一列出，相应调整所属项目投资合计，再依次汇总审核后的总投资及增减投资额。对于差错较多、问题较大或不能满足要求的，责成按会审意见修改返工后，重新报批；对于无重大原则问题、深度基本满足要求、投资增减不多的，当场核定概算投资额，并提交审批部门复核后，正式下达审批概算。

五、设计概算的调整

设计概算批准后，一般不得调整。但由于以下三个原因引起的设计和投资变化可以调整概算，但要严格按照调整概算的有关程序执行。

(1) 超出原设计范围的重大变更。凡涉及建设规模、产品方案、总平面布置、主要工艺流程、主要设备型号规格、建筑面积、设计定员等方面的修改，必须由原批准立项单位认可，原设计审批单位复审，经复核批准后方可变更。

(2) 超出基本预备费规定范围，不可抗拒的重大自然灾害引起的工程变动或费用增加。

(3) 超出工程造价调整预备费，属国家重大政策性变动因素引起的调整。

由于上述原因需要调整概算时，应当由建设单位调查分析变更原因，报主管部门审批同意后，由原设计单位核实编制调整概算，并按有关审批程序报批。由于设计范围的重大变更而需调整概算时，还需要重新编制可行性研究报告，经论证评审可行审批后，才能调整概算。建设单位（项目业主）自行扩大建设规模、提高建设标准等而增加费用的不予调整。

需要调整概算的工程项目，影响工程概算的主要因素已经清楚，工程量完成了一定量后方可进行调整，一个工程只允许调整一次概算。

调整概算编制深度与要求、文件组成及表格形式同原设计概算，调整概算还应对工程概算调整的原因做详尽分析说明，所调整的内容在调整概算总说明中要逐项与原批准概算对比，分析主要变更原因；当调整变化内容较多时，调整前后概算对比表，以及主要变更原因分析应单独成册，也可以与设计文件调整原因分析一起编制成册。在上报调整概算时，应同时提供原设计的批准文件、重大设计变更的批准文件、工程已发生的主要影响工程投资的设备和大宗材料采购合同等依据作为调整概算的附件。

第三节　施工图预算

一、施工图预算的概念

施工图预算是在施工图设计完成后、工程开工前，根据已批准的施工图纸、现行的预算定额、费用定额和地区人工、材料、设备与机械台班等资源价格，在施工方案或施工组织设计已确定的前提下，按照规定的计算程序计算人工费、材料费、机械费、管理费、利润、规费和税金，确定工程造价的技术经济文件。

按以上施工图预算的概念，只要是按照工程施工图以及计价所需的各种依据，在工程实施前所计算的工程价格，均可以称为施工图预算价格。该施工图预算价格既可以是按照政府统一规定的预算单价、取费标准、计价程序计算得到的属于计划性质的施工图预算价格，也可以是施工企业根据自身的实力即企业定额、资源市场单价以及市场供求及竞争状况计算得到的反映市场性质的施工图预算价格。其实质是，若根据提供的图纸按国家有关计价定额和价目表进行计价属于计划的政府定价行为，若根据提供的图纸按企业水平和企业可获得资源价格自主报价则属于市场定价行为。

施工图预算由单位工程预算、单项工程预算和建设项目总预算组成。单位工程预算包括建筑工程预算和设备及安装工程预算；然后汇总所有单位工程施工图预算，成为单项工程施工图预算；再汇总所有单项工程施工图预算，便是一个建设项目建筑安装工程的总预算。

二、施工图预算的编制方法

（一）单位工程施工图预算的编制

1. 建筑安装工程费的计算

（1）定额单价法　定额单价法又称工料单价法或预算单价法，就是采用地区统一预算定额价目表中的各分项工程或措施项目工料预算单价（基价）乘以相应的工程量，求和后得到包括人工费、材料费和施工机械使用费在内的单位工程人工、材料、机械费用，然后按统一的规定计算管理费、利润、规费和税金，将上述费用汇总后得到该单位工程的施工图价。

定额单价法编制施工图预算的基本步骤如图 6-4 所示。

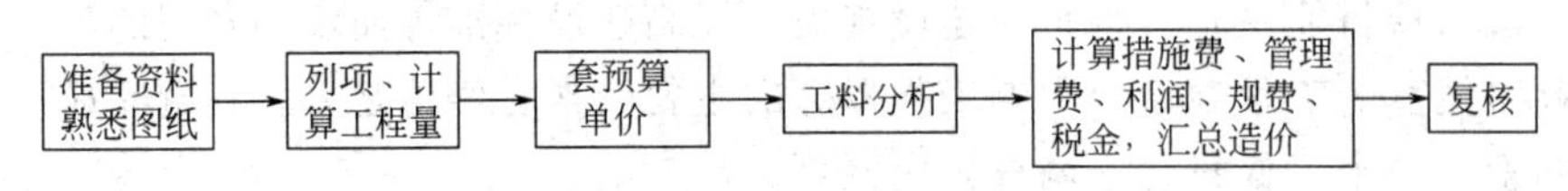

图 6-4　定额单价法编制施工图预算的基本步骤

① 编制前的准备工作。施工图预算是确定施工预算造价的文件。编制施工图预算的过程是具体确定建筑安装工程预算造价的过程。编制施工图预算，不仅要严格遵守国家计价政策、法规，严格按图纸计量，而且还要考虑施工现场条件因素，是一项复杂而细致的工作，是一项政策性和技术性都很强的工作。因此，必须事前做好充分准备，方能编制出高水平的施工图预算。准备工作主要包括两大方面：一是组织准备；二是资料的收集和现场情况的调查。

② 熟悉图纸和预算定额。图纸是编制施工图预算的基本依据，必须充分地熟悉图纸，方能编制好预算。熟悉图纸不但要弄清图纸的内容，而且要对图纸进行审核：图纸间相关尺寸是否有误，设备与材料表上的规格、数量是否与图示相符，详图、说明、尺寸和其他符号是否正确等。若发现错误应及时纠正。

另外，要全面熟悉图纸，包括采用的平面图、立面图、剖面图、大样图、标准图以及设计更改通知（或类似文件），这些都是图纸的组成部分，不可遗漏。通过对图纸的熟悉，要了解工程的性质、系统的组成，设备和材料的规格型号和品种，以及有无新材料、新工艺的采用。

预算定额是编制施工图预算的计价标准，对其适用范围、工程量计算规则及定额系数等都要充分了解，做到心中有数，这样才能使预算编制准确、迅速。

③ 了解施工组织设计和施工现场情况。编制施工图预算前，应了解施工组织设计中影响工程造价的有关内容。例如，各分部分项工程的施工方法，土方工程中余土外运使用的工具、运距，施工平面图对建筑材料、构件等堆放点到施工操作地点的距离，等等，以便能正确计算工程量和正确套用或确定某些分项工程的基价。这对于正确计算工程造价、提高施工图预算质量，具有重要意义。

④ 划分工程项目和计算并整理工程量。

a. 划分工程项目。划分的工程项目必须和定额规定的项目一致，这样才能正确地套用定额。不能重复列项计算，也不能漏项少算。

b. 计算并整理工程量。必须按定额规定的工程量计算规则进行计算，该扣除部分要扣除，不该扣除的部分不能扣除。当按照工程项目将工程量全部计算完以后，要对工程项目和工程量进行整理，即合并同类项和按序排列，给套定额、计算直接工程费和进行工料分析打下基础。

⑤ 套预算单价（定额基价）。即将定额子项中的基价填于预算表单价栏内，并将单价乘以工程量得出合价，将结果填入合价栏。

⑥ 工料分析。工料分析即按分项工程项目，依据定额或单位估价表，计算人工和各种材料的实物耗量，并将主要材料汇总成表。工料分析的方法是：首先从定额项目表中分别将各分项工程消耗的每项材料和人工的定额消耗量查出；再分别乘以该工程项目的工程量，得到分项工程工料消耗量；最后将各分项工程工料消耗量加以汇总，得出单位工程人工、材料的消耗数量。

工料分析表的格式可参照表 6-16。

表 6-16 工料分析表

项目名称： 编号：

序号	定额编号	工程名称	单位	工程量	人工/工日	主要材料			其他材料
						材料 1	材料 2	……	

编制人： 审核人：

⑦ 计算主材费（未计价材料费）。因为许多定额项目基价为不完全价格，即未包括主材费用在内。计算所在地定额基价费（基价合计）之后，还应计算出主材费，以便计算工程造价。

⑧ 按费用定额取费。即按有关规定计取措施费，以及按当地费用定额的取费规定计取管理费、利润、规费、税金等。

⑨ 计算汇总工程造价。

将人工费、材料费、机械费、管理费、利润、规费和税金相加即为工程预算造价。

【例 6-8】 某游乐园服务中心办公楼项目部分施工图，预算书取其一部分，以示说明。见表 6-17。

表 6-17　某游乐园服务中心办公楼部分预算书　（定额单价法）

序号	定额编码	子目名称	单位	数量	基价/元	合价/元	其中/元		
							人工合价	材料合价	机械合价
1	1-3-9	挖掘机挖普通土	$10m^3$	348.594	25.55	8906.58	1108.53		7798.05
2	1-2-1×2	人工挖普通土深 2m 内人工挖机械剩余 5%单价×2	$10m^3$	18.347	241.68	4434.12	4434.12		
3	1-4-2	机械场地平整	$10m^2$	260.68	5.34	1392.03	138.16		1253.87
4	1-4-3	竣工清理	$10m^3$	342.541	8.48	2904.75	2904.75		
5	1-4-4 换	基底钎探 基底钎探(灌砂)	10 眼	66.027	62.49	4126.01	4066.58	59.42	
6	1-4-11	机械夯填土(地坪)	$10m^3$	534.752	44.91	24015.71	15021.18		8994.53
7	1-4-11	机械夯填土 (房心回填)	$10m^3$	11.439	44.91	513.73	321.32		192.4
8	2-1-1	3∶7 灰土垫层	$10m^3$	1.428	1268.41	1811.29	633.48	1160.61	17.21
9	2-1-13 换	C15 现浇无筋混凝土垫层,独立基础; 机械×1.1,人工×1.1 (商混凝土)	$10m^3$	2.598	3052.9	7932.04	1546.55	6355.2	30.3
10	3-1-1	M7.5 砂浆砖基础	$10m^3$	1.284	2573.8	3303.47	828.55	2439.61	35.31
11	3-3-25	M5.0 混浆加气 混凝土砌块墙 180	$10m^3$	12.149	2187.07	26571.15	6658	19820.2	92.94
12	4-1-2	现浇构件 圆钢筋 φ6.5	t	3.145	5252.87	16520.28	3683.74	12708.69	127.84
13	4-1-4	现浇构件 圆钢筋 φ10	t	0.098	4564.05	447.28	54.54	388.86	3.88
14	4-1-104	现浇构件螺纹钢筋三级 φ8	t	15.629	4798.7	74998.88	11861.79	62375.03	762.07
15	4-1-106	现浇构件螺纹钢筋三级 φ12	t	4.705	4623.12	21751.78	2309.12	18942.57	500.09
16	4-1-116	电渣压力焊接头 φ16	10 个	40.8	41.19	1680.55	756.84	356.59	567.12
17	4-2-7 换	C30 现浇混凝土独立基础(商混凝土),换为 C30 预拌混凝土碎石<40	$10m^3$	5.78	3705.41	21417.64	2478.33	18902.2	37.11
18	4-2-17 换	C25 现浇矩形柱 (商混凝土)	$10m^3$	6.088	3875.03	23591.96	6182.45	17340.84	68.67
19	4-2-24 换	C25 现浇单梁、 连续梁(商混凝土)	$10m^3$	10.372	3579.93	37129.6	7157.03	29894.27	78.31
20	4-2-38 换	C25 现浇平板(商混凝土)	$10m^3$	12.206	3530.69	43093.84	7128.74	35859.64	105.46
21	4-2-49 换	C25 现浇雨篷(80)(商混凝土),换为 C25 预拌混凝土碎石<20	$10m^2$	7.056	407.76	2877.15	781.59	2086.04	9.53
		……							
		合计				1165174.69	260362.89	853407.83	51403.94

(2) 实物法　用实物法编制单位工程施工图预算，就是根据施工图计算的各分项工程量及措施项目工程量分别乘以地区预算定额中人工、材料、施工机械台班的定额消耗量，分类汇总得出该单位工程所需的全部人工、材料、施工机械台班消耗数量，然后再乘以当时当地

人工工日单价、各种材料单价、施工机械台班单价，求出相应的人工费、材料费、机械使用费，再加上管理费、利润、规费和税金等费用的方法。

实物量法的优点是能比较及时地将反映各种材料、人工、机械的当时当地市场单价计入预算价格，不需调价，反映当时当地的工程价格水平。实物量法与定额单价的本质区别在于采用的价格不一致，前者可以根据企业水平采用市场价格作为标准，后者以地区统一预算定额上价目表提供的工程单价为标准，其人工、材料、机械消耗标准是一致的。

实物法编制施工图预算的基本步骤如图 6-5 所示。

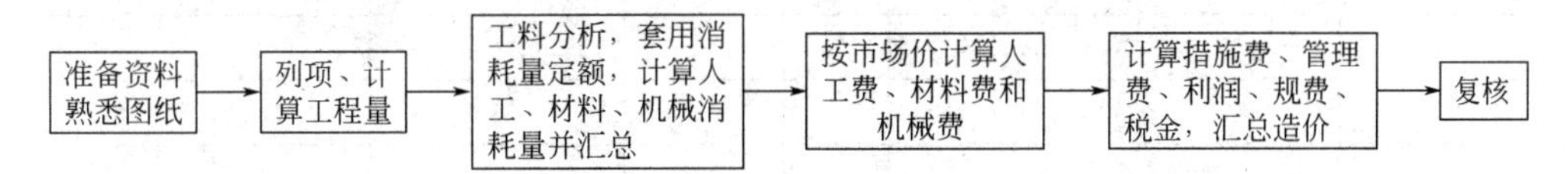

图 6-5　实物法编制施工图预算的基本步骤

① 编制前的准备工作。具体工作内容同预算单价法相应步骤的内容，但此时要全面收集各种人工、材料、机械台班当时当地的市场价格，应包括不同品种、规格的材料预算单价；不同工种、等级的人工工日单价；不同种类、型号的施工机械台班单价等。要求获得的各种价格应全面、真实、可靠。

② 熟悉图纸和预算定额。

③ 了解施工组织设计和施工现场情况。

④ 划分工程项目和计算工程量。

⑤ 套用定额消耗量，计算人工、材料、机械台班消耗量。根据地区定额中人工、材料、施工机械台班的定额消耗量，乘以各分项工程的工程量，分别计算出各分项工程所需的各类人工工日数量、各类材料消耗数量和各类施工机械台班数量。统计汇总后得到单位工程所需的各种人工、材料和机械的实物消耗总量。

⑥ 计算并汇总单位工程的人工费、材料费和施工机械台班费。在计算出各分部分项工程的各类人工工日数量、材料消耗数量和施工机械台班数量后，先按类别相加汇总求出该单位工程所需的各种人工、材料、施工机械台班的消耗数量；然后根据当时当地工程造价管理部门定期发布的或企业根据市场价格确定的人工工资单价、材料预算价格、施工机械台班单价，分别乘以人工、材料、机械实物消耗总量，即可求出单位工程的人工费、材料费、机械使用费，汇总即可计算出单位工程直接工程费。计算公式为：

$$\begin{aligned}\text{单位工程人工、材料、机械费用}=&\sum(\text{工程量}\times\text{定额人工消耗量}\times\text{市场工日单价})+\\&\sum(\text{工程量}\times\text{定额材料消耗量}\times\text{市场材料单价})+\\&\sum(\text{工程量}\times\text{定额机械台班消耗量}\times\text{市场机械台班单价})\end{aligned} \tag{6-32}$$

⑦ 计算其他各项费用，汇总工程造价。

2. 设备及工器具购置费的计算

设备购置费由设备原价和设备运杂费构成，未达到固定资产标准的工器具购置费一般以设备购置费为计算基数，按照规定的费率计算。设备及工器具购置费计算方法及内容可参照设计概算编制的相关内容。

3. 单位工程施工图预算书编制

无论用何种方法编制单位工程施工图预算，最后都要形成预算文件。单位工程施工图预算由单位建筑工程预算书和单位设备及安装工程预算书组成。单位建筑工程预算书主要由建筑工程预算表和建筑工程取费表构成，单位设备及安装工程预算书主要由设备及安装工程预算表和设备及安装工程取费表构成，具体表格形式见表6-18~表6-30。

表6-18　建筑工程预算表

单项工程预算编号：　　　　工程名称（单位工程）：　　　　共　页　第　页

序号	定额号	工程名称或定额名称	单位	数量	单价/元	其中人工费/元	合价/元	其中人工费/元
一		土石方工程						
1	××	××××						
2	××	××××						
		……						
二		砌筑工程						
1	××	××××						
2	××	××××						
		……						
三		楼地面工程						
1	××	××××						
2	××	××××						
		……						
		定额人工、材料、机械费用合计						

编制人：　　　　审核人：

表6-19　设备及安装工程预算表

单项工程预算编号：　　　　工程名称（单位工程）：　　　　共　页　第　页

序号	定额号	工程名称或定额名称	单位	数量	单价/元	其中人工费(元)	合价/元	其中人工费(元)	其中设备费/元	其中主材费/元
一		设备安装								
1	××	××××								
2	××	××××								
		……								
二		管道安装								
1	××	××××								
2	××	××××								
		……								
三		防腐保温								
1	××	××××								
2	××	××××								
		……								
		定额人材机费用合计								

编制人：　　　　审核人：

表 6-20　建筑工程（设备及安装工程）取费表

单项工程预算编号：　　　　　　工程名称（单位工程）：　　　　　　共　页　第　页

序号	工程项目或费用名称	表达式	费率/%	合价/元
1	定额直接工程费			
2	其中:人工费			
3	其中:材料费			
4	其中:机械费			
5	措施费			
6	企业管理费			
7	利润			
8	规费			
9	税金			
10	建筑工程(设备及安装工程)费用			

编制人：　　　　　　　　　　　　　　审核人：

（二）单项工程综合预算的编制

单项工程综合预算由组成该单项工程的各个单位工程预算造价汇总得到。即：

单项工程施工图预算＝∑单位建筑工程费用＋∑单位设备及安装工程费用

单项工程综合预算书主要由综合预算表构成，综合预算表格式见表 6-21。

表 6-21　综合预算表

综合预算编号：　　　　　　工程名称（单项工程）：　　　　　　单位：万元　共　页　第　页

序号	预算编号	工程项目或费用名称	设计规模或主要工程量	建筑工程费	设备及工器具购置费	安装工程费	合计	其中:引进部分	
								单位	指标
一		主要工程							
1		××××							
2		××××							
二		辅助工程							
1		××××							
2		××××							
三		配套工程							
1		××××							
2		××××							
		单项工程预算费用合计							

编制人：　　　　　　　　　　审核人：　　　　　　　　　项目负责人：

（三）建设项目总预算的编制

建设项目总预算由组成该项目的各个单项工程综合预算，以及经计算的工程建设其他费、预备费、建设期利息和铺底流动资金汇总得到。

三级预算编制中总预算由综合预算和工程建设其他费、预备费、建设期利息及铺底流动资金汇总得到，即：

总预算＝∑单项工程施工图预算＋工程建设其他费＋预备费＋建设期利息＋铺底流动资金

二级预算编制中总预算由单位工程施工图预算和工程建设其他费、预备费、建设期利息及铺底流动资金汇总得到，即：

总预算＝∑单位建设工程费用＋∑单位设备及安装工程费＋工程建设其他费＋预备费＋建设期利息＋铺底流动资金

预算文件一般包括：封面、签署页及目录、编制说明、总预算表、综合预算表、单位工程预算表、附件等内容。总预算表的格式见表6-22。

表 6-22 总预算表

总预算编号： 工程名称： 单位：万元 共 页 第 页

序号	预算编号	工程项目或费用名称	建筑工程费	设备及工器具购置费	安装工程费	其他费用	合计	其中:引进部分		占投资比例/%
								单位	指标	
一		工程费用								
1		主要工程								
		××××								
		××××								
2		辅助工程								
		××××								
		××××								
3		配套工程								
		××××								
		××××								
二		其他费用								
1		××××								
2		××××								
三		预备费								
四		建设期利息								
五		铺底流动资金								
		建设项目预算总投资								

编制人： 审核人： 项目负责人：

三、施工图预算的审查方法

审查施工图预算的方法较多，主要有全面审查法、标准预算审查法、分组计算审查法、对比审查法、筛选审查法、重点抽查法、利用手册审查法和分解对比审查法8种。

1. 全面审查法

全面审查法又叫逐项审查法，就是按预算定额顺序或施工的先后顺序，逐一地全部进行审查的方法。其具体计算方法和审查过程与编制施工图预算基本相同。此方法的优点是全面、细致，经审查的工程预算差错比较少，质量比较高；缺点是工作量大。对于一些工程量比较小、工艺比较简单的工程，编制工程预算的技术力量又比较薄弱，可采用全面审查法。

2. 标准预算审查法

对于利用标准图纸或通用图纸施工的工程，先集中力量，编制标准预算，以此为标准审查预算的方法。按标准图纸设计或通用图纸施工的工程一般上结构和做法相同，可集中力量细审一份预算或编制一份预算，作为这种标准图纸的标准预算，或用这种标准图纸的工程量为标准，对照审查，而对局部不同部分做单独审查即可。这种方法的优点是时间短、效果好、好定案；缺点是只适应按标准图纸设计的工程，适用范围小。

3. 分组计算审查法

分组计算审查法是一种加快审查工程量速度的方法，把预算中的项目划分为若干组，并把相邻且有一定内在联系的项目编为一组，审查或计算同一组中某个分项工程量，利用工程量间具有相同或相似计算基础的关系，判断同组中其他几个分项工程量计算的准确程度的方法。一般土建工程可以分为以下几个组。

① 地槽挖土、基础砌体、基础垫层、槽坑回填土、运土。

② 底层建筑面积、地面面层、地面垫层、楼面面层、楼面找平层、楼板体积、天棚抹灰、天棚刷浆、屋面层。

③ 内墙外抹灰、外墙内抹灰、外墙内面刷浆、外墙上的门窗和圈过梁、外墙砌体。

4. 对比审查法

对比审查法是用已建成工程的预算或虽未建成但已审查修正的工程预算对比审查拟建的类似工程预算的一种方法。对比审查法，一般有以下几种情况，应根据工程的不同条件，区别对待。

① 两个工程采用同一个施工图，但基础部分和现场条件不同。其新建工程基础以上部分可采用对比审查法；不同部分可分别采用相应的审查方法进行审查。

② 两个工程设计相同，但建筑面积不同。根据两个工程建筑面积之比与两个工程分部分项工程量之比基本一致的特点，可审查新建工程各分部分项工程的工程量。或者用两个工程每平方米建筑面积造价以及每平方米建筑面积的各分部分项工程量，进行对比审查；如果基本相同，说明新建工程预算是正确的，反之，说明新建工程预算有问题，找出差错原因，加以更正。

③ 两个工程的面积相同但设计图纸不完全相同时，可把相同的部分，如厂房中的柱子、房架、屋面、砖墙等，进行工程量的对比审查，不能对比的分部分项工程按图纸计算。

5. 筛选审查法

筛选法是统筹法的一种，也是一种对比方法。建筑工程虽然有建筑面积和高度的不同，但是它们的各个分部分项工程的工程量、造价、用工量在每个单位面积上的数值变化不大，我们把这些数据加以汇集、优选，归纳为工程量、造价（价值）、用工三个单方基本值表，并注明其适用的建筑标准。这些基本值犹如“筛子孔”，用来筛选各分部分项工程，筛下去的就不审查了，没有筛下去的就意味着此分部分项的单位建筑面积数值不在基本值范围之内，应对该分部分项工程详细审查。当所审查的预算的建筑面积标准与“基本值”所适用的标准不同时，就要对其进行调整。

筛选法的优点是简单易懂、便于掌握、审查速度和发现问题快，但解决差错、分析其原因需继续审查。因此，此法适用于住宅工程或不具备全面审查条件的工程。

6. 重点抽查法

重点抽查法是抓住工程预算中的重点进行审查的方法。审查的重点一般是：工程量大或造价较高、工程结构复杂的工程，补充单位估价表计取的各项费用（计费基础、取费标准等）。

重点抽查法的优点是重点突出、审查时间短、效果好。

7. 利用手册审查法

利用手册审查法是把工程中常用的构件、配件，事先整理成预算手册，按手册对照审查的方法。如工程常用的预制构配件：洗脸池、坐便器、检查井、化粪池、碗柜等，几乎每个工程都有，把这些按标准图集计算出工程量，套上单价，编制成预算手册使用，可大大简化预结算的编审工作。

8. 分解对比审查法

一个单位工程，按直接费与间接费进行分解，然后再把直接费按分部工程进行分解，分别与审定的标准预算进行对比分析的方法，叫分解对比审查法。

分解对比审查法一般有三个步骤：

第一步，全面审查某种建筑的定型标准施工图的工程预算，经审定后作为审查其他类似工程预算的对比基础。而且将审定预算按直接费与应取费分解成两部分，再把直接费分解为各分部工程预算，分别计算出它们的每平方米预算价格。

第二步，把拟审的工程预算与同类型预算单方造价进行对比，若出入在1%～3%以内（根据本地区要求），再按分部分项工程进行分解，边分解边对比，对出入较大者，进一步审查。

第三步，对比审查。其方法如下。

① 经分析对比，如发现应取费相差较大，应考虑建设项目的投资来源和工程类别及其取费项目和取费标准是否符合现行规定；材料调价相差较大，则应进一步审查《材料调价统计表》，将各种调价材料的用量、单位差价及其调增数量等进行对比。

② 经过分解对比，如发现土建工程预算价格出入较大，首先审查其土方和基础工程，因为±0.00以下的工程往往相差较大。再对比其余各个分部工程，发现某一分部工程预算价格相差较大时，再进一步对比各分项工程或工程细目。在对比时，先检查所列工程细目是否正确，预算价格是否一致。发现相差较大者，再进一步审查所套预算单价，最后审查该项工程细目的工程量。

课后习题

一、简答题

1. 建设投资静态投资部分的估算方法有哪些？
2. 建筑工程指标估算方法有哪些？
3. 流动资金的估算方法及适用范围。
4. 建设投资按照费用归集形式如何分类？

5. 设计概算的内容包括哪些？它们之间的关系如何？

6. 建筑工程概算有哪些编制方法，其适用条件是什么？

7. 设备安装工程概算有哪些编制方法，其适用条件是什么？

8. 设计概算审查方法有哪些？

9. 建筑工程施工图预算编制方法有哪些？各有什么特点？

10. 简述施工图预算审查的主要方法。

二、计算题

1. 2009 年已建成年产 15 万吨的化工产品项目，其投资额为 8000 万元，2012 年拟建生产 25 万吨的相同产品的化工项目，建设期 2 年。自 2009 年至 2012 年每年平均造价指数递增 6%，生产能力指数 0.7，估算拟建项目的建设投资。

2. 拟建办公楼建筑面积为 $4600m^2$，类似工程的建筑面积为 $3200m^2$，预算成本 3860000 元。类似工程各种费用占预算成本的权重是：人工费 7%、材料费 60%、机械费 5%、措施费 3%、其他费用 25%。拟建工程地区与类似工程地区造价之间相对应的差异系数为 $K_1=1.05$、$K_2=1.06$、$K_3=1.02$、$K_4=1.03$、$K_5=0.98$。试用类似工程预算法计算拟建工程的概算造价。

三、单项选择题

1. 某地拟建一办公楼，当地类似工程的单位工程概算指标为 3600 元/m^2。概算指标为瓷砖地面，拟建工程为复合木地板，每 $100m^2$ 该类建筑中铺贴地面面积为 $50m^2$。当地预算定额中瓷砖地面和复合木地板的预算单价分别为 128 元/m^2、190 元/m^2。假定以人工、材料、机械费用之和为基数取费，综合费率为 25%。则用概算指标法计算的拟建工程造价指标为（　　）元/m^2。

   A. 2918.75　　B. 3413.75　　C. 3631.00　　D. 3638.75

2. 关于施工图预算的含义，下列说法中正确的是（　　）。

   A. 是设计阶段对工程建设所需资金的粗略计算

   B. 其成果文件一般不属于设计文件的组成部分

   C. 可以由施工企业根据企业定额考虑自身实力计算

   D. 其价格性质为预期，不具有市场性质

第七章 施工招标投标阶段计价

【内容概要】

本章主要介绍招标环节计量与计价活动；其中，招标文件的编制、招标工程量清单及招标控制价的编制，这是由招标人或其委托有资质的单位编制的；投标报价是由投标人根据有关规定自主确定的；最终形成签约合同价。

【学习目标】

（1）掌握招标工程量清单的编制。

（2）掌握招标控制价的编制。

（3）掌握投标价的编制。

（4）熟悉合同方式的选择及合同价款约定的内容。

【教学设计】

（1）通过项目实例，让学生认识完整的招标工程量清单、招标控制价和投标报价以及施工合同。

（2）借助多媒体课件和电子版的清单计价规范、施工合同示范、标准施工招标文件中有关招标工程量清单、招标控制价及签约合同的规定，系统讲解本节内容。

第一节　招标工程量清单与招标控制价的编制

一、招标工程量清单编制

（一）招标工程量清单的概念及地位

招标工程量清单是招标人依据国家标准、招标文件、设计文件以及施工现场实际情况编制的，随招标文件发布、供投标报价的工程量清单，包括其说明和表格。

招标工程量清单应由具有编制能力的招标人或受其委托、具有相应资质的工程造价咨询人编制。招标工程量清单必须作为招标文件的组成部分，其准确性和完整性由招标人负责。招标工程量清单是工程量清单计价的基础，应作为编制招标控制价、投标报价、计算或调整工程量、索赔等的依据之一。

招标工程量清单作为表达招标范围和要求的工具之一，应该与图纸、技术标准和要求一致。若不一致，会形成清单缺陷，这一责任和风险由招标人、发包人承担。可以说招标工程量清单至少应做到列项不重复、不遗漏、项目特征和工程量计算准确三个方面。

（二）招标工程量清单的编制依据及要求

招标工程量清单应以单位（项）工程为单位编制，由分部分项工程项目清单、措施项目清单、其他项目清单、规费和税金项目清单组成。

编制招标工程量清单应依据：

(1)《建设工程工程量清单计价规范》(GB 50500—2013) 以及相关工程工程量计算规范；

(2) 国家或省级、行业建设主管部门颁发的计价定额和办法；

(3) 建设工程设计文件及相关资料；

(4) 与建设工程有关的标准、规范、技术资料；

(5) 拟定的招标文件；

(6) 施工现场情况、地勘水文资料、工程特点及常规施工方案；

(7) 其他相关资料。

对于以上依据特别需要注意第 (6) 条，清单项目需要根据施工现场情况、地勘水文资料、工程特点及常规施工方案确定及计算工程量，否则工程量清单达不到表达招标范围和要求的目的，会造成招标按招标清单、施工按图纸，二者不一致的情形。地勘水文资料对工程造价的影响巨大，特别是对土石方、地基处理和特殊的措施项目，对于这种情况，在编制时可以采用暂估量或暂估价的方式进行，以避免引起纠纷。

（三）招标工程量清单的编制内容

1. 分部分项工程量清单编制

分部分项工程量清单反映的是招标项目分部分项工程名称和相应数量的明细清单，由招标人根据有关规范编制，重点是根据图纸、有关的技术标准、现场情况和施工方案等进行分部分项工程列项，确定项目名称、进行编码、项目特征描述、计量单位和工程量的计算等内容。

分部分项工程项目清单必须载明项目编码、项目名称、项目特征、计量单位和工程量。分部分项工程项目清单必须根据相关工程现行国家计量规范规定的项目编码、项目名称、项目特征、计量单位和工程量计算规则进行编制。具体内容的编制见第五章第二节。

2. 措施项目清单编制

措施项目清单必须根据相关工程现行国家计量规范的规定编制。措施项目清单应根据拟建工程的实际情况列项。

措施项目清单中可以计算工程量的按工程量计算规范编制，确定项目名称、进行编码、项目特征描述、计量单位和工程量的计算等内容。按总价项目编制的措施项目清单需要根据具体情况列项，项目名称和项目编码按工程计量规范规定确定。一般具体内容的编制见第五章第二节。

措施项目是比较容易引起纠纷的内容，可以分以下几种情况编制。

(1) 一般措施项目，可以考虑项目实际情况结合工程量计算规范编制，计算其工程量。

(2) 特殊措施项目，在招标时没有设计方案的（比如危险性比较大的工程需要专项设计）可以采用暂估的专业工程，列到招标范围中；或者先暂定工程量采用单价招标的方式确定其单价，根据实际的工程量结算。

3. 其他项目清单编制

其他项目清单的具体内容见第五章第二节。其中需要由招标人确定暂列金额，可按招标控制价（不含暂列金额和规费、税金）或施工图预算（不含规费、税金）一定比例暂列，如暂列金额可根据工程的复杂程度、设计深度、工程环境条件（包括地质、水文、气候条件等）进行估算，一般可以分部分项工程费的10%～15%为参考；对于招标人要控制的主要材料和工程设备，在招标工程量清单中先暂估其单价或金额（不含规费和税金）；计日工需要招标人确定零星项目及暂定工程量；总承包服务费需要招标人对投标人的总承包服务的范围提出要求。

4. 规费和税金清单编制

招标人根据国家、省、市等政府有关部门的规定列项，要考虑地区的差异性，在编制时特别要清楚地区有关规费的要求。

5. 招标工程量清单总说明编制

招标工程量清单除了表格部分外，还需要编制有关的说明部分，工程量清单编制总说明一般包括以下内容。

（1）工程概况　工程概况中要对建设规模、工程特征、计划工期、施工现场实际情况、自然地理条件、环境保护要求等作出描述。其中建设规模是指建筑面积；工程特征应说明基础及结构类型、建筑层数、高度、门窗类型及各部位装饰、装修做法；计划工期是指按工期定额计算的施工天数；施工现场实际情况是指施工场地的地表状况；自然地理条件，是指建筑场地所处地理位置的气候及交通运输条件；环境保护要求，是针对施工噪声及材料运输可能对周围环境造成的影响和污染所提出的防护要求。

（2）工程招标及分包范围　招标范围是指单位工程的招标范围，如建筑工程招标范围为“全部建筑工程”，装饰装修工程招标范围为“全部装饰装修工程”，或招标范围不含桩基础、幕墙头、门窗等。工程分包是指特殊工程项目的分包，如招标人自行采购安装“铝合金门窗”等。

（3）工程量清单编制依据　包括建设工程工程量清单计价规范、设计文件、招标文件、施工现场情况、工程特点及常规施工方案等。

（4）工程质量、材料、施工等的特殊要求　工程质量的要求，是指招标人要求拟建工程的质量应达到合格或优良标准；对材料的要求，是指招标人根据工程的重要性、使用功能及装饰装修标准提出的，诸如对水泥的品牌、钢材的生产厂家、花岗石的出产地、品牌等的要求；施工要求，一般是指建设项目中对单项工程的施工顺序等的要求。

（5）其他需要说明的事项。

6. 招标工程量清单汇总与审核

在分部分项工程量清单、措施项目清单、其他项目清单、规费和税金项目清单编制完成后，经审查复核，与工程量清单封面及总说明汇总并装订，由相关责任人签字和盖章，形成完整的工程量清单文件。

（四）招标工程量清单编制示例

××教学楼工程招标工程量清单示例，见表7-1～表7-6。

表 7-1　招标工程量清单封面

××中学教学楼　工程

招标工程量清单

招　标　人：　××中学

（单位盖章）

造价咨询人：　××工程造价咨询企业

（单位盖章）

×年×月×日

表 7-2　招标工程量清单签署页

××中学教学楼　工程

招标工程量清单

招　标　人：　××中学　　造价咨询人：　××造价咨询企业

（单位盖章）　　（单位盖章）

法定代表人或其授权人：　×××　　法定代表人或其授权人：　×××

（签字或盖章）　　（签字或盖章）

编制人：　×××　　复核人：　×××

（造价人员签字盖专用章）　　（造价工程师签字盖专用章）

编制时间：×年×月×日　　复核时间：×年×月×日

表 7-3　招标工程量清单总说明

工程名称：××中学教学楼工程　　　　　　　　　　　　　　　　第 1 页　共 1 页

1. 工程概况：为砖混结构，采用混凝土灌注桩，六层，建筑面积 109040m^2，计划工期 200 日历天数。施工现场距离教学楼最近 20m，施工中应注意采取相应的防噪声措施。

2. 工程招标范围：为施工图范围内的建筑工程。

3. 工程量清单编制的依据。

(1)教学楼施工图；

(2)《建设工程工程量清单计价规范》(GB 50500—2013)；

(3)《房屋建筑与装饰工程工程量计算规范》(GB 50854—2013)；

(4)拟定的招标文件；

(5)相关规范、标准图纸和技术资料。

4. 其他需要说明的问题

(1)招标人提供应全部钢筋，暂定单价 4000 元/t。

(2)消防工程另行专业发包。总承包人需要配合完成对专业分包人现场管理，对竣工资料进行统一管理，为专业承包人提供垂直运输机械和焊接电源接入点，并承担相应费用。

表 7-4　分部分项工程和单价措施项目清单与计价表

工程名称：××中学教学楼工程　　　　　标段：　　　　　　　　第 1 页　共 5 页

序号	项目编码	项目名称	项目特征描述	计量单位	工程量	金额/元		
						综合单价	合价	其中暂估价
0101 土石方工程								
1	010101003001	挖沟槽土方	三类土，垫层底宽 2m，挖土深度小于 4m，弃土运距小于 10km	m^3	1432			
			……					
0103 桩基工程								
	010302001001	泥浆护壁混凝土灌注桩	桩长 10m，护壁段长 9m，共 42 根，直径 1000mm，扩大头直径 1100mm，桩混凝土 C25，护壁混凝土 C20	m	420			
			……					
……								
0117 单价措施项目								
	0117010010001	综合脚手架	砖混，檐高 22m					
	……							
本页小计								
合　计								

表 7-5 总价措施项目清单与计价表

工程名称：××中学教学楼工程　　　　标段：　　　　第1页　共1页

序号	项目编码	项目名称	计算基础	费率/%	金额/元	调整费率/%	调整后金额/元	备注
1	011701001001	安全文明施工费						
合计								

表 7-6 规费、税金项目计价表

工程名称：××中学教学楼工程　　　　标段：　　　　第1页　共1页

序号	项目名称	计算基础	费率/%	金额/元
1	规费			
1.1	社会保险费			
(1)	养老保险费			
(2)	失业保险费			
(3)	医疗保险费			
(4)	工伤保险费			
(5)	生育保险费			
1.2	住房公积金			
1.3	工程排污费			
2	税金			
合计				

二、招标控制价的编制

（一）招标控制价的概念及相关规定

招标人根据国家或省级、行业建设主管部门颁发的有关计价依据和办法，以及拟定的招标文件和招标工程量清单，结合工程具体情况编制的招标工程的最高投标限价。

招标控制价是指根据国家或省级建设行政主管部门颁发的有关计价依据和办法，依据拟订的招标文件和招标工程量清单，结合工程具体情况发布的招标工程的最高投标限价。根据住房和城乡建设部颁布的《建筑工程施工发包与承包计价管理办法》（住建部令第16号）的规定，国有资金投资的建筑工程招标的，应当设有最高投标限价；非国有资金投资的建筑工程招标的，可以设有最高投标限价或者招标标底。最高投标限价及其成果文件，应当由招标人报工程所在地县级以上地方人民政府住房城乡建设主管部门备案。

根据《中华人民共和国招标投标法实施条例》第二十七条规定：招标人可以自行决定是否编制标底。一个招标项目只能有一个标底。标底必须保密。接受委托编制标底的中介机构不得参加受托编制标底项目的投标，也不得为该项目的投标人编制投标文件或者提供咨询。招标人设有最高投标限价的，应当在招标文件中明确最高投标限价或者最高投标限价的计算方法。招标人不得规定最低投标限价。

这里的最高限价和招标控制价一致。

（二）对招标控制价要求

对于招标控制价及其规定，注意从以下方面理解。

（1）国有资金投资的工程建设项目必须实行工程量清单招标，并应编制招标控制价。这是因为：国有资金投资的工程进行招标，根据《中华人民共和国招标投标法》的规定，招标人可以设标底。当招标人不设标底时，为有利于客观、合理地评审投标报价和避免哄抬标价，造成国有资产流失，招标人应编制招标控制价，作为招标人能够接受的最高交易价格。

（2）招标控制价超过批准的概算时，招标人应将其报原概算审批部门审核。这是由于我国对国有资金投资项目的投资控制实行的是投资概算审批制度，国有资金投资的工程原则上不能超过批准的投资概算。

（3）投标人的投标报价高于招标控制价的，其投标应予以拒绝。这是因为：国有资金投资的工程，招标人编制并公布的招标控制价相当于招标人的采购预算，同时要求其不能超过批准的概算，因此，招标控制价是招标人在工程招标时能接受投标人报价的最高限价。国有资金中的财政性资金投资的工程在招投标时还应符合《中华人民共和国政府采购法》相关条款的规定。如该法第三十六条规定："在招标采购中，出现下列情形之一的，应予废标：……（三）投标人的报价均超过了采购预算，采购人不能支付的"。依据这一精神，规定了国有资金投资的工程，投标人的投标不能高于招标控制价，否则，其投标将被拒绝。

（4）招标控制价应由具有编制能力的招标人或受其委托、具有相应资质的工程造价咨询人编制。这里要注意的是，应由招标人负责编制招标控制价，当招标人不具有编制招标控制价的能力时，根据《工程造价咨询企业管理办法》（建设部令第 149 号）的规定，可委托具有工程造价咨询资质的工程造价咨询企业编制。工程造价咨询人不得同时接受招标人和投标人对同一工程的招标控制价和投标报价的编制。

（5）招标控制价应在招标文件中公布，不应上调或下浮，招标人应将招标控制价及有关资料报送工程所在地工程造价管理机构备查。这里应注意的是，招标控制价的作用决定了招标控制价不同于标底，无需保密。为体现招标的公平、公正，防止招标人有意抬高或压低工程造价，招标人应在招标文件中如实公布招标控制价，不得对所编制的招标控制价进行上浮或下调。招标人在招标文件中公布招标控制价时，应公布招标控制价各组成部分的详细内容，不得只公布招标控制价总价。同时，招标人应将招标控制价报工程所在地的工程造价管理机构备查。

（6）投标人经复核认为招标人公布的招标控制价未按照《建设工程工程量清单计价规范》的规定进行编制的，应在招标控制价公布后 5 天内向招投标监督机构和工程造价管理机构投诉。工程造价管理机构应在不迟于结束审查的次日将是否受理投诉的决定书面通知投诉人、被投诉人以及负责该工程招投标监督的招投标管理机构。工程造价管理机构受理投诉后，应立即对招标控制价进行复查，组织投诉人、被投诉人或其委托的招标控制价编制人等单位人员对投诉问题逐一核对。有关当事人应当予以配合，并应保证所提供资料的真实性。工程造价管理机构应当在受理投诉的 10 天内完成复查，特殊情况下可适当延长，并作出书面结论通知投诉人、被投诉人及负责该工程招投标监督的招投标管理机构。

当招标控制价复查结论与原公布的招标控制价误差超出±3%时，应当责成招标人改正。招标人根据招标控制价复查结论需要重新公布招标控制价的，其最终公布的时间至招标文件要求提交投标文件截止时间不足15天的，应相应延长投标文件的截止时间。

（三）招标控制价的计价依据

（1）《建设工程工程量清单计价规范》（GB 50500—2013）；

（2）国家或省级、行业建设主管部门颁发的计价定额和计价办法；

（3）建设工程设计文件及相关资料；

（4）拟定的招标文件及招标工程量清单；

（5）与建设项目相关的标准、规范、技术资料；

（6）施工现场情况、工程特点及常规施工方案；

（7）工程造价管理机构发布的工程造价信息，当工程造价信息没有发布时，参照市场价；

（8）其他的相关资料。

招标控制价作为评标的重要依据，必须科学，应选择针对本工程特点通常采用的常规施工方案计价，可参考定额水平或定额中考虑的施工工艺和方法进行确定；价格水平主要以造价管理机构发布的为准，有发布而不采用的要作出说明，没有发布的可参照市场价。当造价主管部门发布的造价信息或指标有上限和下限的，宜取上限。

（四）招标控制价的编制内容

招标控制价的编制内容包括分部分项工程费、措施项目费、其他项目费、规费和税金，各个部分有不同的计价要求。

1. 分部分项工程费的编制要求

分部分项工程费应根据招标文件中的分部分项工程量清单及有关要求，拟定的招标文件和招标工程量清单项目中的特征描述及有关要求确定综合单价计算。这里所说的综合单价，是指完成一个规定计量单位的分部分项工程量清单项目（或措施清单项目）所需的人工费、材料费、施工机械使用费和企业管理费与利润，以及一定范围内的风险费用。

综合单价中应包括招标文件中划分的应由投标人承担的风险范围及其费用，招标文件中没有明确的，如是工程造价咨询人编制的，应提请招标人明确；如是招标人编制的，应予明确。

2. 措施项目费的编制要求

（1）措施项目费中的安全文明施工费应当按照国家或省级、行业建设主管部门的规定标准计价。

（2）措施项目应按招标文件中提供的措施项目清单确定，措施项目采用分部分项工程综合单价形式进行计价的工程量，应按措施项目清单中的工程量，并按与分部分项工程工程量清单单价相同的方式确定综合单价；措施项目中的总价项目应根据拟定的招标文件和常规施工方案编制，包括除规费、税金以外的全部费用。

3. 其他项目费的编制要求

（1）暂列金额应按招标工程量清单中列出的金额填写。

（2）暂估价中的材料、工程设备单价应按招标工程量清单中列出的单价计入综合单价。

（3）暂估价中的专业工程金额应按招标工程量清单中列出的金额填写。

（4）计日工应按招标工程量清单中列出的项目根据工程特点和有关计价依据确定综合单

价计算。对计日工中的人工单价和施工机械台班单价应按省级、行业建设主管部门或其授权的工程造价管理机构公布的单价计算，材料应按工程造价管理机构发布的工程造价信息中的材料单价计算，工程造价信息未发布材料单价的材料，其价格应按市场调查确定的单价计算。

（5）总承包服务费应根据招标工程量清单列出的内容和要求估算。总承包服务费应按照省级或行业建设主管部门的规定计算，在计算时可参考以下标准。

① 招标人仅要求对分包的专业工程进行总承包管理和协调时，按分包的专业工程估算造价的1.5%计算。

② 招标人要求对分包的专业工程进行总承包管理和协调，并同时要求提供配合服务时，根据招标文件中列出的配合服务内容和提出的要求，按分包的专业工程估算造价的3%～5%计算。

③ 招标人自行供应材料的，按招标人供应材料价值的1%计算。

4. 规费和税金的编制要求

规费和税金必须按国家或省级、行业建设主管部门的规定计算。

税金=（分部分项工程量清单费+措施项目清单费+其他项目清单费+规费）×税率

（五）招标控制价编制中存在的问题

1. 招标工程量清单的准确性和完整性不足

招标工程量清单必须作为招标文件的组成部分，是发承包及实施阶段重要的基础文件，其准确性和完整性由招标人负责，编制质量的好坏直接影响项目造价的有效控制。清单项目的特征描述是定额列项的重要依据，如果项目特征描述有问题，则投标人无法准确理解工程量清单项目的构成要素，导致投标报价出现偏差、评标时难以合理地评定中标价，结算时易引起发承包双方争议。最常见的质量问题是清单子目列项存在漏项或重项错误和工程量计算错误，清单项目特征描述不具体、特征不清、界限不明，达不到综合单价的组价要求。

2. 与招标文件的关联度和契合度不高

编制招标控制价时往往不考虑招标文件中有关合同条款对工程造价的影响，存在招标文件与招标控制价相脱节的现象，合同条件对工程造价的影响并没有很好地体现出来，以致投标人考虑也不充分，造成项目实施阶段的造价纠纷。比如综合单价中并没有充分考虑一定范围内的风险费用，没有合理地体现工期提前、质量标准、环境保护要求、进度款的支付条件及比例对工程造价的影响等，但是在项目实施过程中，合同条件中的上述内容往往会对工程成本产生重要影响。

3. 未充分体现项目环境对造价的影响

施工现场的水文、地质、气候环境资料，以及交通运输条件、资源供应情况等外部社会市场环境都会对工程造价产生重要影响。比如某火车站项目采用钻孔灌注桩，由于项目处于以前的露天垃圾填埋场，没有充分考虑地质情况对合理材料消耗量的影响，按照常规土质来考虑，但是实际的混凝土消耗量要比定额的消耗量高出60%，导致施工企业在该分部分项工程上受到了巨额损失。措施项目费的计算依赖于采用的施工方案和施工组织设计，而不同的施工方案和施工组织设计之间所需的工程成本又存在较大的差别，比如深基坑工程的支护形式以及降水工程的工期等都会对工程措施费用产生重要影响。只有充分考虑项目环境、采用科学的施工方案和合理的施工组织设计，才能编制出科学合理的招标控制价。所以，编制招标控制价时应对采用的施工方案和施工组织设计进行合理化论证。

4. 过度依赖消耗量定额和社会信息价格

计量规范中给出的工程量清单项目具有滞后性，项目特征描述也仅仅列出了影响综合单价的常规内容，社会信息价格也存在不完备、价格偏离市场等问题。长期以来，编制工程造价过度依赖消耗量定额和社会信息价格，使招标控制价不能充分体现市场经济的特征。随着科学技术的不断发展和劳动生产率水平的不断提高，工程建设中“四新技术”的不断涌现，发包方的个性化要求与采用传统定额的矛盾日益突出，新清单计价规范也重视个性化的合同条件对工程造价的影响，比如承包人作为招标人组织给定暂估价的专业工程发包的，组织招标工作有关的费用、甲供材料消耗量的竞争等在招标控制价中应如何体现以及体现的数额是多少均不是套用定额可以解决的问题，更不允许采用直接不予考虑的办法。

（六）招标控制价的计价与组价

1. 招标控制价的费用组成

建设工程的招标控制价反映的是单位工程费用，各单位工程费用是由分部分项工程费、措施项目费、其他项目费、规费和税金组成。

2. 综合单价的组价

招标控制价的分部分项工程费应由各单位工程的招标工程量清单乘以其相应综合单价汇总而成。综合单价的组价，首先，依据提供的工程量清单和施工图纸，按照工程所在地区颁发的计价定额的规定，确定所组价的定额项目名称，并计算出相应的工程量；其次，依据工程造价政策规定或工程造价信息确定其人工、材料、机械台班单价；同时，在考虑风险因素确定管理费率和利润率的基础上，按规定程序计算出所组价定额项目的合价，然后将若干项所组价的定额项目合价相加除以工程量清单项目工程量，便得到工程量清单项目综合单价，若有未计价材料费（包括暂估单价的材料费）应计入综合单价。所谓未计价材料费就是没有在确定综合单价时采用的定额之中规定该材料的名称、规格和消耗量，其价格未计算到定额材料中，由地区的信息价格或市场价格决定。

定额项目合价＝定额项目工程量×[Σ(定额人工消耗量×人工单价)
＋Σ(定额材料消耗量×材料单价)
＋Σ(定额机械台班消耗量×机械台班单价)
＋价差（基价或人工、材料、机械费用)＋管理费和利润]

工程量清单综合单价＝[Σ(定额项目合价)＋未计价材料]/工程量清单项目工程量

3. 确定综合单价应考虑的因素

编制招标控制价在确定其综合单价时，应考虑一定范围内的风险因素。在招标文件中应通过预留一定的风险费用，或明确说明风险所包括的范围及超过该范围的价格调整方法。对于招标文件中未作要求的可按以下原则确定。

（1）对于技术难度较大和管理复杂的项目，可考虑一定的风险费用，并纳入综合单价中。

（2）对于工程设备、材料价格的市场风险，应依据招标文件的规定，工程所在地或行业工程造价管理机构的有关规定，以及市场价格趋势考虑一定率值的风险费用，纳入综合单价中。

(3) 税金、规费等法律、法规、规章和政策变化的风险和人工单价等风险费用不应纳入综合单价。

招标工程发布的分部分项工程量清单对应的综合单价，应按照招标人发布的分部分项工程量清单的项目名称、工程量、项目特征描述，依据工程所在地区颁发的计价定额和人工、材料、机械台班价格信息等进行组价确定，并应编制工程量清单综合单价分析表。

【例 7-1】 某工程采用工程量清单招标。按工程所在地的计价依据规定，措施费和规费均以分部分项工程费中人工费（已包含管理费和利润）为计算基础，经计算该工程分部分项工程费总计为 6300000 元，其中人工费为 1260000 元。其他有关工程造价方面的背景材料如下。

(1) 条形砖基础工程量 160m^3，基础深 3m，采用 M5 水泥砂浆砌筑，多孔砖的规格 240mm×115mm×90mm。实心砖内墙工程量 1200m^3，采用 M5 混合砂浆砌筑，蒸压灰砂砖规格 240mm×115mm×53mm，墙厚 240mm。

现浇钢筋混凝土矩形梁模板及支架工程量 420m^2，支模高度 2.6m。现浇钢筋混凝土有梁板模板及支架工程量 800m^2，梁截面 250mm×400mm，梁底支模高度 2.6m，板底支模高度 3m。

(2) 安全文明施工费费率 25%，夜间施工费费率 2%，二次搬运费费率 1.5%，冬雨季施工费费率 1%。

按合理的施工组织设计，该工程需大型机械进出场及安拆费 26000 元，施工排水费 2400 元，施工降水费 22000 元，垂直运输费 120000 元，脚手架费 166000 元。以上各项费用中已包括含管理费和利润。

(3) 招标文件中载明，该工程暂列金额 330000 元，材料暂估价 100000 元，计日工费用 20000 元，总承包服务费 20000 元。

(4) 社会保障费中养老保险费费率 16%，工业保险费费率 2%，医疗保险费费率 6%，住房公积金费率 6%，危险作业意外伤害保险费率 0.18%，税金费率 3.143%。

请依据《建设工程工程量清单计价规范》(GB 50500—2013) 的规定，结合工程背景资料及所在地计价依据的规定，编制招标控制价。

(1) 编制砖基础和实心砖内墙的分部分项清单及计价填入表 7-7 分部分项工程量清单与计价表。综合单价：砖基础 240.18 元/m^3，实心砖内墙 249.11 元/m^3。

(2) 编制措施项目清单与计价表，填入表 7-8 总价措施项目清单与计价表；模板及支架清单填入表 7-9 单价措施项目清单与计价表。综合单价：梁模板及支架 25.60 元/ m^2，有梁板模板及支架 23.20 元/m^2。

(3) 编制工程其他项目清单及计价，填入表 7-10 其他项目清单与计价汇总表。

(4) 编制工程规费和税金项目清单及计价，填入表 7-11 规费、税金项目清单与计价表。

(5) 编制工程招标控制价汇总表及计价，根据以上计算结果，计算该工程的招标控制价，填入表 7-12 单位工程招标控制价汇总表。

(计算结果均保留两位小数)

解：(1) 编制分部分项工程量清单与计价表

表 7-7　分部分项工程量清单与计价表

工程名称：　　　　　　　　　　　　　标段：　　　　　　　　　　　　　第　页　共　页

序号	项目编码	项目名称	项目特征描述	计量单位	工程量	金额/元		
						综合单价	合价	其中：暂估价
1	010301001001	砖基础	M5 水泥砂浆砌筑多孔砖条形基础，砖规格 240mm×115mm×90mm，基础深 3m	m^3	160	240.18	38428.80	
2	010302001001	实心砖墙	M5 混合砂浆砌筑蒸压灰砂砖内墙，砖规格 240mm×115mm×53mm，墙厚 240mm	m^3	1200	249.11	298932.00	
本页小计								
合　计								

（2）编制措施项目清单与计价表

表 7-8　总价措施项目清单与计价表

序号	项目编码	项目名称	计算基础	费率/%	金额/元	备注
1	011707001001	安全文明施工费	定额人工费（或 1260000）	25	315000	
2	011707002001	夜间施工增加费		2	25200	
3	011707004001	二次搬运费		1.5	18900	
4	011707005001	冬雨季施工增加费		1	12600	
5	011705001001	大型机械设备进出场及安拆费			26000	
6	011707001001	施工排水、施工降水			4600	
7	011703001001	垂直运输费			120000	
8	011701001001	脚手架费			166000	
合　计					688300	

表 7-9　单价措施项目清单与计价表

工程名称：　　　　　　　　　　　　　标段：　　　　　　　　　　　　　第　页　共　页

序号	项目编码	项目名称	项目特征描述	计量单位	工程量	金额/元		
						综合单价	合价	其中：暂估价
1	011702006001	现浇钢筋混凝土矩形梁模板及支架	矩形梁，支模高度 2.6m	m^2	420	25.6	10752.00	
2	011702014001	现浇钢筋混凝土有梁模板及支架	矩形梁，梁截面 250mm×400mm，梁底支模高度 2.6m，板底支模高 3m	m^2	800	23.2	18560.00	
本页小计								
合　计								

（3）编制其他项目清单与计价汇总表

表 7-10 其他项目清单与计价汇总表

序号	项目名称	计量单位	金额/元
1	暂列金额	元	330000
2	材料暂估价	元	—
3	计日工	元	20000
4	总承包服务费	元	20000
合计			370000

（4）编制规费、税金项目清单与计价表

表 7-11 规费、税金项目清单与计价表

<table>
<tr><th>序号</th><th>项目名称</th><th>计算基础</th><th>费率/%</th><th>金额/元</th></tr>
<tr><td>1</td><td>规费</td><td rowspan="8">定额人工费(或 1260000)</td><td></td><td>384048.00</td></tr>
<tr><td>1.1</td><td>社会保障费</td><td></td><td>302400.00</td></tr>
<tr><td>(1)</td><td>养老保险费</td><td>16</td><td>201600.00</td></tr>
<tr><td>(2)</td><td>失业保险费</td><td>2</td><td>25200.00</td></tr>
<tr><td>(3)</td><td>医疗保险费</td><td>6</td><td>75600.00</td></tr>
<tr><td>(4)</td><td>工伤保险费</td><td>0.48</td><td>6048.00</td></tr>
<tr><td>(5)</td><td>生育保险费</td><td>0</td><td>0</td></tr>
<tr><td>1.2</td><td>住房公积金</td><td>6</td><td>75600.00</td></tr>
<tr><td>2</td><td>税金</td><td>分部分项工程费＋措施项目费＋规费(或 7891460)</td><td>3.36</td><td>265153.06</td></tr>
<tr><td colspan="4">合　　计</td><td>649201.06</td></tr>
</table>

注：上表中的税金采用简易计税方法计算。综合税率＝3%×(1＋7%＋3%＋2%)＝3.36%。

（5）编制单位工程招标控制价

表 7-12 单位工程招标控制价汇总表

序号	项目名称	金额/元
1	分部分项工程量清单合计	6300000.00
2	措施项目清单合计	737412.00
2.1	总价措施项目	708100.00
	其中安全文明施工费	315000.00
2.2	单价措施项目	29312.00
3	其他项目清单合计	370000.00
4	规费	384048.00
5	税金	265153.06
合计		8056613.06

第二节　投标报价的编制及签约合同价

（一）投标报价的概念和编制原则

投标价是在工程招标发包过程中，由投标人按照招标文件的要求，根据工程特点，并结合自身的施工技术、装备和管理水平，依据有关计价规定自主确定的工程造价，是投标人希望达成工程承包交易的期望价格，它不能高于招标人设定的招标控制价。作为投标计算的必要条件，应预先确定施工方案和施工进度，此外，投标计算还必须与采用的合同形式相协调。报价是投标的关键性工作，报价是否合理直接关系到投标的成败。投标报价编制原则如下：

（1）投标报价由投标人自主确定，但必须执行《建设工程工程量清单计价规范》的强制性规定。投标价应由投标人或受其委托、具有相应资质的工程造价咨询人员编制。

（2）投标人的投标报价不得低于工程成本，不得高于招标控制价。

（3）投标报价要以招标文件中设定的承发包双方责任划分，作为考虑投标报价费用项目和费用计算的基础，承发包双方的责任划分不同，会导致合同风险不同的分摊，从而导致投标人选择不同的报价；根据工程承、发包模式考虑投标报价的费用内容和计算深度。

（4）以施工方案、技术措施等作为投标报价计算的基本条件；以反映企业技术和管理水平的企业定额作为计算人工、材料和机械台班消耗量的基本依据；充分利用现场考察、调研成果、市场价格信息和行情资料，编制基础标价。

（5）报价计算方法要科学严谨，简明适用。

（6）投标人必须按招标工程量清单填报价格。项目编码、项目名称、项目特征、计量单位、工程量必须与招标工程量清单一致。

（二）投标报价的编制依据

《建设工程工程量清单计价规范》规定，投标报价应根据下列依据编制：

（1）工程量清单计价规范；

（2）国家或省级、行业建设主管部门颁发的计价办法；

（3）企业定额，国家或省级、行业建设主管部门颁发的计价定额；

（4）招标文件、招标工程量清单及其补充通知、答疑纪要；

（5）建设工程设计文件及相关资料；

（6）施工现场情况、工程特点及投标时拟定的施工组织设计或施工方案；

（7）与建设项目相关的标准、规范等技术资料；

（8）市场价格信息或工程造价管理机构发布的工程造价信息；

（9）其他的相关资料。

（三）投标报价的编制方法和内容

投标报价的编制过程，应首先根据招标人提供的工程量清单编制分部分项工程和措施项目计价表、其他项目计价表、规费、税金项目计价表，计算完毕之后，汇总得到单位工程投标报价汇总表，再层层汇总，分别得出单项工程投标报价汇总表和工程项目投标总价汇总表。在编制过程中，投标人应按招标人提供的工程量清单填报价格。

1. 分部分项工程和单价措施项目清单与计价表的编制

承包人投标价中的分部分项工程费和以单价计算的措施项目费应按招标文件中分部分项工程和单价措施项目清单与计价表的特征描述确定综合单价计算。因此确定综合单价是分部分项工程和单价措施项目清单与计价表编制过程中最主要的内容。综合单价包括完成一个规定清单项目所需的人工费、材料和工程设备费、施工机具使用费、企业管理费、利润，并考虑风险费用的分摊。确定分部分项工程综合单价时应注意以下问题：

（1）以项目特征描述为依据。确定分部分项工程量清单项目综合单价的最重要的依据之一是该清单项目的特征描述，投标人投标报价时应依据招标文件中分部分项工程量清单项目的特征描述确定清单项目的综合单价。在招投标过程中，当出现招标文件中分部分项工程量清单特征描述与设计图纸不符时，投标人应以分部分项工程量清单的项目特征描述为准，确定投标报价的综合单价。当施工中施工图纸或设计变更与工程量清单项目特征描述不一致时，发承包双方应按实际施工的项目特征，依据合同约定重新确定综合单价。

（2）材料和工程设备暂估价的处理。招标文件在其他项目清单中提供了暂估单价的材料和工程设备，应按其暂估的单价计入分部分项工程量清单项目的综合单价中。

（3）发包人供应材料处理。承包人投标时，甲供材料价格应计入相应项目的综合单价中，签约后发包人应按合同约定扣回甲供材料款，不予支付。这里甲供材料的价格一般指运到指定位置的落地价，不含保管费，保管费需要在总承包服务费中计取。

（4）应包括承包人承担的合理风险。招标文件中要求投标人承担的风险费用，投标人应考虑进入综合单价。在施工过程中，当出现的风险内容及其范围（幅度）在招标文件规定的范围（幅度）内时，综合单价不得变动，工程价款不作调整。根据国际惯例并结合我国社会主义市场经济条件下工程建设的特点，承发包双方对工程施工阶段的风险宜采用如下分摊原则：

① 对于主要由市场价格波动导致的价格风险，如工程造价中的建筑材料、燃料等价格风险，承发包双方应当在招标文件中或在合同中对此类风险的范围和幅度予以明确约定，进行合理分摊。根据工程特点和工期要求，建议采取的方式是承包人承担5%以内的材料价格风险，10%以内的施工机械使用费风险。

② 对于法律、法规、规章或有关政策出台导致工程税金、规费、人工发生变化，并由省级、行业建设行政主管部门或其授权的工程造价管理机构根据上述变化发布的政策性调整，承包人不应承担此类风险，应按照有关调整规定执行。

③ 对于承包人根据自身技术水平、管理、经营状况能够自主控制的风险，如承包人的管理费、利润的风险，承包人应结合市场情况，根据企业自身的实际合理确定、自主报价，该部分风险由承包人全部承担。

（5）保证综合单价中用的材料、工程设备在组价时采用的单价与供应材料与工程设备一览表中材料和工程设备单价一致。

（6）对于国家定价或指导价的人工和材料单价，采用国家定价或指导价确定综合单价。

表7-13为某工程的投标报价的分部分项工程和单价措施项目清单与计价表。

表 7-13 清单与计价表

工程名称：××保障房一期住宅工程　　　　标段：　　　　第　页共　页

序号	项目编码	项目名称	项目特征描述	计量单位	工程量	金额/元		
						综合单价	合价	其中:暂估价
			……					
		0105 混凝土及钢筋混凝土工程						
6	010503001001	基础梁	C30 预拌混凝土,梁底标高－1.55m	m^3	208	356.14	74077	
7	010515001001	现浇构件钢筋	螺纹钢 Q235、Φ14	t	200	4787.16	957432	800000
			……					
		分部小计					2432419	80000
			……					
		0117 措施项目						
16	011701001001	综合脚手架	砖混、檐高 22m	m^2	10940	19.80	216612	
			……					
		分部小计					738257	
合计							6318410	800000

2. 综合单价分析表的编制

工程量清单综合单价分析表的编制。为表明综合单价的合理性，投标人应对其进行单价分析，以作为评标时的判断依据。综合单价分析表的编制应反映上述综合单价的编制过程，并按照规定的格式进行。表 7-14 为某工程的投标报价的分部分项工程和单价措施项目综合单价分析表。

表 7-14 综合单价分析表

工程名称：××保障房一期住宅工程　　　　标段：　　　　第　页　共　页

项目编码	010515001001		项目名称	现浇构件钢筋			计量单位	t	工程量	200	
清单综合单价组成明细											
定额编号	定额名称	定额单位	数量	单价				合价			
				人工费	材料费	机械费	管理费和利润	人工费	材料费	机械费	管理费和利润
AD0899	现浇构件钢筋制安	t	1.07	294.75	4327.70	62.42	102.29	294.75	4327.70	62.42	102.29
人工单价				小计				294.75	4327.70	62.42	102.29
80元/工日				未计价材料费							
清单项目综合单价								4789.16			
材料费明细	主要材料名称、规格、型号			单位		数量		单价/元	合价/元	暂估单价/元	暂估合价/元
	螺纹钢 Q235、Φ14			t		1.07				4000.00	1280.00
	焊条			kg		8.64		4.00	34.56		
	其他材料费							—	13.14	—	
	材料费小计							—	47.70	—	4280.00

3. 总价措施项目清单与计价表的编制

对于不能精确计量的措施项目，应编制总价措施项目清单与计价表。投标人对措施项目中的总价项目投标报价应遵循以下原则。

(1) 措施项目的内容应依据招标人提供的措施项目清单和投标人投标时拟定的施工组织设计或施工方案。

(2) 措施项目费由投标人自主确定，但其中安全文明施工费必须按照国家或省级、行业建设主管部门的规定计价，不得作为竞争性费用。招标人不得要求投标人对该项费用进行优惠，投标人也不得用该项费用参与市场竞争。

表7-15为某工程的投标报价的总价措施项目清单与计价表。

表 7-15 总价措施项目清单与计价表

工程名称：××保障房一期住宅工程　　标段：　　第　页　共　页

序号	项目编码	项目名称	计算基础	费率/%	金额/元	调整费率/%	调整后金额/元	备注
1	011707001001	安全文明施工费	定额人工费	25	209650			
2	011707002001	夜间施工增加费	定额人工费	1.5	12479			
3	011707004001	二次搬运费	定额人工费	1	8386			
4	011707005001	冬雨季施工增加费	定额人工费	0.6	5032			
5	011707007001	已完工程及设备保护费			6000			
		……						
合计					241547			

4. 其他项目清单与计价表的编制

其他项目费主要由暂列金额、暂估价、计日工以及总承包服务费组成。表7-16为某工程的投标报价的其他项目清单与计价表。

表 7-16 其他项目清单与计价表

序号	项目名称	金额/元	结算金额/元	备注
1	暂列金额	350000		明细详见表7-17
2	暂估价	200000		
2.1	材料(工程设备)暂估价/结算价	—		明细详见表7-18
2.2	专业工程暂估价/结算价	200000		明细详见表7-19
3	计日工	26528		明细详见表7-20
4	总承包服务费	20760		明细详见表7-21
合计		597288		—

投标人对其他项目费投标报价时应遵循以下原则。

(1) 暂列金额应按照招标人提供的其他项目清单中列出的金额填写，不得变动（如表7-17所示）。

表 7-17　暂列金额明细表

工程名称：　　　　　　　　　　　　标段：　　　　　　　　　　　　第　页共　页

序号	项目名称	计量单位	暂定金额/元	备注
1	自行车棚工程	项	100000	
2	工程量偏差及设计变更	项	100000	
3	政策性调整和材料价格波动	项	100000	
4	其他	项	50000	
合计			350000	—

注：此表由招标人填写，如不能详列，也可只列暂定金额总额，投标人应将上述暂列金额计入投标总价中。

（2）暂估价不得变动和更改。暂估价中的材料、工程设备暂估价必须按照招标人提供的暂估单价计入清单项目的综合单价（见表 7-18）；专业工程暂估价必须按照招标人提供的其他项目清单中列出的金额填写（见表 7-19）。材料、工程设备暂估单价和专业工程暂估价均由招标人提供，为暂估价格，在工程实施过程中，对于不同类型的材料与专业工程采用不同的计价方法。

表 7-18　材料与工程设备暂估价表

工程名称：××保障房一期住宅工程　　　　　　标段：　　　　　　　　第　页　共　页

序号	材料(工程设备)名称、规格、型号	计量单位	数量		暂估/元		确认/元		差额±/元		备注
			暂估	确认	单价	合价	单价	合价	单价	合价	
1	钢筋(规格见施工图)	t	200		4000		800000				用于现浇钢筋混凝土项目
2	低压开关柜(CGD190380/220V)	台	1		45000		45000				用于低压开关柜安装项目
	……										
合计					49000		845000				

表 7-19　专业工程暂估价表

工程名称：××保障房一期住宅工程　　　　　　标段：　　　　　　　　第　页　共　页

序号	工程名称	工程内容	暂估金额/元	结算金额/元	差额±/元	备注
1	消防工程	合同图纸中标明的以及消防工程规范和技术说明中规定的各系统中的设备、管道、阀门、线缆等的供应、安装和调试工作	200000			
	……					
合计			200000			

（3）计日工应按照招标人提供的其他项目清单列出的项目和估算的数量，自主确定各项综合单价并计算费用（见表 7-20）。

表 7-20　计日工表

工程名称：YY保障房 期住宅工程　　　　标段：　　　　第　页　共　页

编号	项目名称	单位	暂定数量	实际数量	综合单价/元	合价/元	
						暂定	实际
一	人工						
1	普工	工日	100		80	8000	
2	技工	工日	60		110	6600	
	……						
人工小计						14600	
二	材料						
1	钢筋(规格见施工图)	t	1		4000	4000	
2	水泥 42.5	t	2		600	1200	
3	中砂	m^3	10		80	800	
4	砾石(5～40mm)	m^3	5		42	210	
5	页岩砖(240mm×115mm×53mm)	千匹	1		300	300	
	……						
材料小计						6510	
三	施工机械						
1	自升式塔吊起重机	台班	5		550	2750	
2	灰浆搅拌机(400L)	台班	2		20	40	
	……						
施工机械小计						2790	
四	企业管理费和利润(按人工费 18%计)					2628	
总计						26528	

(4) 总承包服务费应根据招标人在招标文件中列出的分包专业工程内容和供应材料、设备情况，按照招标人提出的协调、配合与服务要求和施工现场管理需要自主确定（见表 7-21）。

表 7-21　总承包服务费表

序号	项目名称	项目价值/元	服务内容	计算基础	费率/%	金额/元
1	发包人发包专业工程	200000	(1)按专业工程承包人的要求提供施工工作面并对施工现场进行统一管理，对竣工资料进行统一整理汇总； (2)为专业工程承包人提供垂直运输机械和焊接电源接入点，并承担垂直运输费和电费	项目价值	7	14000
2	发包人提供材料	845000	对发包人供应的材料进行验收及保管和使用发放	项目价值	0.8	6760
	合计	—	—		—	20760

5. 规费、税金项目清单与计价表的编制

规费和税金应按国家或省级、行业建设主管部门的规定计算，不得作为竞争性费用。这是由于规费和税金的计取标准是依据有关法律、法规和政策规定制定的，具有强制性。因此，投标人在投标报价时必须按照国家或省级、行业建设主管部门的有关规定计算规费和税金。某投标项目的规费、税金项目计价表见表 7-22。

表 7-22 规费、税金项目计价表

工程名称： 标段： 第 页 共 页

序号	项目名称	计算基础	费率/%	金额/元
1	规费	定额人工费		239001
1.1	社会保险费	定额人工费		188685
(1)	养老保险费	定额人工费	14	117404
(2)	失业保险费	定额人工费	2	16772
(3)	医疗保险费	定额人工费	6	50316
(4)	工伤保险费	定额人工费	0.25	2096.5
(5)	生育保险费	定额人工费	0.25	2096.5
1.2	住房公积金	定额人工费	6	50316
2	税金	分部分项工程费＋措施项目费＋其他项目费＋规费－按规定不计税的工程设备金额	3.48	268284
合计				507285

6. 投标价的汇总

投标人的投标总价应当与组成工程量清单的分部分项工程费、措施项目费、其他项目费和规费、税金的合计金额相一致，即投标人在进行工程量清单招标的投标报价时，不能进行投标总价优惠（或降价、让利），投标人对投标报价的任何优惠（或降价、让利）均应反映在相应清单项目的综合单价中。某项目投标总价汇总表见表 7-23。

表 7-23 投标总价汇总表

工程名称：××保障房一期住宅工程 标段： 第 页 共 页

序号	汇总内容	金额/元	其中：暂估价
1	分部分项工程	6134749	845000
…			
0105	混凝土及钢筋混凝土工程	2432419	800000
…			
2	措施项目	738257	
2.1	其中：安全文明施工费	209650	
3	其他项目	597288	
3.1	其中：暂列金额	350000	
3.2	其中：专业工程暂估价	200000	
3.3	其中：计日工	26528	
3.4	其中：总承包服务费	20760	
4	规费	239001	
5	税金(扣除不列入计税范围的工程设备金额)	268284	
投标报价合计＝1＋2＋3＋4＋5		7977433	845000

第三节　合同价款约定

一、合同的签订

（一）合同签约的时限

招标人和中标人应当在投标有效期内并在自中标通知书发出之日起 30 日内，按照招标文件和中标人的投标文件订立书面合同。中标人无正当理由拒签合同的，招标人取消其中标资格，其投标保证金不予退还；给招标人造成的损失超出投标保证金数额的，中标人还应当对超出部分予以赔偿。发出中标通知书后，招标人无正当理由拒签合同的，招标人向中标人退还投标保证金；给中标人造成损失的，还应当赔偿损失。招标人最迟应当在与中标人签订合同后 5 日内，向中标人和未中标的投标人退还投标保证金及银行同期存款利息。

（二）签订合同的要求

根据《中华人民共和国建筑法》第十八条规定：建筑工程造价应当按照国家规定，由发包单位与承包单位在合同中约定。根据《中华人民共和国招标投标法》第 46 条规定："招标人和中标人应当自中标通知书发出之日起三十日内，按照招标文件和中标人的投标文件订立书面合同。招标人和中标人不得再行订立背离合同实质性内容的其他协议。"所以，合同约定不得违背招、投标文件中关于工期、造价、质量等方面的实质性内容。

招标文件与中标人投标文件不一致的地方，以投标文件为准。这里强化了招标人、发包人对评标质量的责任，所以，招标人要加强评标的质量管理，若由于评标存在问题造成招标人、发包人的损失，应追究评标委员会的责任。《中华人民共和国合同法》第三十条规定：承诺的内容应当与要约的内容一致。受要约人对要约的内容作出实质性变更的，为新要约。有关合同标的、数量、质量、价款或者报酬、履行期限、履行地点和方式、违约责任和解决争议方法等的变更，是对要约内容的实质性变更。从规定也可以看出招标文件与中标人投标文件不一致的地方，以投标文件为准。

《中华人民共和国合同法》第二百七十条规定：建设工程合同应当采用书面形式。实行招标的工程合同价款应在中标通知书发出之日起 30 日内，由发承包双方依据招标文件和中标人的投标文件在书面合同中约定。不实行招标的工程合同价款，在发承包双方认可的工程价款基础上，由发承包双方在合同中约定。

发承包双方在工程合同中约定的工程造价，包括了分部分项工程费、措施项目费、其他项目费、规费和税金的合同总金额，即为签约合同价（合同价款）。

二、合同价格形式

清单计价规范中规定：实行工程量清单计价的工程，应采用单价合同；建设规模较小，技术难度较低，工期较短且施工图设计已审查批准的建设工程可采用总价合同；紧急抢险、救灾以及施工技术特别复杂的建设工程可采用成本加酬金合同。可见，常见的合同计价方式有单价合同、总价合同和成本加酬金合同，采用清单计价的应采用单价合同，但并不排除总价合同。

（一）单价合同

单价合同是指合同当事人约定以工程量清单及其综合单价进行合同价格计算、调整和确认的建设工程施工合同，在约定的范围内合同单价不作调整。合同当事人应在专用合同条款中约定综合单价包含的风险范围和风险费用的计算方法，并约定风险范围以外的合同价格的调整方法，其中因市场价格波动引起的调整按市场价格波动引起的调整约定执行；因法律变化引起的调整按法律变化引起的调整约定执行。

单价合同的特点是单价优先，即招标招的综合单价。标价的工程量清单中的工程量是暂定的工程量，结算时需要重新计量工程量，要重新根据实际情况确认工程量进行结算；而综合单价是否调整主要看合同约定的范围和幅度，当出现了综合单价调整的因素并达到约定范围和幅度的，调整综合单价。主要适用于在招标前，工程范围不完整，需要由招标人、发包人对招标范围、招标工程量清单等承担相应的责任。其特点见图 7-1。

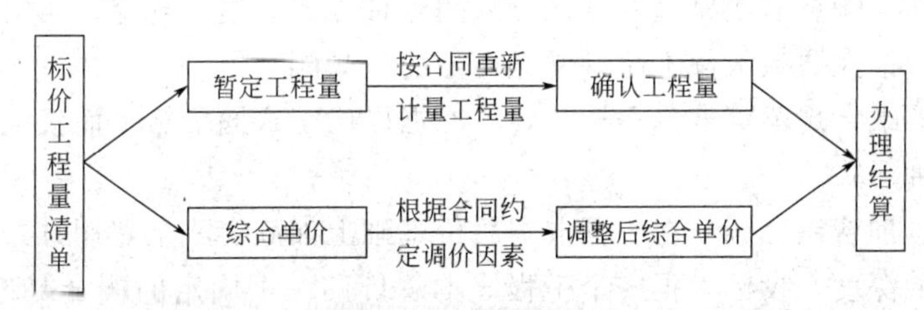

图 7-1　单价合同特点

（二）总价合同

总价合同是指合同当事人约定以施工图、已标价工程量清单或预算书及有关条件进行合同价格计算、调整和确认的建设工程施工合同，在约定的范围内合同总价不作调整。合同当事人应在专用合同条款中约定总价包含的风险范围和风险费用的计算方法，并约定风险范围以外的合同价格的调整方法，其中因市场价格波动引起的调整按市场价格波动引起的调整约定执行；因法律变化引起的调整按法律变化引起的调整约定执行。

总价合同的特点是总价优先，在总价的基础上进行结算，不需要重新计量工程量，即总价加变更加调整结算。当采用施工图及预算书签订的总价合同，发包人对预算书中的工程量不承担责任，仅对图纸包括的工程范围承担责任，当图纸包括的工程范围没有发生变化，总价的调整主要考虑市场因素。总价合同特点见图 7-2。

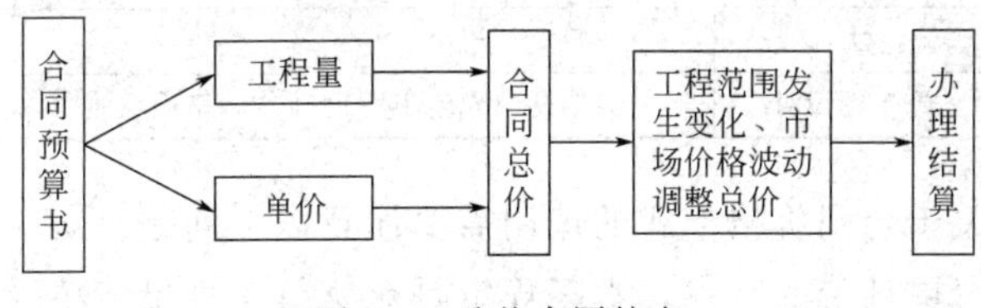

图 7-2　总价合同特点

（三）成本加酬金合同

成本加酬金合同也称为成本补偿合同，发承包双方约定以施工工程成本再加合同约定酬金进行合同价款计算、调整和确认的建设工程施工合同。换句话说，施工工程成本由发包人完全承担，承包人赚取酬金。成本加酬金合同的形式如下。

（1）成本加固定费用合同　根据双方讨论同意的工程规模、估计工期、技术要求、工作性质及复杂性、所涉及的风险等来考虑确定一笔固定数目的报酬金额作为管理费及利润，对人工、材料、机械台班等直接成本则实报实销。如果设计变更或增加新项目，当直接费超过原估算成本一定比例（10%）时，固定的报酬也要增加。在工程总成本一开始估计不准，可能性变化不大的情况下，可采用此合同形式，有时可分几个阶段谈判付给固定报酬。

（2）成本加固定比例费用合同　工程成本中直接费加一定比例的报酬费，报酬部分的比例在签订合同时由双方确定。这种方式的报酬费用总额随成本加大而增加，不利于缩短工期和降低成本。一般在工程初期很难描述工作范围和性质，或工期紧迫无法按常规编制招标文件招标时采用。

（3）成本加奖金合同　奖金是根据报价书中的成本估算指标制定的，在合同中对这个估算指标规定一个底点和顶点，分别为工程成本的60%～75%和110%～135%。承包人在估算指标的顶点以下完成工程则可得到奖金，超过顶点则要对超出部分支付罚款。如果成本在底点以下，则可加大酬金值或酬金百分比。采用这种方式时通常规定，当实际成本超过顶点对承包人罚款时，最大罚款限额不超过原先商定的最高酬金值。

招标时，当图纸、规范等准备不充分，不能据以确定合同价格，而仅能制定一个估算指标时，可采用这种形式。

（4）最大成本加费用合同　在工程成本总价基础上加固定酬金费用方式，即当设计深度达到可以报总价的深度，投标人报一个工程成本总价和一个固定的酬金（包括各项管理费、风险费和利润）。如果实际成本超过合同规定的工程成本总价，由承包人承担所有的额外费用，若实施过程中节约了成本，节约的部分归发包人，或者由发包人与承包人分享，在合同中要确定节约分成比例。在非代理型（风险型）CM模式的合同中就采用这种方式。

（四）三种合同价格的选择及注意事项

不同的合同计价方式具有不同的特点、应用范围，对设计尝试的要求也是不同的，其比较如表7-24所示。

表7-24　三种合同比较

	总价合同	单价合同	成本加酬金合同
应用范围	广泛	工程量暂不确定的工程	紧急工程、保密工程等
发包人的投资控制工作	容易	工作量较大	难度大
发包人的风险	较小	较大	很大
承包人的风险	大	较小	无
设计深度要求	施工图设计	初步设计或施工图设计	各设计阶段

在清单计价中，关于合同价格形式的选用需要注意以下问题。

（1）根据工程量清单计价的特点，本条规定是对实行工程量清单计价的工程，宜采用单价合同的方式及合同约定的工程价款中所包含的工程量清单项目综合单价在约定的条件内是固定的，不予调整，工程量允许调整。

（2）工程清单项目综合单价在约定的条件外，允许调整，但是调整的方式和方法必须在合同中约定。

（3）在实践运用中，要对如何界定需要单价合同还是总价合同作出规定，比如规定工期，工期多长时间可以使用单价合同，工期多长时间可以使用总价合同；还比如可以规定工程施工合同总价多少以内的可以采用总价合同。

（4）使用总价合同必须是在施工图纸相关职能部门审查完备，且经过甲乙双方认可的情况下；如果施工图纸不能确定，总价合同也是不确定的。

（5）无论采用何种合同形式，主要是根据工程项目的实际情况和甲乙双方自己的约定，以有利于促进工程项目的开展，减少双方的合同争议为原则。

（6）无论采用何种合同形式，均要在合同中约束价和量的范围和调整的方式，减少因此带来的争议。发包方在招标时应尽可能地将招标范围、投标人报价应包含的工作内容、费用项目在招标文件中进行明确。

（7）要限制合同中保留条款的出现，对于保留条款要及时地进行澄清和说明是否接受此项保留条款，如果接受是全部接受还是部分接受。

（8）对于固定单价合同，建设单位承担了量的风险，施工单位承担了价的风险；而对于总价合同，建设单位将自身风险转化到了施工单位身上。

（9）一份合同，其中的价格形式可能既有单价又有总价。如清单计价中的总价项目可以采用总价合同的结算方式；单价项目可以采用单价合同的结算方式。

三、合同价款约定的内容

合同价款的有关事项由发承包双方约定，一般包括合同价款约定方式，预付工程款、工程进度款、工程竣工价款的支付和结算方式，以及合同价款的调整情形等。发承包双方应在合同条款中对下列事项进行约定：

（1）预付工程款的数额、支付时间及抵扣方式；

（2）安全文明施工措施的支付计划，使用要求等；

（3）工程计量与支付工程进度款的方式、数额及时间；

（4）工程价款的调整因素、方法、程序、支付及时间；

（5）施工索赔与现场签证的程序、金额确认与支付时间；

（6）承担计价风险的内容、范围以及超出约定内容、范围的调整办法；

（7）工程竣工价款结算编制与核对、支付及时间；

（8）工程质量保证金的数额、扣留方式及时间；

（9）违约责任以及发生工程价款争议的解决方法及时间；

（10）与履行合同、支付价款有关的其他事项等。

课后习题

一、简答题

1. 何为招标工程量清单、招标控制价、投标价？

2. 简述项目招标投标的一般程序。

3. 简述招标控制价的编制方法。

4. 简述招标控制价编制与投标报价编制区别。

5. 简述合同价款约定的内容。

6. 简述常见的合同价格形式及其区别。

二、综合案例题

某建筑物地下室挖土方工程，内容包括：挖基础土方和基础土方回填，基础土方回填采用打夯机夯实，除基础回填所需土方外，余土全部用自卸汽车外运800m至弃土场。提供的施工场地，已按设计室外地坪−0.20m平整，土质为三类土，采取施工排水措施。根据图7-3基础平面图、图7-4剖面图所示的以及现场环境条件和施工经验，确定土方开挖方案为：基坑1—1剖面边坡按1∶0.3放坡开挖外，其余边坡均采用坑壁支护垂直开挖，采用挖掘机开挖基坑。假设施工坡道等附加挖土忽略不计，已知垫层底面积586.21m^2。

承发包双方在合同中约定：以人工费、材料费和机械费之和为基数，计取管理费（费率5%）、利润（利润率4%）；以分部分项工程费合计、施工排水和坑壁支护费之和为基数，计取临时设施费（费率1.5%）、环境保护费（费率0.8%）、安全和文明施工费（费率1.8%）；不计其他项目费；以分部分项工程费合计与措施项目费合计之和为基数计取规费（费率2%）。税金费率为10%。假定分部分项工程费用合计为31500.00元。

请根据清单计价规范及工程量计算规范编制招标工程量清单和招标控制价。

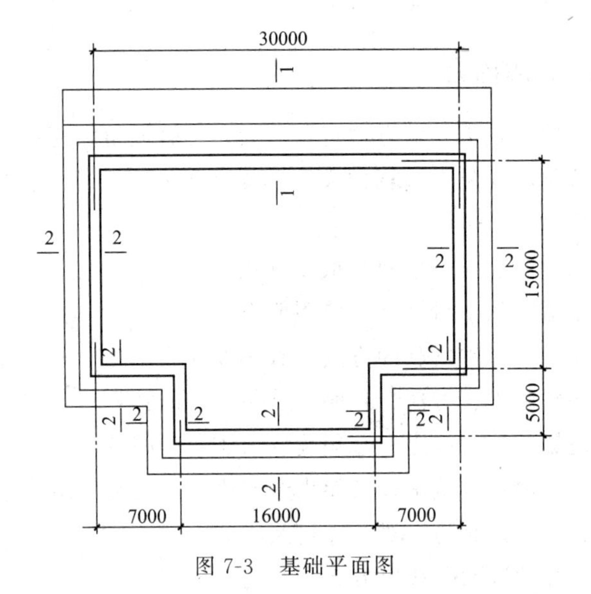

图7-3 基础平面图

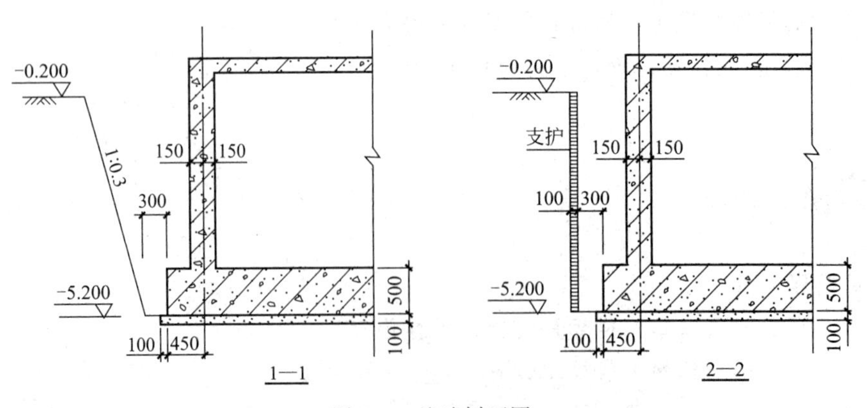

图7-4 基础剖面图

第八章 施工阶段工程计价

【内容概要】

本章主要内容包括施工阶段工程计量、合同价款的调整因素及调整方法、合同价款的结算与支付等。其中合同价款的调整因素及调整方法是本章的核心内容。

【学习目标】

(1) 熟悉施工阶段工程计量的原则。

(2) 掌握合同价款调整的主要因素及调整方法。

(3) 掌握进度款支付和竣工结算的方法，熟悉合同解除的价款结算与支付。

(4) 熟悉合同价款纠纷解决的具体途径。

(5) 熟悉工程造价鉴定的相关规定。

【教学设计】

(1) 通过研读现有施工合同中关于价款的条款，了解一般合同中约定价款结算的内容及方法。

(2) 通过案例，重点介绍调价因素及如何调整。

(3) 收集若干价款纠纷的司法判例，讲解如何进行造价的司法鉴定。

第一节 施工阶段工程计量

对承包人已经完成的合格工程进行计量并予以确认，是发包人支付工程价款的前提工作。因此，工程计量不仅是发包人控制施工阶段工程造价的关键环节，也是约束承包人履行合同义务的重要手段。

一、工程计量的原则与范围

这里的工程计量，主要是指发承包双方根据合同约定，对承包人完成合同工程的数量进行的计量和确认。具体地说，就是双方根据设计图纸、技术规范以及施工合同约定的计量方式和计算方法，对承包人已经完成的质量合格的工程实体数量进行测量与计算，并以物理计量单位或自然计量单位进行表示、确认的过程。

招标工程量清单中所列的数量，通常是根据设计图纸计算的数量，是对合同工程的估计工程量。工程施工过程中，通常会由于一些原因导致承包人实际完成的工程量与工程量清单中所列的工程量不一致，比如：招标工程量清单缺项、漏项或者项目特征描述与实际不符；

工程变更；现场施工条件的变化；现场签证；暂列金额中的专业工程发包；等。因此，在工程合同价款结算前，必须对承包人履行合同义务所完成的实际工程进行准确地计量。

（一）工程计量的原则

工程计量的原则包括下列三个方面。

（1）不符合合同文件要求的工程不予计量。即工程必须满足设计图纸、技术规范等合同文件对其在工程质量上的要求，同时有关的工程质量验收资料齐全、手续完备，满足合同文件对其在工程管理上的要求。

（2）按合同文件所规定的方法、范围、内容和单位计量。工程计量的方法、范围、内容和单位受合同文件所约束，其中工程量清单（说明）、技术规范、合同条款均会从不同角度、不同侧面涉及这方面的内容。在计量中要严格遵循这些文件的规定，并且一定要结合起来使用。

（3）因承包人原因造成的超出合同工程范围的施工或返工的工程量，发包人不予计量。

（二）工程计量的范围与依据

1. 工程计量的范围

工程计量的范围包括：工程量清单及工程变更所修订的工程量清单的内容；合同图纸及设计变更所包含的范围；国家技术标准规定应考虑的范围；合同文件中规定的各种费用支付项目，如费用索赔、各种预付款、价格调整、违约金等。

2. 工程计量的依据

工程计量的依据包括：工程量清单及说明、合同图纸、工程变更令及其修改的工程量清单、合同条件、技术规范、有关计量的补充协议、质量合格证书等。

二、施工阶段工程计量的程序

工程量必须按照相关工程现行国家计量规范规定的工程量计算规则计算。工程计量可选择按月或者按工程形象进度分段计量，具体计量周期在合同中约定。因承包人原因造成的超出合同工程范围的施工或返工的工程量，发包人不予计量。通常区分单价合同和总价合同规定不同的计量方法，成本加酬金合同按照单价合同的计量规定进行计量。

（一）单价合同计量

单价合同是指发承包双方约定以工程量清单及其综合单价进行合同价款计算、调整和确认的建设工程施工合同。

单价合同工程量必须以承包人完成合同工程应予计量的，按照现行国家计量规范规定的工程量计算规则计算得到的工程量确定。施工中工程计量时，若发现招标工程量清单中出现缺项、工程量偏差，或因工程变更引起工程量的增减，应按承包人在履行合同义务中完成的工程量计算。具体的计量程序如下（见图 8-1）。

（1）承包人应当按照合同约定的计量周期和时间，向发包人提交当期已完工程量报告。发包人应在收到报告后 7 天内核实，并将核实计量结果通知承包人。发包人未在约定时间内进行核实的，则承包人提交的计量报告中所列的工程量视为承包人实际完成的工程量。

（2）发包人认为需要进行现场计量核实时，应在计量前 24h 通知承包人，承包人应为计

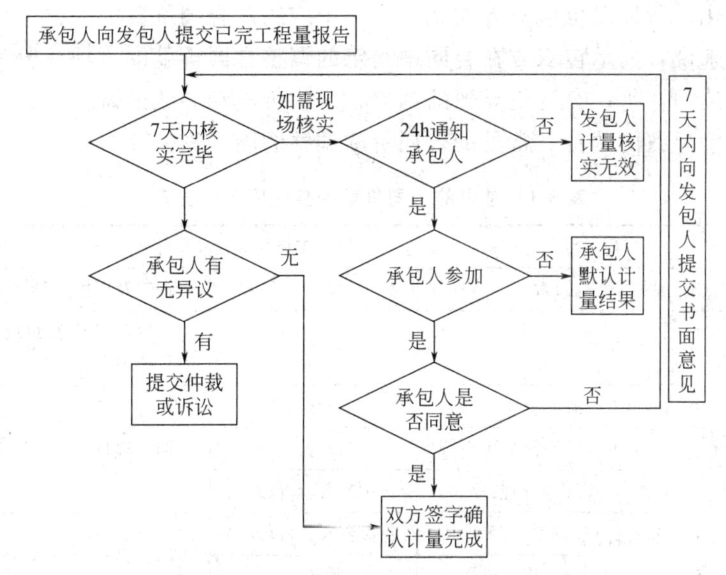

图 8-1　工程计量程序

量提供便利条件并派人参加。双方均同意核实结果时，则双方应在上述记录上签字确认。承包人收到通知后不派人参加计量，视为认可发包人的计量核实结果。发包人不按照约定时间通知承包人，致使承包人未能派人参加计量，计量核实结果无效。

（3）如承包人认为发包人核实后的计量结果有误，应在收到计量结果通知后的 7 天内向发包人提出书面意见，并附上其认为正确的计量结果和详细的计算资料。发包人收到书面意见后，应在 7 天内对承包人的计量结果进行复核后通知承包人。承包人对复核计量结果存在异议的，按照合同约定的争议解决办法处理。

（4）承包人完成已标价工程量清单中每个项目的工程量后，发包人应要求承包人派人共同对每个项目的历次计量报表进行汇总，以核实最终结算工程量。发承包双方应在汇总表上签字确认。

（二）总价合同计量

采用经审定批准的施工图纸及其预算方式发包形成的总价合同，除按照工程变更规定引起的工程量增减外，总价合同各项目的工程量是承包人用于结算的最终工程量。总价合同约定的项目计量应以合同工程经批准的施工图纸为依据，发承包双方应在合同中约定工程计量的形象目标或时间节点进行计量。具体的计量方法如下。

（1）承包人应在合同约定的每个计量周期内，对已完成的工程进行计量，并向发包人提交达到工程形象目标完成的工作量和有关计量资料的报告。

（2）发包人应在收到报告后 7 天内对承包人提交的上述资料进行复核，以确定实际完成的工程量和工程形象目标。对其有异议的，应通知承包人进行共同复核。

第二节　合同价款调整

合同价款往往不是发承包双方的最终价款，在施工阶段由于项目实际情况与招标投标时相比经常发生变化，所以发承包双方在施工合同中应约定合同价款的调整事件、调整方法及调整程序。一般来说，发承包双方在合同中约定的调整合同价款的事项可分为5类：①法律法规政策变化导致的调价；②变更导致的调价；③物价波动导致的调价；④工程索赔导致的调价；⑤其他因素导致的调价。常见的合同价款调整的因素见表8-1。

表8-1 常见的合同价款调整的因素一览表

<table>
<tr><th>序号</th><th colspan="2">因素</th><th>风险主体</th><th>调整内容</th></tr>
<tr><td>1</td><td colspan="2">法律、法规、政策因素</td><td>发包人</td><td>人工及国家定价或指导价材料的价差</td></tr>
<tr><td>2</td><td colspan="2">工程变更</td><td>发包人</td><td>单价项目调整相应的综合单价；总价项目调整总价</td></tr>
<tr><td rowspan="3">3</td><td rowspan="3">招标工程量清单缺陷</td><td>清单缺项</td><td>发包人</td><td rowspan="3">调整单价项目的综合单价</td></tr>
<tr><td>清单项目特征描述不符</td><td>发包人</td></tr>
<tr><td>工程量偏差</td><td>发包人、承包人</td></tr>
<tr><td rowspan="2">4</td><td rowspan="2">物价波动（含暂估的材料、工程设备）</td><td>材料、工程设备</td><td>发包人、承包人</td><td rowspan="2">调整材料、工程设备价差</td></tr>
<tr><td>施工机械</td><td>承包人</td></tr>
<tr><td rowspan="4">5</td><td rowspan="4">索赔</td><td>工程索赔</td><td>发包人、承包人</td><td rowspan="2">费用、工期、利润</td></tr>
<tr><td>不可抗力</td><td>发包人、承包人</td></tr>
<tr><td>赶工补偿</td><td>发包人</td><td rowspan="2">费用</td></tr>
<tr><td>误期赔偿</td><td>承包人</td></tr>
<tr><td>6</td><td colspan="2">计日工</td><td>发包人</td><td>工程量</td></tr>
<tr><td>7</td><td colspan="2">现场签证</td><td>发包人</td><td>工程量及综合单价</td></tr>
</table>

一、法律法规政策变化

因国家法律、法规、规章和政策发生变化影响合同价款的风险，发承包双方可以在合同中约定由发包人承担。在由于法律法规正常变化导致价格调整的，需要明确基准日期的价格或相关造价指数，结算期的价格或价格指数，以便调整价差。

（一）法律法规政策变化风险的主体

根据清单计价规范，法律法规政策类风险影响合同价款调整的，应由发包人承担。这些风险主要包括：

（1）国家法律、法规、规章和政策发生变化；

（2）省级或行业建设主管部门发布的人工费调整，但承包人对人工费或人工单位的报价高于发布的除外；

（3）由政府定价或政府指导价管理的原材料等价格进行了调整。

（二）基准日期的确定及调整方法

1. 基准日期的确定

为了合理划分发承包双方的合同风险，施工合同中应当约定一个基准日期，对于基准日期之后发生的、作为一个有经验的承办人在招标投标阶段不可能合理预见的风险，应当由发包人承担。对于实行招标的建设工程，一般以施工招标文件中规定的提交招标文件截止时间前的第 28 天作为基准日期；对于不实行招标的建设工程，一般以建设工程施工合同签订前的第 28 天作为基准日期。

基准日期除了确定了调整价格的日期界限外，也是确定基期价格（基准价）和基期价格指数的参照，基准日期和基期价格共同构成了调价的基础。

2. 调整方法

施工合同履行期间，国家颁布的法律、法规、规章和有关政策在合同工程基准日期之后发生变化，且因执行相应的法律、法规、规章和政策引起工程造价发生增减变化的，合同双方当事人应当依据法律、法规、规章和有关政策的规定调整合同价款。

但是也要注意，如果由于承包人的原因导致的工期延误，在工程延误期间国家法律、行政法规和相关政策发生变化引起工程造价变化的，造成合同价款增加的，合同价款不予调整；造成合同价款减少的，合同价款予以调整。法律法规变化调价方法见图 8-2。

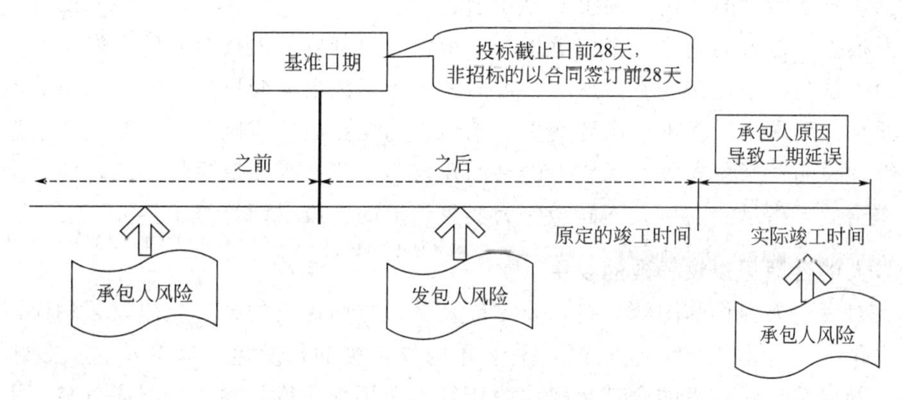

图 8-2　法律法规变化调价方法

二、工程变更

（一）工程变更的概念

工程变更可以理解为合同工程实施过程中由发包人提出或由承包人提出经发包人批准的合同工程的任何改变。根据清单计价规范，工程变更是指合同工程实施过程中由发包人提出或由承包人提出经发包人批准的合同工程任何一项工作的增、减、取消或施工工艺、顺序、时间的改变；设计图纸的修改；施工条件的改变；招标工程量清单的错、漏从而引起合同条件的改变或工程量的增减变化。从清单计价规范中给出的工程变更的定义可以看出，工程变更的范围包括了招标工程量清单缺陷。

工程变更指令发出后，应当迅速落实指令，全面修改相关的各种文件。承包人也应当抓紧落实，如果承包人不能全面落实变更指令，则扩大的损失应当由承包人承担。

（二）工程变更的范围

《标准施工招标文件》和《建设工程施工合同（示范文本）》中的通用合同条款，均有工程变更的范围和内容，内容基本一致。根据《建设工程施工合同（示范文本）》（GF—2017—0201）中的通用合同条件“10.1 变更的范围”之规定，除专用合同条款另有约定外，合同履行过程中发生以下情形的，应进行变更：

（1）增加或减少合同中任何工作，或追加额外的工作；

（2）取消合同中任何工作，但转由他人实施的工作除外；

（3）改变合同中任何工作的质量标准或其他特性；

（4）改变工程的基线、标高、位置和尺寸；

（5）改变工程的时间安排或实施顺序。

（三）工程变更的类型

1. 发包人的指令变更

发包人直接发布变更指令。发生合同约定的变更情形时，发包人应在合同规定的期限内向承包人发出书面变更指示。变更指示应说明变更的目的、范围、变更内容以及变更的工程量及其进度和技术要求，并附有关图纸和文件。承包人收到变更指示后，应按变更指示进行变更工作。发包人在发出变更指示前，可以要求承包人提交一份关于变更工作的实施方案，发包人同意该方案后再向承包人发出变更指示。

发包人根据承包人的建议发布变更指令。承包人收到发包人按合同约定发出的图纸和文件后，经检查认为其中存在变更情形的，可向发包人提出书面变更建议，但承包人不得仅仅为了施工便利而要求对工程进行设计变更。承包人的变更建议应阐明要求变更的依据，并附必要的图纸和说明。发包人收到承包人的书面建议后，确认存在变更情形的，应在合同规定的期限内作出变更指示。发包人不同意作为变更情形的，应书面答复承包人。

2. 承包人的合理化建议导致的变更

承包人对发包人提供的图纸、技术要求以及其他方面提出的合理化建议，均应以书面形式提交给发包人。合理化建议被发包人采纳并构成变更的，发包人应向承包人发出变更指示。发包人同意采用承包人的合理化建议，所发生费用和获得收益的分担或分享，由发包人和承包人在合同中另行约定。

（四）工程变更的价款调整方法

1. 变更估价的原则

根据清单计价规范，工程变更引起已标价工程量清单项目或其工程数量发生变化，应按照下列规定调整。

① 已标价工程量清单中有适用于变更工程项目的，采用该项目的单价；但当工程变更导致该清单项目的工程数量发生变化，且工程量偏差超过15%时，当工程量增加15%以上的，增加部分的工程量的综合单价应予以调低；当工程减少15%以上时，减少后剩余部分的工程量的综合单价应予以调高。

② 已标价工程量清单中没有适用但有类似于变更工程项目的，可在合理范围内参照类似项目的单价。

③ 已标价工程量清单中没有适用也没有类似于变更工程项目的，由承包人根据变更工程资料、计量规则和计价办法、工程造价管理机构发布的信息价格和承包人报价浮动率提出变更工程项目的单价，报发包人确认后调整。承包人报价浮动率可按下列公式计算：

招标工程　承包人报价浮动率 L=(1－中标价/招标控制价)×100%　　(8-1)

非招标工程　承包人报价浮动率 L=(1－报价值/施工图预算)×100%　　(8-2)

④ 已标价工程量清单中没有适用也没有类似于变更工程项目，且工程造价管理机构发布的信息价格缺失的，由承包人根据变更工程资料、计量规则、计价办法和通过市场调查等

取得有合法依据的市场价格，提出变更工程项目的单价，并应报发包人确认后调整。

2. 变更估价的程序

（1）提出价款调整申请

① 承包人向发包人提出调整价款报告。出现合同价款调增事项（不含工程量偏差、计日工、现场签证、索赔）后的14天内，承包人应向发包人提交合同价款调增报告并附上相关资料，若承包人在14天内未提交合同价款调增报告的，视为承包人对该事项不存在调整价款请求。

② 发包人向承包人提出调整价款报告。出现合同价款调减事项（不含工程量偏差、索赔）后的14天内，发包人应向承包人提交合同价款调减报告并附相关资料；发包人在14天内未提交合同价款调减报告的，视为发包人对该事项不存在调整价款请求。

（2）发包人或承包人对申请价款调整的处理　发（承）包人应在收到承（发）包人合同价款调增（减）报告及相关资料之日起14天内对其核实，予以确认的应书面通知承（发）包人。当有疑问时，应向承（发）包人提出协商意见。发（承）包人在收到合同价款调增（减）报告之日起14天内未确认也未提出协商意见的，视为承（发）包人提交的合同价款调增（减）报告已被发（承）包人认可。发（承）包人提出协商意见的，承（发）包人应在收到协商意见后的14天内对其核实，予以确认的应书面通知发（承）包人。如承（发）包人在收到发（承）包人的协商意见后14天内既不确认也未提出不同意见的，视为发（承）包人提出的意见已被承（发）包人认可。

如发包人与承包人对合同价款调整的不同意见不能达成一致的，只要对发承包双方履约不产生实质性影响，双方应继续履行合同义务，直到其按照合同约定的争议解决方式得到处理。

经发承包双方确认调整的合同价款，作为追加（减）合同价款，应与工程进度款或结算款同期支付。

【例8-1】 某工程招标控制价为8413949元，中标人的投标报价为7972282元，承包人报价浮动率为多少？施工过程中，屋面防水采用PE高分子防水卷材（1.5mm），清单项目中无类似项目，工程造价管理机构发布有该卷材单价为18元/m^2，该项目综合单价如何确定？

解：用式（8-1）：$L=(1-7972282/8413949)\times100\%=(1-0.9475)\times100\%=5.25\%$

查项目所在地，该项目定额人工费为3.78元，除卷材外的其他材料费为0.65元，管理费和利润为1.13元。

该项目综合单价$=(3.78+18+0.65+1.13)\times(1-5.25\%)=23.56\times94.75\%=22.32$（元）

发承包双方可按22.32元协商确定该项目综合单价。

3. 措施项目费的调整

措施费的调整同样适用以上调价的原则和程序。工程变更引起措施项目发生变化的，承包人提出调整措施项目费的，应事先将拟实施的方案提交发包人确认，并详细说明与原方案措施项目相比的变化情况。拟实施的方案经发、承包双方确认后执行，并应按照下列规定调整措施项目费。

（1）安全文明施工费，按照实际发生的措施项目调整，不得浮动。

（2）采用单价计算的措施项目费，按照实际发生变化的措施项目按前述分部分项工程费的调整方法确定单价。

（3）按总价（或系数）计算的措施项目费，除安全文明施工费外，按照实际发生变化的措施进行项目调整，但应当考虑承包人报价浮动因素，即调整金额按照实际调整金额乘以按照式(8-1)或式(8-2)得出的承包人报价浮动率L计算。

如果承包人未事先将拟实施的方案提交给发包人确认，则视为工程变更不引起措施项目费的调整或承包人放弃调整措施项目费的权利。

（五）项目特征不符

根据清单计价规范，项目特征不符合设计文件或变更后的设计文件，同样构成工程变更。所以，以上关于变更调价的内容同样适用于项目特征不符引起的价款调整。

1. 项目特征描述

项目的特征描述是确定综合单价的重要依据之一，承包人在投标报价时应依据发包人提供的招标工程量清单中的项目特征描述，确定其清单项目的综合单价。发包人在招标工程量清单中对项目特征的描述，应被认为是准确的和全面的，并且与实际施工要求相符合。承包人应按照发包人提供的招标工程量清单，根据其项目特征描述的内容及有关要求实施合同工程，直到其被改变为止。

2. 合同价款的调整方法

承包人应按照发包人提供的设计图纸实施合同工程，若在合同履行期间，出现设计图纸（含设计变更）与招标工程量清单任一项目的特征描述不符，且该变化引起该项目的工程造价增减变化的，发承包双方应当按照实际施工的项目特征，重新确定相应工程量清单项目的综合单价，调整合同价款。

（六）工程量清单缺项

根据清单计价规范，工程量清单缺项属于工程变更范畴。所以，以上关于变更调价的内容同样适用于清单缺项引起的价款调整。

招标工程量清单必须作为招标文件的组成部分，其准确性和完整性由招标人负责。因此，招标工程量清单是否准确和完整，其责任应当由提供工程量清单的发包人负责，作为投标人的承包人不应承担因工程量清单的缺项、漏项以及计算错误带来的风险与损失。合同价款的调整方法如下。

（1）分部分项工程费的调整　施工合同履行期间，由于招标工程量清单中分部分项工程出现缺项、漏项，造成新增工程量清单项目的，应按照工程变更事件中关于分部分项工程费的调整方法，调整合同价款。

（2）措施项目费的调整　由于招标工程量清单中分部分项工程出现缺项、漏项，引起措施项目发生变化的，应当按照工程变更事件中关于措施项目费的调整方法，在承包人提交的实施方案被发包人批准后，调整合同价款；由于招标工程量清单中措施项目漏项，承包人应将新增措施项目实施方案提交发包人批准后，按照工程变更事件中的有关规定调整合同价款。

（七）工程量偏差

1. 工程量偏差的概念

工程量偏差是指承包人根据发包人提供的图纸（包括由承包人提供经发包人批准的图纸）进行施工，按照现行国家计量规范规定的工程量计算规则，计算得到的完成合同工程项目应予计量的工程量与相应的招标工程量清单项目列出的工程量之间出现的量差。

2. 合同价款的调整方法

施工合同履行期间，若应予计算的实际工程量与招标工程量清单列出的工程量出现偏差，或者因工程变更等非承包人原因导致工程量偏差，该偏差对工程量清单项目的综合单价将产生影响，是否调整综合单价以及如何调整，发承包双方应当在施工合同中约定。如果合同中没有约定或约定不明的，可以按以下原则办理。

（1）分部分项工程综合单价的调整原则　当应予计算的实际工程量与招标工程量清单出现偏差（包括因工程变更等原因导致的工程量偏差）超过15%时，对综合单价的调整原则为：当工程量增加15%以上时，其增加部分的工程量的综合单价应予调低；当工程量减少15%以上时，减少后剩余部分的工程量的综合单价应予调高。至于具体的调整方法，则应由双方当事人在合同专用条款中约定。

工程量偏差超过15%时的调整方法可参照以下公式：

① 当 $Q_1>1.15Q_0$ 时：

$$S-1.15Q_0\times P_0+(Q_1-1.15Q_0)\times P_1 \tag{8-3}$$

② 当 $Q_1<1.15Q_0$ 时：

$$S=Q_1\times P_1 \tag{8-4}$$

式中　S——调整后的某一分部分项工程费结算价；

Q_1——最终完成的工程量；

Q_0——招标工程量清单中列出的工程量；

P_1——按照最终完成工程量重新调整后的综合单价；

P_0——承包人在工程量清单中填报的综合单价。

采用上述两式的关键是确定新的综合单价，即 P_1。确定的方法，一是发承包双方协商确定，二是与招标控制价相联系，当工程量偏差项目出现承包人在工程量清单中填报的综合单价与发包人招标控制价相应清单项目的综合单价偏差超过15%时，工程量偏差项目综合单价的调整可参考以下公式：

③ 当 $P_0<P_2\times(1-L)\times(1-15\%)$时，该类项目的综合单价：

$$P_1 \text{ 按照 } P_2\times(1-L)\times(1-15\%)\text{调整} \tag{8-5}$$

④ $P_0>P_2\times(1+15\%)$时该类项目的综合单价：

$$P_1 \text{ 按照 } P_2\times(1+15\%)\text{调整} \tag{8-6}$$

式中　P_0——承包人在工程量清单中填报的综合单价；

P_2——发包人招标控制价相应项目的综合单价；

L——承包人报价浮动单。

⑤ 当 $P_0>P_2\times(1-L)\times(1-15\%)$或 $P_0<P_2\times(1+15\%)$时，可不调整。

【例 8-2】 某工程项目招标控制价的综合单价为350元，投标报价的综合单价为287元，该工程投标报价下浮率为6%，综合单价是否调整？

解：287/350＝82%，偏差为18%

按式（8-5）：350×(1－6%)×(1－15%)＝279.65（元）

由于287元大于279.65元，该项目变更后的综合单价可不予调整。

【例 8-3】 某工程项目招标控制价的综合单价为350元，投标报价的综合单价为406元，工程变更后的综合单价如何调整？

解：406/350＝1.16，偏差为16%

按式(8-6)：350×(1+15%)=402.50（元）

由于406元大于402.50元，该项目变更后的综合单价应调整为402.50元。

【例 8-4】 某工程项目招标工程量清单数量为1520m^3，施工中由于设计变更调增为1824m^3，增加20%，该项目招标控制价的综合单价为350元，投标报价的综合单价为406元，应如何调整？

解：综合单价 P_1 应调整为402.50元。

用式(8-3)，$S=1.15\times1520\times406+(1824-1.15\times1520)\times402.50=740278$（元）

【例 8-5】 某工程项目招标工程量清单数量为1520m^3，施工中由于设计变更调减为1216m^3，减少20%，该项目招标控制价的综合单价为350元，投标报价的综合单价为287元，应如何调整？

解：综合单价 P_1 可不予调整。

用式（8-4)，$S=1216\times287=348992$（元）

（2）措施项目费的调整　当应予计算的实际工程量与招标工程量清单出现偏差（包括因工程变更等原因导致的工程量偏差）超过15%，且该变化引起措施项目相应发生变化的，如该措施项目是按系数或单一总价方式计价的，对措施项目费的调整原则为：工程量增加的，措施项目费调增；工程量减少的，措施项目费调减。至于具体的调整方法，则应由双方当事人在合同专用条款中约定。

（八）综合单价调整表

进行综合单价调整时，可编制综合单价调整表。综合单价调整表主要用于各种合同约定调整因素出现时调整综合单价，该表属于汇总性质的表格，各种调整依据应附在表后，并注意项目编码、项目名称必须与已标价工程量清单保持一致。表8-2为某项目的综合单价调整表。

表 8-2　综合单价调整表

序号	项目编码	项目名称	已标价清单综合单价/元					调整后综合单价/元				
			综合单价	其中				综合单价	其中			
				人工费	材料费	机械费	管理费和利润		人工费	材料费	机械费	管理费和利润
1	010515001001	现浇构件钢筋	4787.16	294.75	4327.70	62.42	102.29	5132.29	324.23	4643.35	62.42	102.29
2	011407001001	外墙乳胶漆	44.70	6.57	35.65		2.48	45.35	7.22	35.65		2.48
3	030411001001	电气配管	8.23	3.56	3.12		1.55	8.58	3.91	3.12		1.55
造价工程师(签章)：　发包人代表(签章)：　日期：								造价工程师(签章)：　发包人代表(签章)：　日期：				

三、物价波动

施工合同履行期间，因人工、材料、工程设备和施工机械台班等价格波动影响合同价款时，发承包双方可以根据合同约定的调整方法，对合同价款进行调整。因物价变动引起的合同价款调整方法有两种：一种是采用价格指数调整价格差额，另一种是采用造价信息调整价格差额，承包人采购材料和工程设备的，应在合同中约定主要材料、工程设备价格变化的范围或幅度，如没有约定，则材料、工程设备单价变化超过5%时，超过部分的价格按上述两种方法之一进行调整。

（一）采用造价信息调整价格差额

采用造价信息调整价格差额的方法，主要适用于使用的材料品种较多，相对而言每种材料使用量较少的房屋建筑与装饰工程。

施工合同履行期间，因人工、材料、工程设备和施工机械台班价格波动影响合同价格时，人工、施工机械使用费按照国家或省、自治区、直辖市建设行政管理部门、行业建设管理部门或其授权的工程造价管理机构发布的人工成本信息、施工机械台班单价或施工机械使用费系数进行调整；需要进行价格调整的材料，其单价和采购数应由发包人复核，发包人确认需调整的材料单价及数量，作为调整合同价款差额的数据。

1. 人工单价的调整

人工单价发生变化时，发承包双方应按省级或行业建设主管部门或其授权的工程造价管理机构发布的人工成本文件调整合同价款。

2. 材料和工程设备价格的调整

材料、工程设备价格变化的价款调整，按照承包人提供主要材料和工程设备一览表，根据发承包双方约定的风险范围，按以下规定进行调整。

（1）如果承包人投标报价中材料单价低于基准单价，工程施工期间材料单价涨幅以基准单价为基础超过合同约定的风险幅度值时，或材料单价跌幅以投标报价为基础超过合同约定的风险幅度值时，其超过部分按实调整。

（2）如果承包人投标报价中材料单价高于基准单价，工程施工期间材料单价跌幅以基准单价为基础超过合同约定的风险幅度值时，或材料单价涨幅以投标报价为基础超过合同约定的风险幅度值时，其超过部分按实调整。

（3）如果承包人投标报价中材料单价等于基准单价，工程施工期间材料单价涨、跌幅以基准单价为基础超过合同约定的风险幅度值时，其超过部分按实调整。

（4）承包人应当在采购材料前将采购数量和新的材料单价报发包人核对，确认用于本合同工程时，发包人应当确认采购材料的数量和单价，发包人在收到承包人报送的确认资料后3个工作日不予答复的，视为已经认可，作为调整合同价款的依据。如果承包人未报经发包人核对即自行采购材料，再报发包人确认调整合同价款的，如发包人不同意，则不作调整。

3. 施工机械台班单价的调整

施工机械台班单价或施工机械使用费发生变化超过省级或行业建设主管部门或其授权的工程造价管理机构规定的范围时，按照其规定调整合同价款。

【例8-6】 某工程采用预拌混凝土由承包人提供，所需品种见表8-3，在施工期间，在采购预拌混凝土时，其单价分别为 C20：327 元/m^3，C25：335 元/m^3，C30：345 元/m^3，合同约定的材料单价如何调整。

表 8-3　承包人提供主要材料和设备一览表

序号	名称、规格、型号	单位	数量	风险系数/%	基准单价/元	投标单价/元	发承包人确认单价/元
1	预拌混凝土 C20	m^3	25	≤5	310	308	309.50
2	预拌混凝土 C25	m^3	560	≤5	323	325	325
3	预拌混凝土 C30	m^3	3120	≤5	340	340	340

注：1. 此表由招标人填写除“投标单价”栏的内容，投标人在投标时自主确定投标单价。

2. 基准单价应优先采用工程造价管理机构发布的单价，未发布的，通过市场调查确定其基准单价。

解：(1) C20：327÷310－1＝5.48％

投标价低于基准价，按基准价计算，已超过约定的风险系数，予以调整：

$$308+310\times(5.48\%-5\%)=309.40(\text{元})$$

(2) 25：335÷325－1＝3.08％

投标价高于基准价，按投标报价计算，未超过约定的风险系数，不予调整。

(3) C30：345÷340－1＝1.47％

投标价等于基准价，以基准价计算，未超过约定的风险系数，不予调整。

（二）采用价格指数调整价格差额

采用价格指数调整价格差额的方法，主要适用于施工中所用的材料品种较少，但每种材料使用量较大的土木工程，如公路、水坝等。

1. 价格调整公式

因人工、材料、工程设备和施工台班等价格波动影响合同价款时，根据投标函附录中的价格指数和权重表约定的数据，按式（8-7）计算差额并调整合同价款：

$$\Delta P=P_0\left[A+\left(B_1\times\frac{F_{t1}}{F_{01}}+B_2\times\frac{F_{t2}}{F_{02}}+B_3\times\frac{F_{t3}}{F_{03}}+\cdots+B_n\times\frac{F_{tn}}{F_{0n}}\right)-1\right] \tag{8-7}$$

式中　ΔP——需调整的价格差额；

P_0——根据进度付款、竣工付款和最终结清等付款证书中，承包人应已完成工程量的金额，此项金额应不包括价格调整、不计质量保证金的扣留和支付、预付款的支付和扣回，变更及其他金额已按现行价格计价的，也不计在内；

A——定值权重（即不调部分的权重）；

B_1，B_2，B_3，…，B_n——各可调因子的变值权重（即可调部分的权重），为各可调因子在投标函投标总报价中所占的比例；

F_{t1}，F_{t2}，F_{t3}，…，F_{tn}——各可调因子的现行价格指数，指根据进度付款、竣工付款和最终结清等约定的付款证书相关周期最后 1 天的前 42 天的各可调因子的价格指数；

F_{01}，F_{02}，F_{03}，…，F_{0n}——各可调因子的基本价格指数，指基准日的各可调因子的价格指数。

当确定定值部分和可调部分因子权重时，应注意由于以下原因引起的合同价款调整，其风险应由发包人承担：

（1）省级或行业建设主管部门发布的人工费调整，但承包人对人工费或人工报价高于发布的除外。

（2）由政府定价或政府指导价管理的原材料等价格进行了调整的。

以上价格调整公式中的各可调因子、定值和变值权重，以及基本价格指数及其来源投标函附录价格指数权重表中约定。价格指数应首先采用工程造价管理机构提供的价格指数，缺乏上述价格指数时，可采用工程造价管理机构提供的价格代替。

在计算调整差额时得不到现行价格指数的，可暂用上一次价格指数计算，并在以后的付款中再按实际价格指数进行调整。

2. 权重的调整

按变更范围和内容所约定的变更，导致原合同中的权重不合理时，由承包人和发包人协商后进行调整。

3. 工期延误后的价格调整

由于发包人原因导致工期延误的，则对于计划进度日期（或竣工日期）后续施工的工程，在使用价格调整公式时，应采用计划进度日期（或竣工日期）与实际进度日期（或竣工日期）的两个价格指数中较高者作为现行价格指数。

由于承包人原因导致工期延误的，则对于计划进度日期（或竣工日期）后续施工的工程，在使用价格调整时，应采用计划进度日期（或竣工日期）与实际进度日期（或竣工日期）的两个价格指数中较低者作为现行价格指数。

【例 8-7】 某直辖市城区道路扩建项目进行施工招标，投标截止日期为 2011 年 8 月 1 日。通过评标确定中标人后，签订的施工合同总价为 80000 万元，工程于 2011 年 9 月 20 日开工。施工合同中约定：①预付款为合同总价的 5%，分 10 次按相同比例从每月应付的工程进度款中扣还。②工程进度款按月支付，进度款金额包括：当月完成的清单子目的合同价款；当月确认的变更、索赔金额；当月价格调整金额；扣除合同约定应当抵扣的预付款和扣留的质量保证金。③质量保证金从月进度款中按 5%扣留，最高扣至合同总价的 5%。④工程价款结算时人工单价、钢材、水泥、沥青、砂石料以及机械使用费采用价格指数法给承包商以调价补偿，各项权重系数及价格指数如表 8-4 所示。根据表 8-5 所列工程前 4 个月的完成情况，计算 11 月份应当实际支付给承包人的工程款数额。

表 8-4　工程调价因子权重系数及价格指数

	人工	钢材	水泥	沥青	砂石料	机械使用费	定值部分
权重系数	0.12	0.10	0.08	0.15	0.12	0.10	0.33
2011 年 7 月指数	91.7 元/日	78.95	106.97	99.92	114.57	115.18	—
2011 年 8 月指数	91.7 元/日	82.44	106.80	99.13	114.26	115.39	—
2011 年 8 月指数	91.7 元/日	86.53	108.11	99.09	114.03	115.41	—
2011 年 8 月指数	95.96 元/日	85.84	106.88	99.38	113.01	114.94	—
2011 年 8 月指数	95.96 元/日	86.75	107.27	99.66	116.08	114.91	—
2011 年 8 月指数	101.47 元/日	87.80	128.37	99.85	126.26	116.41	—

表 8-5　2010 年 9～12 月工程完成情况

支付项目	金额/万元			
	9 月份	10 月份	11 月份	12 月份
截至当月完成的清单子目价款	1200	3510	6950	9840
当月确认的变更金额（调价前）	0	60	−110	100
当月确认的索赔金额（调价前）	0	10	30	50

解：(1) 计算 11 月份完成的清单子目的合同价款：6950－3510＝3440（万元）

(2) 计算 11 月份的价格调整金额：价格调整金额＝

$$(3440-100+30)\times\left[\left(0.33+0.12\times\frac{95.96}{91.7}+0.10\times\frac{86.75}{78.95}+0.08\times\frac{107.27}{106.97}+0.15\times\frac{99.66}{99.92}+0.12\times\frac{116.08}{114.57}+0.10\times\frac{114.91}{115.18}\right)-1\right]$$

$$=3360\times[(0.33+0.1256+0.1099+0.0802+0.1496+0.1216+0.0998)-1]$$

$$=3360\times0.0167=56.11(\text{万元})$$

说明：①由于当月的变更和索赔金额不是按照现行价格计算的，所以应当计算在调价基数内；②基准日为 2011 年 7 月 3 日，所以应当选取 7 月份的价格指数作为各可调因子的基本价格指数；③人工费缺少价格指数，可以用相应的人工单价代替。

(3) 计算 11 月份应当实际支付的金额

① 11 月份应扣预付款：80000×5%÷10＝400（万元）

② 11 月份应扣质量保证金：(3400－110＋30＋56.11)×5%＝168.81（万元）

③ 11 月份应实际支付进度款金额：3400－110＋30＋56.11－400－170.81＝2805.30（万元）

四、工程索赔

索赔是指在工程合同履行过程中，合同当事人一方因非己方的原因而遭受损失，按合同约定或法规规定应由对方承担责任，从而向对方提出补偿的要求。索赔是双向的，包括承包人向发包人索赔，也包括发包人向承包人索赔。根据清单计价规范，引起价款调整的索赔事项包括工程索赔、赶工补偿、工期延误等。

(一) 工程索赔的概念及分类

工程索赔是指在合同履行过程中，合同一方当事人因对方不履行或未能正确履行合同义务或者由于其他非自身原因而遭受经济损失或权利损害，通过合同约定的程序向对方提出经济和（或）时间补偿要求的行为。

1. 按索赔目的当事人分类

根据索赔的合同当事人不同，可以将工程索赔分类如下。

(1) 承包人与发包人之间的索赔　该类索赔发生在建设工程施工合同的双方当事人之间，既包括承包人向发包人的索赔，也包括发包人向承包人的索赔。但是在工程实践中，经常发生的索赔事件，大都是承包人向发包人提出的，教材中所提及的索赔，如果未作特别说明，即是指此类情形。

(2) 总承包人和分包人之间的索赔　在建设工程分包合同履行过程中，索赔事件发生后，无论是分包人的原因还是总承包人的原因所致，分包人都只能向总承包人提出索赔要求，而不能直接向分包人提出。

2. 按索赔目的和要求分类

根据索赔的目的和要求不同，可以将工程索赔分类如下。

（1）工期索赔　工期索赔一般是指承包人依据合同约定，对于非因自身原因导致的工期延误向发包人提出工期顺延的要求。工期顺延的要求获得批准后，不仅可以免除承包人承担拖期违约赔偿金的责任，而且承包人还有可能因工期提前获得赶工补偿（或奖励）。

（2）费用索赔　费用索赔的目的是要求补偿承包人（或发包人）的经济损失，费用索赔的要求如果获得批准，必然会引起合同加宽的调整。

3. 按索赔事件的性质分类

根据索赔事件的性质不同，可以将工程索赔分类如下。

（1）工程延误索赔　因发包人未按合同要求提供施工条件，或因发包人指令工程暂停或不可抗力事件等原因造成工期顺延的，承包人可以向发包人提出索赔；如果由于承包人原因导致工期拖延，发包人可以向承包人提出索赔。

（2）加速施工索赔　由于发包人指令承包人加快施工进度、缩短工期，引起承包人的人力、物力、财力的额外开支，承包人提出的索赔。

（3）工程变更索赔　由于发包人指令增加或减少工程量或增加附加工程、修改设计、变更工程顺序等，造成工期延长和（或）费用增加，承包人就此提出索赔。

（4）合同终止的索赔　由于发包人违约或发生不可抗力事件等原因导致合同非正常终止，或者合同无法继续履行，承包人可以就此提出索赔。

（5）不可预见的不利条件索赔　承包人在工程施工期间，施工现场遇到有经验的承包人通常也不能合理预见的不利施工条件或外界障碍，例如地质条件与发包人提供的资料不符，出现不可预见的地下水、地质断层、溶洞、地下障碍物等，承包人可以就因此遭受的损失提出索赔。

（6）不可抗力事件的索赔　工程施工期间，因不可抗力事件的发生而遭受损失的一方，可以根据合同中对不可抗力风险分担的约定，向对方当事人提出索赔。

（7）其他索赔　如因货币贬值、汇率变化、物价上涨、政府法令变化等原因引起的索赔。

（二）典型的几类索赔事项

1. 不可抗力引起的索赔

不可抗力是指合同双方在合同履行中出现的不能预见、不能避免且不能克服的客观情况。不可抗力的范围一般包括因战争、敌对行为（无论是否宣战）、入侵、外敌行为、军事政变、恐怖主义、骚动、暴动、空中飞行物坠落或其他非合同双方当事人责任或原因造成的罢工、停工、爆炸、大灾等，以及当地气象、地震、卫生等部门规定的情形。双方当事人应当在合同专用条款中明确约定不可抗力的范围以及具体的判断标准。不可抗力造成损失的承担原则如下。

（1）费用损失的承担原则　因不可抗力事件导致的人员伤亡、财产损失及其费用增加，发承包双方应按以下原则分别承担并调整合同价款工期。

① 合同工程本身的损害、因工程损害导致第三方人员伤亡和财产损失以及运至施工场地用于施工的材料和待安装设备的损害，由发包人承担。

② 发包人、承包人人员伤亡由其所在单位负责，并承担相应责任。

③ 承包人的施工机械设备损坏和停工损失，由承包人承担。

④ 停工期间，承包人应发包人要求留在施工场地的必要的管理人员及保卫人员费用由发包人承担。

⑤ 工程所需清理、修复费用，由发包人承担。

(2) 工期的处理　因发生不可抗力事件导致工期延误的，工期相应顺延。发包人要求赶工的，承包人应采取赶工措施，赶工费用由发包人承担。

2. 赶工补偿

发包人要求合同工程提前竣工，应征得承包人同意后与承包人商定采取加快工程进度的措施，并修订合同工程进度计划。发包人应承担承包人由此增加的提前竣工（赶工补偿）费。

赶工补偿费与赶工费是不同的两个概念，理清这两个概念应弄清定额工期、招标文件要求的合理工期、发包人实际要求的提前竣工工期三个概念。所谓赶工费用是指发包人应当依据相关工程的工期定额合理计算工期，压缩的工期天数不得超过定额工期的20%，超过的，应在招标文件中明示增加赶工费用。发承包双方可以在合同中约定提前竣工的奖励条款，明确每日历天应奖励额度。约定提前竣工奖励的，如果承包人的实际竣工日期早于计划竣工日期，承包人有权向发包人提出并得到提前竣工天数和合同约定的每日历天应奖励额度的乘积计算的提前竣工奖励。一般来说，双方还应当在合同中约定提前竣工奖励的最高限额（如合同价款的5%）。提前竣工奖励列入竣工结算文件中，与结算款一并支付。

发包人要求合同工程提前竣工，应征得承包人同意后与承包人商定采取加快工程进度的措施，并修订合同工程进度计划。发包人应承担承包人由此增加的赶工费。发承包双方也可在合同中约定每日历天的赶工补偿额度，此项费用作为增加合同价款，列入竣工结算文件中，与结算款一并支付。

3. 误期赔偿

发承包双方可以在合同中约定误期赔偿费，明确每日历天应赔偿额度。如果承包人的实际进度迟于计划进度，发包人有权向承包人索取并得到实际延误天数和合同约定的每日历天应赔偿额度的乘积计算的误期赔偿费。一般来说，双方还应当在合同中约定误期赔偿费的最高限额（如合同价款的5%）。误期赔偿费列入进度款支付文件或竣工结算文件中，在进度款或结算款中扣除。

合同工程发生误期的，承包人应当按照合同的约定向发包人支付误期赔偿费，如果约定的误期赔偿费低于发包人由此造成的损失的，承包人还应继续赔偿。即使承包人支付误期赔偿费也不能免除承包人按照合同约定应承担的任何责任和义务。

如果在工程竣工之前，合同工程内的某单项（或单位）工程已通过了竣工验收，且该单项（或单位）工程接收证书中表明的竣工日期并未延误，而是合同工程的其他部分产生了工期延误，则误期赔偿费应按照已颁发工程接收证书的单项（或单位）工程造价占合同价款的比例幅度予以扣减。

（三）索赔成立的条件

以承包人向发包人索赔为例，承包人工程索赔成立的基本条件如下。

(1) 根据合同约定，索赔事件已造成了承包人直接经济损失或工期延误。

（2）造成费用增加或工期延误的索赔事件是非承包人的原因发生的，也不是承包人应承担的责任。

（3）承包人已经按照合同规定的期限和程序提交了索赔意向通知、索赔报告及相关证明材料。

（四）索赔的程序

以承包人向发包人提出索赔为例说明索赔的程序。

1. 承包人提出索赔

根据合同约定，承包人认为非承包人原因发生的事件造成了承包人的损失，应按以下程序向发包人提出索赔。

（1）承包人应在知道或应当知道索赔事件发生后28天内，向发包人提交索赔意向通知书，说明发生索赔事件的事由。承包人逾期未发出索赔意向通知书的，丧失索赔的权利。

（2）承包人应在发出索赔意向通知书后28天内，向发包人正式提交索赔通知书。索赔通知书应详细说明索赔理由和要求，并附必要的记录和证明材料。

（3）索赔事件具有连续影响的，承包人应继续提交延续索赔通知，说明连续影响的实际情况和记录。

（4）在索赔事件影响结束后的28天内，承包人应向发包人提交最终索赔通知书，说明最终索赔要求，并附必要的记录和证明材料。

2. 发包人对承包人提出索赔的处理

（1）发包人收到承包人的索赔通知书后，应及时查验承包人的记录和证明材料。

（2）发包人应在收到索赔通知书或有关索赔的进一步证明材料后的28天内，将索赔处理结果答复承包人，如果发包人逾期未作出答复，视为承包人索赔要求已被发包人认可。

（3）承包人接受索赔处理结果的，索赔款项应作为增加合同价款，在当期进度款中进行支付；承包人不接受索赔处理结果的，按合同约定的争议解决方式办理。

（五）费用索赔的计算方法

索赔费用的计算应以赔偿实际损失为原则，包括直接损失和间接损失。索赔费用的计算方法通常有三种，即实际费用法、总费用法和修正的总费用法。

（1）实际费用法　实际费用法又称分项法，即根据索赔事件所造成的损失或成本增加，按费用项目逐项进行分析、计算索赔金额的方法。这种方法比较复杂，但能客观地反映施工单位的实际损失，比较合理，易于被当事人接受，在国际工程中被广泛采用。

由于索赔费用组成的多样化，不同原因引起的索赔，承包人可索赔的具体费用内容有所不同，必须具体问题具体分析。由于实际费用法所依据的是实际发生的成本记录或单据，所以，在施工过程中，系统而准确地积累记录资料是非常重要的。

（2）总费用法　总费用法，也被称为总成本法，就是当发生多次索赔事件后，重新计算工程的实际总费用，再从该实际总费用中减去投标报价时的估算总费用，即为索赔金额。总费用法计算索赔金额的公式如下：

$$索赔金额=实际总费用-投标报价估算总费用 \tag{8-8}$$

但是，在总费用法的计算方法中，没有考虑实际总费用中可能包括由于承包商的原因（如施工组织不善）而增加的费用，投标报价估算总费用也可能由于承包人为谋取中标而导致过低的报价，因此，总费用法并不十分科学。只有在难以精确地确定某些索赔事件导致的各项费用增加额时，总费用法才得以采用。

（3）修正的总费用法　修正的总费用法是对总费用法的改进，即在总费用计算的原则上，去掉一些不合理的因素，使其更为合理。修正的内容如下。

① 将计算索赔款的时段局限于受到索赔事件影响的时间，而不是整个施工期。

② 只计算受到索赔事件影响时段内的某项工作所受影响的损失，而不是计算该时段内所有施工工作所受的损失。

③ 与该项工作无关的费用不列入总费用中。

④ 对投标报价费用重新进行核算，即按受影响时段内该项工作的实际单价进行核算，乘以实际完成的该项工作的工程量，得出调整后的报价费用。

按修正后的总费用计算索赔金额的公式如下：

$$索赔金额=某项工作调整后的实际总费用-该项工作的报价费用 \quad (8\text{-}9)$$

修正的总费用法与总费用法相比，有了实质性的改进，它的准确程度已接近实际费用法。

（六）工期索赔的计算

工期索赔，一般是指承包人依据合同对非由于承包人责任的原因导致的工期延误向发包人提出的工期顺延要求。

1. 工期索赔中应当注意的问题

在工期索赔中特别应当注意以下问题。

（1）划清施工进度拖延的责任。因承包人的原因造成施工进度滞后，属于不可原谅的延期；只有承包人不应承担任何责任的延误，才是可原谅的延期。有时工程延期的原因中可能包含有双方责任，此时监理人应进行详细分析，分清责任比例，只有可原谅延期部分才能批准顺延合同工期。可原谅延期，又可细分为可原谅并给予补偿费用的延期和可原谅但不给予补偿费用的延期；后者是指非承包人责任的影响并未导致施工成本的额外支出，大多属于发包人应承担风险责任事件的影响，如异常恶劣的气候条件影响的停工等。

（2）被延误的工作应是处于施工进度计划关键线路上的施工内容。只有位于关键线路上的工作内容的滞后，才会影响到竣工日期。但有时也应注意，既要看被延误的工作是否在批准进度计划的关键路线上，又要详细分析这一延误对后续工作的可能影响。因为若对非关键路线工作的影响时间较长，超过了该工作可用于自由支配的时间，也会导致进度计划中非关键路线转化为关键路线，其滞后将影响总工期的拖延。此时，应充分考虑该工作的自由时间，给予相应的工期顺延，并要求承包人修改施工进度计划。

2. 工期索赔的具体依据

承包人向发包人提出工期索赔的具体依据主要包括：

（1）合同约定或双方认可的施工总进度规划；

（2）合同双方认可的详细进度计划；

（3）合同双方认可的对工期的修改文件；

（4）施工日志、气象资料；

（5）业主或工程师的变更指令；

（6）影响工期的干扰事件；

（7）受干扰后的实际工程进度等。

3. 工期索赔的计算方法

（1）直接法　如果干扰事件直接发生在关键线路上，造成总工期的延误，可以直接将该干扰事件的实际干扰时间（延误时间）作为工期索赔值。

（2）比例计算法　如果某干扰事件仅仅影响某单项工程、单位工程或分部分项工程的工期，要分析其对总工期的影响，可以采用比例计算法。

① 已知受干扰部分工程的延误时间，按下式计算：

工期索赔值＝受干扰部分工期拖延时间×受干扰部分工程的合同价格/原合同总价　（8-10）

② 已知额外增加工程量的价格，按下式计算：

工期索赔值＝原合同总工期×额外增加的工程量的价格/原合同总价　（8-11）

比例计算法虽然简单方便，但有时不符合实际情况，而且比例计算法不适用于变更施工顺序、加速施工、删减工程量等事件的索赔。

（3）网络图分析法　网络图分析法是利用进度计划的网络图，分析其关键线路。如果延误的工作为关键工作，则延误的时间为索赔的工期；如果延误的工作为非关键工作，当该工作由于延误超过时间限制而成为关键时，可以索赔延误时间与时差的差值；若该工作延误后仍为非关键工作，则不存在工期索赔问题。

该方法通过分析干扰事件发生前和发生后网络计划的计算工期之差来计算工期索赔值，可以用于各种干扰事件和多种干扰事件共同作用所引起的工期索赔。

4. 共同延误的处理

在实际施工过程中，工期拖延很少是只由一方造成的，往往是两三种原因同时发生（或相互作用）而形成的，故称为“共同延误”。在这种情况下，要具体分析哪一种情况延误是有效的，应依据以下原则。

（1）首先判断造成拖期的哪一种原因是最先发生的，即确定“初始延误”者，它应对工程拖期负责。在初始延误发生作用期间，其他并发的延误者不承担拖期责任。

（2）如果初始延误者是发包人原因，则在发包人原因造成的延误期内，承包人既可得到工期延长，又可得到经济补偿。

（3）如果初始延误者是客观原因，则在客观因素发生影响的延误期内，承包人可以得到工期延长，但很难得到费用补偿。

（4）如果初始延误者是承包人原因，则在承包人原因造成的延误期内，承包人既不能得到工期补偿，也不能得到费用补偿。

【例 8-8】 某工程项目采用了固定单价施工合同。工程招标文件参考资料中提供的用砂地点距工地 4km。但是开工后，检查该砂质量不符合要求，承包商只得从另一距工地 20km 的供砂地点采购。而在一个关键工作面上又发生了 4 项临时停工事件：

事件 1，5 月 20 日～5 月 26 日承包商的施工设备出现了从未出现过的故障；

事件2，应于5月24日交给承包商的后续图纸直到6月10日才交给承包商；

事件3，6月7日～6月12日施工现场下了罕见的特大暴雨；

事件4，6月11日～6月14日该地区的供电全面中断。

问题：

(1) 承包商的索赔要求成立的条件是什么？

(2) 由于供砂距离的增大，必然引起费用的增加，承包商经过仔细认真计算后，在业主指令下达的第3天，向业主的造价工程师提交了将原用砂单价每吨增加5元的索赔要求。该索赔要求是否成立？为什么？

(3) 若承包商对业主原因造成窝工损失进行赔偿时，要求设备窝工损失按台班价格计算，人工的窝工损失按日工资标准计算是否合理？如不合理应怎样计算？

(4) 承包商按规定的索赔程序针对上述4项临时停工事件向业主提出了索赔，试说明每项事件工期和费用索赔能否成立？为什么？

(5) 试计算承包商应得到的工期和费用索赔是多少（如果费用索赔成立，则业主按2万元/天补偿给承包商）？

(6) 在业主支付给承包商的工程进度款中是否应扣除因设备故障引起的竣工拖期违约损失赔偿金？为什么？

解：

(1) 承包商的索赔要求成立必须同时具备如下4个条件：

① 与合同相比较，已造成了实际的额外费用和（或）工期损失；

② 造成费用增加和（或）工期损失的原因不是由于承办商的过失；

③ 造成的费用增加和（或）工期损失不是应由承包商承担的风险；

④ 承包商在事件发生后的规定时间内提出了索赔的书面意向通知和索赔报告。

(2) 因供砂距离增大提出的索赔不能被批准，理由如下。

① 承包商应对自己就招标文件的解释负责；

② 承包商应对自己报价的正确性与完备性负责；

③ 对于一个有经验的承包商，可以通过现场勘探确认招标文件参考资料中提供的用砂质量是否合格，若承包商没有通过现场勘探发现用砂质量问题，其相关风险应由承包商承担。

(3) 不合理。因窝工闲置的设备按折旧费或停滞台班费或租赁费计算，不包括运转费部分；人工费损失应考虑这部分工作的工人调作其他工作时效降低的损失费用；一般用工日单价乘以一个测算的降效系数计算这一部分损失，而且只按成本费用计算，不包括利润。

(4) 事件1，工期和费用索赔均不成立，因为设备故障属于承包商应承担的风险。

事件2，工期和费用索赔均成立，因为延误图纸交付时间属于业主应承担的风险。

事件3，特大暴雨属于双方共同的风险，工期索赔成立，设备和人工的窝工费用索赔不成立。

事件4，工期和费用索赔均成立，因为停电属于业主应承担的风险。

(5) 事件2，5月27日～6月9日，工期索赔14天，费用索赔14天×2万/天=28万元。

事件3，6月10日～6月12日，工期索赔3天。

事件4，6月13日～6月14日，工期索赔2天，费用索赔2天×2万/天=4万元。

合计工期索赔19天，费用索赔32万元。

(6) 业主不应在支付给承包商的工程进度款中扣除竣工拖期违约损失赔偿金，因为设备故障引起的工程进度款拖延不等于竣工工期的延误。如果承包商能通过施工方案的调整将延误的时间补回，不会造成工期延误，如果承包商不能通过施工方案的调整将延误的时间补回，将会造成工期延误，所以，工期提前奖励或拖期罚款应在竣工时处理。

五、暂估价

暂估价是指招标人在工程量清单中提供的用于支付必然发生但暂时不能确定价格的材料、工程设备的单价以及专业工程的金额。

(一) 给定暂估价的材料、工程设备

1. 不属于依法必须招标的项目

发包人在招标工程量清单中给定暂估价的材料和工程设备不属于依法必须招标的，由承包人按照合同约定采购，经发包人确认后以此为依据取代暂估价，调整合同价款。

2. 属于依法必须招标的项目

发包人在招标工程量清单中给定暂估价的材料和工程设备属于依法必须招标的，由发承包双方以招标的方式选择供应商，依法确定中标价格后，以此为依据取代暂估价，调整合同价款。

在工程结算时承包人报送暂估单价及调整表，由发包人确认。表8-6（承包人报送）和表8-7（发包人确认）为某项目材料（工程设备）暂估单价及调整表。

表8-6　材料（工程设备）暂估单价及调整表（承包人报送）

工程名称：某教学楼工程　　　　标段：　　　　第1页　共1页

序号	材料(工程设备)名称、规格、型号	计量单位	数量		单价/元		合价/元		差额±/元		备注
			暂估	确认	暂估	确认	暂估	确认	单价	合价	
1	钢筋(规格见施工图)	t	200	196	4000	4306	800000	843976	306	43976	用于现浇混凝土项目
2	低压开关柜(CGD190380/220V)	台	1	1	45000	44560	45000	44560	−440	−440	
合计							845000	888536		43536	

表 8-7 材料（工程设备）暂估单价及调整表（发包人确认）

工程名称：某教学楼工程　　　　标段：　　　　第 1 页　共 1 页

序号	材料(工程设备)名称、规格、型号	计量单位	数量		单价/元		合价/元		差额±/元		备注
			暂估	确认	暂估	确认	暂估	确认	单价	合价	
1	钢筋（规格见施工图）	t	200	196	4000	4295	800000	841820	295	41820	用于现浇混凝土项目
2	低压开关柜（CGD190380/220V）	台	1	1	45000	44560	45000	44560	－440	－440	
合计							845000	886380		41380	

（二）给定暂估价的专业工程

1. 不属于依法必须招标的项目

发包人在工程量清单中给定暂估价的专业工程不属于依法必须招标的，应按照前述工程变更事件的合同价款调整方法，确定专业工程价款，并以此为依据取代专业工程暂估价，调整合同价款。

2. 属于依法必须招标的项目

发包人在招标工程量清单中给定暂估价的专业工程，依法必须招标的，应当由发承包双方依法组织招标选择专业分包人，并接受建设工程招标投标管理机构的监督，并符合下列要求：

① 除合同另有约定外，承包人不参加投标的专业工程，应由承包人作为招标人，但拟定的招标文件、评标方法、评标结果应报送发包人批准。与组织招标工作有关的费用应当被认为已经包括在承包人的签约合同价（投标总报价）中。

② 承包人参加投标的专业工程，应由发包人作为招标人；与组织招标工作有关的费用由发包人承担。同等条件下，应优先选择承包人中标。

③ 专业工程依法进行招标后，以中标价为依据取代专业工程暂估价，调整合同价款。

在工程结算时编制专业工程暂估价及结算价表。表 8-8 为某项目专业工程暂估价及结算价表。

表 8-8 专业工程暂估价及结算价表

工程名称：某教学楼工程　　　　标段：　　　　第 1 页　共 1 页

序号	工程名称	工程内容	暂估价/元	结算金额/元	差额±/元	备注
1	消防工程	合同图纸中标明的以及消防工程规范和技术说明中规定的各系统中的设备、管道、阀门、线缆等的供应、安装和调试工作	200000	198700	－1300	
合计			200000	198700	－1300	

六、计日工与现场签证

（一）计日工与现场签证的概念

计日工是指在施工过程中，承包人完成发包人提出的工程合同范围以外的零星项目或工作，按合同中约定的单价计价的一种方式。

现场签证是指发包人现场代表（或其授权的监理人、工程造价咨询人）与承包人现场代表就施工过程中涉及的责任事件所做的签认证明。

计日工与现场签证的内容基本一致，都是针对实际上发生的合同或施工图纸之外的零星项目。区别是采用计日工计价的零星项目在合同中已有暂定的工程量和综合单价；采用现场签证计价的零星项目则在合同中没有确定其综合单价，需要在计价时参照变更确定其价格。

（二）计日工计价

1. 计日工计价的程序

任一计日工项目持续进行时，承包人应在该项工作实施结束后的24h内，向发包人提交有计日工记录汇总的现场签证报告一式三份。发包人在收到承包人提交现场签证报告后的2天内予以确认并将其中一份返还给承包商，作为计日工计价和支付的依据。发包人逾期未确认也未提出修改意见的，视为承包人提交的现场签证报告已被发包人认可。

任一计日工项目实施结束，承包人应按照确认的计日工现场签证报告核实该类项目的工程数量，并根据核实的工程数量和承包人已标价工程量清单中的计日工单价计算，提出应付价款。每个支付期末，承包人应与进度款同期向发包人提交本期间所有计日工记录的签证汇总表，以说明本期间自己认为有权得到的计日工金额，调整合同价款，列入进度款支付。

2. 计日工计价应提交的资料

发包人通知承包人以计日方式实施的零星工作，承包人应予执行。采用计日工计价的任何一项变更工作，承包人应该在该项变更的实施过程中，按合同约定提交以下报表和有关凭证，送发包人复核：

(1) 工作名称、内容和数量；

(2) 投入该工作所有人员的姓名、工种、级别和耗用工时；

(3) 投入该工作的材料名称、类别和数量；

(4) 投入该工作的施工设备型号、台数和耗用台时；

(5) 发包人要求提交的其他资料和凭证。

（三）现场签证

1. 现场签证的提出

承包人应发包人要求完成合同以外的零星项目、非承包人负责事件等工作的，发包人应及时以书面形式向承包人发出指令，提供所需的相关资料；承包人在收到指令后，应及时向发包人提出现场签证要求。

承包人在施工过程中，若发现合同工程内容与场地条件、地质水文、发包人要求等不一致时，应提供所需相关资料，提交发包人签证认可，作为合同价款调整的依据。

2. 现场签证报告的确认

承包人应在收到发包人指令后的 7 天内，向发包人提供现场签证报告，发包人应在收到现场签证报告后的 48h 内对报告内容进行核实，予以确认或提出修改意见。发包人在收到承包人现场签证报告后的 48h 内未确认也未提出修改意见的，视为承包人提交的现场签证报告已被发包人认可。

3. 现场签证报告的要求

(1) 现场签证的工作如果已有相应的计日工单价，现场签证报告中仅列明完成该签证工作所需的人工、材料、工程设备和施工机械台班的数量。

(2) 如果现场签证的工作没有相应的计日工单价，应当在现场签证报告中列明完成该签证工作所需的人工、材料、工程设备和施工机械台班的数量及其单价。

现场签证工作完成后的 7 天内，承包人应按照现场签证内容计算价款，报送发包人确认后，作为增加合同价款，与进度款同期支付。

经承包人提出、发包人核实并确认后的现场签证表如表 8-9 所示。

表 8-9 现场签证表

工程名称： 标段： 编号：

<table>
<tr><td>施工单位</td><td></td><td>日期</td><td></td></tr>
<tr><td colspan="4">致：______________________________（发包人全称）
根据_______（指令人姓名） 年 月 日的口头指令或你方__________（或监理人） 年 月 日的书面通知，我方要求完成此项工作应支付价款金额为（大写）_______（小写_______），请予以核准。
附：1. 签证事由及原因
2. 附图及计算式
承包人（章）
承包人代表________
日期________</td></tr>
<tr><td colspan="2">复核意见：
你方提出的此项签证申请经复核：
□不同意此项签证，具体意见见附表
□同意此项签证，签证金额的计算，由造价工程师复核</td><td colspan="2">复核意见：
□此项签证按承包人中标的计日工单价计算，金额为（大写）__________元（小写_____元）
□此项签证因无计日工单价，金额为（大写）_____元（小写_____）
造价工程师________
日期________</td></tr>
<tr><td colspan="4">审核意见：
□不同意此项签证
□同意此项签证，价款与本期进度款同期支付
发包人（章）
发包人代表________
日期________</td></tr>
</table>

注：1. 在选择栏中的“□”内作标识“√”。

2. 本表一式四份，由承包人在收到发包人（监理人）的口头或书面通知后填写，发包人、监理人、造价咨询人、承包人各存一份。

4. 现场签证的限制

合同工程发生现场签证事项，未经发包人签证确认，承包人便擅自实施相关工作的，除非得到发包人书面同意，否则发生的费用由承包人承担。

七、暂列金额

暂列金额是指发包人在招标工程量清单中暂定并包括在合同价款中的一笔款项。招标工程量清单中开列的已标价的暂列金额是用于工程合同签订时尚未确定或者不可预见的所需材料、工程设备、服务的采购，或用于施工中可能发生的工程变更等合同约定调整因素出现时的合同价款调整，以及经发包人确认的索赔、现场签证等费用的支出。

已签约合同价中的暂列金额由发包人掌握使用，发包人按照合同的规定作出支付后，如果有剩余，则暂列金额余额归发包人所有。

第三节　合同价款结算与支付

一、建设工程价款结算方式

（一）工程价款的主要结算方式

根据财政部、住房和城乡建设部《建设工程价款结算暂行办法》的规定，所谓工程价款结算，是指对建设工程的发、承包合同价款进行约定和依据合同约定进行工程预付款、工程进度款、工程竣工价款结算的活动。工程价款结算应按合同约定办理，合同未作约定或约定不明的，发、承包双方应依照下列规定与文件协商处理：

（1）国家有关法律、法规和规章制度。

（2）国务院建设行政主管部门，省、自治区、直辖市或有关部门发布的工程造价计价标准、计价办法等有关规定。

（3）建设项目的合同、补充协议、变更签证和现场签证，以及经发、承包人认可的其他有效文件。

（4）其他可依据的材料。

工程价款的结算方式主要有以下两种。

1. 按月结算与支付

即实行按月支付进度款，竣工后清算的办法。合同工期在两个年度以上的工程，在年终进行工程盘点，办理年度结算。

2. 分段结算与支付

即当年开工、当年不能竣工的工程按照工程形象进度，划分不同阶段支付工程进度款。具体划分在合同中明确。

除上述两种主要方式，双方还可以约定其他结算方式。

（二）工程价款结算的主要内容

根据《建设项目工程结算编审规程》中的有关规定，工程价款结算主要包括竣工结算、分阶段结算、专业分包结算和合同中止结算。

(1) 竣工结算 建设项目完工并经验收合格后，对所完成的建设项目进行的全面的工程结算。

(2) 分阶段结算 在签订的施工承、发包合同中，按工程特征划分为不同阶段实施和结算。该阶段合同工作内容已完成，经发包人或有关机构中间验收合格后，由承包人在原合同分阶段价格的基础上编制调整价格并提交发包人审核签认的工程价格，它是表达该工程不同阶段造价和工程价款结算依据的工程中间结算文件。

(3) 专业分包结算 在签订的施工承、发包合同或由发包人直接签订的分包工程合同中，按工程专业特征分类实施分包和结算。分包合同工作内容已完成，经总包人、发包人或有关机构对专业内容验收合格后，按合同的约定，由分包人在原合同价格基础上编制调整价格并提交总包人、发包人审核签认的工程价格，它是表达该专业分包工程造价和工程价款结算依据的工程分包结算文件。

(4) 合同中止结算 工程实施过程中合同中止，对施工承、发包合同中已完成且经验收合格的工程内容，经发包人、总包人或有关机构点交后，由承包人按原合同价格或合同约定的定价条款，参照有关计价规定编制合同中止价格，提交发包人或总包人审核签认的工程价格，它是表达该工程合同中止后已完成工程内容的造价和工作价款结算依据的工程经济条件。

二、预付款及期中支付

(一) 预付款

工程预付款是指建设工程施工合同订立后，由发包人按照合同约定，在正式开工前预先支付给承包人的工程款。它是施工准备和所需要材料、结构件等流动资金的主要来源，国内习惯上又称为预付备料款。

1. 预付款的支付

(1) 预付款的额度 各地区、各部门对工程预付款额度的规定不完全相同，主要是保证施工所需材料和构件的正常储备。工程预付款额度一般是根据施工工期、建筑安装工作量、主要材料和构件费用占建筑安装工程费的比例以及材料储备周期等因素经测算来确定的。

① 百分比法。发包人根据工程的特点、工期长短、市场行情、供求规律等因素，招标时在合同条件中约定工程预付款的百分比。根据《建设工程价款结算暂行办法》的规定，预付款的比例原则上不低于合同金额的10%，不高于合同金额的30%。

② 公式计算法。公式计算法是根据主要材料（含结构件等）占年度承包工程总价的比重、材料储备定额天数和年度施工天数等因素，通过公式计算预付款额度的一种方法。其计算公式为

$$\text{工程预付款数额}=\frac{\text{工程总价}\times\text{材料比例}(\%)}{\text{年度施工天数}}\times\text{材料储备定额天数} \tag{8-12}$$

式中，年度施工天数按365日历天计算；材料储备定额天数由当地材料供应的在途天数、加工天数、整理天数、供应间隔天数、保险天数等因素决定。

(2) 预付款的支付时间 根据《建设工程价款结算暂行办法》的规定，在具备施工条件

的前提下，发包人应在双方签订合同后的一个月内或不迟于约定的开工日期前的7天内预付工程款，发包人不按约定预付，承包人应在预付时间到期后10天内向发包人发出要求预付的通知，发包人收到通知后仍不按要求预付，承包人可在发出通知14天后停止施工，发包人应从约定应付之日起向承包人支付应付款的利息（利率按同期银行贷款利率计），并承担违约责任。

① 承包人应在签订合同或向发包人提供与预付款等额的预付款保函（如有）后向发包人提交预付款支付申请。

② 发包人应在收到支付申请的7天内进行核实，然后向承包人发出预付款支付证书，并在签发证书后的7天内向承包人支付预付款。

③ 发包人没有按合同约定按时支付预付款的，承包人可催告发包人支付；发包人在预付款期满后的7天内仍未支付的，承包人可在付款期满后的第8天起暂停施工。发包人应承担由此增加的费用和（或）延误的工期，并向承包人支付合理利润。

2. 预付款的扣回

发包人支付给承包人的工程预付款属于预支性质，随着工程的逐步实施后，原已支付的预付款应以充抵工程价款的方式陆续扣回，抵扣方式应当由双方当事人在合同中明确约定。扣款的方法主要有以下两种。

（1）按合同约定扣款　预付款的扣款方法由发包人和承包人通过洽商后在合同中予以确定，一般是在承包人完成金额累计达到合同总价的一定比例后，由承包人开始向发包人还款，发包方从每次应付给承包人的金额中扣回工程预付款，发包人至少在合同规定的完工期前将工程预付款的总金额逐次扣回。国际工程中的扣回方法一般为：当工程进度款累计金额超过合同价格的10%～20%时开始起扣，每月从进度款中按一定比例扣回。

（2）起扣点计算法　从未施工工程尚需的主要材料及构件的价值相当于工程预付款数额时起扣，此后每次结算工程价款时，按材料所占比例扣减工程价款，至工程竣工前全部扣清，起扣点的计算公式如下：

$$T=P-\frac{M}{N} \tag{8-13}$$

式中　T——起扣点（即工程预付款开始扣回时）的累计完成工程金额；

M——工程预付款总额；

N——主要材料及构件所占比重；

P——承包工程合同总额。

第一次扣还工程预付款的数额计算：

$$a_1=\left(\sum_{i=1}^{n}T_i-T\right)\times N \tag{8-14}$$

式中　a_1——第一次扣还预付款的数额；

$\sum_{i=1}^{n}T_i$——累计已完工程价值。

第二次及以后各次扣还预付款的数额：

$$a_i = T_i N \tag{8-15}$$

式中 a_i——第 i 次扣还预付款数额（i=2，3，…）；

T_i——第 i 次扣还预付款时，当期结算的已完工程价值。

【例 8-9】 某工程合同价款为 3000 万元，主要材料和结构件费用为合同价款的 62.5%。合同规定预付备料款为合同价款的 25%。请计算预付款及起扣点。

各月的结算额如表 8-10 所示。

表 8-10 各月结算额

月份	1 月	2 月	3 月	4 月	5 月	6 月
结算额/万元	300	400	500	800	600	400
累计结算额/万元	300	700	1200	2000	2600	3000

解：预付备料款＝3000×25%＝750（万元）

起扣点＝3000－750÷62.5%＝1800（万元），即当累计结算工程价款为 1800 万元时，应开始抵扣备料款。此时，未完工程价值为 1200 万元。

当累计到第 4 个月，累计结算额为 2000 万元>1800 万元，所以，第 4 个月开始扣还预付款。

第 4 个月扣还预付款数额：

$$a_1 = (2000-1800)\times 62.5\% = 125(\text{万元})$$

第 5 个月扣还预付款数额：

$$a_2 = 600\times 62.5\% = 375(\text{万元})$$

第 6 个月扣还预付款数额：

$$a_3 = 400\times 62.5\% = 250(\text{万元})$$

总计扣还预付款数额：125＋375＋250＝750（万元）

3. 预付款担保

（1）预付款担保的概念及作用　预付款担保是指承包人与发包人签订合同后领取预付款前，承包人正确、合理使用发包人支付的预付款额提供的担保。其主要作用是保证承包人能够按合同规定的目的使用并及时偿还发包人已支付的全部预付金额。如果承包人中途毁约，中止工程，使发包人不能在规定期限内从应付工程款中扣除全部预付款，则发包人有权从该项担保金额中获得补偿。

（2）预付款担保的形式　预付款担保的主要形式为银行保函。预付款担保的担保金额通常与发包人的预付款是等值的。预付款一般逐月从工程预付款中扣除，预付款担保的担保金额也相应逐月减少。承包人在施工期间，应当定期从发包人处取得同意此保函减值的文件，并送交银行确认。承包人还清全部预付款后，发包人应退还预付款担保，承包人将其退回银行注销，解除担保责任。

预付款担保也可以采用发、承包双方约定的其他形式，如由担保公司提供担保，或采取抵押等担保形式。承包人的预付款保函的担保金额根据预付款扣回的数额相应递减，但在预付款全部扣回之前一直保持有效。发包人应在预付款扣完后的 14 天内将预付款保函退还给承包人。

4. 预付款支付格式

若承包合同中约定有预付款，承包人需要按一定的格式填报预付款支付申请表，由发包人核准。表 8-11 为某项目预付款支付申请（核准）表示例。

表 8-11 预付款支付申请（核准）表

工程名称：某教学楼工程　　　　　　　　　　　　标段：　　　　　　　　　　　　编号：

致：××中学基建办公室

我方根据合同约定，现申请支付工程预付款额为（大写）玖拾贰万叁仟零壹拾捌元（小写 923018 元），请予核准。

序号	名称	申请金额/元	复核金额/元	备注
1	已签约合同价款金额	7972282	7972282	
2	其中：安全文明施工费	209650	209650	
3	应支付的预付款	797228	776263	
4	应支付的安全文明施工费	125790	125790	
5	合计应支付的预付款	923018	902053	

承包人（章）

造价人员：×××　　　　承包人代表：×××　　　　日期：××年×月×日

复核意见：

☐与合同约定不相符，修改意见见附件。

☐与合同约定相符，具体金额由造价工程师复核。

监理工程师：×××

日期：××年×月×日

复核意见：

你方提出的支付申请经复核，应支付预付款金额（大写）玖拾万贰仟零伍拾叁元（小写 902053 元）。

造价工程师：×××

日期：××年×月×日

审核意见：

☐不同意。

☐同意，支付时间为本表签发的 15 天内。

发包人（章）

发包人代表：×××

日期：××年×月×日

（二）安全文明施工费

发包人应在工程开工后的 28 天内预付不低于当年施工进度计划的安全文明施工费总额的 60%，其余部分按照提前安排的原则进行分解，与进度款同期支付。

发包人没有按时支付安全文明施工费的，承包人可催发包人支付。发包人再付款期满后的 7 天内仍未支付的，若发生安全事故，发包人应承担连带责任。

（三）期中支付

发、承包双方应按照合同约定的时间、程序和方法，根据工程计量结果，办理期中价款结算，支付进度款。进度款支付周期，应与合同约定的计量周期一致。

1. 期中支付价款的计算

（1）期中支付价款的结算　已标价工程量清单中的单价项目，承包人应按工程计量确认的工程量与综合单价计算。如综合单价发生调整的，以发、承包双方确认调整的综合单价计算进度款。

已标价工程量清单中的总价项目，承包人应按合同中约定的进度款支付分解，分别列入进度款支付申请中的安全文明施工费和本周期应支付的总价项目的金额中。

（2）期中支付价款的调整　承包人现场签证和得到发包人确认的索赔金额列入本周期应增加的金额中，由发包人提供的材料、工程设备金额，应按照发包人签约提供的单价和数量从进度款支付中扣除，列入本周期应扣减的金额中。

2. 期中支付的程序

（1）承包人提交进度款支付申请　承包人应在每个计量周期到期后的 7 天内向发包人提交已完工程进度款支付申请一式四份，详细说明此周期认为有权得到的款额，包括分包人已完工程的价款，支付申请的内容包括如下内容。

① 累计已完成支付的合同价款。

② 累计已实际支付的合同价款。

③ 本周期合计完成的合同价款，其中包括：a. 本周期已完成单价项目的金额；b. 本周期应支付的总价项目的金额；c. 本周期已完成的计日工价款；d. 本周期应支付的安全文明施工费；e. 本周期应增加的金额。

④ 本周期合计应扣减的金额，其中包括：a. 本周期应扣回的预付款；b. 本周期应扣减的金额。

⑤ 本周期实际应支付的合同价款。

（2）发包人签发进度款支付证书　发包人应在收到承包人进度款支付申请后的 14 天内，根据计量结果和合同约定对申请内容予以核实，确认后向承包人出具进度款支付证书。若发、承包双方对有的清单项目的计量结果出现争议，发包人应对无争议部分的工程计量结果向承包人出具进度款支付证书。

（3）发包人支付进度款　发包人应在签发进度款支付证书后的 14 天内，按照支付证书列明的金额向承包人支付进度款。若发包人逾期未签发进度款支付证书，则视为承包人提交的进度款支付申请已被发包人认可，承包人可向发包人发出催告付款的通知。发包人应在收到通知的 14 天内，按照承包人支付申请的金额向承包人支付进度款。

发包人未按照规定的程序支付进度款的，承包人可催告发包人支付，并有权获得延迟支付的利息；发包人在付款期满后的 7 天内仍未支付的，承包人可在付款期满后的第 8 天起暂停施工。发包人应承担由此增加的费用和（或）延误的工期，向承包人支付合理利润，并承担违约责任。

（4）进度款的支付比例　进度款的支付比例按照合同约定，按期中结算价款总额计，不低于 60%，不高于 90%。

（5）支付证书的修正　若发现已签发的任何支付证书有错、漏或重复的数额，发包人有权予以修正，承包人也有权提出修正申请。经发、承包双方复核同意修正的，应在本次到期的进度款中支付或扣除。

3. 进度款支付申请（核准）表

该表由承包人报送，发包人复核。表 8-12 为某项目进度款支付申请（核准）表。

表 8-12 进度款支付申请（核准）表

工程名称：某教学楼工程　　　　标段：　　　　编号：

致：××中学基建办公室

我方于××至××期间已经完成±0-二层楼工作，根据施工合同约定，现申请支付本周期合同款额为(大写)壹佰壹拾壹万柒仟玖佰壹拾柒元壹角肆分（小写 1117917.14 元)，请予核准。

序号	名称	申请金额/元	复核金额/元	备注
1	累计已完的合同价款	1233189.37	—	1233189.37
2	累计已实际支付的合同价款	1109870.43	—	1109870.43
3	本周期合计完成的合同价款	1576893.50	1419204.14	1419204.14
3.1	本周期已完成单价项目的金额	1484047.80		
3.2	本周期应支付的总价项目金额	14230.00		
3.3	本周期已完成的计日工价款	4631.70		
3.4	本周期应支付的安全文明施工费	62895.00		
3.5	本周期应增加的合同价款	11089.00		
4	本期合计应扣减的金额	301285.00	301285.00	301897.14
4.1	本周期应抵扣的预付款	301285.00		301285.00
4.2	本周期应扣减的金额	0		612.14
5	本周期应支付的合同价款	1475608.50	1117919.14	1117307.00

附：上述 3、4 详见附件清单。

承包人(章)

造价人员：×××　　　　承包人代表：×××　　　　日期：××年×月×日

复核意见：

□与合同约定不相符，修改意见见附件。

□与合同约定相符，具体金额由造价工程师复核。

监理工程师：×××

日期：××年×月×日

复核意见：

你方提出的支付申请经复核，应支付预付款金额(大写)壹佰伍拾柒万陆仟捌佰玖拾叁元伍角（小写 1576893.50 元)，本周期应支付金额为(大写)壹佰壹拾壹万柒仟叁佰零柒元（小写 1117307.00 元)。

造价工程师：×××

日期：××年×月×日

审核意见：

□不同意。

□同意，支付时间为本表签发的 15 天内。

发包人(章)

发包人代表：×××

日期：××年×月×日

三、竣工结算与支付

工程竣工结算是指工程项目完工并经竣工验收合格后，发承包双方按照施工合同的约定对所完成的工程项目进行的工程价款的计算、调整和确认。工程竣工结算分为单位工程竣工结算、单项工程竣工结算和建设项目竣工总结算。其中，单位工程竣工结算和单项工程竣工结算也可看作是分阶段结算。

（一）竣工结算的编制

单位工程竣工结算由承包人编制、发包人审查；实行总承包的工程，由具体承包人编制，在总包人审查的基础上，发包人审查。单项工程竣工结算或建设项目竣工总结算由总（承）包人编制，发包人可直接进行审查，也可以委托具有相应资质的工程造价咨询机构进行审查。政府投资项目，由同级财政部门审查。单项工程竣工结算或建设项目竣工总结算经发、承包人签字盖章后有效。承包人应在合同约定期限内完成项目竣工结算编制工作，未在规定期限内完成的并且提不出正当理由延期的，责任自负。

1. 工程竣工结算的编制依据

工程竣工结算由承包人或受其委托具有相应资质的工程造价咨询人编制，由发包人或受其委托具有相应资质的工程造价咨询人核对。工程竣工结算编制的主要依据有：

（1）国家有关法律、法规、规章制度和相关的司法解释。

（2）国务院建设主管部门以及各省、自治区、直辖市和有关部门发布的工程造价计价标准、计价方法、有关规定及相关解释。

（3）《建设工程工程量清单计价规范》（GB 50500—2013）。

（4）施工承、发包合同，专业分包合同及补充合同，有关材料、设备采购合同。

（5）招投标文件，包括招标答疑文件、投标承诺、中标报价书及基本组成内容。

（6）工程竣工图或施工图、施工图会审记录，经批准的施工组织设计，以及设计变更、工程洽商和相关会议纪要。

（7）经批准的开、竣工报告或停、复工报告。

（8）发承包双方实施过程中已确认的工程量及其结算的合同价款。

（9）发承包双方实施过程中已确认调整后追加（减）的合同价款。

（10）其他依据。

2. 工程竣工结算的原则

在采用工程量清单计价的方式下，工程竣工结算的计价原则如下。

（1）分部分项工程和措施项目中的单价项目应依据双方确认的工程量和已标价工程量清单的综合单价计算；如发生调整的，以发承包双方确认调整的综合单价计算。

（2）措施项目中的总价项目应依据合同约定的项目和金额计算；如发生调整的，以发承包双方确认调整的金额计算，其中安全文明施工费必须按照国家或省级、行业建设主管部门的规定计算。

（3）其他项目应按下列规定计价：

① 计日工应按发包人实际签证确认的事项计算；

② 暂估价发、承包双方按照《建设工程工程量清单计价规范》（GB 50500—2013）的相关规定计算；

③ 总承包服务费应依据合同规定金额计算，如发生调整的，以发承包双方确认调整的金额计算；

④ 施工索赔费用应依据发承包双方确认的索赔事项和金额计算；

⑤ 现场签证费用应依据发承包双方签证资料时确认的金额计算；

⑥ 暂列金额应减去工程价款调整（包括索赔、现场签证）金额计算，如有余额归发包人。

（4）规费和税金应按照国家或省级、行业建设主管部门的规定计算。规费中的工程排污费应按工程所在地环境保护部门规定标准缴纳后按实列入。

此外，发承包双方在合同工程实施过程中已经确认的工程计量结果和合同价款，在竣工结算办理中应直接进入结算。

（二）竣工结算的程序

1. 承包人提交竣工结算文件

合同工程完工后，承包人应在经发承包双方确认的合同工程期中价款结算的基础上汇总编制完成的竣工结算文件，并在提交竣工验收申请的同时向发包人提交竣工结算文件。

承包人未在合同约定的时间内提交竣工结算文件，经发包人催告后14天内仍未提交或没有明确答复，发包人有权根据已有资料编制竣工结算文件，作为办理竣工结算和支付结算款的依据，承包人应予以认可。

2. 发包人核对竣工结算文件

（1）发包人应在收到承包人提交的竣工结算文件后的28天内核对。发包人经核实，认为承包人还应进一步补充资料和修改结算文件，应在28天内向承包人提出核实意见，承包人在收到核实意见后的28天内按照发包人提出的合理要求补充资料，修改竣工结算文件，并再次提交给发包人复核后批准。

（2）发包人应在收到承包人再次提交的竣工结算文件后的28天内予以复核，并将复核结果通知承包人。如果发包人、承包人对复核结果无异议的，应在7天内在竣工结算文件上签字确认，竣工结算办理完毕；如果发包人或承包人对复核结果认为有误的，无异议部分办理不完全竣工结算；有异议的部分由发承包双方协商解决，协商不成的，按照合同约定的争议解决方式处理。

（3）发包人在收到承包人竣工结算文件后的28天内，不核对竣工结算或未提出核对意见的，视为承包人提交的竣工结算文件已被发包人认可，竣工结算办理完成。

（4）承包人在收到发包人提出的核实意见后的28天内，不确认也未提出异议的，视为发包人提出的任何意见已被承包人认可，竣工结算办理完毕。

3. 发包人委托工程造价咨询机构核对竣工结算文件

发包人委托工程造价咨询机构核对竣工结算的，工程造价咨询机构应在28天内核对完毕，核对结论与承包人竣工结算文件不一致的，应提交给承包人复核，承包人应在14天内将同意核对结论或不同意见的说明提交工程造价咨询机构。工程造价咨询机构收到承包人提出的异议后，应再次复核，复核无异议的，发承包双方应在7天内在竣工结算文件上签字确认，竣工结算办理完毕；复核后仍有异议的，对于无异议部分办理不完全竣工结算；有异议的部分由发承包双方协商解决，协商不成的，按照合同约定的争议解决方式处理。

承包人逾期未提出书面异议的，视为工程造价咨询机构核对的竣工结算文件已经被承包人认可。

4. 竣工结算文件的签认

（1）拒绝签认的处理　对发包人或发包人委托的工程造价咨询人指派的专业人员与承包

人指派的专业人员经核对后无异议并签名确认的竣工结算文件，除非发、承包人能提出具体、详细的不同意见，发、承包人都应在竣工结算文件上签名确认，如其中一方拒不签认的，按以下规定办理：

① 若发包人拒不签认的，承包人可不提供竣工验收备案资料，并有权拒绝与发包人或其上级部门委托的工程造价咨询机构重新核对竣工结算文件的要求。

② 若承包人拒不签认的，发包人要求办理竣工验收备案的，承包人不得拒绝提供竣工验收资料，否则，由此造成的损失，承包人承担连带责任。

（2）不得重复核对 合同工程竣工结算核对完成，发承包双方签字确认后，禁止发包人又要求承包人与另一个或多个工程造价咨询人重复核对竣工结算。

5. 质量争议工程的结算

发包人以对工程质量有异议，拒绝办理工程竣工结算的：

（1）已经竣工验收或已竣工未验收但实际投入使用的工程，其质量争议按该工程保修合同执行，竣工结算按合同约定办理；

（2）已竣工未验收且未实际投入使用的工程以及停工、停建工程的质量争议，双方应就有争议的部分委托有资质的检测鉴定机构进行检测，根据检测结果确定解决方案，或按工程质量监督机构的处理决定执行后办理竣工结算，无争议部分的竣工结算按合同约定办理。

（三）竣工结算款的支付

1. 承包人提交竣工结算款支付申请

承包人应根据办理的竣工结算文件，向发包人提交竣工结算款支付申请。该申请应包括下列内容：

（1）竣工结算合同价款总额；

（2）累计已实际支付的合同价款；

（3）应扣留的质量保证金；

（4）实际应支付的竣工结算款金额。

表 8-13 为某项目竣工结算价款支付申请（核准）表示例。

表 8-13 竣工结算款支付申请（核准）表

工程名称：某教学楼工程　　　　标段：　　　　编号：

致：××中学基建办公室

我方于××至××期间已经完成合同约定的工作，工程已经完工，根据施工合同约定，现申请支付本周期合同款额为(大写)柒拾捌万叁仟贰佰陆拾伍元零捌分(小写 783265.08 元)，请予核准。

序号	名称	申请金额/元	复核金额/元	备注
1	竣工结算合同价款总额	7937251.00	7937251.00	
2	累计已实际支付的合同价款	6757123.37	6757123.37	
3	应扣留的质量保证金	396862.55	396862.55	
4	实际应支付的竣工结算款金额	783265.08	783265.08	

承包人(章)

造价人员：×××　　　　承包人代表：×××　　　　日期：××年×月×日

续表

<table>
<tr><td>复核意见：
□与合同约定不相符，修改意见见附件。
□与合同约定相符，具体金额由造价工程师复核。

监理工程师：×××
日期：××年×月×日</td><td>复核意见：
你方提出的竣工结算款支付申请经复核，竣工结算款总额（大写）柒佰玖拾叁万柒仟贰佰伍拾壹元（小写7937251.00元），扣除前期支付以及质量保证金后应支付金额为（大写）柒拾捌万叁仟贰佰陆拾伍元零捌分（小写783265.08元）。

造价工程师：×××
日期：××年×月×日</td></tr>
<tr><td colspan="2">审核意见：
□不同意。
□同意，支付时间为本表签发的15天内。

发包人（章）
发包人代表：×××
日期：××年×月×日</td></tr>
</table>

2. 发包人签发竣工结算支付证书

发包人应在收到承包人提交竣工结算款支付申请后7天内予以核实，向承包人签发竣工结算支付证书。

3. 支付竣工结算款

发包人签发竣工结算支付证书后的14天内，按照竣工结算支付证书列明的金额向承包人支付结算款。

发包人在收到承包人提交的竣工结算款支付申请后7天内不予核实，不向承包人签发竣工结算支付证书的，视为承包人的竣工结算款支付申请已被发包人认可；发包人应在收到承包人提交的竣工结算款支付申请7天后的14天内，按照承包人提交的竣工结算款支付申请列明的金额向承包人支付结算款。

发包人未按照规定的程序支付竣工结算款的，承包人可催告发包人支付，并有权获得延迟支付的利息。发包人在竣工结算支付证书签发后或者在收到承包人提交的竣工结算款支付申请7天后的56天内仍未支付的，除法律另有规定外，承包人可与发包人协商将该工程折价，也可直接向人民法院申请将该工程依法拍卖。承包人就该工程折价或拍卖的价款优先受偿。

（四）质量保证金

1. 质量保证金的含义

根据《建设工程质量保证金管理办法》（建质〔2017〕138号）规定，建设工程质量保证金（以下简称保证金）是指发包人与承包人在建设工程承包合同中约定，从应付的工程款中预留，用以保证承包人在缺陷责任期内对建设工程出现的缺陷进行维修的资金。缺陷是指建设工程质量不符合工程建设强制性标准、设计文件以及承包合同的约定。缺陷责任期一般为1年，最长不超过2年，由发承包双方在合同中约定。

2. 质量保证金预留及管理

（1）质量保证金的预留　发包人应按照合同约定方式预留保证金，保证金总预留比例不得高于工程价款结算总额的3%。合同约定由承包人以银行保函替代预留保证金的，保函金额不得高于工程价款结算总额的3%。在工程项目竣工前，已经缴纳履约保证金的，发包人不得同时预留工程质量保证金；采用工程质量保证担保、工程质量保险等其他保证方式的，发包人也不得再预留保证金。

（2）质量保证金的管理　缺陷责任期内，实行国库集中支付的政府投资项目，保证金的管理应按国库集中支付的有关规定执行。其他政府投资项目，保证金可以预留在财政部门或发包方。缺陷责任期内，如发包方被撤销，保证金随交付使用资产一并移交使用单位管理，由使用单位代行发包人职责。社会投资项目采用预留保证金方式的，发承包双方可以约定将保证金交由第三方金融机构托管。

（3）质量保证金的使用　承包人未按照合同约定履行属于自身责任的工程缺陷修复义务的，发包人有权从质量保证金中扣留用于缺陷修复的各项支出。经查验，工程缺陷属于发包人原因造成的，应由发包人承担查验和缺陷修复的费用。

3. 质量保证金的返还

发包人在接到承包人返还保证金申请后，应于14天内会同承包人按照合同约定的内容进行核实。如无异议，发包人应当按照约定将保证金返还给承包人。对返还期限没有约定或者约定不明确的，发包人应当在核实后14天内将保证金返还承包人，逾期未返还的，依法承担违约责任。发包人在接到承包人返还保证金申请后14天内不予答复，经催告后14天内仍不予答复的，视同认可承包人的返还保证金申请。

（五）最终结清

所谓最终结清，是指合同约定的缺陷责任期终止后，承包人已按合同规定完成全部剩余工作且质量合格的，发包人与承包人结清全部剩余款项的活动。

1. 最终结清支付申请

缺陷责任期终止后，承包人应按合同约定的份数和期限向发包人提交最终结清支付申请，并提供相关证明材料，详细说明承包人根据合同规定已经完成的全部工程价款金额以及承包人认为根据合同规定应进一步支付给他的其他款项。发包人对最终结清支付申请内容有异议的，有权要求承包人进行修正和提供补充资料，承包人修正后，应再次向发包人提交修正后的最终结清支付申请。

表8-14为某项目竣工结算款支付申请（核准）表。

表8-14　竣工结算款支付申请（核准）表

工程名称：某教学楼工程　　　　标段：　　　　编号：

致：××中学基建办公室

我方于××至××期间已经完成缺陷修复工作，根据施工合同约定，现申请支付最终结清合同款额为（大写）叁拾玖万陆仟陆佰贰拾捌元伍角伍分（小写396628.55元），请予核准。

序号	名称	申请金额/元	复核金额/元	备注
1	已预留的保证金	396862.55	396862.55	
2	应增加因发包人原因造成的缺陷的修复	0	0	
3	应扣减承包人不修复缺陷、发包人组织修复的金额	0	0	
4	最终应支付的合同价款	396862.55	396862.55	

续表

<table>
<tr><td colspan="2">造价人员：×××　　　　承包人代表：×××　　　　承包人（章）
日期：××年×月×日</td></tr>
<tr><td>复核意见：
□与实际施工情况不相符，修改意见见附件。
□与实际施工情况相符，具体金额由造价工程师复核。
监理工程师：×××
日期：××年×月×日</td><td>复核意见：
你方提出的支付申请经复核，最终应支付金额（大写）叁拾玖万陆仟捌佰陆拾贰元伍角伍分（小写396862.55元）。
造价工程师：×××
日期：××年×月×日</td></tr>
<tr><td colspan="2">审核意见：
□不同意。
□同意，支付时间为本表签发的15天内。
发包人（章）
发包人代表：×××
日期：××年×月×日</td></tr>
</table>

2. 最终结清支付证书

发包人应在收到承包人提交的最终结清支付申请后的14天内予以核实，并向承包人签发最终结清支付证书。发包人未在约定时间内核实，又未提出具体意见的，视为承包人提交的最终结清支付申请已被发包人认可。

3. 最终结清付款

发包人应在签发最终结清支付证书后的14天内，按照最终结清支付证书列明的金额向承包人支付最终结清款。最终结清付款后，承包人在合同内享有的索赔权利也自行终止。发包人未按期支付的，承包人可催告发包人在合理的期限内支付，并有权获得延迟支付的利息。

最终结清时，如果承包人被扣留的质量保证金不足以抵减发包人工程缺陷修复费用的，承包人应承担不足部分的补偿责任。

承包人对发包人支付的最终结清款有异议的，按照合同约定的争议解决方式处理。

【例8-10】 某业主与承包商签订了某建筑安装工程项目总包施工合同。承包范围包括土建工程和水、电、通风设备安装工程，合同总价为4800万元。工期为2年，第1年已完成2600万元，第二年应完成2200万元。承包合同规定以下内容。

(1) 业主应向承包商支付当年合同价25%的工程预付款。

(2) 工程预付款应从未施工工程所需的主要材料及构配件价值相当于工程预付款时起扣，每月以抵充工程款的方式陆续扣留，竣工前全部扣清；主要材料及设备费占工程款的比重按62.5%考虑。

(3) 工程质量保证金为承包合同总价的3%，经双方协商，业主每月按承包商的工程款中3%的比例扣留。在缺陷责任期满后，工程质量保证金及其利息扣除已支出费用后的剩余部分退还给承包商。

(4) 业主按实际完成的建筑安装工作量每月向承包商支付工程款，但当承包商每月实际完成的建筑安装工作量少于计划完成建筑安装工作量的10%及以上时，业主可按5%的比例扣留工程款，在工程竣工结算时扣留工程款退还给承包商。

(5) 除设计变更和其他不可抗力因素外，合同价格不作调整。

(6) 由业主直接提供的材料和设备在发生当月的工程款中扣回其费用。

经业主的工程师代表签认的承包商在第2年各月计划和实际完成的建筑安装工作量及经业主直接提供的材料、设备价值如表8-15所示。

表8-15 工程结算数据表 单位：万元

月份	1～6	7	8	9	10	11	12
计划完成建筑安装工作量	1100	200	200	200	190	190	120
实际完成建筑安装工作量	1110	180	210	205	195	180	120
业主直供材料设备的价值	90.56	35.5	24.2	10.5	21	10.5	5.5

问题：

(1) 工程预付款是多少？

(2) 工程预付款从几月份开始起扣？

(3) 1～6月以及其他各月业主应支付给承包商的工程款是多少？

(4) 竣工结算时，业主应支付给承包商的工程结算款是多少？

解：

(1) 工程预付款 2200×25%=550（万元）

(2) 工程预付款的起扣点 2200－550/62.5%=1320（万元）

开始起扣工程预付款的时间为8月份，因为8月份累计实际完成的建筑安装工作量：1110+180+210=1500（万元）>1320万元

(3) ① 1～6月份，业主应支付给承办商的工程款为1110×(1－3%)－90.56=986.14（万元）

② 7月份，该月份建筑安装工作量实际值与计划值比较，未达到计划值，相差(200－180)/200=10%

应扣留的工程款：180×5%=9（万元）

业主应支付给承包商的工程款：180×(1－3%)－9－35.5=130.1（万元）

③ 8月份，应扣留的工程款为(1500－1320)×62.5%=112.5（万元）

业主应支付给承包商的工程款：210×(1－3%)－112.5－24.4=66.8（万元）

④ 9月份，应扣留的工程款为205×62.5%=128.125（万元）

业主应支付给承包商的工程款为205×(1－3%)－128.125－10.5=60.225(万元)

⑤ 10月份，应扣留的工程款为195×62.5%=121.875(万元)

业主应支付给承包商的工程款：195×(1－3%)－121.875－21=46.275(万元)

⑥ 11月份，该月份建安工作量实际值与计划值比较，未达到计划值，相差(190－180)/190=5.26%<10%，工程款不扣。

应扣留的工程款：180×62.5%=112.5(万元)

业主应支付给承包商的工程款：180×(1－3%)－112.5－10.5＝51.6（万元）

⑦ 12月份，应扣留的工程款为120×62.5%＝75（万元）

业主应支付给承包商的工程款：120×(1－3%)－75－5.5＝35.9（万元）

(4) 竣工结算时，业主应支付给承包商的工程结算款为180×5%＝9（万元）

（六）工程竣工结算的审查

工程竣工结算的审查应依据施工合同约定的结算方法进行，根据不同的施工合同类型，采用不同的审查方法。对于采用工程量清单计价方式签订的单价合同，应审查施工图以内的各个分部分项工程量，依据合同约定的方式审查分部分项工程价格，并对设计变更、工程洽商、工程索赔等调整内容进行审查。工程竣工结算审查的依据与编制的依据基本相同。

1. 工程竣工结算审查程序

工程竣工结算审查应按准备、审查和审定三个工作阶段进行，并实行编制人、校对人和审核人分别署名盖章确认的内部审核制度。

(1) 结算审查准备阶段　该阶段主要工作内容如下。

① 审查工程竣工结算手续的完备性、资料内容的完整性，对不符合要求的应退回限时补正；

② 审查计价依据及资料与工程竣工结算的相关性、有效性；

③ 熟悉招投标文件、工程发承包合同、主要材料设备采购合同及相关文件；

④ 熟悉竣工图纸或施工图纸、施工组织设计、工程状况以及设计变更、工程洽商和工程索赔情况等。

(2) 结算审查阶段　该阶段主要工作内容如下。

① 审查结算项目范围、内容与合同约定的项目范围、内容的一致性。

② 审查工程量计算的准确性、工程量计算规则与计价规范或定额保持一致性。

③ 审查结算单价时应严格执行合同约定或现行的计价原则、方法。对于清单或定额缺项以及采用新材料、新工艺的，应根据施工过程中的合理消耗和市场价格审核结算单价。

④ 审查变更签证凭据的真实性、合法性、有效性，核准变更工程费用。

⑤ 审查索赔是否依据合同约定的索赔处理原则、程序和计算方法以及索赔费用的真实性、合法性、准确性。

⑥ 审查取费标准时，应严格执行合同约定的费用定额标准及有关规定，并审查取费依据的时效性、相符性。

⑦ 编制与结算相对应的结算审查对比表。

(3) 结算审定阶段　该阶段主要工作内容如下。

① 工程竣工结算审查初稿编制完成后，应召开由结算编制人、结算审查委托人及结算审查受托人共同参加的会议，听取意见，并进行合理的调整。

② 由结算审查受托人单位的部门负责人对结算审查的初步成果文件进行检查、校对。

③ 由结算审查受托人单位的主管负责人审核批准。

④ 发承包双方代表人和审查人应分别在“结算审定签署表”上签认并加盖公章。

⑤ 对结算审查结论有分歧的，应在出具结算审查报告前，至少组织两次协调会；凡不能共同签认的，审查受托人可适时结束审查工作，并做出必要说明。

⑥ 在合同约定的期限内，向委托人提交经结算审查编制人、校对人、审核人和受托人

单位盖章确认的正式的结算审查报告。

2. 工程竣工结算审查内容

工程竣工结算审查的内容可以分为两个部分。

（1）审查结算的递交程序和资料的完备性

① 审查结果资料递交手续、程序的合法性，以及结算资料具有的法律效力；

② 审查结果资料的完整性、真实性和相符性。

（2）审查与结算有关的各项内容

① 建设工程承、发包合同及其补充合同的合法性和有效性；

② 施工承、发包合同范围以外调整的工程价款；

③ 分部分项工程、措施项目、其他项目工程量及单价；

④ 发包人单独分包工程项目的界面划分和总包人的配合费用；

⑤ 工程变更、索赔、奖励及违约费用；

⑥ 取费、税金、政策性调整以及材料价差计算；

⑦ 实际施工工期与合同工期发生差异的原因和责任，以及对工程造价的影响程度；

⑧ 其他涉及工程造价的内容。

3. 工程竣工结算的审查时限

单项工程竣工后，承包人应按规定程序向发包人递交竣工结算报告及完整的结算资料，发包人应按表8-16规定的时限进行核对（审查），并提出审查意见。

表8-16　工程竣工结算审查时限

工程竣工结算报告金额	审查时间
500万元以下	从接到竣工结算报告和完整的竣工结算资料之日起20天
500万～2000万元	从接到竣工结算报告和完整的竣工结算资料之日起30天
2000万～5000万元	从接到竣工结算报告和完整的竣工结算资料之日起45天
5000万元以上	从接到竣工结算报告和完整的竣工结算资料之日起60天

建设项目竣工总结算在最后一个单项工程竣工结算审查确认后15天内汇总，送发包人后30天内审查完成。

四、合同解除的价款结算与支付

发承包双方协商一致解除合同的，按照达成的协议办理结算和支付合同价款。

（一）不可抗力解除合同

由于不可抗力解除合同的，发包人除应向承包人支付合同解除之日前已完成工程但尚未支付的合同价款，还应支付下列金额。

（1）合同中约定应由发包人承担的费用。

（2）已实施或部分实施的措施项目应付价款。

（3）承包人为合同工程合理订购且已交付的材料和工程设备贷款。发包人一经支付此项货款，该材料和工程设备即成为发包人的财产。

（4）承包人撤离现场所需的合理费用，包括员工遣送费和临时工程拆除、施工设备运离现场的费用。

（5）承包人为完成合同工程而预期开支的任何合理费用，且该项费用未包括在本款其他各项支付之内。

发承包双方办理结算合同价款时，应扣除合同解除之日前发包人应向承包人收回的价款。当发包人应扣除的金额超过了应支付的金额，则承包人应在合同解除后的56天内将其差额退还给发包人。

（二）违约解除合同

（1）承包人违约　因承包人违约解除合同的，发包人应暂停向承包人支付任何价款。发包人应在合同解除后28天内核实合同解除时承包人已完成的全部合同价款以及按施工进度计划已运至现场的材料和工程设备货款，按合同约定核算承包人应支付的违约金以及造成损失的索赔金额，并将结果通知承包人。发承包双方应在28天内予以确认或提出意见，并办理结算合同价款。如果发包人应扣除的金额超过了应支付的金额，则承包人应在合同解除后的56天内将其差额退还给发包人。发承包双方不能就解除合同后的结算达成一致的，按照合同约定的争议解决方式处理。

（2）发包人违约　因发包人违约解除合同的，发包人除应按照有关不可抗力解除合同的规定向承包人支付各项价款外，还需按合同约定核算发包人应支付的违约金以及给承包人造成损失或损害的索赔金额费用。该笔费用由承包人提出，发包人核实后与承包人协商确定后的7天内向承包人签发支付证书。协商不能达成一致的按照合同约定的争议解决方式处理。

第四节　合同价款纠纷的解决及工程造价鉴定

一、合同价款纠纷的解决

建设工程合同价款纠纷，是指发承包双方在建设工程合同价款的确定、调整以及结算等过程中所发生的争议。按照争议合同的类型不同，可以工程价款纠纷分为总价合同价款纠纷、单价合同价款纠纷以及成本加酬金合同价款纠纷；按照纠纷发生的阶段不同，可以分为合同价款确定纠纷、合同价款调整纠纷和合同价款结算纠纷；按照纠纷的成因不同，可以分为合同无效的价款纠纷、工期延误的价款纠纷、质量争议的价款纠纷以及工程索赔的价款纠纷。

（一）合同价款纠纷的解决途径

建设工程合同价款纠纷的解决途径主要有四种：和解、调解、仲裁和诉讼。建设工程合同发生纠纷后，当事人可以通过和解或者调解解决合同争议。当事人不愿和解、调解或者和解、调解不成的，可以根据仲裁协议向仲裁机构申请仲裁。当事人没有订立仲裁协议或者仲裁协议无效的，可以向人民法院起诉。当事人应当履行发生法律效力的法院判决或裁定、仲裁裁决、法院或仲裁调解书；拒不履行的，双方当事人可以请求人民法院执行。

1. 和解

和解是指当事人在自愿互谅的基础上，就已经发生的争议进行协商并达成协议，是自行解决争议的一种方式。发生合同争议时，当事人应首先考虑通过和解解决争议。合同争议和解解决方式简便易行，能经济、及时地解决纠纷，同时有利于维护合同双方的友好合作关系，使合同能更好地得到履行。

2. 调解

调解是指双方当事人以外的第三人应纠纷当事人的请求，依据法律或合同规定，对双方当事人进行疏导、劝说，促使他们互相谅解、自愿达成协议、解决纠纷的一种途径。

3. 仲裁或诉讼

仲裁是当事人根据在纠纷发生前或纠纷发生后达成的仲裁协议，自愿将纠纷提交仲裁机构作出裁决的一种纠纷解决方式。民事诉讼是指人民法院在当事人和其他诉讼参与人的参加下，以审理、判决、执行等方式解决民事纠纷的活动。

用何种方式解决争端，关键在于合同中是否约定了仲裁协议。

(1) 仲裁方式的选择　如果发承包双方的协商和解或调解均未达成一致意见，其中的一方已就此争议事项根据合同约定的仲裁协议申请仲裁，应同时通知另一方。

仲裁可在竣工之前或之后进行，但发包人、承包人、调解人各自的义务不得因在工程实施期间进行仲裁而有所改变。如果仲裁是在仲裁机构要求停止施工的情况下进行的，承包人应对合同工程采取保护措施，由此增加的费用由败诉方承担。

在双方通过和解或调解形成的有关暂定或和解协议或调解书已经有约束力的情况下，如果发承包中一方未能遵守暂定或和解协议或调解书，则另一方可在不损害他可能具有的任何其他权利的情况下，将未能遵守暂定或不执行和解协议或调解书达成的事项提交仲裁。

(2) 诉讼方式的选择　发包人、承包人在履行合同时发生争议，双方不愿和解、调解或者和解、调解不成，又没有达成仲裁协议的，可依法向人民法院提起诉讼。

(二) 合同价款纠纷的处理原则

建设工程合同履行过程中会产生大量的纠纷，有些纠纷并不容易直接适用现有的法律条款予以解决。针对这些纠纷，可以通过相关司法解释的规定进行处理。2002 年 6 月 11 日，最高人民法院通过了《最高人民法院关于建设工程价款优先受偿权问题的批复》(法释〔2002〕16 号)，2004 年 9 月 29 日，最高人民法院通过了《最高人民法院关于审理建设工程施工合同纠纷案件适用法律问题的解释》(法释〔2004〕14 号)。司法解释中关于施工合同价款纠纷的处理原则和方法，更是可以为发承包双方在工程合同履行过程中出现类似纠纷的处理，提供参考性极强的借鉴。

1. 施工合同无效的价款纠纷处理

建设工程施工合同无效，但建设工程经竣工验收合格，承包人请求参照合同约定支付工程价款的，应予支付。建设工程施工合同无效，且建设工程经竣工验收不合格的，按照以下情形分别处理：

(1) 修复后的建设工程经竣工验收合格，发包人请求承包人承担修复费用的，应予支持。

(2) 修复后的建设工程经竣工验收不合格的，承包人请求支付工程价款的，不予支持。

因建设工程不合格造成的损失，发包人有过错，也应承担相应的民事责任。

承包人非法转包、违法分包建设工程或者没有资质的实际施工企业借用有资质的建筑施工企业名义与他人签订建设工程施工合同的行为无效。人民法院可以根据相关法律的规定，收缴当事人已经取得的非法所得。

2. 垫资施工合同的价款纠纷处理

对于发包人要求承包人垫资施工的项目，对于垫资施工部分的工程价款结算，《最高人民法院关于审理建设工程施工合同纠纷案件适用法律问题的解释》提出了处理意见。

(1) 当事人对垫资和垫资利息有约定，承包人请求按照约定返还垫资及其利息的，应予支持，但是约定的利息计算标准高于中国人民银行发布的同期同类贷款利率的部分除外。

(2) 当事人对垫资没有约定的，按照工程欠款处理。

(3) 当事人对垫资利息没有约定，承包人请求支付利息的，不予支持。

3. 施工合同解除后的价款纠纷处理

(1) 建设工程施工合同解除后，已经完成的建设工程质量合格的，发包人应当按照约定支付相应的工程价款。

(2) 已经完成的建设工程质量不合格的：

① 修复后的建设工程经验收合格，发包人请求承包人承担修复费用的，应予支持。

② 修复后的建设工程经验收不合格，承包人请求支付工程价款的，不予支持。

4. 工程设计变更的合同价款纠纷处理

当事人对建设工程的计价标准或者计价方法有约定的，按照约定结算工程价款。因设计变更导致建设工程的工程质量或者质量标准发生变化，当事人对该部分工程价款不能协商一致的，可以参照签订建设工程施工合同时当地建设行政主管部门发布的计价方法或者计价标准结算工程价款。

5. 工程结算价款纠纷的处理

(1) 阴阳合同的结算依据　当事人就同一建设工程另行订立的建设工程施工合同与经过备案的中标合同实质性内容不一致的，应当以备案的中标合同作为结算工程价款的根据。

(2) 对承包人竣工结算文件的认可　当事人约定，发包人收到竣工结算文件后，在约定期限内不予答复，视为认可竣工结算文件的，按照约定处理。承包人请求按照竣工结算文件结算工程价款的，应予支持。

(3) 工程欠款的利息支付

① 利率标准。当事人对欠付工程价款利息计付标准有约定的，按照约定处理；没有约定的，按照中国人民银行发布的同期同类贷款利率计息。

② 计息日。利息从应付工程价款之日计付。当事人对付款时间没有约定或者约定不明的，下列时间视为应付款时间：a. 建设工程已实际交付的，为交付之日；b. 建设工程没有交付的，为提交竣工结算文件之日；c. 建设工程未交付，工程价款未结算的，为当事人起诉之日。

二、工程造价鉴定

(一) 对工程造价咨询人的要求

(1) 程序合法　工程造价咨询人接受委托，提供工程造价司法鉴定服务，除应符合国家有关规范、技术标准的规定外，还应按仲裁、诉讼程序和国家关于司法鉴定的规定进行。

(2) 人员合格 工程造价咨询人进行工程造价司法鉴定，应指派专业对口、经验丰富的注册造价工程师承担鉴定工作。

(3) 按期完成 工程造价咨询人应在收到工程造价司法鉴定资料后10天内，根据自身专业能力和证据资料判断能否胜任该项委托，如不能，应辞去该项委托。禁止工程造价咨询人在鉴定期满后，以上述理由不做出鉴定结论，影响案件处理。

(4) 适当回避 接受工程造价司法鉴定委托的工程造价咨询人或造价工程师如是鉴定项目一方当事人的近亲属或代理人、咨询人以及其他关系可能影响鉴定公正的，应当自行回避；未自行回避，鉴定项目委托人以该理由要求其回避的，必须回避。

(5) 接受质询 工程造价咨询人应当依法出庭接受鉴定项目当事人对工程造价司法鉴定意见书的质询。如确因特殊原因无法出庭的，经审理该鉴定项目的仲裁机关或人民法院准许，可以书面答复当事人的质询。

(二) 工程造价鉴定的取证

1. 所需收集的鉴定材料

工程造价咨询人进行工程造价鉴定工作，应自行收集以下（但不限于）鉴定资料：

(1) 适用于鉴定项目的法律、法规、规章、规范性文件以及规范、标准、定额；

(2) 鉴定项目同时期、同类型工程的技术经济指标及各类要素价格等。

(3) 工程造价咨询人收集鉴定项目的鉴定依据时，应向鉴定项目委托人提出具体书面要求，其内容包括：

① 与鉴定项目相关的合同、协议及其附件；

② 相应的施工图纸等技术经济文件；

③ 施工过程中施工组织、质量、工期和造价等工程资料；

④ 存在争议的事实及各方当事人的理由；

⑤ 其他有关资料。

工程造价咨询人在鉴定过程中要求鉴定项目当事人对缺陷资料进行补充的，应征得鉴定项目委托人同意，或者协调鉴定项目各方当事人共同签认。

2. 现场勘验

根据鉴定工作需要现场勘验的，工程造价咨询人应提请鉴定项目委托人组织各方当事人对被鉴定项目所涉及的实物标的进行现场勘验。

勘验现场应制作勘验记录、笔录或勘验图表，记录勘验的时间、地点、勘验人、在场人、勘验经过、结果，由勘验人、在场人签名或者盖章确认。对于绘制的现场图应注明绘制的时间，测绘人姓名、身份等内容。必要时应采取拍照或摄像取证，留下影像资料。

鉴定项目当事人未对现场勘验图表或勘验笔录等签字确认的，工程造价咨询人应提请鉴定项目委托人决定处理意见，并在鉴定意见书中作出表述。

(三) 鉴定结论

1. 鉴定依据的选择

工程造价咨询人在鉴定项目合同有效的情况下应根据合同约定进行鉴定，不得任意改变双方合法的合意。工程造价咨询人在鉴定项目合同无效或合同条款约定不明确的情况下应根据法律法规、相关国家标准和规范的规定，选择相应专业工程的计价依据和方法进行鉴定。

2. 鉴定意见

工程造价咨询人出具正式鉴定意见书之前，可报请鉴定项目委托人向鉴定项目各方当事人发出鉴定意见书征求意见稿，并指明应书面答复的期限及其不答复的相应法律责任。工程造价咨询人收到鉴定项目各方当事人对鉴定意见书征求意见稿的书面复函后，应对不同意见认真复核，修改完善后再出具正式鉴定意见书。

工程造价咨询人出具的工程造价鉴定书应包括以下内容：

（1）鉴定项目委托人名称、委托鉴定的内容；

（2）委托鉴定的证据材料；

（3）鉴定的依据及使用的专业技术手段；

（4）对鉴定过程的说明；

（5）明确的鉴定结论；

（6）其他需说明的事宜；

（7）工程造价咨询人盖章及注册造价工程师签名盖执业专用章。

3. 鉴定期限的延长

工程造价咨询人应在委托鉴定项目的鉴定期限内完成鉴定工作，如确因特殊原因不能在原定期限内完成鉴定工作的，应按照相应法规提前向鉴定项目委托人申请延长鉴定期限，并在此期限内完成鉴定工作。

经鉴定项目委托人同意等待鉴定项目当事人提交、补充证据，质证所用的时间不应计入鉴定期限。

课后习题

一、简答题

1. 工程计量的原则是什么？

2. 简述引起合同价款调整的主要因素。

3. 分部分项工程变更价款的调整方法是什么？

4. 工程量发生偏差时分部分项工程综合单价的调整原则是什么？

5. 某工程项目招标工程量清单数量为 1500m^3，施工中由于设计变更调整为 1900m^3，该项目招标控制价综合单价为 360 元，投标报价为 390 元，应如何调整？

6. 物价波动引起的合同价款调整主要计算方法有哪些？分别适用于什么情况？

7. 给定暂估价的专业工程价款如何调整？

8. 简述不可抗力造成损失的承担原则。

9. 根据索赔事件的性质不同，工程索赔如何分类？

10. 索赔成立的条件是什么？

11. 简述费用索赔和工期索赔的计算方法。

12. 共同延误的处理原则是什么？

13. 不可抗力解除合同，发包人应向承包人支付哪些价款？

14. 合同价款纠纷的解决途径有哪些？并对各途径做简单说明。

15. 施工合同无效的价款纠纷如何处理？

16. 垫资施工合同的价款纠纷如何处理？

17. 工程欠款的利息如何支付？

18. 简述工程造价咨询人所需遵守的一般规定。

二、综合案例题

1. 某厂（甲方）与某建筑公司（乙方）订立了某项工程项目施工合同，同时与某降水公司订立了工程降水合同。甲方乙方合同规定：采用单价合同，每一分项工程的实际工程量增加（或减少）超过招标文件中工程量的10%以上时调整单价；工作B、E、G作业使用施工机械甲一台，台班费为600.00元/台班，其中台班折旧费为360.00元/台班；工作F、H作业使用施工机械乙一台，台班费为400.00元/台班，其中台班折旧费为240.00元/台班。施工网络计划如图8-3所示（单位：天）。图中：箭头上方字母为工作名称，箭头下方数据为持续时间，双箭头为关键线路。假定除工作F按最迟开始时间安排作业，其余各项工作均按最早开始时间安排作业。

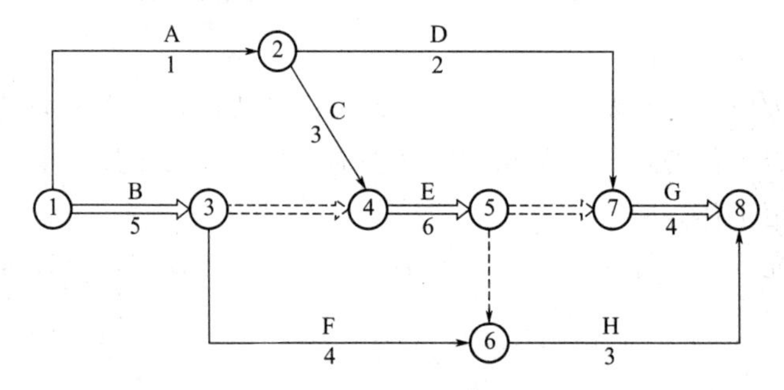

图8-3 施工网络计划图

甲乙双方合同约定8月15日开工。工程施工中发生如下事件：

事件1：降水方案错误，致使工作D推迟2天，乙方人员配合用工5个工日，窝工6个工日。

事件2：8月23日至8月24日，因供电中断停工2天，造成全场性人员窝工36个工日。

事件3：因设计变更，工作E工程量由招标文件中的300m^{3}增至350m^3，超过了10%；合同中该工作的全费用单价为110.00元/m^3，经协商超过部分的全费用单价为100.00元/m^3。

事件4：为保证施工质量，乙方在施工中将工作B原设计尺寸扩大，增加工程量15m^3，该工程全费用单价为128.00元/m^3。

事件5：在工作D、E均完成后，甲方指令增加一项临时工作K，且应在工作G开始前完成。经核准，完成工作K需要1天时间，消耗人工10个工日，机械丙1台班（500.00元/台班）、材料费2200.00元。

问题：

(1) 如果乙方就工程施工发生的5项事件提出索赔要求，请问工期和费用索赔能否成立？说明其原因。

(2) 每项事件工期索赔各是多少天？总工期索赔多少天？

（3）工作E结算价应为多少？

（4）假设人工工日单价为80.00元/工日，合同规定：窝工人工费补偿按45.00元/工日计算；窝工机械费补偿按台班折旧费计算；因增加用工所需综合税费为人工费的60%；工作K的综合税费为人工、材料、机械费用的25%；人工和机械窝工补偿综合税费为10%。试计算除事件3外合理的费用索赔总额。

（5）进度款支付申请应包括哪些内容？

2.某工程项目业主与承包商签订了工程承包合同。合同中估算的工程量为5300m^3，全费用单价为180元/m^3，合同工期为6个月。有关付款条款如下：

（1）开工前业主应向承包商支付估算合同总价20%的工程预付款；

（2）业主自第一个月起，从承包商的工程款中，按5%的比例扣留质量保证金；

（3）当实际完成工程量增加（或减少）幅度超过估算工程量的10%时，可进行调价，调价系数为0.9（或1.1）；

（4）每月支付工程款最低金额为15万元；

（5）工程预付款从累计已完工程款超过估算合同价30%以后的下一个月起，至第5个月均匀扣除。

承包商每月实际完成并经签证确认的工程量如表8-17所示。

表8-17　每月实际完成工作量

月份	1	2	3	4	5	6
完成工作量/m^3	800	1000	1200	1200	1200	500
累计完成工作量/m^3	800	1800	3000	4200	5400	5900

问题：

（1）估算合同总价为多少？

（2）工程预付款为多少？从哪个月起扣留？每月应扣工程预付款为多少？

（3）每月工程量价款为多少？业主应支付给承包商的工程款为多少？

3.某施工单位承包某工程项目，甲乙双方签订的关于工程价款的合同内容有：

（1）建筑安装工程造价660万元，建筑材料及设备费占施工产值的比重为60%；

（2）工程预付款为建筑安装工程造价的20%。工程实施后，工程预付款从未施工工程尚需的建筑材料及设备费相当于工程预付款数额时起扣，从每次结算工程价款中按材料和设备占施工产值的比重扣抵工程预付款，竣工前全部扣清；

（3）工程进度款逐月计算；

（4）工程质量保证金为建筑安装工程造价的3%，竣工结算月一次扣留；

（5）建筑材料和设备价差调整按当地工程造价管理部门有关规定执行（当地工程造价管理部门有关规定，上半年材料和设备价差上调10%，在6月份一次调增）。

工程各月实际完成产值（不包括调查部分），如表8-18所示。

表8-18　各月实际完成产值　　单位：万元

月份	2	3	4	5	6	合计
产值	55	110	165	220	110	660

问题：

(1) 通常工程竣工结算的前提是什么?

(2) 工程价款结算的方式有哪几种?

(3) 该工程的工程预付款、起扣点为多少?

(4) 该工程2月至5月每月拨付工程款为多少?累计工程款为多少?

(5) 6月份办理竣工结算，该工程结算造价为多少?甲方应付工程结算款为多少?

(6) 该工程在保修期间发生屋面漏水，甲方多次催促乙方修理，乙方一再拖延，最后甲方另请施工单位修理，修理费为1.5万元，该项费用如何处理?

参考文献

REFERENCE

[1] 贾宏俊.建设工程技术与计量（土建工程部分）.北京：中国计划出版社，2013.

[2] 柯洪.建设工程计价.北京：中国计划出版社，2013.

[3] 中华人民共和国住房和城乡建设部.建设工程工程量清单计价规范（GB-50500—2013）.北京：中国计划出版社，2013.

[4] 中华人民共和国住房和城乡建设部.房屋建筑与装饰工程工程量计算规范（GB-50854—2013）.北京：中国计划出版社，2013.

[5] 规范编写组.2013 建设工程计价计量规范辅导.北京：中国计划出版社，2013.

[6] 黄伟典.建筑工程计量与计价.第 2 版.北京：中国电力出版社，2009.

[7] 山东省建设厅.山东省建筑工程消耗量定额（SD -01-31-2016）.北京：中国计划出版社，2016.

[8] 彭波.G101 平法钢筋计算精讲.北京：中国电力出版社，2008.

[9] 马楠.建筑工程计量与计价.北京：科学出版社，2007.

[10] 贾宏俊，吴新华.建筑工程计量与计价.北京：化学工业出版社，2014.

[11] 中华人民共和国住房和城乡建设部.房屋建筑与装饰工程消耗量定额（TY01-31-2015）.北京：中国计划出版社，2013.